移动终端应用软件开发实战

梁柏青 钟伟彬 林玮平 严丽云
冯犖 张幸平 叶韶生 张辉　编著

Mobile Phone Programming in Practice

人民邮电出版社
北京

图书在版编目（CIP）数据

移动终端应用软件开发实战 / 梁柏青等编著. -- 北京：人民邮电出版社，2015.3
ISBN 978-7-115-37135-5

Ⅰ. ①移… Ⅱ. ①梁… Ⅲ. ①移动终端-应用程序-程序设计 Ⅳ. ①TN929.53

中国版本图书馆CIP数据核字(2014)第235885号

内 容 提 要

本书是移动终端应用软件开发实战的参考书籍，为有一定的开发基础，但没有或初步接触移动终端应用开发的人员量身打造，既深入浅出地描述了移动终端应用开发基础知识和发展趋势，又提供了3种主流移动终端操作系统Android/iOS/WindowsPhone应用软件参考实例，还详细介绍了为移动终端应用软件开发提供资源的中国电信天翼开放平台和统一应用环境，具有较高的实用参考价值。本书共分为9个篇章，采用了进阶型的结构：基础篇和提高篇适合移动终端应用开发零基础人员，既详细讲述了Android/iOS/WindowsPhone 3 种操作系统应用开发基础，又介绍了小型互联网产品的设计开发过程和代码实例；高级篇提供了VoIP开发所涉及的关键细节和实用代码，非常适用于需要从事VoIP相关方面开发的人员。

◆ 编　著　梁柏青　钟伟彬　林玮平　严丽云
　　　　　　冯　垫　张幸平　叶韶生　张　辉
　责任编辑　吴娜达
　责任印制　彭志环

◆ 人民邮电出版社出版发行　北京市丰台区成寿寺路11号
　邮编　100164　电子邮件　315@ptpress.com.cn
　网址　http://www.ptpress.com.cn
　北京隆昌伟业印刷有限公司印刷

◆ 开本：787×1092　1/16
　印张：30.75　　　　　　　2015年3月第1版
　字数：666千字　　　　　　2015年3月北京第1次印刷

定价：98.00元(附光盘)

读者服务热线：(010)81055488　印装质量热线：(010)81055316
反盗版热线：(010)81055315

编写委员会

梁柏青　中国电信股份有限公司广州研究院 技术总监／高级工程师
钟伟彬　中国电信股份有限公司广州研究院 工程师
林玮平　中国电信股份有限公司广州研究院 主任工程师／高级工程师
严丽云　中国电信股份有限公司广州研究院 工程师
冯　犖　中国电信股份有限公司广州研究院 外聘工程师
张幸平　中国电信股份有限公司广州研究院 外聘工程师
叶韶生　中国电信股份有限公司广州研究院 外聘工程师
张　辉　中国电信股份有限公司广州研究院 外聘工程师
陈新兴　中国电信集团公司创新业务事业部 业务经理
陆　钢　中国电信股份有限公司广州研究院 主任工程师／高级工程师
李慧云　中国电信股份有限公司广州研究院 工程师
葛兴高　中国电信股份有限公司广州研究院 外聘工程师
李　颖　中国电信股份有限公司广州研究院 工程师
李　宏　中国电信股份有限公司广州研究院 外聘工程师

序

移动互联网是一个创造神话和催生英雄的产业，2013 年全球移动业务收入已经达到 1.6 万亿美元，相当于全球 GDP 的 2.28%，全球智能手机用户量已经超过了 20 亿，预计到下一个五年达到 56 亿，将迎来一个更辉煌的属于移动应用开发者的时代。随着消费互联网向产业互联网的演进，当今几乎每个行业都在经历与信息化的深度融合，从而给移动应用开发者带来更加广阔的创新创业空间。

本书的作者是一群我熟知的、在行业内锤炼多年的专业人员，包括移动终端和通信应用领域的业内知名专家和在开发一线的资深程序员。书中内容是作者多年从事移动终端应用研究与开发的经验总结，他们希望贡献自己的技术积累，帮助有理想、有创业激情的年轻创业者成为移动互联网的弄潮儿。

与市面上其他涉及移动终端应用开发的图书有所不同，本书涉及面广，除了深入浅出地讲述了 Android/iOS/WindowsPhone 3 种主流移动终端操作系统应用开发基础及大量参考代码外，还提供了其他同类图书较少涉及的内容，例如移动终端语音通信开发所涉及的关键细节和实用代码，介绍了为移动终端应用软件开发提供网络基础设施运营商资源的中国电信天翼开放平台和统一应用环境，详尽描述了移动终端设备软硬件结构和技术发展趋势。

相信本书可以帮助读者从多角度去探究移动终端应用的开发，具有较高的实用参考价值。

2014 年 12 月 10 日于北京

目 录

第 1 篇 移动终端应用软件开发综述

第1章 智能终端设备 ... 3
1.1 智能终端设备的定义 ... 3
1.2 智能终端设备的类型和发展方向 ... 3
1.3 手持式智能终端设备 ... 3
    1.3.1 硬件 ... 3
    1.3.2 软件 ... 5
1.4 可佩戴式智能终端设备 ... 15
1.5 家庭网关和路由设备 ... 17
1.6 智能电视 ... 18
1.7 智能终端设备的演进目标 ... 19

第 2 篇 Android 应用软件开发基础篇

第2章 初步认识 Android ... 23
2.1 Android 前世今生 ... 23
2.2 Android 家族版本演进及介绍 ... 23
2.3 Android 的系统架构 ... 27

第3章 完成第一个 Android 应用 ... 31
3.1 Android 应用开发环境搭建 ... 31
    3.1.1 准备 Android 应用开发电脑 ... 31

	3.1.2 下载 Java 环境	31
	3.1.3 下载 Android SDK（内含 Eclipse）	32
	3.1.4 安装 JDK	32
	3.1.5 安装 Android SDK（内含 Eclipse）	37
	3.1.6 创建、删除和运行 AVD	39
3.2	开发第一个 Android 应用程序 HelloWorld	43
	3.2.1 生成 Android 项目	43
	3.2.2 生成一个简单的用户 UI	46
	3.2.3 在 Java 代码中编写业务实现	48
3.3	Android 应用运行	50
	3.3.1 运行 AVD 模拟器	50
	3.3.2 运行应用	50
3.4	Android 应用打包	51

第 4 章 Android 应用目录结构 ... 54

第 5 章 开发工具使用 ... 56

5.1	调试工具——DDMS	56
	5.1.1 DDMS 启动	56
	5.1.2 DDMS 面板介绍	57
5.2	调试工具——ADB	59
5.3	编译工具——DX	60
5.4	打包工具——AAPT	60
5.5	其他工具	62

第 6 章 Android 应用程序的常用组件 ... 62

6.1	Activity	63
	6.1.1 Activity 生命周期	63
	6.1.2 Activity 生命周期案例	65
6.2	Service	69
	6.2.1 启动模式	71
	6.2.2 绑定模式	77
6.3	Broadcast Receiver	83
6.4	Content Provider	85
	6.4.1 Content Provider	85
	6.4.2 Content Resolver	85
	6.4.3 URI 的使用方法	85
	6.4.4 Content Provider 实现	86
6.5	Intent 和 Intent Filter	93
	6.5.1 显式 Intent	93

6.5.2 隐式 Intent 及 Intent Filter ··· 98

第 3 篇　iOS 应用软件开发基础篇

第 7 章　iOS 前世今生 ··· 105
7.1　iOS 1.0 ··· 105
7.2　iOS 2.0 ··· 106
7.3　iOS 3.0 ··· 106
7.4　iOS 4.0 ··· 106
7.5　iOS 5.0 ··· 107
7.6　iOS 6.0 ··· 107

第 8 章　iOS 的系统架构 ··· 109
8.1　Cocoa Touch 层 ··· 109
8.1.1　主要特征 ··· 110
8.1.2　主要框架 ··· 112
8.2　Media 层 ··· 113
8.2.1　主要特征 ··· 114
8.2.2　主要框架 ··· 114
8.3　Core Service 层 ··· 115
8.3.1　主要特征 ··· 115
8.3.2　主要框架 ··· 116
8.4　Core OS 层 ··· 118

第 9 章　iOS 开发环境 ··· 119
9.1　搭建 iOS 开发环境 ··· 119
9.1.1　Mac 电脑 ··· 119
9.1.2　注册正式开发者账号 ··· 119
9.1.3　下载、安装 Xcode 开发工具 ··· 124
9.2　Xcode 简介 ··· 126
9.2.1　启动 Xcode ··· 126
9.2.2　新建 Xcode 项目 ··· 127
9.2.3　Xcode 项目窗口 ··· 128
9.2.4　界面编辑器简介 ··· 130
9.3　模拟器 ··· 132

第 10 章　第一个 iOS 应用——HelloWorld ··· 135
10.1　创建新项目 ··· 135
10.2　项目文件结构设计 ··· 137

10.2.1　AppDelegate.h 和 AppDelegate.m ………………………………… 138
　　10.2.2　MainStoryboard. Storyboard ……………………………………… 138
　　10.2.3　ViewController.h 和 ViewController.m …………………………… 139
　　10.2.4　XXX_Prefix.pch …………………………………………………… 140
　　10.2.5　main.m：main 函数 ………………………………………………… 140
　　10.2.6　XXX-Info.plist …………………………………………………… 140
　　10.2.7　Strings 文件 ……………………………………………………… 140
　　10.2.8　Frameworks 文件夹 ……………………………………………… 140
　　10.2.9　Products 文件夹 ………………………………………………… 141
　10.3　设计界面 ……………………………………………………………… 141
　10.4　添加代码 ……………………………………………………………… 141
　10.5　界面与代码建立关联 ………………………………………………… 142
　10.6　在模拟器中运行 HelloWorld ………………………………………… 144
　10.7　真机测试 ……………………………………………………………… 146
　10.8　应用程序发布 ………………………………………………………… 155

第 11 章　常用控件 ……………………………………………………………… 162
　11.1　视图控制器介绍 ……………………………………………………… 162
　11.2　UITextView …………………………………………………………… 164
　11.3　UIButton ……………………………………………………………… 165
　11.4　UIAlertView …………………………………………………………… 166
　11.5　Controls ……………………………………………………………… 169
　11.6　UITextField …………………………………………………………… 170
　11.7　SearchBar …………………………………………………………… 172
　11.8　Pickers ………………………………………………………………… 173
　11.9　Image ………………………………………………………………… 175
　11.10　UIImageView ………………………………………………………… 175

第 4 篇　Windows Phone 应用软件开发基础篇

第 12 章　Windows Phone 前世今生 ………………………………………… 179
　12.1　Windows CE ………………………………………………………… 179
　12.2　Windows Mobile ……………………………………………………… 180
　12.3　Windows Phone ……………………………………………………… 180
　　12.3.1　Windows Phone 7 …………………………………………………… 180
　　12.3.2　Windwos Phone 7.5 ………………………………………………… 181
　　12.3.3　Windwos Phone 7.8 ………………………………………………… 182

目 录

  12.3.4 Windows Phone 8 ·· 182

第 13 章 开发环境 ·· 184

13.1 开发调测工具 ·· 184
  13.1.1 Windows Phone Developer Tools ································ 184
  13.1.2 Visual Studio 2010 Express for Windows Phone ················ 184
  13.1.3 Expression Blend ·· 185
  13.1.4 XNA Game Studio ·· 185
  13.1.5 Windows Phone 7 模拟器 ··· 186
  13.1.6 Zune 播放器 ·· 186
  13.1.7 Windows Phone Connect Tool ································· 186
13.2 系统要求 ··· 186
13.3 搭建开发环境 ·· 187
  13.3.1 下载安装包 ··· 187
  13.3.2 安装 SDK ·· 188
13.4 开发框架 ··· 190

第 14 章 第一个 Windows Phone 程序——HelloWorld ············ 191

14.1 构建 HelloWorld ··· 191
  14.1.1 创建一个 Windows Phone 应用程序工程 ····················· 191
  14.1.2 设置应用界面 ··· 193
  14.1.3 添加与业务逻辑相关代码 ······································· 196
14.2 模拟器编译与调试 ·· 197
  14.2.1 模拟器编译运行程序 ··· 197
  14.2.2 调试应用程序 ··· 198
14.3 物理设备测试 ·· 199
14.4 部署应用程序到设备 ·· 202
14.5 项目的基本档案结构说明 ·· 203
  14.5.1 XAML ··· 204
  14.5.2 MainPage.xaml ·· 205
  14.5.3 App.xaml\APP.xaml.cs ·· 205
  14.5.4 ApplicationIcon.png、Background.png、SplashScreenImage.jpg ······ 208
  14.5.5 引用 ··· 208
  14.5.6 Properties ·· 208

第 15 章 开发控件 ·· 212

15.1 Pivot 和 Panorama ·· 212
  15.1.1 Pivot 控件 ··· 212
  15.1.2 Panorama 控件 ·· 214
  15.1.3 创建 Panorama 和 Pivot 控件的方法 ··························· 216

v

15.2 Grid 218
15.3 StackPanel 219
15.4 HyperlinkButton 220
15.5 ProgressBar 220
15.6 Map 221

第 16 章 应用程序生命周期与页面处理 223
16.1 应用程序生命周期事件 223
16.2 页面（Page）处理 225
  16.2.1 页面导航 225
  16.2.2 页面事件 227
  16.2.3 数据传递 228

第 17 章 应用发布 229
17.1 发布过程概述 229
  17.1.1 应用程序的提交 229
  17.1.2 验证审批流程 234
17.2 提交过程的注意事项 234
  17.2.1 应用商城测试工具包 234
  17.2.2 XAP 软件包提交注意事项 237
  17.2.3 应用程序代码验证 237
  17.2.4 应用所用手机功能（Capabilities）检测 238
  17.2.5 关于应用程序语言 238
  17.2.6 相关图标的注意事项 239

第 5 篇　百度云 ROM 应用开发基础篇

第 18 章 初步认识百度云 ROM 243
18.1 百度云亮点 243
18.2 百度云 ROM 特色功能 244
18.3 百度云 ROM 特色应用 246
18.4 百度云 ROM 刷机 248

第 6 篇　提高篇——跨终端互联网产品开发

第 19 章 小型互联网产品演示项目——SmallDemo 251
19.1 产品需求 251
19.2 整体界面架构设计 251

19.3 子功能界面设计 252
19.4 功能设计与分工 253

第20章 Android 部分 254

20.1 开发实现界面框架 254
 20.1.1 新建项目 254
 20.1.2 搭建界面框架以及天气界面 255
 20.1.3 照相界面 261
 20.1.4 录音界面 266
 20.1.5 "摇一摇"界面 271

20.2 天气的实现 276
 20.2.1 天气的数据接口 276
 20.2.2 天气数据接口的数据格式 278
 20.2.3 对JSON数据的解析 280
 20.2.4 文件存储天气信息 283
 20.2.5 多线程与Handler非阻塞方式构建天气模块 284
 20.2.6 在AndroidManifest.xml文件中添加相关权限 293
 20.2.7 完成天气模块 293

20.3 照相 293
 20.3.1 对系统手机摄像头的启动与拍照 293
 20.3.2 照片的显示以及多点触控缩放 295
 20.3.3 照相功能的整合 296

20.4 录音 305
 20.4.1 MediaRecorder类进行录音 306
 20.4.2 MediaPlayer类对录制的视频文件进行播放 307
 20.4.3 在AndroidManifest.xml中加入相应的权限 308
 20.4.4 录音与播放功能代码整合 308
 20.4.5 录音功能模块运行效果 316

20.5 摇一摇 316
 20.5.1 传感器检测 316
 20.5.2 摇一摇功能的具体实现 317
 20.5.3 摇一摇功能的效果 323

20.6 形成成品 324

第21章 iOS 部分 326

21.1 创建项目 326
21.2 构建界面框架 329
21.3 实现天气 335
21.4 实现摄像模块 349

21.5 实现录音模块 ………………………………………………………… 351
21.6 "摇一摇" ………………………………………………………………… 354
21.7 形成成品 ………………………………………………………………… 356

第22章 Windows Phone 7部分 …………………………………… 358

22.1 创建项目 ………………………………………………………………… 358
22.2 构建界面框架 …………………………………………………………… 358
22.3 基本框架及天气预报模块 ……………………………………………… 362
 22.3.1 实现功能 …………………………………………………………… 362
 22.3.2 天气功能实现步骤 ………………………………………………… 362
 22.3.3 关键类 ……………………………………………………………… 362
 22.3.4 通过HttpWebRequest取得数据 ………………………………… 367
 22.3.5 把JSON转换成C#类 …………………………………………… 368
 22.3.6 通过ListBox把3天的天气显示到界面上 …………………… 369
 22.3.7 效果图 ……………………………………………………………… 370
22.4 照相 ……………………………………………………………………… 370
 22.4.1 实现功能 …………………………………………………………… 370
 22.4.2 实现步骤 …………………………………………………………… 370
 22.4.3 关键类（CameraCaptureTask类）……………………………… 371
 22.4.4 启动照相机，拍照，返回数据给调用方 ……………………… 371
 22.4.5 通过Image显示照片 …………………………………………… 371
 22.4.6 效果图 ……………………………………………………………… 372
22.5 录音 ……………………………………………………………………… 372
 22.5.1 实现功能 …………………………………………………………… 372
 22.5.2 实现步骤 …………………………………………………………… 372
 22.5.3 关键类（Microphone类）……………………………………… 373
 22.5.4 录音初始化 ………………………………………………………… 373
 22.5.5 开始录音 …………………………………………………………… 373
 22.5.6 结束录音 …………………………………………………………… 374
 22.5.7 播放录音 …………………………………………………………… 374
 22.5.8 效果图 ……………………………………………………………… 375
22.6 摇一摇 …………………………………………………………………… 375
 22.6.1 功能说明 …………………………………………………………… 375
 22.6.2 实现步骤 …………………………………………………………… 375
 22.6.3 关键类 ……………………………………………………………… 375
 22.6.4 定义重力感应系统 ………………………………………………… 377
 22.6.5 回调事件处理，震动手机和显示重力感应坐标 ……………… 377
 22.6.6 效果图 ……………………………………………………………… 377

第7篇 高级篇——VoIP-IP语音通话实例

第23章 VoIP 基础 …… 381
第24章 基于 SIP 的 VoIP 客户端实现 …… 383
24.1 VoIP 客户端总体架构 …… 383
24.2 SIP 关键流程 …… 384
24.2.1 注册流程 …… 384
24.2.2 呼叫流程 …… 386
24.3 SIP 协议栈软件架构 …… 389
24.4 代码示例 …… 390
24.4.1 SIP DLL 接口封装 …… 390
24.4.2 Media DLL 接口封装 …… 401
24.4.3 注册管理 …… 401
24.4.4 会话管理 …… 406
24.4.5 SIP 消息对象 …… 416
24.4.6 数据分组处理 …… 419
第25章 媒体控制过程 …… 428
25.1 iOS 语音通话知识要点 …… 428
25.1.1 iOS 音频核心 …… 428
25.1.2 支持的语音编解码格式 …… 429
25.2 音频开发示例 …… 430
25.2.1 定制音频组件 …… 430
25.2.2 创建音频组件 …… 431
25.2.3 配置并初始化音频单元 …… 431
25.2.4 音频数据的录制与播放处理 …… 432

第8篇 互联网开放资源 API

第26章 中国电信天翼开放平台 …… 437
第27章 统一应用环境 …… 450

第9篇 移动终端应用开发新趋势

第28章 新技术带来应用开发新特性 …… 469

28.1 云计算 ·· 469
28.2 HTML5 ·· 470
28.3 物联网 ·· 472
28.4 人机交互 ··· 473

第1篇
移动终端应用软件开发综述

第1章

智能终端设备

1.1 智能终端设备的定义

智能终端是指具有独立的操作系统，可以安装和运行第三方软件，并具备移动通信能力的手持设备。

1.2 智能终端设备的类型和发展方向

智能终端可以归纳为以下3类。
- 用户手持和佩戴设备：包括手机、平板电脑、智能手表、智能手环等。
- 家庭类设备：包括智能电视、智能路由器等。
- 办公类设备：包括企业和私人云存储终端等。

1.3 手持式智能终端设备

和个人电脑产品类似，硬件和软件构成了智能终端设备，下面分别介绍硬件和软件体系的主要构成。

1.3.1 硬件

拥有完整的 SoC（System on a Chip，片上处理器系统），包括 CPU（中央处理器）、内存控制器、GPU（图形处理器）、基带芯片，拥有独立的屏幕、镜头和天线设计及前端射频电路等组成部分。

（1）中央处理器单元

负责执行核心运算和控制功能，业界已经可以支持高达八核的处理器平台，例如高通骁龙 810，采用 20 nm 制程工艺，内置 4 枚 Cortex-A57、4 枚 Cortex-A53 核心组成的

big.LITTLE8 核架构，支持 32bit 及 64bit ARM 指令集；三星 Exynos 5 Octa 处理器，内置有 4 枚 1.8 GHz ARM Cortex A15 架构核心和 4 枚 1.3 GHz ARM Cortex A7 架构核心处理器。

（2）基带处理器基带芯片

作为智能终端的通信模块，负责完成移动网络中无线信号的解调、解扰、解扩和解码工作，作为手机上的 Modem，支持 2G 的 GSM 网络 GPRS、CDMA 网络的 cdma2000 1x 或 3G（WCDMA、cdma2000 1x、TD-SCDMA）网络、4G（HSPA+、FDD-LTE、TDD-LTE）网络的多制式已经是基带芯片的发展趋势。智能终端实现电话通信、短信业务和上网，都是通过标准 AT 指令发送给基带部分，基带部分完成处理后就会在终端和无线网络间建立起一条逻辑通道，将语音编码、短信或上网数据分组通过这个逻辑通道传送出去。目前，业界只有高通、收购了英飞凌的英特尔、收购了 Icera 的 NVIDIA、爱立信和联发科等公司能提供多芯片的打包整合方案，如果手机厂商选用的是其他品牌处理器，那就必须另购第三方基带芯片。

（3）GPU

智能终端在图形能力上的发展和传统的 PC 有着类似的途径，早期智能终端的操作系统和软件都是由 CPU 进行处理，呈现在屏幕上，不带单独的显示处理单元。由于 CPU 的图形处理能力较弱，传统的智能手机对需要大量图形呈现的软件和游戏往往力不从心，随后引进了单独的 3D 加速芯片，提升了智能终端展示 3D 图形的能力，可以流畅地运行各种 3D 游戏和 3D 应用程序，为智能终端的娱乐化带来了革命性的变革。早期的 3D 加速芯片功能性能比较弱，仅为 3D 程序提供一定的辅助处理作用，随着芯片技术的发展，3D 加速芯片早已演化成真正意义上的 GPU（Graphic Processing Unit，图形处理器），将所有图形显示功能从 CPU 那里都接管了过来，并且还提供了音视频播放、录制和照相时的编解码辅助处理功能。GPU 作为一块高度集成的芯片，其中包含了图形处理所必需的所有元件，GPU 和 CPU 之间通过 RAM 进行数据交换。GPU 的数据指标很多，但是衡量一款手机 GPU 性能好坏的关键，则是看它的多边形生成能力和像素渲染能力。目前，市面上主流的移动 GPU 由 3 家公司生产，包括英国 Imagination 公司的 SGX 系列、美国高通公司的 Adreno 系列和显卡芯片商美国 NVIDIA 公司的移动 GeForce 系列。

（4）内存控制器

终端的"内存"分为"运行内存"及"非运行内存"。其中，"运行内存"是指终端运行软件时需要的内存单元，更大的运行内存能更好地保证终端加载更多或运行更大的执行程序，它决定了多程序运行的流畅性，相当于电脑内存 RAM；"非运行内存"作为终端的数据存储单元，相当于电脑的硬盘 ROM。随着高容量闪存芯片成本的不断下降，16 GB 的终端自带内存、外带 32 GB 的扩展能力将成为市场主流趋势。

（5）屏幕

屏幕大尺寸和高分辨率的发展已经是智能终端中手持设备的显性竞争焦点，为了支持保证更加出色的画面 PPI 数值，支持 1 920 像素 × 1 080 像素，采用屏幕对角线的长度为 5 英寸 1080P 分辨率的显示屏已经成为各厂商旗舰手机的标配。从人体工程中单手操控的合理性设计角度来说,男子以 4.7 英寸为最大极限,大于 4.7 英寸的屏(例如 5.0 英寸或 5.3 英寸之类的屏幕)很难进行单手定位全屏操控。女子一般以 4.5 英寸为最大极限。大于 4.5 英寸的屏,女子一般无法单手定位全屏操控(需要单手局部移位才行)。作为手持终端市场领先者的苹果公司,在关于手机屏幕尺寸提升方面一直坚持独立的定位,其中,iPhone 4 和 4S 都采用 3.5 英寸 640 像素 ×960 像素 IPS 屏幕,iPhone 5 和 iPhone 5S 为 4 英寸 640 像素 ×1 136 像素 IPS LCD 屏幕。iPhone 6 和 iPhone 6 Plus 提升为 4.7 英寸 1 134×750 像素和 5.5 英寸 1 920×1 080 像素。三星 Galaxy S5 则将屏幕稳定在 5.1 英寸屏幕、1 080P 分辨率的定义上,屏幕材质为 Super AMOLED。索尼 Xperia Z3 系列手机,采用 5.2 英寸 1 920 像素 ×1 080 像素 IPS LCD 屏幕。从便携性方面考虑,能兼顾单手操作和便携性的屏幕最佳尺寸在 4.3 ~ 4.8 英寸,随着未来手机的边框越来越小,把实体按键尽量整合到屏幕里面,用合理的软件设计对交互界面进行优化,在需要全屏操作时隐藏按钮,以求最佳视觉效果,可以进一步减少体积,提高可便携性和易操作性。

(6)摄像头

作为智能终端重要的视频捕捉和采集窗口,摄像头技术在最近两年得到了迅猛的发展,从初始的 10 万像素、30 万像素发展到百万像素,然后再到当前的 300 万像素、500 万像素乃至最高的 4 100 万像素。除了像素外,未来摄像头硬件能力的比拼将更多聚焦于光学性能和媒体处理能力的提升,例如光圈大小、变焦能力、防抖性能、感光器的进步、成像速度和画质、白平衡、自动对焦技术等。

1.3.2 软件

(1)智能终端设备操作系统竞争格局

进入 2014 年,智能手机操作系统依然是 iOS 和 Android 的双寡头格局。市场研究公司近期发布的研究数据显示,在 2014 年 1-3 月,全球智能手机出货量达到了 2.669 亿部,Android 和 iOS 这两大操作系统在全球智能手机总出货量中的比例环比基本保持稳定,占比 68% 和 16%,微软的 Windows Phone(以下简称 WP)却将市场份额增加到了 4%。在可佩戴智能设备上,以定制的 Android 操作系统和嵌入式 Linux 操作系统为主,与 iOS 设备和 Android 设备连接使用,支持 WP 操作系统的佩戴设备尚未面世。

(2)现有操作系统架构

当前,智能终端的演进已经由运营商和手机制造商主导转向平台主导,并由创新应用开发为驱动力。终端操作系统是移动生态系统的基础,通过应用开发环境和应用商店实现整个生态系统繁荣。要在生态系统获得话语权,必须在操作系统方面有自己的话语权,发展自有应用开发环境,需要在终端操作系统的安全、小额支付、本地化服务、用户体验、跨平台跨屏开发等方面,具有自主创新。Android、iOS 和 Windows Phone 的操作系统、开发环境、应用生态的基本情况见表 1-1。

苹果公司作为垂直整合公司,控制着端到端产品体验,紧密结合硬件、软件、服务和设计,不仅拥有 iOS 平台、应用商店,还包括硬件知识产权、手机设计、内容发布、服务零售渠道，集成了 iTunes 内容分发服务和 iClound 在线服务，是从芯片到云的整条产业价值链。

　　iOS 作为封源操作系统，SDK 对外开放，用户只能安装来自官方应用商店 App Store 的应用。开发者可以进行应用开发，但是无法对 UI 框架、中间件、开发环境、系统内核进行定制，即不能对其进行系统级别的手机操作系统研发。围绕 iOS，建立了繁荣、健康、庞大的生态系统。作为应用平台，iOS 吸引了大量开发商在平台上的投资，是所有智能操作系统中应用数量最多、应用下载次数最多的平台。苹果成功避免在价格上竞争，通过顶级品牌、自我增长的生态系统，赢得市场最大利润，根据市场分析公司 Asymco 在 2012 年初的一份报告，虽然 iPhone 手机在全球市场的销量份额只有 9%，但占了业界利润的 75%。

表 1-1　3 种操作系统的基本情况

	iOS	Android	Windows Phone
系统架构	可轻触摸层（Cocoa Touch） 媒体层 核心服务层 核心操作系统层	应用层 应用框架 Library / Android Runtime Linux 内核	应用：App UI & logic / Frameworks / Silverlight / XNA / HTML/JS / Common Based Class Library 应用模型 / UI 模型 / Cloud Integration 内核
系统内核	派生自 Mac OS X 内核	基于 Linux	WP7/ WP 7.5 为 Windows CE Windows 8 为 Windows NT
开放性	私有	开源	私有
开发环境	私有开发工具，基于 Xcode 开发套件	通用开发工具 Eclipse IDE，提供插件和模拟器	针对 PC 和 XBOX 开发者，使用相同开发工具 Visual Studio IDE
原生编程语言	Object-C	非标 Java	WP7 C# WP8 C#/C++
应用商店	App Store 只允许安装来自官方应用商店的应用	Google Play 允许安装"未知来源"的应用	Windows Phone Store 只允许安装来自官方应用商店的应用
应用数	65 万多个 截至 2012 年 6 月 12 日	60 万个 截至 2012 年 6 月	10 万多个 截至 2012 年 6 月 5 日
累计下载量	300 亿次 截至 2012 年 6 月 12 日	200 亿次 截至 2012 年 6 月	

Google 采用和苹果不同的策略，成功地建立了广泛和多样化的生态系统，通过免费版权的方式，降低了手机制造商的准入门槛，改变了手机制造商格局，市场份额超过 2% 的制造商，从两年前的 6 个增加到 10 个。三星从 Nokia 手中夺得手机制造商的头把交椅，中国的手机制造商——中兴通讯和华为也进入了世界 OEM 的前 10 名。Android 的发展，得益于众多的手机制造商和运营商希望能够有智能手机和 iPhone 竞争。

平台供应商追求统一体验，运营商和手机制造商希望打造特色，通过差异化获取竞争优势，两者之间存在矛盾。Google 通过兼容性测试套件（CTS）和兼容规范文档（CDD），规范设备硬件规格，确保设备 API 的一致性和硬件规格，并实施越来越严格的控制。通过 Android 系统进行差异化空间的不断挤压，手机制造商不得不以价格和推出市场时间作为主要竞争点。三星依靠屏和芯片的垂直整合，以及 Android 新版本机型推出最快（最快的上市时间）获得盈利。在 2012 年第一季度，苹果和三星共占智能手机总利润的近 99%，这意味着其余手机制造商在争夺剩下不到 2% 的市场利润。

通过用户体验、平台上的应用、生态系统，苹果和 Google 绕开运营商，直接面对用户，主导业界的发展，获取最大的利益。

随着云技术的发展和网络接入平滑性的提升，在终端平台上 WebOS 将有可能成为未来几年的终端软件平台"黑马"，目前 WebOS 以 Firefox OS 和 Tizen 为代表。WebOS 是一种以 Web 为主要应用模式的操作系统平台，具备如下 3 个要素：

- 它是操作系统，不是中间件或应用，架构包括操作系统层、应用运行环境层和 UI 框架层 3 个完整的层次；
- 系统直接支持 Web 应用运行，而非通过浏览器或第三方软件支持；
- 开发者基于 HTML、CSS、JavaScript 技术为其开发应用程序。

各系统架构如图 1-1 所示。图 1-1 中深灰色模板为开源第三方代码、无底色部分为应用，浅灰色部分为 OS 的组成模块。

WebOS 是非常值得关注的平台，有可能在未来 3 年内得到充分的发展，虽然目前在手持设备上尝试 WebOS，更多的是集中在 OS 支持 HTML 引擎上，但随着云计算技术和网络条件的成熟，加上佩戴设备的应用多样性需求不强，厂商在佩戴设备上采用 WebOS 技术，可以绕过目前终端操作系统平台的垄断，构建独立的生态圈。

（3）完全自研新型操作系统

随着可佩戴设备的出现，业界找到了一个可以采用自研操作系统进入新型终端设备的领域。自研原生操作系统是以 Linux 内核为基础，自主设计系统架构，并搭建从底层到自带应用的整个操作系统。

①综合考虑搭建整个操作系统的难度风险和投资。

拥有商用智能操作系统的厂商技术实力雄厚，有着长期的技术积累。以 Android 为例，2003 年 10 月 Andy Rubin 创建 Android 科技公司，2005 年 8 月被 Google 收购，2008 年 10 月推出第一款商用 Android 手机 HTC G1，前后经历整整 5 年。如果重头开始，以 Linux 内核为基础，搭建整个操作系统，需要组建一只庞大的研发队伍，投入大量的人力物力，开发周期长，即使开发出来，很可能系统已经落后。除了拥有技术实力和巨额投资，第一款商

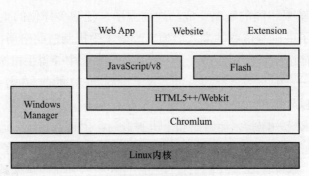

(a)Chrome OS 系统架构

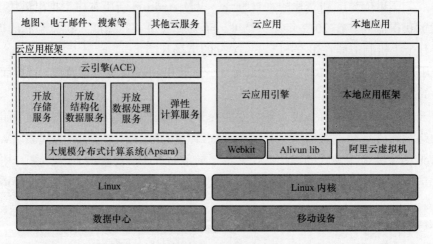

(b)阿里云 OS 系统架构

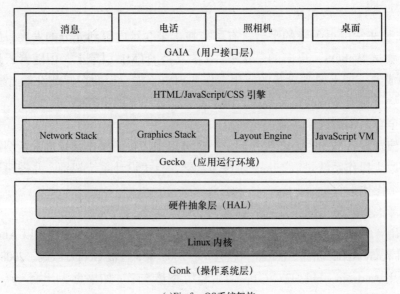

(c)Firefox OS系统架构

图 1-1 各系统架构

用手机推出时间和机遇很重要。MeeGo 是令人扼腕的例子。2010 年 2 月全球移动通信大会宣布进行 MeeGo 项目，由当时领先制造商诺基亚和世界芯片巨头英特尔共同推动，结合诺基亚 Mameo 和英特尔的 Moblin，由 Liunx 基金会主导，在人力、财力、技术上都有雄厚的实力。MeeGo 第一款商用手机 Nokia N9 在 2011 年 6 月推出，但在此 4 个月之前，诺基亚宣布和微软合作，将微软的 Windows Phone 作为其未来智能手机的唯一操作系统。如果 Nokia N9 能提早半年面世，将是另外的故事。

现今，智能手机操作系统发展很快，通常半年一个版本，新操作系统要赶上现有智能手机的步伐，在技术上不落后，维持平台的竞争力，需要长期的大量研发投入。过去 10 年，有很多公司推出的手机操作系统或移动设备平台，大部分都已远离或正在远离大众的视线，例如 ALP、Danger OS、ELIPS、LiMo、MeeGo、MIDAS、MOAP、Nokai GEOS、OpenMoko、Palm 5/6、Prizm、SKY-MAP、Symbian、UIQ、WebOS、Windows Mobile 等。移动手机市场竞争激烈，任何组织或者联盟决定开发新的操作系统，都应是深思熟虑的结果，需考虑到技术、投资和风险。

②新操作系统将与现有的智能手机操作系统在市场上竞争，先来者在整个产业链上占据先机和优势，对后来者形成障碍。

iOS 和 Android 已经得到用户和开发者的认可，占领了市场高地，有成熟的产业链，对后来者形成障碍。后来者在推广上需要以更大的投入来获得认同。

2010 年 10 月，微软在 Windows Phone 发布之初曾花费 4 亿美元进行营销，并承诺为诺基亚提供达 10 亿美元的补贴。然而 Strategy Analytics 执行主管尼尔·莫斯顿 (Neil Mawston) 表示，2012 年 Windows Phone 的美国市场份额将为 4.1%，仅略高于 2011 年的 3.5%。新操作系统要获得消费者青睐，说服非发烧友非极客的普通用户放弃熟悉的用户界面和使用习惯，需要自身更加优秀，因此新操作系统有更高的技术门槛。

智能手机操作系统是应用平台，更多的应用吸引更多的用户，更多的用户吸引更多的开发商开发更多的应用，如此正反循环，形成良好的生态环境。一个成功的应用平台，例如 Android，除了获得 Google 公司的投资外，每年还获得全球开发者的大量投资，为其生产应用提供平台的价值。

开发者对平台的采纳实际是对平台的投资，包括学习开发语言、熟悉开发工具、购买开发环境，成本包括金钱和时间的投入。移动分析师 Andreas Constantinou 指出平台"不能买到开发者的钟爱，只能播下种子"。平台需向开发者证明平台值得信赖，需要展示该平台上的应用具备赢利能力，而初期平台上缺乏应用，要打破这"鸡和蛋"的僵局，平台需要资助开发者开发应用以及培养开发者。以微软为例，微软向开发者提供 6 万~60 万美元资助他们开发 WP 应用，从某种意义上"购买"WP 应用。微软和诺基亚宣布各拿出 900 万欧元（约为 1 200 万美元）资助芬兰 Aalto 大学的移动应用开发项目，该项目从 2012 年 5 月启动。"播下种子"需要巨大的投资。

通过微软的努力"播下种子"，微软 2012 年 6 月在 WP 开发大会上宣布，WP Marketplace 应用超过 10 万个。与此同时，领先的两大平台中，Apple 应用商店有 65 万个应用，Android 的 Google Play 有近 45 万个应用。更重要的是新的小的生态系统增加应用速度远低于 Android 和 iOS。在 2012 年 Q1、iOS 和 Android 每周各增加 4 600 个和 9 000 个应用，而黑莓和 Windows Phone 分别为 1 800 个和 1 400 个应用，差距在不断拉大。

开发者开发一款应用，有多个平台的版本，例如愤怒的小鸟，最先是 iOS 版本，接着是 Android 版本，最后才轮到 WP 平台。对于应用，特别是游戏，由于后来平台推出版本的时间延后，追求时尚赶新潮的消费者仍将眼光锁定在两个领先平台。

围绕平台不仅有手机制造商和开发者，还有手机配件这经常被忽视却非常活跃的市场。配件包括手机耳机、蓝牙耳机、手机数据线、车载配件、手机保护膜、个性保护套、手机饰品、手机连接器、手机充电器、手写笔、手机底座等。配件如同应用那样增加设备的价值，扩展设备用途，提供个性化的差异。Apple 的生态系统包含了生产其专有的 30 脚配件的工厂，平台通过不兼容配件提高用户的黏性。

领先平台通过用户体验，通过平台应用，通过丰富的配件，在后来者面前树起了屏障，要逾越有很大的困难。

（4）作为 Android 分支发展的可行性

要掌握系统的安全架构，主导开发者开发应用，繁荣生态系统，完全自研操作系统不是唯一的途径，可通过对应用平台的掌控，深度本地化，优化原有的安全机制并增加新的，在已有的商用系统上发展分支版本，在产业生态链方面，兼容原系统应用，避免生态系统建设的巨额投资和漫长的建设周期。

基础操作系统，需被证明有优秀的用户体验，有良好的生态系统，并允许在上面发展分支版本，才能被选中。iOS 和 Android 是智能手机的双寡头，没有其他系统可与它们竞争。iOS 是封闭的系统，无法在上面发展自有版本。在排名前 6 名的操作系统中，还有 Windows Phone 仍保持活力，Windows Phone 也属于封闭操作系统，同样无法在上面发展自有版本，因此 Android 成为唯一的候选者。

① Android 开源项目 AOSP 及其版权许可

Android 是移动设备的开源软件栈，Google 在 Android 开源项目网站上解释道："我们创建 Android 是为了将我们的体验部署到移动应用。我们要确保没有失败中心点，因此任何业界成员不能限制或者控制他人的创新。这就是为什么我们创建 Android，并将它的源代码开放。"

Android 的开源代码可以从 AOSP（Android Open Source Project，Android 开源项目）中获取。AOSP 是由 Google 领导的开源项目，是对 Android 进行维护和进一步发展，主要目的是建立一个优秀的软件平台，有许多公司的工程师参与，它的代码是可定制和可移植的，用于生产高质量的消费产品。Google 公司还维护一个 Android 私有分支，该分支比释放在 AOSP 的公开代码提早 6 个月开发期，只提供给特定的合作伙伴，如 OEM 厂商。

Android Stack 中的 Android 专有组件大都采用 Apache 2.0 许可，其他组件采用该开源社区所使用的许可，例如 Linux 内核和 WebKit 分别采用 GUN GPL 和 LGPL，还有少量组件采用其他版权。

Apache 2.0 与 GUN GPL 有显著差异，允许使用者发布经过修改的版本而无需将修改反馈给社区，可拥有自己的修改。"用户可以为自身所做出的修订添加自己的版权声明，并可为修订内容或衍生作品提供整体的使用、复制或分发的附加或不同的条款，条件是用户对作品的使用、复制和分发必须符合本许可证中声明的条款。"根据 Apache 2.0，用户一旦获得授权，将是永久授权，无需担心授予方未来会终止授权，"每个贡献者授予用户永久性的、全球性的、非专有性的、免费的、无版权费的、不可撤销的版权许可证，以源程序形式或目标形式复制、准备衍生作品、公开显示、公开执行，授予分许可证，以及分发作品和这样的衍生作品。"

Apache 2.0 许可是宽松的。基于这个许可，根据我国本地需求，可以在 Android 开源代码上进行深度定制和开发，对修改和增加部分进行自己的版权声明，可拥有自己的专利和知识产权。由于 Apache 2.0 的版权授权是"永久性的"、"全球性的"、"免费的"和"不可撤消的"，保障了基于 Android 的自研操作系统未来的商用，避免和 AOSP 开源社区的版权纠纷。

② Android 内核和 Linux 内核

Android 操作系统的内核是基于 Linux 内核，是 Linux 内核的一个分支。Linux SCSI 子系统的维护者 James Bottomley 认为，Android 是有史以来最成功的 Linux 发行版，它的惊人成功归结为"内核分支，重写工具链和 C 库，开发一套自己的 Java 应用框架以及极度不喜欢 GPL"。

对于官方版本的 Linux 内核，如果需要进行某些改动，例如移动电源管理，根据 GPL 许可，传感器厂商编写的内核驱动程序需要提交给 Linux 社区，当中可能含有具备商业竞争优势的代码，由社区评估保证质量，并争取合并到 Linux 的下一版本，以便即使 Linux 升级该修订仍持续有效。这在开发中需包含参与 Linux 社区贡献的时间，以及社区审查和接受补丁代码流程的时间，但考虑到移动智能手机频繁换代，市场竞争激烈和创新迭出，流程显得拖沓。

Android 在代码质量和市场成功两者的衡量中无疑选择了后者。Android 在内核中增加后门，使驱动从系统空间的内核开发转为可在用户空间的开发，从而绕开 Linux 内核的 GPL 许可限制，而在用户空间的程序只需遵循 Android 的 Apache 2.0 许可。这使得厂商可以将产品快速推向市场，不会因为 Linux 社区的流程而错过市场档期。

2010 年 2 月 3 日，由于 Google 在 Android 内核开发方面和 Linux 社区方面开发不同步，Linux 内核开发者 Greg Kroah-Hartman 将 Android 的驱动程序从 Linux 内核"状态树"（Staging Tree）上除去。2010 年 4 月，Google 宣布将派遣 2 名开发人员加入 Linux 内核社区，以便重返 Linux 内核。2011 年，Linus Torvalds 说："Android 的内核和 Linux 的内核将最终回归到一起，但可能不会是 4~5 年。"

目前，Android 内核作为 Linux 的分支，比官方版本的 Linux 内核更适应移动市场化，具有更强的竞争力。它们之间的差异也是我国为何不选择完全自研而考虑以 Android 为基础开发我国手机操作系统的重要因素之一。

③ Android HAL 和终端适配

终端适配一个新平台的成本是很高的，费力费时。据说 HTC 在 2005 年就开始研究

Android 适配，在 2000 年就开始研究 Windows Mobile 适配，是在推出第一台 G1 和 SPV 机型的 3 年前。Nokia 的首款（也是最后一款）MeeGo 手机 N 推出日期多次延后，是 Nokia 最后押宝在 WP 的重要原因。

Android 的 HAL（Hardware Abstraction Layer，硬件抽象层）是从内核中抽离的硬件功能，以 *.so 档的形式存在，把 Android 框架与内核隔开，使得上层软件不因硬件的不同而更改，而是通过 HAL 适配底层的不同硬件。目的是把 Android 架构与 Linux 内核隔开，使上层框架的开发可独立进行。借助 Android 的 HAL，可增强新系统的可移植性。

Firefox OS 是成功利用 HAL 实现系统快速在设备上移植的成功案例。

在 2012 年 7 月，Mozilla 公司宣布将它的 Web 操作系统 Boot to Gecko 正式命名为 Firefox OS，这是首个全部使用 Web 技术编写的操作系统。它的底层核心称为 Gonk，包括 Linux 核心、硬件抽象层，而硬件抽象层部分则来自 Android 的 AOSP。

Firefox OS 目前还没有推出商用机型，它未来的发展前景如何尚待评估。但是对于手机制造商适配第一款平台手机的艰辛相比，Firefox 利用 Android HAL，很快将 Firefox OS 移植在现有的 Android 设备上。在 2012 年的世界移动大会上，Mozilla 在三星 Galaxy II 高端智能手机硬件上演示新系统。

在 Android 上拉出分支发展自研操作系统，可以利用 Android 的硬件抽象层，避免设备适配新系统的困难和耗时，同时也减轻了手机制造商的投入和风险，加快产品市场化的步伐。

④利用 Android 生态系统

诺基亚的 CEO Stephen Elop 在他那著名的燃烧平台备忘录中写道："手机产品的争夺现在已经演变成一个生态系统的战争，其中生态系统不仅包括设备的硬件和软件，还包括开发者、应用软件、电子商务、广告、搜索、社交应用、基于地理位置的服务、全方位通信以及其他很多东西。我们的竞争对手并不是通过设备抢占我们的市场份额，而是通过一个完整生态系统。"

智能终端改变了原有的终端格局和商务模式。终端系统不再作为软件平台，通过版权费从手机制造商获利，而是作为应用平台，面对消费者和开发者，触发网络效益，即更多的用户吸引更多的开发者，更多的开发者生产更多的应用，更多的应用吸引更多的用户，如此正向循环，建立健康的生态系统。要新建一个生态系统投资大，技术门槛高，并不是简单地提供应用商店即可，而是要吸引开发者吸引用户，触发网络效应的正向反馈。既然自研操作系统是 Android 的分支，可借助 Android 的生态系统，降低风险。自研操作系统作为 Android 的分支，必须兼容上游的 Android 应用，即可以安装和运行 Android 应用，但反过来不一定成立，即自研操作系统的应用不一定能在 Android 设备上安装或运行。简单地说就是：你有的我有，但我有的你不一定有。

新系统可以延续用户在 Android 系统上的体验，并在此基础上进行本地化操作的改善，兼容 Android 的几十万个应用，发展本地特色应用和服务，用户可以根据需求，在现有的 Android 应用以及新系统新添应用中进行选择，有效降低建设新系统及生态系统的投入，缩短获取规模数量应用所需的时间。

（5）终端安全技术

随着移动智能终端的广泛应用以及功能的不断扩展，其使用过程中的安全问题被越来越多的用户所关注。近年来，恶意吸费、窃听、窃录、位置信息泄露等安全事件频发，使用户对移动智能终端的安全性产生顾虑，进而影响到移动智能终端和移动互联网应用的发展。

移动智能终端安全能力主要包括3个部分，最底层是移动智能终端硬件安全能力，之上为操作系统安全能力，顶层为应用层安全要求。

移动终端硬件安全目标是在芯片级保证移动通信终端内部Flash和基带的安全。确保芯片内系统程序、终端参数、安全数据、用户数据不被篡改或非法获取，向上层操作系统提供安全能力接口，扩充终端安全能力。

操作系统安全目标是达到操作系统对系统资源调用的监控、保护、提醒，确保涉及安全的系统行为总是在受控的状态下，不会出现用户在不知情情况下执行某种行为，或者不可控的行为。另外操作系统还要保证自身的升级是受控的。

应用软件安全控制目标是要保证移动终端对要安装在其上的应用软件可进行来源的识别，对已经安装在其上的应用软件可以进行敏感行为的控制。另外还要确保预置在移动终端中的应用软件无恶意吸费行为，无未经授权的修改、删除、窃取用户数据的行为。

系统安全技术主要包括以下几个方面。

①安全的移动终端硬件启动及操作系统引导过程

要求移动终端在硬件启动过程中加载经过签名的官方来源的引导程序、操作系统内核、固件。移动终端设备可在启动的只读存储器（Boot ROM）保存生产厂商或者运营商的公钥，公钥在移动终端出厂时固化到设备中，用于对引导程序、操作系统内核、基带芯片固件进行签名验证。

一般情况下，在系统启动过程中，移动终端的引导程序（Bootloader）、操作系统的内核（Kernel）、操作系统的内核扩展模块（Kernel Extension）以及基带芯片固件（Baseband Firmware，用于移动蜂窝网络的通信），这4部分将被顺序加载和执行。

安全移动终端启动过程如下：移动终端加电之后，加载只读存储器中的代码，使用设备固化的公钥来验证引导程序是否合法；如果合法，则加载引导程序，引导程序启动后，验证操作系统内核是否合法；如果合法，则加载操作系统内核并执行，操作系统内核运行后验证内核扩展模块以及基带固件是否合法；如果合法，则将其加载。在上述过程中，每一部分都需要验证其合法性，并且每一步都依赖于前一步的成功验证和加载执行，任何一个步骤出现问题，比如无法通过验证，都需要在设备屏幕上做出相应的提示，引导用户做出正确的操作。

②安全的操作系统升级过程

为了移动终端使用官方来源的引导程序、操作系统内核、固件，在移动终端升级的时候，需要对升级包进行验证。厂商或者运营商使用私钥对升级包进行签名，用户在设备上接收到升级通知，按照提示信息进行下载和安装。在此过程中，在前面描述的引导阶段获取的公钥，将对升级包的签名进行验证。

为了进一步保障设备的安全性，要求通过一些软件手段防止系统降级。如果移动终端的操作系统允许降级，恶意攻击者则有可能引诱用户安装一个低版本的系统，并且通过这个低版本系统中的某个漏洞破解移动终端的安全机制。厂商或者运营商应当鼓励用户尽快升级到最新版本，新版本尽快地封堵一些已经发现的漏洞。

升级过程中，设备和升级服务器通信的时候，需要采取合适的加密方案，比如可以使用 SSL、TTS 的通信协议。

③预置可信的系统应用，并安装可信第三方应用程序

移动终端的应用程序包括厂商提供的系统级的应用程序以及大量的第三方开发商提供应用程序。为了保证程序的合法性和安全性，要求采用私钥签名公钥验证的方案。系统的应用（比如联系人、电话拨号之类的应用）通常包含在操作系统的发布包中，在设备出厂的时候预置在设备中，不需要用户进行额外的安装。对于系统应用，要求由厂商或者运营商进行签名。第三方应用程序，由第三方的应用开发方开发，在向广大的移动终端用户发布之前需要先通过厂商或者运营商的测试、审核、认证，然后再用自己的私钥对程序签名，防止恶意程序安装到用户的设备上，并在发现应用的恶意行为的时候追踪到相关的开发商，公布其行为并进行惩罚。

程序运行时安全技术包括以下一些方面。

- 要求所有的第三方程序运行于沙箱（SandBox）内，沙箱是一种技术术语，沙箱向第三方应用封闭所有的系统资源，只提供应用运行需要的最小资源集合。例如，第三方应用仅能访问自身的文件目录，如需访问系统的摄像头、网络、GPS、联系人等能力必须在其安装或者应用审核时进行申请并获得批准。
- 应用程序间的共享信息，包括系统程序对于第三方应用程序的信息，不能直接访问，可通过 API 实现访问。
- 可以选择使用的是 ASLR（Address Space Layout Randomization）技术，通过对堆栈、共享库映射等线性区布局的随机化，通过增加攻击者预测目的地址的难度，防止攻击者直接定位攻击代码位置，达到阻止溢出攻击的目的。

④移动终端的网络安全

操作系统要支持 Secure Socket Layer（SSL V3）、Transport Layer Security（TLS V1.1，TLS V1.2）以及 DTLS。系统级应用程序，比如浏览器、邮件管理程序，要默认使用这些安全机制并提供友好的 API 供开发者使用。

操作系统要支持工业标准的 Wi-Fi 协议，要支持最高级别安全保障的 WPA2 企业级加密算法（WPA2 Enterprise），要支持多种 IEEE 802.1x 认证方法，包括 AP-TLS、EAP-TTLS、EAP-FAST、EAP-SIM、PEAPv0、PEAPv1 以及 LEAP。

操作系统要支持 Bluetooth Encryption Mode 3、Security Mode 4 以及 Service Level 1 Connections。

⑤高敏感性移动终端操作系统要求

智能手机上的一些敏感信息，如银行密码，由于对用户来说非常重要，为了彻底防止恶意软件劫持用户的输入键盘以及偷窥用户输入的密码，对高敏感性的移动终端需要使用

硬件芯片结合软件操作系统的解决方案来解决超高级别安全需求。ARM 的 TrustedZone 技术以及 Intel 的 True Cove 技术是其中的代表。

安全硬件方案的基本原理是设备上存在着两个操作系统，一个操作系统为用户平时使用，另一个是小型的安全操作系统。安全操作系统能够在用户输入密码等敏感场合被激活并接管输入键盘以及部分屏幕，显示交易金额、交易密码输入框等图形界面并接收用户的输入，发送到网络侧验证。在此过程中，存活在非安全操作系统上的恶意软件并不能截取到用户输入的任何信息。由于在硬件层面进行了彻底的隔离，非安全操作系统上任何层次任何权限的应用都不能偷窥、窃取安全操作系统上的信息。

1.4 可佩戴式智能终端设备

市场上出现的智能佩戴设备包括智能手表、智能手环和智能眼镜，随着处理器电路和电子元件连接精度的提高，芯片制造工艺从 0.35μm、0.18μm、0.13μm、90nm、80nm、65nm、45nm、32nm 发展到 22nm，新一代处理器将很快采用 15nm 电路设计，意味着在更小的单元中可以容纳更多、连接更多的电子元器件，使得智能佩戴设备向着更精致、更贴身的设计方向发展，同时随着整体功耗的降低、电池技术的发展，适合长时间随身佩戴的设备将很快流行，极大地改变现代人的生活方式。

市场上的智能手表大部分是作为手机的替代品出现，在支持电话、短信和邮件等通信功能的基础上，具备媒体播放器、GPS 等功能，并通过蓝牙等无线通道和手机保持通信同步。部分智能手表可以安装定制的第三方软件，支持包括消息推送、Facebook 和 Twitter 等消息服务。智能手表是可佩戴（或称可穿戴）设备中最早推出的产品。2013 年作为智能手表年，它并没有按照人们的预期形成爆发性的市场增量，其原因一方面是，在设计尺寸、重量、电池续航和人机交互上没有真正做出具备优质用户体验的产品，另一方面是尚未找到真正的杀手锏应用的可佩戴业务市场。Google 官方在推出 Android Wear 时定义了一些基础功能，基于"Information Move with You"的概念，以消息推送为主要能力，展开基于计划、内容定制、定制导航、传感器（如地磁、重力、陀螺仪和环境等）的提醒服务，但对于手机端众多类型的应用将以何种形式出现在智能手表上，解决操控难题，整个业界还在探索之中。

从这些角度分析，可以预期未来几年，智能手表将向着两个方向进行优化和演进，首先是对手机和手表产品的替代性进行研发，设计上贴近传统手表的时尚和精致，功能上取代绝大部分手机的基础功能，独立、精巧的配饰型腕表手机对于追求时尚、便捷和运动型的人群将具有很大的诱惑力，将取代部分传统手表的市场和深度挖掘手机的新增市场。另一个方向是智能手表将增加更多的生物传感体验，比如增加脉搏传感器和压力传感器，监测人体的血压和心跳，增加体脂率和新陈代谢率的生物测量，配合计步传感器，演进成简易的健康和运动追踪设备。其次在设计上，应该以一个统一的视角来审视桌面、移动、车载以及可佩戴设备的设计。当一款应用需要跨越多个终端和平台时，它应当被视为同一个产品的设计问题而不是相互割裂。

智能眼镜作为一种头戴类型的佩戴设备，以近期推出的谷歌眼镜来说，同样支持普通智能电话的基本语音和消息类服务，通过骨传导技术支持电话通话，通过眨眼、点头、摇头和语音的方式，实现日历、语音搜索、时间、温度、短信、拍照、地理位置、音乐、搜索和摄像等功能。智能眼镜可以支持达 25 英寸的虚拟屏幕尺寸，模拟 2.4m 左右的实际屏幕距离，镜片屏幕分辨率为 640×360，内置 GPS、配置陀螺仪等基本的传感器，内置 16 GB 存储空间，支持无线 Wi-Fi、IEEE 802.11b/g 和蓝牙无线通信功能。

智能眼镜以切入专业应用市场为当前的主要机遇，谷歌眼镜视医疗健康行业为主要的应用场景，实现了不需医护人员双手操作的声控谷歌眼镜，在医疗行业有以下一些应用场景。

- 快速和实时获取电子医疗记录（Electronic Health Record，HER）：谷歌眼镜使得医生不再需要将注意力从手术或治疗过程中移开，可以通过语音搜索，直接获取云端的患者医疗记录、关键症状、病历和化验结果，呈现在虚拟显示屏上，快速和精准地找出适合的治疗方式，谷歌眼镜还能够协助急诊室医护人员实时接收重点护理病人的预警信息。
- 药物及设备管理：对病房门、药品及设备上的二维码进行扫描，以即时更新和同步正确的患者医疗记录。
- 增强外科手术中的现实感：如谷歌眼镜摄像头对准患者身体部分时，虚拟屏幕能够提供全身的图像信息，降低外科手术的失误率。
- 远程传送病人情况的视频：在没有专业医护人员的急救现场或家庭中实时传送病人情况；在手术室，将手术过程以视频流方式发送，用于教学或会诊等。
- 自动化个人健康护理：谷歌眼镜作为一种佩戴型随身设备，能够提醒患者及时服药、做运动，或者追踪用户的全天活动，以此检查用户是否出现老年痴呆症的征兆。

除了医疗健康行业，在制造、建筑等行业也有类似的一些应用场景，XOne 推出了一款面向蓝领工人的安全镜替代品，与普通眼镜相比，XOne 在两个镜片之间搭载了一个摄像头，在两侧装有麦克风和耳机，并能够与手机通信。XOne 眼镜一个重要的应用场景是扫描条形码，无论是在工厂里扫描器材，还是在飞机场扫描行李，只需用语音向 XOne 发出命令，它就会自动启动摄像头扫描；使用者则可以将双手腾出来，去撑开印有条形码的单据或者提箱子，而无须像过去一样要用一只手握着手机或专用仪器完成扫描工作。

智能眼镜目前仍存在着大量不足，介绍如下。

- 电池续航时间不长，持续使用只能续航 1~2 h。
- 语音不可能实现所有任务，在嘈杂环境下不易使用语音命令，因此还需要手动操控眼镜右侧的物理按键。
- 观察窗口影响用户感知，佩戴眼镜的感觉就好比坐在 1.8m 以外的距离观看 28 英寸的屏幕，和不佩戴眼镜时看屏幕的感觉还是有差异的。
- 配重不平衡，眼镜模式单一等。
- 智能眼镜的发展，需要云存储和专家系统、语音识别和快速处理技术、导航地图等基础业务能力，配合提升用户软件体验，由于谷歌导航、Google Now、Goole+ 等核心谷歌服务无法使用，在国内更有理由看好目前百度内测的首个佩戴式产品"Baidu Eye"，据称"Baidu Eye"将会配备超小液晶显示、语音操控、图像识别、骨传导技术，并且会和百度语音、百度云、百度地图等进行深度整合。

智能手环作为一款手腕式智能设备，目前的主要应用场景是记录和采集日常生活中的运动、睡眠和血压等实时数据，并将这些数据同步到数据中心，通过数据分析起到指导健康生活的作用，包括以下主要功能。

- 睡眠质量监测：可以监测深浅度睡眠时间、清醒时间，设置唤醒等规律性的提醒功能，提升人们整体的睡眠质量。
- 运动追踪：跑步或走路运动路径描绘、卡路里消耗计算。
- 健康检测：在不对人体测量部位构成创伤的情况下，利用光电传感技术，捕捉血液流过血管时的振幅，测量人体生命体征，准确测量出脉搏、血压、血糖和血氧等数据。
- 饮食监测：摄入热量计算等。

可佩戴医疗设备对血糖、血压、血氧等的监测数据可以上传至智能手机和云端数据中心进行存储和分析，并结合被监测人的病例数据，通过医疗专家系统实时提供预警以及相应的诊治意见。

可佩戴医疗作为未来移动互联新的入口，最大的潜力不在于硬件本身，而在于通过硬件黏住客户，在于硬件背后收集到的医疗云端"大数据"以及由此衍生出的商业模式：利用医疗云端"大数据"为用户提供个性化的远程服务、为企业进行精准的广告投放、为临床外包机构提供研发服务、为医院提供自动分诊服务、为医生提供应用性极强的再教育服务，以及和保险公司合作绑定客户（可佩戴医疗设备厂商可通过利润分成的模式和保险公司合作获得广大的客户群）。

1.5 家庭网关和路由设备

2014年，众多终端厂商将主攻方向聚焦于末端设备的智能化，尝试智能化在家庭和办公场所放置的、和身体接触到的日常终端设备，将互联网和智能控制的概念引入这类设备，引导用户使用它们所提供的服务。其中，家庭网关和路由器的智能化改造是重要的突破口。

传统路由器是办公室和家庭中所有互联网设备接入的数据流中转平台，同时能够连接智能手机、平板电脑、机顶盒等众多设备，智能路由器的出现是将家庭存储设备集成到路由器中，使得路由器由单纯的数据传递中心演进为信息存储、分享和控制中心。

实现路由器的智能化改造同样可以借鉴PC和手持终端演进的路线，具体介绍如下。

- 增强路由器处理能力，将路由器由简单的嵌入式单芯片设备升级为多核多任务处理设备；增加存储空间，内存由32 MB升级到2 GB或更高。存储演进成为NAS的数据存储能力，增加到1 TB以上。
- 为路由器能够配备智能操作系统，构建一个基于路由器的智能平台环境。

- 让路由器和云服务紧密结合，通过路由器将家庭的私有云服务和公有云服务进行融合。
- 增强路由器的家庭智能控制功能，成为未来智能家居设备的控制中心。
- 支持近场通信，成为交易和连接中心。

目前，市场上已经有大量的智能路由产品，包括极路由、小米路由、果壳路由以及360Wi-Fi等，以小米路由器为例，目前可以支持的业务能力如下。

- 标配1 TB的存储单元。可以假设家庭和个人的数据服务器，存储电影、音乐、照片和各种类型的数据，并实现随时备份或访问，还可进行远程访问并在移动设备上观看。
- 支持最新IEEE 802.11ac Wi-Fi协议，双频并发数据传输率最高可达1 167 Mbit/s。配备Broadcom双核CPU及美光/三星256 MB大内存，可稳定高速支持下载、文件读写、预加载、网络加速等，还有丰富的插件应用，完美发挥1 TB大容量硬盘性能。
- 采用2×2内置天线设计，分别负责2.4 GHz与5 GHz的信号传输。采用波束成形（Beamforming）技术可根据终端设备的位置，进行智能信号跟随。独立外置功率放大器，有效加强信号的强度与穿透力。配备节能、标准、穿墙3种模式可调。
- 在安全上配备了三重防护，配备了更安全的路由，实现了传统路由器不能支持的防蹭网、防欺诈、防隐私泄露等功能。

1.6 智能电视

智能电视已经成为平板电视市场的新热点，将逐步取代传统的电视类产品。智能电视最大的特点就是具有自己的操作系统，实现了传统电视和互联网的无缝对接。

智能电视具备传统电视的基础能力，并在音效和画质上进行了升级，例如小米电视配备全球顶级供应商超窄边1 920像素×1 080像素全高清3D液晶面板，LG 47英寸IPS硬屏/三星48英寸SPVA屏，超广视角、支持3D，配合11项画质增强技术和分体式音腔设计，支持杜比和DTS双解码，拥有绝佳的视听体验。

智能电视在硬件上增加了智能处理模块，例如小米电视采用高通骁龙600 MPQ8064处理器，四核1.7 GHz，2 GB超大内存，8 GB高速闪存，Wi-Fi双频、双发双收双倍传输，蓝牙4.0，全面支持蓝牙耳机/音箱/游戏手柄/键盘/鼠标等硬件配置。智能电视已经成为一台可以单独操控的智能终端。电视可具备超大屏特点，在高性能计算和图形处理芯片技术方面不断升级和革命，例如小米电视采用了Adreno 320图形处理器、2 GB DDR3双通道内存及8 GB eMMC 4.41高速闪存，使得智能电视成为大型3D体感游戏的主要选择。

智能电视具有独立的智能操作系统，目前已上市的智能电视使用的操作系统可大体分为3类：Android、Windows及各企业的自建系统，除了收看传统电视，用户可以通过内置浏览器实现互联网上网访问，并自行安装、卸载和运行第三方服务商提供的软件服务。软件内容技术的革命，使得智能电视成为了内容可定制的产品。

智能电视内置了大容量的存储空间，可以内置海量免费高清电影、电视剧等内容，并且支持 Miracast、Wi-Di、AirPlay、DLNA、SMB 协议等多种与手机、电脑的连接方式，同时具备强大的双频 Wi-Fi（支持 5 GHz/2.4 GHz），配合 2×2 双天线设计，支持双发双收，拥有双倍的传输速率。

1.7　智能终端设备的演进目标

随着智能终端的高速发展，大到智能电视，小到各种佩戴型设备，智能终端设备已经成为人们和世界沟通的终端工具，它们的出现给世界和人体增加了一个连接通道，使人体更多的属性通过它们传递到互联网智能世界中，和整体数据体系进行融合。在业务和设备发展方向上，智能终端将逐步成为一个开放的业务承载平台，制造商逐步实现"硬件"盈利模式向"硬件＋内容＋服务"盈利模式的转变，改变原来一次性终端销售的盈利模式，通过销售手机、平板电脑、智能电视、智能路由器、智能手表和可佩戴设备等终端产品，同时提供内容和服务，形成终端的市场溢价，并产生持续服务的盈利能力。

第 2 篇
Android 应用软件开发基础篇

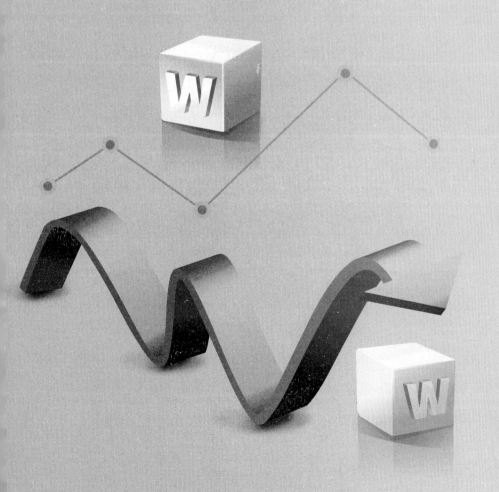

第2章

初步认识 Android

2.1 Android 前世今生

Android 的英文本义是"机器人"。Android 之父是 Andy Rubin，如今是 Google 的工程副总裁，他曾就职于苹果和微软，在微软工作期间，Andy Rubin 曾经制造出一个会走路的机器人，装有摄像头和麦克风，这充分体现了他对于机器人的热爱。Android 是 Andy Rubin 在 2003 年创建的，目标是开发一个向所有软件设计者开放的移动手机平台。2005 年，在 Andy Rubin 艰难完成项目之际，他写了封信给 Google 的创始人 Larry Page，几周后，Google 迅速收购了成立仅 22 个月的 Android。

2007 年，Google 正式发布了 Android 操作系统，并宣布成立了一个全球性的开放手机联盟（Open Handset Alliance，OHA），该组织包括了手机制造商、手机芯片厂商和移动运营商等，其目标旨在开发多种技术，大幅削减移动设备和服务的开发和推广成本。仅 3 年期间，因为 Android 合理的系统内核设计、Google 对互联网趋势的深刻见解及成熟的市场推广模式，Android 已经超过竞争对手。据 2012 年的调查，在手机操作系统领域，Android 已经占据全球市场 70% 以上的份额，在平板领域占据了 40%。

Android 是基于 Linux 内核开发，用于连接移动终端设备的软件栈。Android 提供了一个开源的 Java 虚拟机及统一的应用程序接口，Android 希望应用开发者只要写一次程序，就能在各种手机硬件平台之上使用。Android 采用了 Linux 内核，并曾作为 Linux 的一个分支存在，但 2010 年 2 月，Android 被 Linux 除名。

2.2 Android 家族版本演进及介绍

2008 年 9 月 23 日，Android 1.0 发布。在正式发布前，有两个内部测试版本，分别是阿童木、发条机器人，由于涉及版权问题，在 Android 1.5 发布时，改用甜点代号来命名各版本手机系统，并且以 A~Z 的字母顺序排序，而且每个命名都是当前字母的一个食品名称。到 2012 年间，Android 已经发布了 9 个主要版本。

从 Android 的发展过程来看，Android 版本的迭代速度极快，而 Windows 操作系统推出 25 年来，仅有 10 个针对普通消费者的版本。截至 2013 年 1 月，据 Google 官方发布的各版本的使用情况统计，Android 4.1 和 4.2 版本（Jellybean）的安装率分别为 9.0% 和 1.2%；Android 2.3（Gingerbread）的占有率已经开始缩小，终于小于 50% 了，但仍然占主导。

Android 版本更新速度越快，Android 各版本的碎片化越严重，旧版本的手机大量存在，手机厂商不可能统一升级，通常是为了宣传新品才使用最新 Android 版本。同时由于其开源本质，手机厂商通常在原生 Android 系统上对 UI 做改动，而不同配置的 Android 手机又有区别。对于应用开发者，则需要适配尽可能多的机型。

下面一起回顾这部 Android 甜点家族版本的演进史，见表 2-1。

表 2-1　Android 版本演进史

版本	
Android 1.0	2008 年 9 月 23 日发布第一部 Android 手机 HTC Dream（G1），主要特色如下： • Android Market（应用商城）：软件能通过 Android Market 下载与更新； • 浏览器：可显示、缩放与平移完整的 HTML 与 XHTML 格式的网页，并且能同时开放多个视窗； • 相机：这个版本不能调整相机解析度、白平衡、压缩值等； • E-mail：支持 POP3、IMAP4 以及 SMTP 标准服务器； • 文件夹功能：让用户能在桌面上建立包含多个软件的文件夹； • Google 地图、定位与街景服务：可观看地图与卫星影像，并且利用 GPS 定位； • Google 同步：实现 Gmail、联系人与日历的同步； • Google 搜索：搜索网络或手机内的软件、联系人及日志等； • Google Talk：即时聊天； • 短信及多媒体短信； • 音乐播放器：管理、播放音乐，但仍缺少影片播放及蓝牙耳机功能； • 下拉通知列：显示各项通知并能下拉观看详情，提供铃声、LED 闪烁及震动等提示方式； • 声音识别器：允许用户通过说话输入文字、拨打电话； • 桌布：让使用者更换桌面背景； • 内置 YouTube 影片播放器； • 其他支持的软件：闹钟、计算器、电话拨号器、程序启动面板、图库与设置； • 其他支持的功能：Wi-Fi 与蓝牙
Android 1.5 （Cupcake） （纸杯蛋糕）	2009 年 4 月 30 日，官方 1.5 版本（Cupcake）发布，这是一个真正意义上的里程碑，主要的更新如下： • 提供屏幕虚拟键盘：可以像 iPhone 那样直接在屏幕上输入； • 支持 Widgets：应用程序可以提供自己的屏幕小插件； • 支持拍摄 / 播放影片：支持上传到 YouTube； • 支持页面中复制 / 粘贴功能：采用 WebKit 技术的浏览器； • 支持蓝牙耳机：改善自动配对性能； • 支持应用程序自动随着手机旋转：内置的重力加速感应器； • 改良用户界面：短信、Gmail、日历、浏览器的用户界面细节改善； • 改进性能：相机启动速度加快，拍摄图片可以直接上传到 Picasa；GPS 性能提高，定位库使用了 A-GPS 技术； • 来电照片显示

续表

版本	
Android 1.6 （Donut） （甜甜圈）	2009年9月15日，1.6(Donut)版本软体开发包发布，作为1.x系列的终结之作，这个版本增加了对CDMA的支持，主要的更新如下： • 支持CDMA网络； • 重新设计的Android Market：界面布局类似于苹果的App Store； • 支持更多的屏幕分辨率：支持WVGA/QVGA； • 提供快速搜索框：可直接搜索本机安装程序，甚至互联网的内容； • 支持手势控制：可以让开发者生成针对某个应用程序的手势库； • 支持虚拟私人网络（VPN）； • 支持文字转语音系统：包括英语、法语、德语、意大利语等； • 改进拍照接口：加快相机启动速度，减少拍照间时延； • 支持查看应用程序耗电； • 支持OpenCore2媒体引擎； • 新增面向视觉或听觉困难人群的易用性插件
Android 2.0/2.0.1/2.1 （Eclair） （松饼）	2009年10月26日，2.0（Eclair）版本软体开发包发布。在系统和外观上都发生了很大变化，摩托罗拉也把赌注押在首款Android2.0机Droid上。2010年1月10日发布了2.1版。版本主要的更新如下： • 支持多账户：支持多个Google和Microsoft Exchange账户登录； • 提供快速联系人通讯栏； • 支持HTML5； • 支持虚拟键盘多点触控； • 改进相机功能：支持内置相机闪光灯，改善相机的白平衡、微距、特效等功能，支持数码变焦； • 支持蓝牙2.1； • 改进Google Maps 3.1.2； • 优化图像硬件速度
Android 2.2/2.2.1 （Froyo） （冻酸奶）	2010年5月20日，2.2（Froyo）版本软体开发包发布，这是2.x系列的大幅度功能改进和性能提升，此时国内Android市场已经活跃，支持的主要更新如下： • 支持将软件安装至扩展内存； • 支持Flash：集成Adobe Flash 10.1支持Flash Air开发工具； • 支持Microsoft Exchange； • 支持USB连接上网：手机利用USB连线让PC上网； • 支持Wi-Fi热点：支持把手机模拟成AP； • 全新应用商店； • 支持应用程序自动更新； • 提供JIT内核编译器

续表

版本	
Android 2.3 （Gingerbread） （姜饼）	2010 年 12 月 7 日，2.3（Gingerbread）版本软体开发包发布，该版本提供了多个已有功能改善的集合，主要的更新如下： • 支持更大的屏幕尺寸和分辨率：WXGA 及更高； • 改进文字输入：类似 iOS 效果的一键复制粘贴功能； • 加强触摸屏幕键盘多点触控应用； • 支持多个镜头：可以管理摄像头前置或者后置； • 新增传感器支持：如陀螺仪、气压计等； • 新增 VoIP SIP：电话簿集成 Internet Call 功能； • 支持近场通信（NFC）； • 改进电源管理功能； • 新增下载管理：支持长时间 HTTP 下载，手机重启后重试下载； • 支持优化游戏开发：为开发者提供了直接访问系统底层，与音频、图像、控制和存储设备直接交互的能力，提供更好的游戏效果； • 强化多媒体音效：对混响音效的支持，比如低音、耳机和虚拟化等效果； • 支持 VP8 和 WebM 视频格式，提供 AAC 和 AMR 宽频编码
Android 3.0/3.1/3.2 （Honeycomb） （蜂巢）	2011 年 2 月 2 日，3.0（Honeycomb）版本是专为平板使用的 Android，主要更新如下： • 优化针对平板电脑使用：支持平板电脑大屏幕、高分辨率； • 改进桌面 Widget； • 支持多任务处理； • 支持视频通话功能：通过 Google Talk 实现； • 新增 3D 图像显示功能； • 新增网页版 Market； • 新通知功能：在屏幕右下方跳出通信消息，消息可包括多种数据。 2011 年 5 月 11 日发布了 3.1 版本，是一个同时面对手机和平板系统的版本，主要更新如下： • 支持任务管理器可滚动； • 支持 USB 输入设备：如键盘、鼠标； • 支持 Google TV； • 支持 XBOX360 无线手柄。 2011 年 7 月 13 日发布了 3.2 版本，具备如下功能： • 支持 7 英寸屏幕； • 支持应用显示缩放功能

续表

版本	
Android 4.0 （IceCream Sandwich） （冰激凌三明治）	2011 年 10 月 19 日上午 10 点谷歌发布代号为"冰激凌三明治"的谷歌新一代 Android 4.0 系统，主要的更新如下： • 统一版本：电视、手机和平板统一版本； • 改进文件夹功能：将一个程序图标拖到另一个程序图标上，可以建立文件夹； • 人脸识别解锁：可以识别人脸，进行是否解锁判断； • 截屏功能； • 全新通知栏：锁屏界面可以下拉通知栏查看新通知； • 语音识别； • 浏览器：支持 16 个活动标签页，支持存储网页离线浏览； • 自带流量统计：可以统计 Wi-Fi、移动网络等使用流量，可以关闭某个程序的使用流量； • 支持零时延拍照、人脸识别和点触对焦； • 内置照片编辑器； • 增强视频录制：支持持续对焦，录像时可以变焦及快速截屏
Android 4.1/4.2 （Jelly bean） （果冻豆）	2012 年 6 月 28 日 00:30 在 Google I/O 2012 开发者大会上发布 Android 4.1 系统，主要的更新如下： • 更流畅的运行速度：新的处理架构，可以支持多核处理器； • 提高特效动画的帧速度至 60 帧 /s； • 新媒体功能：支持 USB 音频输出、音频记录触发、多声道视频输出、AAC5.1； • 改进输入法，新增离线语音输入功能； • 增强通知栏功能：提供 3 种不同的通知样式； • 全新搜索功能：新的搜索 UI，更加智能的语音搜索和 Android 平台的语音助手 Google Now； • 支持插件根据桌面空间自动调整大小； • 支持 NFC 手机触碰后的快速分享； 2012 年 10 月 30 日发布 Android 4.2 系统，主要的更新如下： • 支持一个平板多用户； • 提供无线视频，支持行业标准的 Wi-Fi 显示共享工具 Miracast，实现将手机音频、视频通过无线传输到电视； • 支持键盘滑动手势输入； • 改进屏幕保护功能； • 支持全景照片：可进行 4 个方面的图像拍摄； • 改进的通知栏功能：允许用户直接在通知栏打开应用

2.3 Android 的系统架构

Android 是一套用于连接移动终端设备的软件栈，Android 从上层到下层分别是应用程序层、中间层、操作系统层（Linux Kernel）。中间层可以再细分为两层，分别是底层的函数库（Libraries）、Dalvik 虚拟机（Dalvik Virtual Machine，DVM）以及上层的应用程序框架。架构如图 2-1 所示，应用、应用程序框架部分为 Java 语言开发，函数库部分为 C/C++ 开发，Linux 内核的 Kernel 层为 C 开发，Android 运行时部分为 Dalvik 虚拟机（DVM）部分。

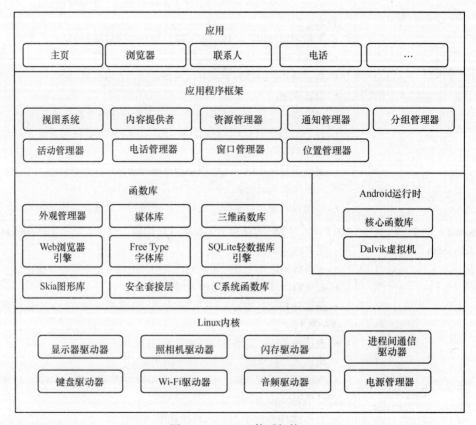

图 2-1 Android 体系架构

各层次分别介绍如下。

（1）应用程序层

Android 应用的软件扩展名是 APK（Android Package），APK 是 .zip 格式的，解压后，可以看到 Android 应用的组成，具体组成将在后续章节详细描述。

Android SDK 采用 Java 语言，应用是运行在 Dalvik 虚拟机上的。此外，Android 为了满足某些应用希望使用系统原生码（如 C/C++）的需求，也提供了 Android NDK。

Android 应用层除了第三方开发者应用外，还有一组开源核心系统应用，包括 Gmail、拨号器、日历、联系人、通话等。这些核心系统应用都是基于 Dalvik 虚拟机开发的，可以被其他应用程序替换，与其他手机操作系统固化的内部系统应用相比，Android 显得更加灵活和个性化。但 Android 中也有些系统应用是封闭的专有程序，如地图、应用商城等。

（2）应用程序框架层

应用程序框架层的目标是实现方便的组件重用和替换，该层为应用开发人员提供开放的开发平台，通过调用框架服务可以实现访问位置信息、运行后台服务、设置报警、在状态栏增加通知消息、调用硬件设备等。框架提供的主要服务包括如下几方面。

- 视图系统（Views System）：包括了列表、网格、文本框、按钮、内嵌的浏览器。
- 内容提供者（Content Provider）：应用程序可以访问另一个应用程序的数据（如联系人），或者共享它们的数据。
- 资源管理器（Resource Manager）：提供非代码资源的访问，如本地字符串、图形、布局文件。
- 通知管理器（Notification Manager）：应用程序可以在状态栏中显示自定义的提示信息。
- 活动管理器（Activity Manager）：应用程序生命周期管理，并提供导航回退功能。
- 电话管理器（Telephony Manager）：用于访问与手机通信相关的状态和信息，如SIM卡、网络和手机的状态和信息。
- 窗口管理器（Windows Manager）：用来管理窗口的状态和属性，如视图的增/删/改等。
- 位置管理器（Location Manager）：用来获取地理位置相关信息。
- 分组管理器（Package Manager）：系统内程序管理。

（3）函数库

Android 包含 C/C++ 库的集合，应用开发者不可以直接调用这些库，一些核心库介绍如下。

- System C Library：从 BSD 继承来的标准 C 系统函数库（libc），专门为嵌入式 Linux 设备定制。
- Media Library：基于 Packet Video 公司的多媒体框架 Open Core，支持播放和录制多种常用的音/视频格式，编码格式包括 MPEG4、MP3、H.264、MP3、AAC、ARM、JPG 和 PNG 等。
- Surface Manager：对显示子系统的访问管理，可以对多个应用程序的 2D 与 3D 图层提供合成。
- Lib Web Core：Web 浏览器引擎，同时支持 Android 浏览器和 Web View 组件。
- SGL：底层的 2D 图形引擎。
- 3D Libraries：基于 OpenGL ES1.0 API 规范实现的 3D 绘图函数库，函数库可以使用硬件 3D 加速，也可以使用高度优化的 3D 软件加速。
- Free Type（字体库）：显示位图和矢量字。
- SQLite（轻数据库引擎）：小型的关系型数据库引擎，所有应用程序都可以使用的强大而轻量级的关系数据库引擎。

（4）Android 运行时

Android 运行时（Android Runtime）包括了核心库和 Dalvik 虚拟机。核心库包括了 Java 核心库的大多数功能。DVM（Dalvik 虚拟机）负责运行 Android 程序。

DVM 不同于 JVM（Java 虚拟机）机制，它针对移动操作系统的特性做了优化，区别于标准 JVM 的特征主要包括以下几方面。

- DVM 是基于寄存器的虚拟机，JVM 是基于栈的虚拟机。一般认为，基于寄存器的虚拟机执行速度较快。

- 使用特有的字节码格式 .dex（即 Dalvik Executable），该格式是专为 Dalvik 设计的压缩格式，适合内存和处理器速度有限的系统。不同于 Java 虚拟机运行 Java 字节码（.class）。可以用 Android 提供的置换工具 DX 实现 .class 到 .dex 的格式转化。

- 每个 Android 应用都有一个专有的进程和 DVM 实例。DVM 很小，使用的空间也小，在 Android 内存中可同时高效运行多个 DVM 实例。独立进程方式有利于 DVM 崩溃时不需要关掉所有程序。JVM 通常是一个 JVM 运行多个程序。Android 有一个 DVM 孵化进程 Zygote。Zygote 在系统启动时产生，完成 DVM 的初始化，当系统需要一个新的 DVM 时，Zygote 通过复制自身快速地提供一个新的 DVM。

- 常量池已被修改为只使用 32 bit 的索引，以简化解释器。

- DVM 依赖于 Linux 内核层的基本功能，如线程机制和低级别的内存管理等。

（5）Linux 内核层

Android 是在 Linux 2.6 内核基础上修改而来的，保留了 Linux 内核（Linux Kernel）的主体框架，但没有完全照搬 Linux 内核，而是根据移动终端的设备要求，对 Linux 内核驱动程序做出优化和改进，表现在如电源管理、进程管理、内存管理、网络认证和驱动模型等方面。

第 3 章
完成第一个 Android 应用

本章适合 Android 开发零基础人员，跟着本章节一步一步进行操作可完成简单的 Android 应用开发。

3.1 Android 应用开发环境搭建

3.1.1 准备 Android 应用开发电脑

Android 应用开发对电脑硬件要求并不高，支持的操作系统包括如下几种：
- Windows XP（32 bit）、Windows Visa（32 bit 或者 64 bit）、Windows 7（32 bit 或者 64 bit）
- Mac OS X 10.5.8 以上（x86）；
- Linux（Ubuntu、Linux、Lucid Lynx）。

3.1.2 下载 Java 环境

Android SDK 采用了 Java 语言，建议安装 JDK5（即 JDK1.5）及以上版本。进入下载网页 http://www.oracle.com/technetwork/java/javase/downloads/index.html，如图 3-1 所示，选择 Download，只下载 JDK，无需下载 JRE。

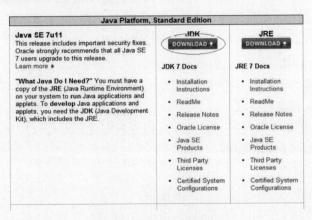

图 3-1　JDK 下载网页

3.1.3 下载Android SDK（内含Eclipse）

Android SDK（Android Software Development Kit）是Google发布的一套Android软件开发工具包，使用它在电脑上运行Android，可以方便开发者在手机上运行之前先在模拟器上测试的应用。

从Android Developer（网址为http://developer.Android.com/sdk/index.html）下载Android SDK，如图3-2所示。

图3-2 Android SDK下载网页

下载的ADT Bundle下载包里面除了Andorid SDK外，还包括了内置ADT（Android Developer Tool）插件的Eclipse开发环境。Eclipse是一种图形化的开发工具，内置了ADT后，Eclipse就可以和Android SDK建立连接，用于Andorid应用开发，在Eclipse中启动Android模拟器进行程序调试等。

3.1.4 安装JDK

Java JDK是整个Java的核心，包括了Java运行环境、Java工具和Java基础类库。需要首先安装Java JDK，在此环境下才能打开Eclipse，在3.1.3节已经准备好了JDK的安装包，接下来的工作就是按安装提示一步一步进行操作。

（1）安装Java JDK

Java JDK安装过程如图3-3~图3-7所示，具体介绍如下。

①双击安装文件进行安装；

②修改Java JDK安装路径，以便于环境变量配置，也可以按照默认安装路径安装，配置环境变量时按照此路径即可；

③点击"下一步"；

④点击"完成"。

第2篇　Android应用软件开发基础篇

图 3-3　JDK 安装过程 1

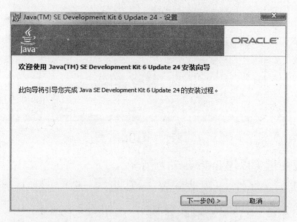

图 3-4　JDK 安装过程 2

图 3-5　JDK 安装过程 3

图 3-6　JDK 安装过程 4

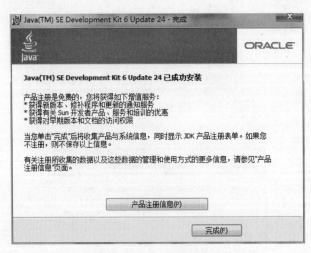

图 3-7　JDK 安装过程 5

（2）更改环境变量（以 Windows 7 为例）

右击"计算机"→ 属性 → 更改配置 → 高级 → 环境变量 → 系统变量 → 如果变量已经存在，就选择"编辑"，否则选择"新建"，如图 3-8 所示。

图 3-8　环境变量设置

①设置 Java_Home

变量名：Java_Home。

变量名：C:\Program Files\Java\jdk1.6.0_24（上一步的安装路径）。

说明：Java_Home 指明 JDK 安装路径，就是刚才安装时所选择的路径（假设安装在 C:\Program Files\Java\jdk1.6.0_24），此路径下包括 lib、bin、jre 等文件夹。环境变量 Java_Home 的设置界面如图 3-9 所示。

图3-9 环境变量Java_Home设置界面

②设置 classpath

变量名：classpath。

变量值：.%Java_Home%\lib;%Java_Home%\lib\tools.jar。

说明：classpath 为 Java 加载类（class or lib）路径，只有类在 classpath 中，Java 命令才能识别，设为：.;%Java_Home%\lib;%Java_Home%\lib\tools.jar（要加 . 表示当前路径）。环境变量 classpath 设置界面如图 3-10 所示。

图3-10 环境变量classpath设置界面

③设置 Path

变量名：Path。

变量值：%Java_Home%\bin;%Java_Home%\jre\bin（变量值中如果已有内容，用";"

隔开加上此变量值）。

说明：Path 使得系统可以在任何路径下识别 Java 命令。环境变量 Path 设置界面如图 3-11 所示。

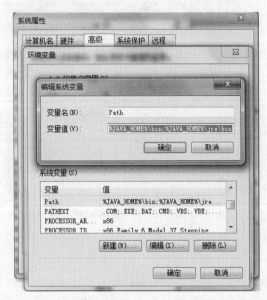

图 3-11 环境变量 Path 设置界面

（3）验证是否成功

安装完成之后，检查 JDK 是否安装成功。打开 cmd 窗口，输入"java-version"查看 JDK 的版本信息，如果没修改环境变量，需要在 JDK 安装目录下（本例为 C:\ Program Files\Java\）执行 java-version 查看 JDK 的版本信息。出现类似如图 3-12 所示的画面表示安装成功。

图 3-12 命令行查看 JDK 版本

3.1.5 安装 Android SDK（内含 Eclipse）

将 SDK 安装包解压到任意路径，解压后得到一个 adt-bundle-windows-x86 文件夹。里面包含两个文件，即 eclipse 和 sdk，还有一个可执行文件 SDK Manager.exe，如图 3-13 所示。

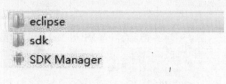

图 3-13　Android SDK 解压目录

（1）安装 SDK Manager

加载 Android SDK，必须联网实现，有两种方式：第一种是直接运行 SDK Manager.exe，第二种是在 Eclipse 中用 Android SDK 和 SDK Manager 安装。下面介绍第一种加载方式。

双击 SDK Manager.exe，安装界面如图 3-14 所示。"Tools"是 Android 平台工具，为必选项；Android 版本的安装包可以自行勾上；"Extras"是帮助文件，可以根据需求勾选。

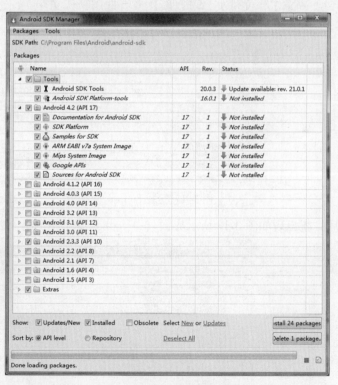

图 3-14　Android SDK Manager 安装界面

选择好要下载的安装包之后，点击界面右下角的"Install 24 packages…"，会弹出窗口，在窗口的左边列出将要安装的工具包，这时选择界面右下角的"Accept All"安装全部选项，点击"Install"开始在线安装 Android SDK 及相关工具，如图 3-15 所示。

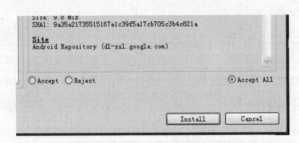

图 3-15 Android SDK Manager 安装

（2）安装 Eclipse

在 adt-bundle-windows-x86 文件夹下面还有个 eclipse 文件夹，内部包含了一个可执行文件 eclipse，如图 3-16 所示。

图 3-16 Eclipse 图标

直接打开该执行文件就可以使用，该程序已经内置 ADT 插件。直接打开会出现如图 3-17 所示窗口，确定工作文件夹，可以新建或者选用默认文件夹，然后点击"OK"。

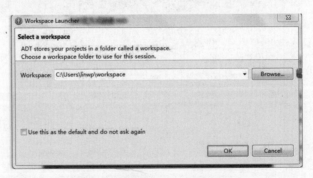

图 3-17 安装 Eclipse 界面 1

完成设置后，就出现如图 3-18 所示界面。

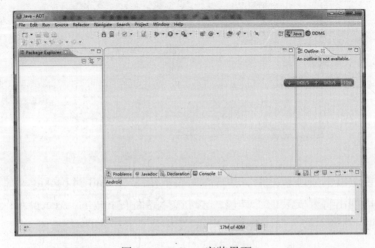

图 3-18 Eclipse 安装界面

3.1.6 创建、删除和运行 AVD

Android 应用程序需要在 Android 系统上运行，为了调测方便，Android 提供了"虚拟手机"来代替 Android 手机，称为 Android Virtual Device（AVD）。

（1）图形化方式创建 AVD

①在 Eclipse 中选择 Windows→Android Virtual Device Manager；

②点击左侧面板的"Android Virtual Devices"，再点击右侧"New"，如图 3-19 所示。

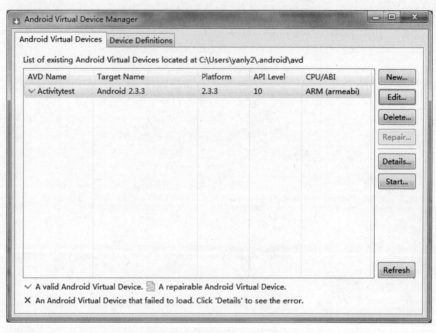

图 3-19 创建 AVD 界面

③填入如下信息：
- Name：任意字母名称，但第一个字母必须大写；
- Target：Android 2.3.3 – API Level 10；
- SD Card：800 MiB（大小任意）；
- Skin：WVGA854（任选）；
- Hardware，目前保持默认值。

点击"OK"即可完成 AVD 的创建，如图 3-20 所示。

注意：如果点击左侧面板的"Andriod Virtual Devices"，再点击右侧"New"，Target 下拉列表没有想要的 SDK 版本时，需要重新加载 SDK 包——Windows→Android SDK Manager 如图 3-21 所示，选择所需的 SDK 版本进行加载即可。

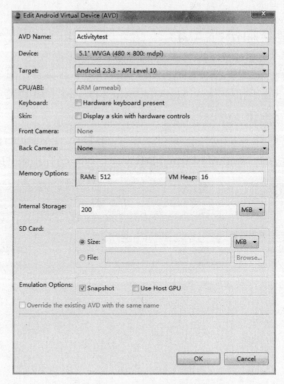

图 3-20 编辑 AVD 界面

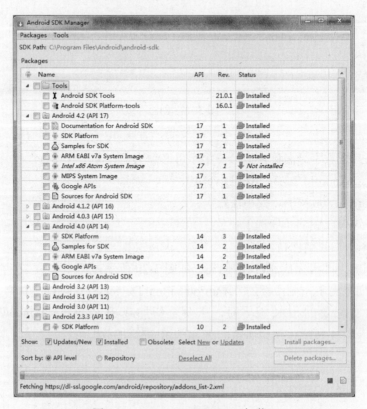

图 3-21 Android SDK Manager 加载

然后点击"Install Selected",接下来按提示操作即可。

要做这两步,原因是在 Android SDK 安装中没有安装一些必要的可用包(Available Package)。

(2)删除 AVD

①在 Eclipse 中选择 Windows→Android Virtual Device Manager;
②从 Virtual Device 中可以看到所创建的 AVD 设备;
③选择需要删除的设备,然后单击界面右侧的"Delete…"即可。

(3)运行 AVD

①在图 3-21 所示窗口中选择需要运行的 AVD 设备;
②单击窗口中的"Start…"即可,启动后的虚拟手机如图 3-22 所示。

图 3-22 Android 模拟器

相信大家对这个界面并不陌生,通过"访问程序"按钮,Android 模拟器进入如图 3-23 所示界面,界面上列出所有可用的程序,本书开发的应用程序也可以通过这里找到。需要了解如何设置中文操作界面、中文输入法,设置中文界面通过程序界面中的"Settings"项进行,一次单击"Settings-Language & keyboard""Select Language"选择"中文简体"即可。

另外介绍两种通过命令行启动 Android 模拟器的方法,在 Android ADK 目录下的 tools 子目录下有 emulator.exe 文件,它就是 Android 模拟器,这个模拟器可以模拟手机几乎所有的功能。在"运行"→"cmd"的 tools 目录下使用 emulator.exe 启动模拟器有如下两种方法:

● emulator –avd <AVD 名称>;
● emulator –data 镜像文件名称。

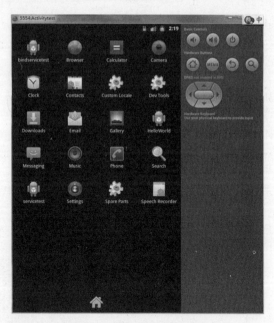

图 3-23　AVD 访问程序界面

（4）通过命令行创建 AVD

除了通过图形界面创建 AVD，还可以使用 Android 命令建立和删除 AVD 设备。在"运行"→"cmd"下的 Android SDK 安装包的 tools 路径下执行命令行，例如：C:\Program Files\Android\Android-sdk\tools>。如果将 Android SDK 放在路径中就可以在 C:\Documents and Settings\<user> 下执行命令行。

建立 AVD 设备的命令如下：

```
android create avd -n myandroid1.5 -t 2
```

其中 myAndroid1.5 表示 AVD 设备的名称，该名称可以任意设置，但不能和其他 AVD 设备冲突。-t 2 中的 2 指建立 Android 1.5 的 AVD 设备为 level2，1 表示 Android 1.1 的 AVD 设备，以此类推。目前最新的 Android 2.1 应使用 -t 6 建立 AVD 设备。在执行完上面的命令后，会输出如下信息来询问是否继续定制 AVD 设备：

```
android 1.5 is a basic android platform
Do you wish to create a custom hardware profile [no]
```

如果不想继续定制 AVD 设备，直接按"Enter"键即可；如果想定制 AVD 设备，输入 y，然后按"Enter"键，系统会按步骤提示该如何设置。中括号内是默认值，如果某个设置项需要保留默认值，直接按"Enter"键即可。如果使用的是 Windows XP，默认情况下 AVD 设备文件放在如下目录中：

C:\Documents and Settings\Administrator\.Android\avd

如果想改变 AVD 设备文件的默认存储路径，可以使用 -p 命令行参数，命令如下：

```
android create avd -n myandroid1.5 -t 2 -p d:\my\avd
```

删除 AVD 设备可以使用如下命令：

android delete avd -n myandroid1.5

通过下面的命令可以列出所有的 AVD 设备：

android list avds

3.2 开发第一个 Android 应用程序 HelloWorld

使用 Eclipse 开发 Android 应用程序大致可分 4 步：创建 Android 项目；在 XML 布局文件中定义应用程序界面；在 Java 代码中编写业务实现；运行程序。

3.2.1 生成 Android 项目

①通过 "File" → "New" → "Project" 菜单，将出现如图 3-24 所示的 "New Project" 窗口。

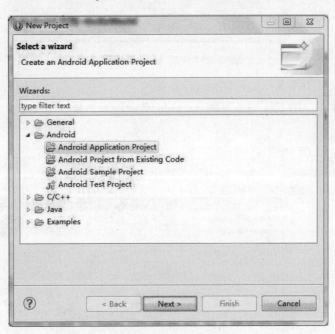

图 3-24 生成 Andorid 项目界面 1

②在 "Android" 目录下选择 "Android Application Project"，点击 "Next"，将出现如图 3-25 所示窗口。

输入相关参数，相关参数的说明如下。

Application Name: 应用的名称，是应用使用者看到的。

Project Name: 工程名称，是 Eclipse 开发用的。

Package Name: 分组名，遵循 Java 规范。在同一个 Andorid 系统，分组名是要唯一的。

Minimun Required SDK：应用支持的 Android 最低版本。可以设置较低版本，支持尽可能多的设备。如果是只在最新 Android 版本才具有的特征，并且该特征并不是应用的核心功能，可以在运行最新 Android 版本时，才启用该功能。

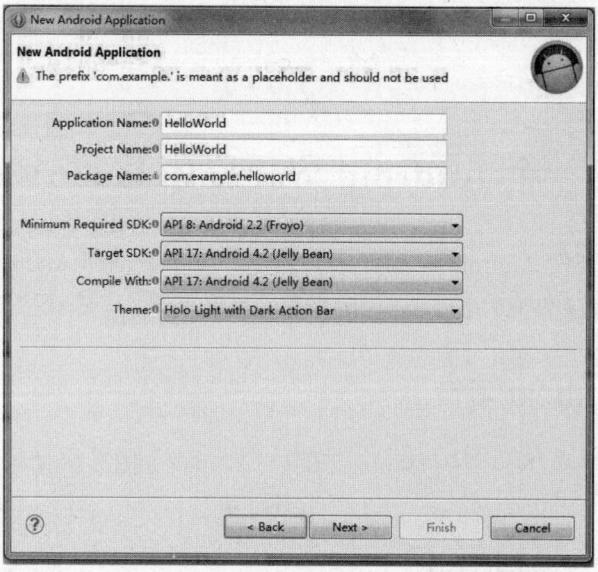

图 3-25　生成 Android 项目界面 2

Target SDK：应用支持的最高 Android 版本。

Compile With：用于应用编译的 Android 平台版本，缺省情况下采用 Android 4.1 或者更高版本。

Theme：应用 UI 风格。

③完成参数输入后，点击"Next"，将出现如图 3-26 所示窗口。

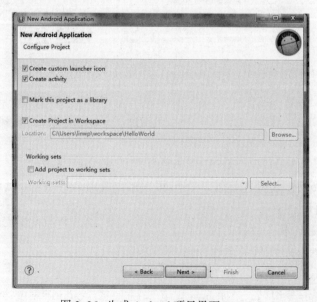

图 3-26　生成 Android 项目界面 3

④完成参数输入后,点击"Next",将出现如图3-27所示窗口,该窗口用作确定应用图标。

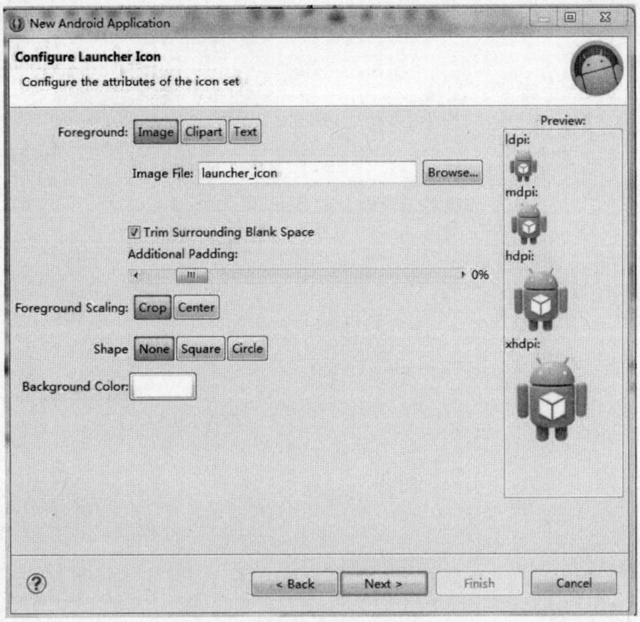

图 3-27 生成 Android 项目界面 4

⑤点击"Next",将出现如图 3-28 所示窗口,该窗口用来生成 Activity(活动),在应用程序中,一个 Activity 通常就是一个单独的屏幕,Activity 是 Android 程序与用户交互的窗口。在 Activity 的参数类型上,选择了一个空白的活动窗口。

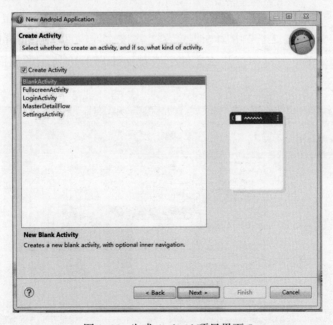

图 3-28 生成 Android 项目界面 5

⑥点击"Next",将出现如图 3-29 所示窗口,该窗口用来输入 Activity 名称、布局文件名称及浏览方式等。

图 3-29　生成 Android 项目界面 6

⑦完成以上操作后，单击"Finish"，Android 项目就生成了。

3.2.2　生成一个简单的用户 UI

在 Android 项目目录下（3.2.1 节中第 3 点定义），有个 /res/layout 目录，其下有个 activity_main.xml 文件（3.2.1 节中第 5 点定义），该文件定义了 Android 应用的界面，称为布局文件。在 Eclipse 工具中打开该文件，将看到如图 3-30 所示的界面效果，图中圆圈标出部分是效果展示。

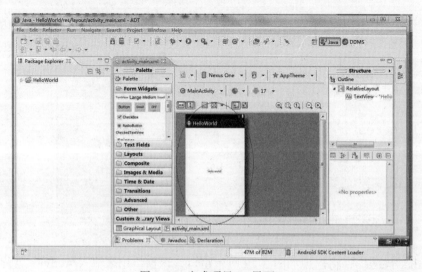

图 3-30　生成项目 UI 界面 1

效果展示部分左边的控制面板（Palette）提供了界面的布局组件选择，可以通过参数设置绘制想要达到的效果。以下介绍布局和常用组件。

Layouts：布局相当于界面设计的框架，内部的元素都是按照布局要求排列的，布局和组件共同组成了界面。布局包括以下几个主要选择。

● LinearLayout：按照垂直或者水平的顺序排列子元素。垂直排列，是具有 N 行单列的机构，每行只有一个元素；水平排列，是具有单行 N 列的机构。可以通过两种方式组合，形成 N 行 N 列的结构。

● FrameLayout：整个界面被当成一块空白备用区域，所有元素都放在区域左上角。

● RelativeLayout：布局中各元素的位置都是相对关系，例如位于引用组件的左方等。

● TableLayout：表格布局，可以构建 N 行 N 列布局格式。TableLayout 由多个 TableRow 组成，一个 TableRow 代表了 Tablelayout 的一行。

Text Field：用户可编辑文字框。

Button：按钮。

在界面的控制面板中向程序拖入一个"Button"（按钮）控件，再切换到源代码编写界面，将看到 activity_main.xml 文件修改，即"所见即所得"的效果，如图 3-31 所示。

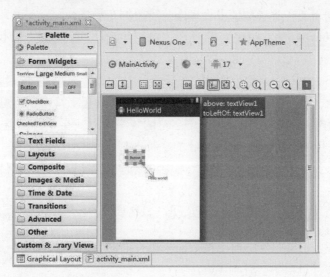

图 3-31　生成项目 UI 界面 2

以下是 activity_main.xml 文件：

```
<RelativeLayout xmlns:android="http://schemas.android.com/apk/res/android"
    xmlns:tools="http://schemas.android.com/tools"
    android:layout_width="match_parent"
    android:layout_height="match_parent"
    tools:context=".MainActivity">

<TextView
    android:id="@+id/textView1"
    android:layout_width="wrap_content"
```

```
        android:layout_height="wrap_content"
        android:layout_centerHorizontal="true"
        android:layout_centerVertical="true"
        android:text="@string/hello_world" />

    <Button
        android:id="@+id/button1"
        style="?android:attr/buttonStyleSmall"
        android:layout_width="wrap_content"
        android:layout_height="wrap_content"
        android:layout_above="@+id/textView1"
        android:layout_marginBottom="44dp"
        android:layout_marginRight="16dp"
        android:layout_toLeftOf="@+id/textView1"
        android:text="@string/Button" />

</RelativeLayout>
```

布局文件的内容不多，现在来看下面几个参数。

● RelativeLayout，相对布局面板，这个是 BlankActivity 模板（4.2.1 节中第 5 点定义）生成的，可以根据需要在布局文件中直接修改需要的布局格式。

● android:layout_width，定义当前视图占的宽度，match_parent 表示充满整个屏幕；wrap_content 会根据当前视图的大小智能改变宽度。

● android:layout_height，定义视图的高度。

● android:text，这是 TextView 要显示的文本，可以是字符串，也可以是一个字符串的引用，建议采用字符串的引用，有助于字符的统一管理。在项目目录 /res/values/strings.xml 文件内定义引用的名称为 hello_world 的字符串。

● android:id，组件唯一标识，程序代码中可以通过该标识来获取组件对象。

3.2.3 在 Java 代码中编写业务实现

这次编写的业务实现是在屏幕上按按钮来拨打电话。

（1）在布局文件里申明按键响应方法

打开布局文件 activity_main.xml，在 <Button> 下增加 Android:onClick="sendMessage" 语句，用户点击按钮，将调用 sendMessage() 方法。

```
    <Button
        android:id="@+id/button1"
        android:layout_width="wrap_content"
        android:layout_height="wrap_content"
        android:layout_above="@+id/textView1"
        android:layout_alignParentLeft="true"
        android:layout_marginBottom="53dp"
        android:layout_marginLeft="18dp"
        android:text="@string/Button"
```

```
android:onClick="sendMessage"/>
```

（2）在 MainActivity 文件中定义按键响应方法

打开项目目录 /src 下的 MainActivity.java 文件（3.2.1 节中第 6 点定义），在 MainActivity.java 文件上增加以下语句：

```
public void sendMessage(View view) { }
```

需注意的是，sendMessage() 方法必须是公共函数、返回空值，唯一参数是 view。

（3）在 sengMessage 方法里构建 Intent 方法

Android 应用通过 Intent 方法描述各种希望完成操作，如查看、编辑、呼叫、运行等。这个案例是通过按键来拨打 10000 号电话。以下是新增语句后的 sendMessage 方法：

```
public void sendMessage(View view) {
    Uri uri = Uri.parse("tel:10000");

    Intent Callintent = new Intent(Intent.ACTION_DIAL,uri);
    // 构建 Intent 方法，这里 ACTION_DIAL 是拨打电话的常量。
    startActivity(callintent);
    // 实施定义的操作。
}
```

（4）完整的 MainActivity.java 代码

```
package com.example.Helloworld;

import android.os.Bundle;
import android.app.Activity;
import android.view.Menu;
import android.view.View;
import android.net.Uri;
import android.content.Intent;

public class MainActivity extends Activity {

    @Override
    protected void onCreate(Bundle savedInstanceState) {
        super.onCreate(savedInstanceState);
        setContentView(R.layout.activity_main);
    }

    @Override
    public boolean onCreateOptionsMenu(Menu menu) {
        //Inflate the menu; this adds items to the action bar if it is present.
        getMenuInflater().inflate(R.menu.activity_main, menu);
        return true;
    }

    public void sendMessage(View view) {
        Uri uri = Uri.parse("tel:10000");
        Intent CallIntent = new Intent(Intent.ACTION_DIAL,uri);
```

```
            startActivity(CallIntent);
        }
}
```

代码中具体内容分析如下。

- Android.app.Activity、Android.os.Bundle 和 Android.view.Menu 3 个类是自动导入的。需要新导入以下 3 个类：Android.view.View、Android.net.Uri 和 Android.content.Intent。
- Activity 是 Android 程序与用户交互的窗口，简单点可以认为是一个手机的屏幕，所有展示内容的屏幕都通过继承 Activity 实现。HelloWorld 类继承自 Activity 且重写了 onCreate 方法。
- 在方法前面加上 @Override，系统可以帮助检查方法的正确性。例如，如果将 onCreate() 写成 oncreate()，这样编译器会报错，确保正确重写 onCreate 方法。如果你不加 @Override，编译器将不会检测出错误，认为是个新定义的方法。
- 调用父类的 onCreate 构造函数，savedInstanceState 是保存当前 Activity 的状态信息的。
- activity_main.xml 作为当前 Activity 的布局文件。使用 R.layout.activity_main 直接引用 activity_main.xml。

3.3 Android 应用运行

3.3.1 运行 AVD 模拟器

在 Eclipse 的菜单中点击如图 3-32 所示的图标，将打开 AVD 模拟器控制面板，运行 AVD。

图 3-32 AVD 模拟器控制面板

有关 AVD 的创建和运行，可参见第 3.1.6 节。

3.3.2 运行应用

点击 Eclipse 菜单中的 "Run" → "Run" 按钮，Eclipse 将自动完成编译，生成缺省的运行配置（Run Configuration），并启动应用。

可以通过 "Run" → "Run Configrations…" 进行配置运行的项目、启动的组件和测试的模拟器等信息。

运行成功的话会有 Android 的模拟器界面，如图 3-33 所示。

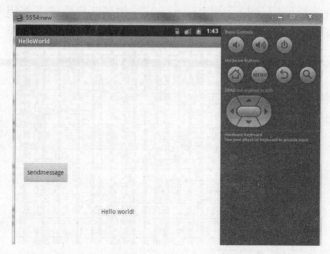

图 3-33　运行应用界面 1

点击"SendMessage"按钮，将出现如图 3-34 所示的拨打电话界面，点击拨打电话按键，可以模拟拨出 10000 号。

图 3-34　运行应用界面 2

第一个简单的 Android 应用开发就成功完成了。

3.4　Android 应用打包

完成 Android 应用开发后，需要将 Android 项目文件打包成 .apk 格式，安装在手机上并运行。

①在 Eclipse 环境下点击需要打包的项目，单击右键，在弹出的菜单上点击"Android Tools"→"Export Unsigned Application Package…"。如果已经生成了密钥文件，选择"Export Signed Application Package…"，如图 3-35 所示。

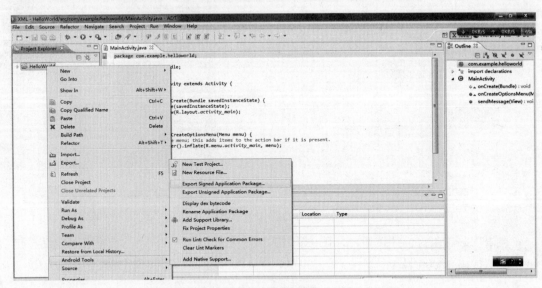

图 3-35 应用打包界面 1

②选择后，出现如图 3-36 所示窗口，点击"Next"。

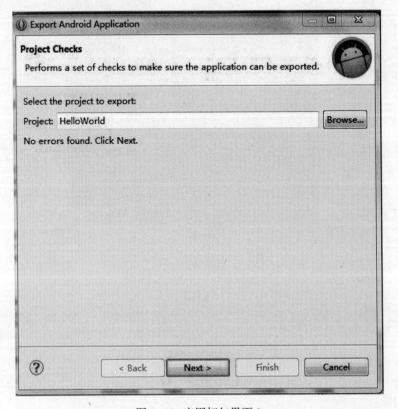

图 3-36 应用打包界面 2

③之后出现如图3-37所示窗口，点击"Next"。

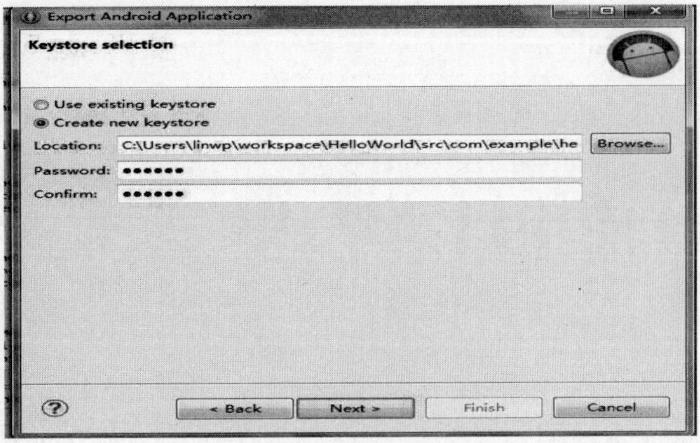

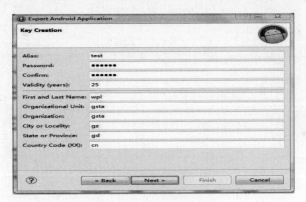

图3-37 应用打包界面3

选择"Create New Keystore"，输入需要生成的密钥文件的名称和密码。

④出现如图3-38所示的输入密钥信息窗口后，输入相关信息，点击"Next"。

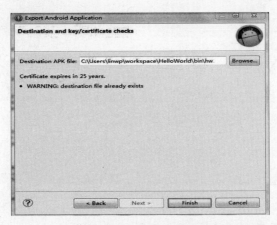

图3-38 应用打包界面4

⑤出现如图3-39所示的窗口，输入APK文件的存放地址，点击"Finish"。

图3-39 应用打包界面5

第 4 章

Android 应用目录结构

创建一个 Android 应用程序后，系统会自动生成若干目录，如 HelloWorld 程序目录结构如图 4-1 所示。

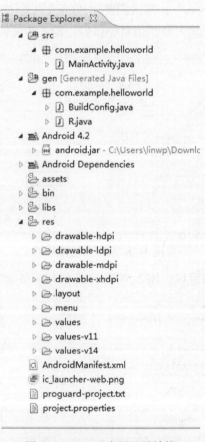

图 4-1 Android 应用目录结构

下面将分别介绍图 4-1 中的各级目录结构。

（1）src 文件夹

src 文件夹是项目的所有包及源文件（.java）目录。

（2）gen 文件夹

gen 目录用于存放项目所有资源文件对应的代码。目录内有个 R.java 文件，该文件中定义了一个 R 类，R 类中包含很多静态类，每个静态类都与 res 目录下的子目录中的一个名字对应，即 R 类定义该项目所有资源的索引。R.java 是在项目建立时自动生成的，是只读模式的，不能更改。

（3）Android *.*

该文件夹有个 Android.jar 文件，是 Java 归档文件，包括了应用开发所需的工具（如 Android SDK 库和包等）。通过 Android.jar 将应用程序绑定到特定版本的 Android SDK 和 Android 模拟器，可以使用该版本 Android 所有的库和包，在适当的运行环境中进行调试。

（4）assets 文件夹

资源的文件夹与 res 文件夹不同的是，不会在 R.java 自动生成索引，只能通过指定文件路径方式读取。可以通过 AssetManager 类访问。

（5）res 文件夹

资源文件，向此目录添加资源时，会被 R.java 自动记录，常用的有如下 3 种。

- res/drawable/：存放图片文件，该文件夹可以细分为 drawable-hdpi（高密度图片，如 WVGA、FWVGA）、drawable-ldpi（低密度图片，如 HVGA）、drawable-mdpi（中等密度，如 QVGA）、drawable-xhdpi（特高密度）。Android 根据不同手机分辨率到不同文件夹查找合适的图片。
- res/layout/：存放布局定义文件。
- res/values/：存放变量、参数等文件。

（6）AndroidManifest.xml 文件

AndroidManifest.xml 是应用的全局总清单文件，里面包括应用运行必须要清楚的系统信息，具体介绍如下：

- 应用程序的包名，该包名将会作为该应用的唯一标识。
- 描述应用程序所包含的组件，如 Activity、Service、Broadcast Receiver 和 Content Provider。描述组件的实现类的命名，并向外发布对应功能。这些声明会让 Android 系统了解应用程序中包含的组件及其加载条件。
- 声明应用程序所需的权限，以便能够访问被保护的 API 及与其他应用程序的交互。例如，<uses-permission Android:name="Android.permission.SEND_SMS"/> 表示应用需要发送短信的权限。
- 列出了 Instrumentation 类，该类提供应用程序运行时的信息和分析。只有在开发和测试应用程序时才在清单文件中声明这些类，在应用程序被发布之前，要删除这些类。
- 声明应用程序所要求的最小的 Android API 级别。
- 列出应用程序必须链接的外部库。

（7）project.properties

是项目自动生成的，记录项目中所需要的环境信息，如 Android 的版本等。

第 5 章

开发工具使用

5.1 调试工具——DDMS

Android 提供了调试工具 DDMS（Dalvik Debug Monitor Server），为 Android 程序提供了功能强大的调试环境，提供的功能包括进程调试、模拟电话呼叫、模拟发送短信、模拟地理坐标等。

5.1.1 DDMS 启动

两种启动方法介绍如下：
- 运行 Android SDK 目录下 \sdk\tools 下 ddms.bat；
- 在 Eclipes 调试程序的过程中启动 DDMS，在 Eclipes 中打开 "Windows"→"Open Perspective"→"Other" 界面如图 5-1 所示。

图 5-1 DDMS 启动菜单界面

选择 "Other"，界面如图 5-2 所示。
双击 DDMS 就可以启动了。

第2篇　Android应用软件开发基础篇

图 5-2　DDMS 启动界面

5.1.2　DDMS 面板介绍

启动 DDMS 后，将看到如图 5-3 所示的工作面板。

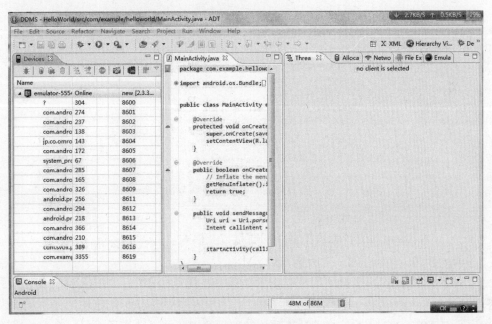

图 5-3　DDMS 工作面板

（1）Devices

在 GUI 的左上角可以看到标签为 "Devices" 的面板，这里可以查看到所有与 DDMS 连接的终端的详细信息以及每个终端正在运行的 App 进程，每个进程最右边相对应的是与调试器连接的端口。

57

在面板的右上角有一排很重要的按键，分别介绍如下。
- Debug Selected Process：调试选中的进程。
- Update Threads：查看当前进程所包含的线程。
- Update Heap：用于查看当前进程堆栈内存的使用情况。
- Stop Process：终止当前进程。
- ScreenShot：截取当前测试终端桌面。

（2）Emulator Control

通过这个面板可以容易地使测试终端模拟真实手机所具备的一些交互功能，如接听电话、模拟不同网络情况、模拟接收 SMS 消息和发送虚拟地址坐标等。Emulator Control 面板界面如图 5-4 所示。

图 5-4　Emulator Control 面板界面

面板中的一些关键按键介绍如下。
- Telephony Status：语音和数据业务的质量以及模式。
- Telephony Actions：电话接听和发送 SMS。
- Location Control：模拟地理坐标或者动态的路线坐标变化。其中，Manually，手动为终端发送二维经纬坐标；GPX，通过 GPX 文件导入序列动态变化地理坐标，从而模拟 GPS 变化；KML，通过 KML 文件导入独特的地理标识，并以动态形式显示在测试终端。

（3）Threads、Heap 和 File Explorer 面板

Threads：线程跟踪面板，可用于查看指定进程内所有正在执行的线程的状态，如需要让该面板显示指定进程内线程的状态。

Heap：可用于查看指定进程内堆栈内存的分配和回收情况。

File Explorer：查看 Android 模拟器中的文件，可以方便地导入/导出文件，也可以进行文件的增、删、改。

- Data：对应手机的 RAM，会存放 Android OS 运行时的缓存等临时数据（/data/dalvik-cache 目录）；没有 root 权限时，APK 程序安装在 /data/app 中（只是存放 APK 文件本身）；/data/data 中存放 Emulator 或 GPhone 中所有程序（系统 APK+ 第三方 APK）的详细目录信息。
- SDcard：对应 SD 卡。
- System：对应手机的 ROM、OS 以及系统自带 APK 程序等存放在这里。

（4）信息输出面板

该面板位于 DDMS 窗口下方，相当于传统 Java 应用的控制台，因此非常重要。

- LogCat：显示输出的调试信息。
- Console（控制台）：是 Android 模拟器输出的信息，控制加载程序等信息。

5.2 调试工具——ADB

借助 Android 提供的调试工具 ADB（Android Debug Bridge），可以通过命令行操作手机或手机模拟器，如更新代码、运行 shell 命令、管理端口映射、上传下载文件。

所以当运行 Eclipse 时，ADB 进程就会自动运行，也可以通过手动方式调用，在 Android SDK 目录 \sdk\platform-tools 下。

以下为一些常用的操作供参考。

（1）版本信息

adb version

（2）安装应用到模拟器

adb install [-l] [-r] <file>

其中，file 是需要安装的 apk 文件的绝对路径。

（3）卸载已经安装的应用

adb uninstall [-k] <package>

其中，package 表示需要卸载的应用的包的名字，k 表示是否保留应用的配置信息和缓存数据。

（4）进入设备或模拟器的 shell

adb shell

通过上面的命令，就可以进入设备或模拟器的 shell 环境中，可以执行各种 Linux 的命令，另外如果只想执行一条 shell 命令，可以采用以下方式：

adb shell [command]

（5）复制文件

从模拟器或者设备中复制文件或目录，使用如下命令：

```
adb pull <remote><local>
```

将文件或目录复制到模拟器或者设备，使用如下命令：

```
adb push <local><remote>
```

下面是一个例子：

```
adb push f.txt /sdcard/f.txt
```

（6）端口映射

用本地指定的端口和远程模拟器/设备端口映射，使用如下命令：

```
Forward <local><remote>
```

以下是主机端口 7100 到模拟器/设备端口 8100 的转发，命令为

```
adb forward tcp:7100 tcp:8100
```

也可以建立 UNIX 域套接口，所用命令为：

```
adb forward tcp:7100 local:logd
```

（7）查看 Bug 报告

```
adb bugreport
```

5.3 编译工具——DX

通过 DX 工具可以将 Android 应用的 .class 文件转换为 .dex 文件。DX 工具在 Android SDK 目录 \sdk\platform-tools 下。

DX 工具常用的命令格式如下：

```
dx -dex [--dump-to=<file>] [--core-library] [<file>.class|<file>.{zip,jar,apk}|<directory>]
```

--dump-to=<file>：指定生成的 .dex 文件的文件名。
--core-library：指定需要转换的 .class、.zip、.jar 二进制文件或目录。

例如：`dx -dex -dump-to=c:\test.dex -core-library d:\test\bin`

将 d:\test\bin 目录下的所有二进制文件转换为 c:\test.dex 文件。

5.4 打包工具——AAPT

AAPT（Android Asset Packaging Tool）可以查看、创建、更新文档附件（格式包括 zip、jar、apk），也可将资源文件（如图片、音频文件）等编译成二进制文件。该工具主

要用于打包 Android 应用 APK 项目的资源文件。

AAPT 在 Android SDK 目录 \sdk\platform-tools 下。AAPT 常用命令介绍如下。

（1）列出资源压缩包内的内容参数

```
aapt l[ist] [-v] [-a] file.{zip,jar,apk}
```

-v：以 table 的形式输出目录，table 的表目有：Length、Method、Size、Ratio、Date、Time、CRC-32、Name。

-a：会详细输出所有目录的内容。

（2）查看 APK 包内容

```
aapt d[ump] [--values] WHAT file.{apk} [asset [asset ...]]:
```

WHAT 参数如下。

aapt dump badging <file_path.apk>：查看 APK 包的各种详细信息；

aapt dump permissions <file_path.apk>：查看权限；

aapt dump resources <file_path.apk>：查看资源列表；

aapt dump configurations <file_path.apk>：查看 APK 配置信息；

aapt dump xmltree <file_path.apk> res/*.xml：以树型结构输出的 XML 信息；

aapt dump xmlstrings <file_path.apk> res/*.xml：输出 XML 文件中所有的字符串信息。

（3）打包生产资源压缩包

```
aapt p[ackage] [-d][-f][-m][-u][-v][-x][-z][-M androidManifest.xml] \
    [-0 extension [-0 extension ...]] [-g tolerance] [-j jarfile] \
    [--debug-mode] [--min-sdk-version VAL] [--target-sdk-version VAL] \
    [--app-version VAL] [--app-version-name TEXT] [--custom-package VAL] \
    [--rename-manifest-package PACKAGE] \
    [--rename-instrumentation-target-package PACKAGE] \
    [--utf16] [--auto-add-overlay] \
    [--max-res-version VAL] \
    [-I base-package [-I base-package ...]] \
    [-A asset-source-dir]  [-G class-list-file] [-P public-definitions-file] \
    [-S resource-sources [-S resource-sources ...]] \
    [-F apk-file] [-J R-file-dir] \
    [--product product1,product2,...] \
    [-c CONFIGS] [--preferred-configurations CONFIGS] \
    [-o] \
    [raw-files-dir [raw-files-dir] ...]
```

（4）从压缩包中删除指定文件

```
aapt r[emove] [-v] file.{zip,jar,apk} file1 [file2 ...]
```

（5）向压缩包中添加指定文件

```
aapt a[dd] [-v] file.{zip,jar,apk} file1 [file2 ...]
```

（6）打印 AAPT 的版本

```
aapt v[ersion]
```

5.5　其他工具

此外，Android SDK 还自带了如下一些常用工具。
- Hierarchy Viewer：可以调试和优化设计用户界面（UI）。
- Draw 9-Patch：通过所见即所得（WYS|WYG）的编辑器来创建九宫格图。
- Monkey：通过生成伪随机用户事件或系统事件，对应用程序进行压力测试。
- ProGuard：实现代码的压缩。

第6章

Android 应用程序的常用组件

6.1 Activity

Activity 是最基本的应用程序组件，称为"活动"。Activity 提供了与用户交互的窗口，如拨打电话、发邮件等。一个 Android 应用通常包括多个 Activity，一个 Activity 提供一个窗口。Android 应用是没有 main() 函数的，有一个主 Activity，当启动 Android 应用时，将会首先加载主 Activity。一个 Activity 可以启动其他 Activity。

Activity 继承于 Android.app.Activity 类，该类是 Android 提供的基类，其他 Activity 继承该父类后，通过父类的方法实现各种功能。对于开发者而言，派生 Activity 的子类，除了窗口界面设计外，还需要妥善管理各窗口的生命周期和窗口之间的逻辑跳转。

6.1.1 Activity 生命周期

Activity 的生命周期拥有 4 种基本状态，对应交互窗口的不同状态变化。以下介绍这 4 种状态。

- Resumed（Running）：窗口在屏幕最前端、可见、有焦点、与用户交互的激活状态。
- Paused：窗口可见、没焦点、不可与用户交互的暂停状态。通常是在另一个透明或非全屏的窗口遮挡下，才会出现这种暂停状态。此时 Activity 是存活的，依然与窗口管理器保持连接，系统继续维护其内部状态，但在内存极低的情况下，系统会把 Activity"杀死"。
- Stopped：窗口不可见、没焦点、不可与用户交互的停止状态。通常是被另一个窗口挡住时，才处于停止状态。此时 Activity 是存活的，但没有与窗口管理器连接，系统继续维护其内部状态，但在内存极低的情况下，系统会把 Activity"杀死"。
- Killed：被系统"杀死"回收或者没有被启动时，处于 Killed 状态。

Android 通过"后进先出"堆栈的方式来管理 Activity。Activity 实例的状态决定它在栈中的位置。当屏幕处于 Running 状态时，Activity 处于堆栈的顶端；当新的屏幕打开，前一个屏幕将处于 Paused 状态，并保存在第二层堆栈中；用户通过"Back"键返回，目前屏幕将被删掉，前一个屏幕将处于 Running 状态。

在 Android.app.Activity 类中定义了一系列与生命周期相关的方法，应用开发者可以根据需要重构需要的方法。

```
public class OurActivity extends Activity {
    protected void onCreate(Bundle savedInstanceState);
    protected void onStart();
    protected void onResume();
    protected void onPause();
    protected void onStop();
    protected void onDestroy();
}
```

- `protected void onCreate(Bundle savedInstanceState)`

Activity 实例被启动时调用的第一个方法。应用开发者通常需要重构该方法作为 Android 应用的入口，如初始化数据、布局文件等工作。

- `protected void onStart()`

被调用时，用户将要看到交互窗户。

- `protected void onRestart();`

被调用时，Activity 已经处于停止状态，准备启动。

- `protected void onResume()`

被调用时，Activity 处于 Resumed 状态，位于堆栈的最顶层，与用户交互。

- `protected void onPause()`

被调用时，Activtiy 处于 Paused 状态，Android 准备启动另一个 Activity。

- `protected void onStop()`

被调用时，Activity 处于 Stopped 状态，用户将看不到现有的窗口，新窗口将被激活。

- `protected void onDestroy()`

在 Activity 被删掉时调用，它是被删除调用的最后一个方法，在这里一般做些释放资源、清理内存等工作。

图 6-1 说明了 Activity 生命周期状态和方法之间的转换关系。

由图 6-1 可知，Activity 完整的生命周期自第一次调用 onCreate() 开始，直到调用 onDestroy() 为止。Activity 在 onCreate() 中设置初始化变量，并创建线程。Activity 在 onDestroy() 销毁那个线程。

从 onResume() 至 onPause()，Activity 位于前台最上面并与用户进行交互，称为前台生命周期。

从 onStart() 至 onStop()，用户可以在屏幕上看到此 Activity，称为可视生命周期。

第2篇 Android应用软件开发基础篇

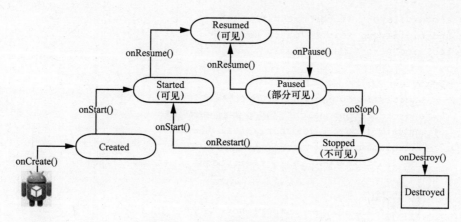

图 6-1 Activity 生命周期转换关系

6.1.2 Activity 生命周期案例

以下通过一个实例来讲述 Activity 生命周期的管理，这个实例的 Activity 窗口有一个文本输入框，通过打开、后退等窗口操作，可以看到 Activity 状态的周期变化。

① 生成一个新项目 activitytest，具体步骤可参见第 3 章。

② 在 onCreate() 方法内增加以下语句：

publicvoid onCreate(Bundle savedInstanceState) {

super.onCreate(savedInstanceState);

setContentView(R.layout.activity_main);

mEditText = (EditText)findViewById(R.id.editText);

Log.e(TAG, "onCreate"); }

调用 onCreate() 生成一个 Activity，并且定义用户界面和初始化变量。这里调用了布局函数 activity_main 来定义用户界面，并且定义了一个输入框内的输入变量 mEditText。

③ 在 onPause() 方法内增加以下语句：

protectedvoid onPause() {

super.onPause();

mString =mEditText.getText().toString();

Log.e(TAG, "onPause"); }

调用 onPause() 时，将结束目前 Activity 与用户的交互，进入 Paused 状态。onPause() 是唯一一个在进程被杀死之前必然会调用的方法，onStop() 和 onDestroy() 有可能不被执行。这个时候，会保存输入框的数据。

④ 在与生命周期相关的函数内都加上 log.e() 方法，可以通过 LogCat 来查看日志信息。

⑤ 修改后的代码如下：

```
<-------------------layout 文件-------------------------->
<RelativeLayout xmlns:android="http://schemas.android.com/apk/res/android"
    xmlns:tools="http://schemas.android.com/tools"
```

```xml
        android:layout_width="match_parent"
        android:layout_height="match_parent"
        tools:context=".MainActivity">

    <TextView
        android:layout_width="wrap_content"
        android:layout_height="wrap_content"
        android:layout_centerHorizontal="true"
        android:layout_centerVertical="true"
        android:text="@string/activitytest" />

    <EditText
        android:inputType="number|phone"
        android:id="@+id/editText"
        android:layout_width="fill_parent"
        android:layout_height="wrap_content" />

    </RelativeLayout>
```

------MainActivity.java 文件-----------------------------------
```java
package com.example.Activitytest;

import android.app.Activity;
import android.os.Bundle;
import android.util.Log;
import android.widget.EditText;

public class MainActivity  extends Activity {

    private static final String TAG = "ActivityTest";
    private EditText mEditText;
    private String  mString;

    public void onCreate(Bundle savedInstanceState) {
        super.onCreate(savedInstanceState);
        setContentView(R.layout.activity_main);
        mEditText = (EditText)findViewById(R.id.editText);
        Log.e(TAG, "onCreate");   }

    @Override
    protectedvoid onStart(){
    super.onStart(); Log.e(TAG, "onStart"); }
    @Override
    protected void onRestart() {
    mEditText.setText(mString);
    super.onRestart(); Log.e(TAG, " onRestart"); }
    @Override
    protected void onResume() {
    super.onResume(); Log.e(TAG, " onResume"); }
    @Override
    protected void onPause() {
    super.onPause();
```

```
mString =mEditText.getText().toString();
Log.e(TAG, " onPause"); }
@Override
protected void onStop() {
super.onStop();
Log.e(TAG, " onStop"); }
@Override
protected void onDestroy() {
super.onDestroy();
Log.e(TAG, " onDestroy");
}
}
```

⑥打开 Eclipse 菜单项"Window"→"Show Views"→"others"→"Android"→"LogCat"，可以看到如图 6-2 所示的项目的运行日志。通过查看 Tag 为"ActivityTest"的行，可以了解属于 Activity 类的状态，"Text"表示了目前的状态。

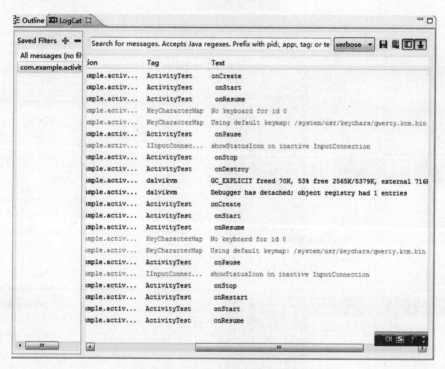

图 6-2　Activity 测试应用运行日志

⑦运行项目后，将首先出现如图 6-3 所示界面，可以看到出现一个输入框，另外 LogCat 窗口显示目前已经完成了 onCreate\onStart\onResume，目前处于 Resumed/Running 状态，可以与用户交互，可以随便输入一个数值。

⑧按一下 Home 键，这时将看到 LogCat 窗口显示目前已经完成 onPause\onStop，Activity 处于 Stopped 状态。按照 onPause 设计，步骤⑦输入的数值已经存储在 mString 内，如图 6-4 所示。

⑨重新启动 Activity，将看到输入框内显示了刚刚输入的数值，在 LogCat 窗口内看到

完成了 onRestart\onStart\onResume，Activity 处于 Resumed/Running 状态，如图 6-5 所示。

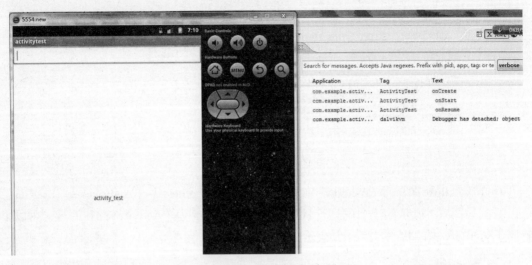

图 6-3 Activity 测试应用运行界面 1

图 6-4 Activity 测试应用运行界面 2

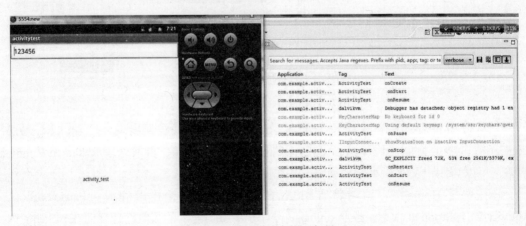

图 6-5 Activity 测试应用运行界面 3

⑩按后退键，将关闭该 ActivityTest，从 LogCat 窗口可以看到经过了 onPause/onStop/

onDestroy，该 Activity 处于 Killed 状态，已经被系统回收，如图 6-6 所示。

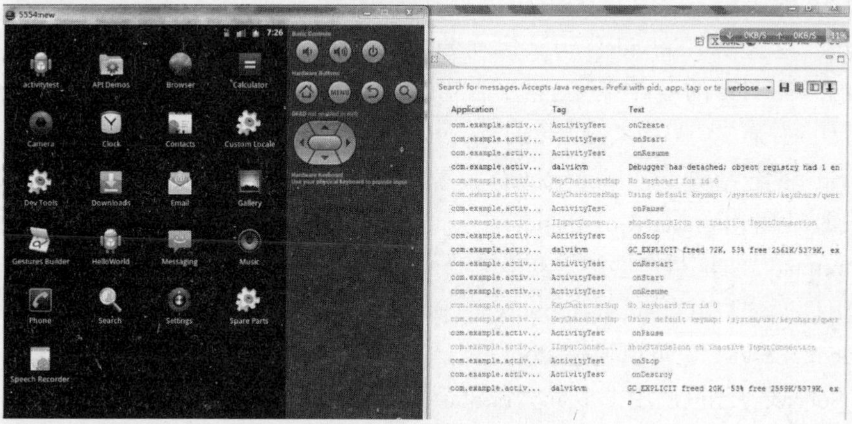

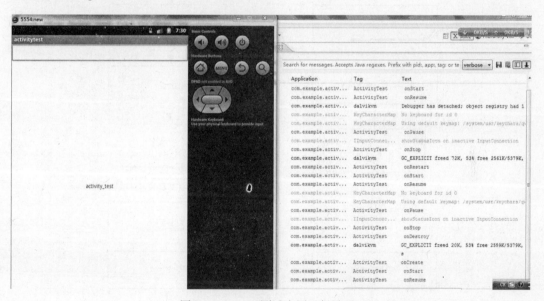

图 6-6 Activity 测试应用运行界面 4

⑪重新打开 Activity 项目，发现输入框为空，因为步骤⑩通过 onDestroy，刚才的类私有变量 mString 已经被释放，如图 6-7 所示。

图 6-7 Activity 测试应用运行界面 5

6.2 Service

Service 也是一个应用组件，与 Activity 组件的不同之处在于，Service 组件可以在后台长时间运行，而不能提供用户交互界面。Service 通常用于为其他组件提供后台服务和监控其他组件的运行状态，即使激活 Service 的其他组件退出了，Service 依然可以运行。例如媒体播放器的服务，用户退出界面但仍然希望播放音乐，Service 保证用户界面关闭时音乐能够继续播放。

Service 的生成方式有两种，分别是启动模式和绑定模式，生命周期如图 6-8 所示。

（1）启动模式

应用组件通过 startService() 方式启动 Service，Service 将在后台运行，与应用运行是相对独立的，Service 的运行结果通常不告知应用，应用是否结束都对 Service 无影响。

应用组件通过调用 Context.startService() 启动 Service，如果 Service 还没有运行，Andorid 系统将先调用 onCreate()，然后调用 onStartCommand()；如果 Service 已经运行，则只调用 onStartCommand()。一个 Service 可以被多个应用组件调用，因此 onStartCommand() 方法可能会被重复多次。

应用组件通过调用 Context.stopService() 停止 Service，Android 系统将调用 onDestroy() 停止 Service。Service 也可以通过 stopSelf() 销毁服务。只要调用一次 stopService() 方法便可以停止 Service，无论调用了多少次 onStartCommand()。

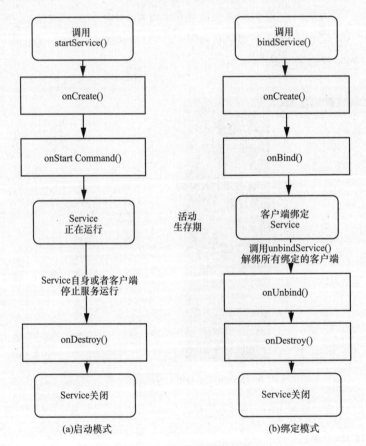

图 6-8 Service 生命周期

（2）绑定模式

应用组件通过 Context.bindService() 方式启动 Service，通过 Context.unbindService() 结束 Service，还提供了 ServiceConnection 对象访问 Service。Service 允许多个应用组件通过这种方式启动，当没有应用绑定时，该 Service 也会结束。

6.2.1 启动模式

启动模式 Service 代码首先需要创建一个 Service 的子类，其次在 Service 类中重写 onCreate()、onStartCommand()、onDestroy() 来实现生命周期管理机制，然后生成组件通过 startService()、stopService() 启动和结束服务。

以下用实例讲述通过 startService() 启动 Service，案例将包括一个 Activity 和一个 Service，Activity 包括了两个按钮，用来启动和停止 Service。Service 的启动、销毁等状态都将在 LogCat 显示，可以由此注意 Service 生命周期的变化。

①生成新项目名为 servicedemo，具体步骤可参见前面"完成第一个 Android 应用"。

②编辑界面布局文件 activity_main.xml 文件，增加了两个按钮的定义，给予了两个唯一标识。

```xml
<Button
    android:id="@+id/startButton"
    android:layout_width="match_parent"
    android:layout_height="wrap_content"
    android:text="@string/StartService" />

<Button
    android:id="@+id/stopButton"
    android:layout_width="match_parent"
    android:layout_height="wrap_content"
    android:text="@string/StopService"
    />
```

③编辑 Activity 业务代码，打开 MainActivity.java 文件，首先需要在 Activity 的 onCreat() 方法内实例化按钮，同时给两个按钮生成按键监听者：

```java
startButton = (Button) findViewById(R.id.startButton);
stopButton = (Button) findViewById(R.id.stopButton);
startButton.setOnClickListener(listener);
stopButton.setOnClickListener(listener);
```

然后在 Activity 中通过 new onClickListener() 初始化两个按键监听者，onClick() 是监听到按键事件后会调用的方法，可以在该方法里定义按键事件后需要做的事情。这里用 startService(intent)、stopService(intent) 启动和停止 Service，intent 定义的是这个应用的 Service 类。代码如下：

```java
private onClickListener listener=new onClickListener()
    {
    @Override
    publicvoid onClick(View v)
    {
        Intent intent = new Intent();
        intent.setClass(MainActivity.this, servicetest.class);
```

```
switch (v.getId())
    {
case R.id.startButton:
    startService(intent);
    break;
case R.id.stopButton:
    stopService(intent);
    break;
default:
    break;
    }
}
```

④生成 Service 子类 Servicetest，首先在 src 目录下点击 com.example.Servicedemo，按右键，选择 "New" → "Class"，如图 6-9 所示。

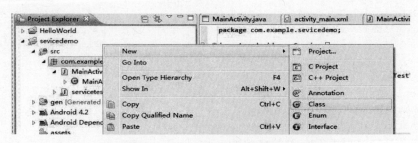

图 6-9 Service 测试应用界面 1

在 "New Java Class" 窗口输入 Service 的信息，如图 6-10 所示，按 "Finish" 键。

图 6-10 Service 测试应用界面 2

编辑 servicetest.java，生成生命周期相关函数 onCreat()、onStartCommand()、onDestroy()，并在内部都加上 log.e() 方法，可以通过 LogCat 查看日志信息。

⑤在 AndroidManifest.xml 中对 Activity 和 Service 的声明，如下所示。

声明 Activity:
```xml
<activity
    android:name="com.example.Sevicedemo.MainActivity"
    android:label="@string/app_name">
    <intent-filter>
    -<action android:name="android.intent.action.MAIN" />
    <category android:name="android.intent.category.LAUNCHER" />
    </intent-filter>
    </activity>
```
声明 Service:
```xml
<service
    android:name="com.example.Sevicedemo.Servicetest"
    android:exported="false">
</service>
```
⑥修改后的代码，如下所示。

------------------layout 文件---------------------------------

```xml
<?xml version="1.0" encoding="utf-8"?>
<LinearLayout xmlns:android="http://schemas.android.com/apk/res/android"
    xmlns:tools="http://schemas.android.com/tools"
    android:layout_width="fill_parent"
    android:layout_height="fill_parent"
    android:orientation="vertical"
    tools:context=".MainActivity">

<Button
    android:id="@+id/startButton"
    android:layout_width="match_parent"
    android:layout_height="wrap_content"
    android:text="@string/StartService" />

<Button
    android:id="@+id/stopButton"
    android:layout_width="match_parent"
    android:layout_height="wrap_content"
    android:text="@string/StopService"
    />
</LinearLayout>
```

-------MainActivity.java 文件-----------------------------------
```java
    package com.example.Sevicedemo;
    import android.app.Activity;
    import android.content.Intent;
    import android.os.Bundle;
    import android.view.View;
```

```java
import android.view.View.onClickListener;
import android.widget.Button;
import android.view.Menu;

public class MainActivity extends Activity {

    private Button startButton;
    private Button stopButton;
    @Override
    protected void onCreate(Bundle SavedInstanceState) {
        super.onCreate(savedInstanceState);
        setContentView(R.layout.activity_main);
        startButton = (Button) findViewById(R.id.startButton);
            stopButton = (Button) findViewById(R.id.stopButton);
        startButton.setonClickListener(listener);
        stopButton.setonClickListener(listener);
    }

    @Override
    public boolean onCreateOptionsMenu(Menu menu) {
        // Inflate the menu; this adds items to the action bar if it is present.
        getMenuInflater().inflate(R.menu.activity_main, menu);
        returntrue;
    }
    private onClickListener listener=new onClickListener()
        {
        @Override
        publicvoid onClick(View v)
        {
          Intent intent = new Intent();
          intent.setClass(MainActivity.this, servicetest.class);

            switch (v.getId())
                {
            case R.id.startButton:
                startService(intent);
                break;
            case R.id.stopButton:
                stopService(intent);
                break;
            default:
                break;
                }
        }
    };
}
```

--------Servicetest.java 文件----------------------------------

```java
import android.app.Service;
import android.content.Intent;
import android.os.IBinder;
```

```java
import android.util.Log;

public class Servicetest extends Service {

    private static final String TAG="ServiceTest";
    @Override
    public IBinder onBind(Intent arg0) {
        // TODO Auto-generated method stub
        return null;
    }

    @Override

    public void onCreate()
    {
        Log.i(TAG, "Service onCreate--->");
        super.onCreate();
    }
    @Override
    public void onStart(Intent intent, int startId)
    {
        Log.i(TAG, "Service onStart--->");
        /*  super.onStart(intent, startId); */
    }
        @Override
        public void onDestroy()
    {
        Log.i(TAG, "Service onDestroy----->");
        super.onDestroy();
    }
}
```

-------androidManifest.xml 文件------------------
```xml
<?xml version="1.0" encoding="utf-8"?>
<manifest xmlns:android="http://schemas.android.com/apk/res/android"
    package="com.example.Sevicedemo"
    android:versionCode="1"
    android:versionName="1.0">

    <uses-sdk
        android:minSdkVersion="8"
        android:targetSdkVersion="17" />

    <application
        android:allowBackup="true"
        android:icon="@drawable/ic_launcher"
        android:label="@string/app_name"
        android:theme="@style/AppTheme">
        <activity
            android:name="com.example.Sevicedemo.MainActivity"
            android:label="@string/app_name">
            <intent-filter>
```

```xml
            <action android:name="android.intent.action.MAIN" />

            <category android:name="android.intent.category.LAUNCHER" />
        </intent-filter>
    </activity>
    <service
        android:name="com.example.Sevicedemo.Servicetest"
        android:exported="false">
        <intent-filter>
            <action android:name="android.intent.action.MAIN" />
            <category android:name="android.intent.category.LAUNCHER" />
        </intent-filter>
    </service>
</application>

</manifest>
```

⑦打开 Eclipse 菜单项 "Window"→"Show Views"→"others"→"Android"→"LogCat"，可以看到如图 6-10 所示的项目的运行日志。通过查看 Tag 为 "ServiceTest" 的行，可以了解属于 Service 类的状态，"Text" 表示了目前的状态。

⑧运行项目后，出现如图 6-11 所示的界面。

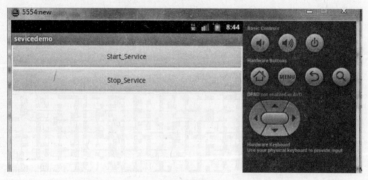

图 6-11 Service 启动模式测试应用运行界面 1

⑨按下 "startService" 按钮，LogCat 视图可以看到从调用了 Service 的 onCreate() 和 onStart()，如图 6-12 所示。

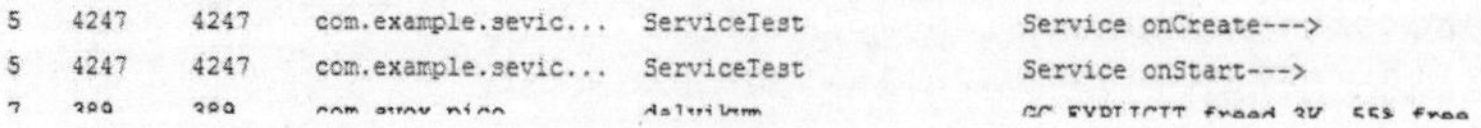

图 6-12 Service 启动模式测试应用运行界面 2

⑩按下后退或 "Home" 键，进入主界面 →Setting→Application→Running Services，这里列出 "Servicedemo" 正在运行，如图 6-13 所示。这就说明了即使激活 Service 的组件已经结束，但 Service 依然运行。

第2篇 Android应用软件开发基础篇

图 6-13 Service 启动模式测试应用运行界面 3

①按下 servicedemo 界面上的 "Stop Service" 按钮，从 LogCat 视图可以看到，打印出 Service onDestroy() 代表服务被销毁，如图 6-14 所示。

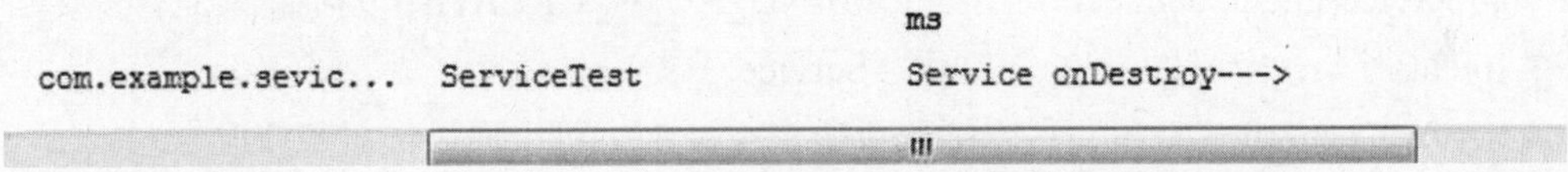

图 6-14 Service 启动模式测试应用运行界面 4

6.2.2 绑定模式

绑定模式 Service 调用过程如下：Context.bindService()→onCreate()-onBind()，通过调用 onBind() 将返回给客户端一个 IBinder 接口实例与调用者进行交互。这种绑定关系生成后，Service 就可以运行只有当调用者绑定后才能运行，多个组件可以绑定一个 Service。

结束绑定：unbindService()→onDestroy()，绑定模式 Service 与进程共生共死，即 Service 进程结束后或调用 unbindService() 方法都能销毁 Service。

以下用实例讲述通过 bindService() 启动 Service，案例将包括一个 Activity 和一个 Service，Activity 包括了两个按钮，用来绑定和解绑 Service。Service 的状态都将在 LogCat 显示，可以由此注意 Service 生命周期的变化。

①生成新项目名为 Bindservicetest，具体步骤可参见前文第一个 Android 应用的生成过程。

②编辑界面布局文件 activity_main.xml 文件，增加了两个按钮的定义，给予了两个唯一标识，类似第 6.2.1 节中第②步的实例代码。

③编辑 Activity 业务代码，打开 MainActivity.java 文件，首先需要在 Activity 的 onCreat() 方法内实例化按钮，同时给两个按钮生成按键监听者，类似第 6.2.1 节第③步的实例代码。

在 Activity 中通过 new onClickListener() 初始化两个按键监听者，onClick() 是监听到按键事件后会调用的方法，可以在该方法里定义按键事件后需要做的事情。这里用

bindService()、unBindService() 绑定和解绑 Service。

```
    private onClickListener bindListener = new onClickListener() {
    @Override
    public void onClick(View v) {
    Intent intent = new Intent();
Intent.setClass(MainActivity.this,BindserviceDemo.class);
    bindService(intent, connection, Service.BIND_AUTO_CREATE);
        }
    };

    private onClickListener unBindListener = new onClickListener() {
    @Override
    public void onClick(View v) {
    unBindService(connection);
        }
    };
```

bindService(intent, connection, Service.BIND_AUTO_CREATE) 包括如下 3 个参数。

• Intent 对象，定义的是这个应用的 Service 子类。

• ServiceConnection 对象，在连接和断开 Service 时，可以通过该对象获取 Service 信息。创建该对象要实现它的 onServiceConnected() 和 onServiceDisconnected()。系统通过调用 onServiceConnected() 方法，获得 onBind() 返回的 IBinder。系统在 Service 意外丢失的时候调用 onServiceDisconnected()，如果组件调用 unbindService() 结束 Service，将不调用这个方法。具体参见以下代码示例。

```
    private ServiceConnection connection = new ServiceConnection() {
        @Override
        public void onServiceConnected(ComponentName name, IBinder service) {
        MyBinder binder=(MyBinder) service;
        mService = binder.getService();
        Log.i("service","connected");
        }
        @Override
        public void onServiceDisconnected(ComponentName name) {
        Log.i("service", "disconnected");
            }
        };
```

• 创建 Service，一般选择在绑定的时候自动创建。

④生成 Service 子类 BindserviceDemo，在 src 目录下点击 com.example.bindserviceDemo，按右键，选择"New"→"Class"。编辑 bindserviceDemo.java，生成生命周期相关函数 onCreat()、onUnbind()，并在内部都加上 log.e() 方法，可以通过 LogCat 查看日志信息。请注意 onBind() 需要返回一个 IBinder 实例。

```
    public class BindserviceDemo extends Service {
        @Override
```

```java
    public IBinder onBind(Intent arg0) {
        // TODO Auto-generated method stub
    IBinder result= null;
    if(result==null){ result= new MyBinder();}
        Log.i("Bindservicedemo", "Service onBind--->");
        return mBinder;
    }
    private final IBinder mBinder=new MyBinder();

    public class MyBinder extends Binder{
        BindserviceDemo getService(){
        return BindserviceDemo.this;
        }
    }
    public void onCreate() {
        Log.i("BindserviceDemo", "Service onCreate--->");
        }


    public boolean onUnbind(Intent intent) {
        Log.i("BindserviceDemo", "Service onUnbind--->");
        return super.onUnbind(intent);
    }
}
```

⑤在 AndroidManifest.xml 中对 Activity 和 Service 声明。

⑥修改后的代码，如下所示。

```xml
-------------------layout 文件 --------------------------------
<RelativeLayout xmlns:android="http://schemas.android.com/apk/res/android"
    xmlns:tools="http://schemas.android.com/tools"
    android:layout_width="match_parent"
    android:layout_height="match_parent"
    tools:context=".MainActivity">

<Button
    android:id="@+id/bindbutton"
    android:layout_width="match_parent"
    android:layout_height="wrap_content"
    android:text="@string/bindservice" />

<Button
    android:id="@+id/unbindbutton"
    android:layout_width="match_parent"
    android:layout_height="wrap_content"
    android:layout_below="@+id/bindbutton"
    android:text="@string/unbindservice" />

</RelativeLayout>
-------MainActivity.java 文件 ------------------
```

```java
package com.example.Bindservicetest;

import com.example.Bindservicetest.BindserviceDemo.MyBinder;

import android.os.Bundle;
import android.app.Activity;
import android.view.Menu;
import android.app.Service;
import android.content.ComponentName;
import android.content.Intent;
import android.content.ServiceConnection;
import android.os.IBinder;
import android.util.Log;
import android.view.View;
import android.view.View.onClickListener;
import android.widget.Button;

public class MainActivity extends Activity {
    private Button bindButton;
    private Button unBindButton;
    BindserviceDemo mService;

    @Override
    protected void onCreate(Bundle savedInstanceState) {
    super.onCreate(savedInstanceState);
    setContentView(R.layout.activity_main);
    bindButton = (Button)findViewById(R.id.bindbutton);
    unbindButton = (Button)findViewById(R.id.unbindbutton);
    bindButton.setonClickListener(bindListener);
    unbindButton.setonClickListener(unBindListener);
    }

    @Override
    publicboolean onCreateOptionsMenu(Menu menu) {
        //Inflate the menu; this adds items to the action bar if it is present.
        getMenuInflater().inflate(R.menu.activity_main, menu);
        return true;
    }

    private ServiceConnection connection = new ServiceConnection() {
    @Override
    public void onServiceConnected(ComponentName name, IBinder service) {
    MyBinder binder=(MyBinder) service;
    mService = binder.getService();
    Log.i("service", "connected");
    }
    @Override
    public void onServiceDisconnected(ComponentName name) {
    Log.i("service", "disconnected");

        }
```

```java
    };

    private onClickListener bindListener = new onClickListener() {
    @Override
    public void onClick(View v) {
    Intent intent = new Intent();
    intent.setClass(MainActivity.this,BindserviceDemo.class);
    bindService(intent, connection, Service.BIND_AUTO_CREATE);
        }
    };

    private onClickListener unBindListener = new onClickListener() {
    @Override
    public void onClick(View v) {
    unBindService(connection);
        }
    };

}
```

----BindserviceDemo.java 文件-----------
```java
public class BindserviceDemo extends Service {
    @Override
    public IBinder onBind(Intent arg0) {
        // TODO Auto-generated method stub
    IBinder result= null;
    if(result==null){ result= new MyBinder();}
        Log.i("Bindservicedemo", "Service onBind--->");
        return mBinder;
    }
    private final IBinder mBinder=new MyBinder();

    public class MyBinder extends Binder{
        BindserviceDemo getService(){
        return BindserviceDemo.this;
        }
    }
public void onCreate() {
        Log.i("BindserviceDemo", "Service onCreate--->");
    }
public boolean onUnbind(Intent intent) {
        Log.i("BindserviceDemo", "Service onUnbind--->");
        return super.onUnbind(intent);
    }
}
```

-------androidManifest.xml 文件----------------------
```xml
<?xml version="1.0" encoding="utf-8"?>
<manifest xmlns:android="http://schemas.android.com/apk/res/android"
    package="com.example.Bindservicetest"
    android:versionCode="1"
```

```xml
        android:versionName="1.0">

    <uses-sdk
        android:minSdkVersion="8"
        android:targetSdkVersion="17" />

    <application
        android:allowBackup="true"
        android:icon="@drawable/ic_launcher"
        android:label="@string/app_name"
        android:theme="@style/AppTheme">
        <activity
            android:name="com.example.Bindservicetest.MainActivity"
            android:label="@string/app_name">
        <intent-filter>
            <action android:name="android.intent.action.MAIN" />
            <category android:name="android.intent.category.LAUNCHER" />
        </intent-filter>
    </activity>
    <service
        android:name="com.example.Bindservicetest.BindserviceDemo"
        android:exported="false">
    </service>
</application>

</manifest>
```

⑦打开 Eclipse 菜单项 "Window" → "Show Views" → "others" → "Android" → "LogCat"，可以看到项目的运行日志。通过查看 Tag 为 "ServiceTest" 的行，可以了解属于 Service 类的状态，"Text" 表示目前的状态。

⑧运行项目后，出现如图 6-15 所示界面。

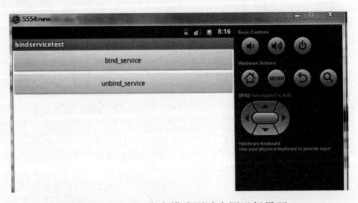

图 6-15 Service 绑定模式测试应用运行界面 1

⑨按下 "bind_service" 按钮，进行服务绑定，先后调用了 Service 的 onCreate() 和 onBind() 两个方法，以及 Activity 的 SeriveConnected() 方法，LogCat 视图显示如图 6-16 所示。

```
4348    4348    com.example.binds...    bindserviceDemo      Service onCreate--->
4348    4348    com.example.binds...    bindservicedemo      Service onBind--->
4348    4348    com.example.binds...    service              connected
```

图 6-16 Service 绑定模式测试应用运行界面 2

⑩按下后退键，LogCat 显示如图 6-17 所示。

```
ple.binds...  bindserviceDemo         Service onUnbind--->
```

图 6-17 Service 绑定模式测试应用运行界面 3

⑪按下 Home 键，进入主界面 →Setting→Application→Running Services，这里列出正在运行的服务中没有"Bindservicetest"服务在运行，验证了绑定的进程结束，Service 也结束。

⑫重复第⑧、⑨步操作，按下"unbindservice"按钮，进行服务解绑定，系统将执行 onUnbind() 方法，LogCat 显示如图 6-18 所示。

```
ple.binds...  bindserviceDemo         Service onUnbind--->
```

图 6-18 Service 绑定模式测试应用运行界面 4

6.3 Broardcast Receiver

Broardcast Receiver 是 Android 应用中的一个重要组件，Broardcast Receiver 能够实现监听 Android 系统或者其他应用组件广播的事件。例如 Android 系统发出的电量改变、启动开机等广播。

实现 Broardcast Receiver 比较简单，开发者只需要继承 Broardcast Receiver 基类，并重写 onReceiver() 方法即可。当其他组件通过 sendBroadcast()、sendStickyBroardcast() 或者 sendOrderedBroardcast() 方法发送广播消息时，如果 BroardcastReceiver 也对该广播感兴趣，其 onReceive() 方法将会被触发。

Broardcast Receiver 并不是在后台一直运行，而是当监听事件发生或相关的 Intent 传来参数时，才会被系统调用。值得注意的是，在 onReceive() 方法中最好不要执行耗时过长的代码（5 s），否则系统会弹出超时对话框，如果有耗时过长的工作，建议发送 Intent 给 Service 执行。

广播 Intent 的发送是通过调用 Context.sendBroadcast()、Context.sendOrderedBroadcast() 实现的。通常一个广播 Intent 可以被多个广播接收者所接收。

以下实例是生成一个 Broardcast Receiver 来接收另一个 Activity 发出的广播消息。

①生成一个 Android 项目，然后生成一个 Broardcast Receiver 的子类，并重写类中的 onReceive() 方法实现，代码如下。getStringExttra() 方法可以从 MainActivity 的 Intent 请求中获得 Extra_Message 值。

```
public class Receivertest extends BroadcastReceiver
```

```
{
    @Override
    public void onReceive(Context content, Intent intent)
    {
        String msg=intent.getStringExtra("msg");

        Log.i(msg, "Broadcasttest");
    }
}
```

②生成另一个项目，在 MainActivity 中增加一个发送广播消息方法 sendMessage()，按下窗口按钮，调用 sendMessage() 方法发送广播消息。代码示例如下：

```
public void sendMessage(View view) {

Intent intent = new
    Intent("com.example.Broadcasttest.action.BROADCAST_TEST");

    intent.putExtra("msg","BroacastR");

    sendBroadcast(intent);
    }
```

③在 AndroidManifest.xml 中注册 Broardcast Receiver，这种方式称为静态设置方式。这种方式的特点是即使应用关闭，如果有广播信息传来，该 Broadcast Receiver 也会被系统调用而自动运行。代码如下所示：

```
<receiver
    android:name="com.example.Broadcasttest.Receivertest">
<intent-filter>
    <action
android:name="com.example.Broadcasttest.action.BROADCAST_TEST"/>
    <category
android:name="android.intent.category.DEFAULT" />
</intent-filter>
</receiver>
```

④运行第二个项目，可以看到 LogCat 出现第一个项目的 Broardcast Receiver 打印的日志。

⑤除了静态设置外，还可以采用动态设置方式，当应用结束后，该接收器不会再接收广播消息。

```
IntentFilter filter = new IntentFilter();

filter.addAction("com.example.Broadcasttest.action.BROADCAST_TEST");
Receivertest Broadcasttest = new Receivertest();
```

```
registerReceiver(Broadcasttest,filter);
```

⑥可以通过 unregisterReceiver(broadcasttest) 主动注销 broadcasttest。

6.4 Content Provider

Content Provider 机制实现了不同 Android 应用之间的数据共享。

6.4.1 Content Provider

内容提供方通过实现 Content Provider 接口，定义存储和获取数据的统一接口，从而能够让其他的应用保存或读取此 Content Provider 的各种数据类型。当用户实现自己的 Content Provider 时，需要实现以下抽象方法。

- Insert（Uri url, ContentValues values）：将一组数据插入 URI（统一资源标识符）指定的地方。
- Delete（Uri url, String where, String[] selectionArgs）：删除指定 URI 并且符合一定条件的数据。
- Update（Uri uri, ContentValues values, String where, String[] selectionArgs）：更新 URI 指定位置的数据。
- Query（Uri uri, String[] projection, String selection, String[] selectionArgs,String sortOrder）：通过 URI 进行查询，返回一个 Cursor。

6.4.2 Content Resolver

外部应用通过调用 Content Resolver 访问内容提供方的数据。Content Resolver 提供的接口主要有以下几个。

- Insert（Uri url, ContentValues values）：将一组数据插入 URI 指定的地方。
- Delete（Uri url, String where, String[] selectionArgs）：删除指定 URI 并且符合一定条件的数据。
- Update（Uri uri, ContentValues values, String where, String[] selectionArgs）：更新 URI 指定位置的数据。
- Query（Uri uri, String[] projection, String selection, String[] selectionArgs,String sortOrder）：通过 URI 进行查询，返回一个 Cursor。

6.4.3 URI 的使用方法

（1）URI 组成

在 Content Provider 和 Content Resolver 中都用到了 URI，URI 代表了要操作的数据，

主要包含两部分信息：需要操作的 Content Provider；对 Content Provider 中的什么数据进行操作。用以下例子表示 URI 由哪些部分组成：

content://<authority>/<path>/<id>

● content://：Content Provider 前缀。

● <authority>：唯一标识这个 Content Provider，外部应用可以通过唯一标识来寻找，如果 Android 包的名称是 com.example.<appname>，<authority> 通常为以下模式 com.example.<appname>.provider。

● <path>：表示要操作的表格和文件路径的名称。例如一个表格是 table1，和前面的 <authority> 一起的 URI 是 com.example.<appname>.provider /table1。

● <id>：是可选项，表示要操作表格的具体行，<id> 与表格 ID 列对应。例如 content://com.example.app.provider/table3/6，表示 table3 表格中 ID 为 6 的行。

URI 可以采用通配符，如"*"、"#"，其中"*"表示任意长度的有效字符，"#"表示任意长度的数字字符。

（2）parse() 方法

如果要把一个字符串转换成 URI，可以使用 URI 类中的 parse() 方法，如

Uri uri = Uri.parse("content://com.ljq.provider.personprovider/person")。

（3）UriMatcher

UriMatcher 类帮助实现 URI 匹配，也即快速定位到要操作的表格或者具体行。UriMatcher 类的使用方法包括以下步骤：

首先，通过 addURI(authority,path,code) 将 URI 的 <authority>\<path> 和一个数值 code 对应。

其次，通过 match(Uri) 对输入的 URI 匹配，找到对应的 <authority>\<path>，并返回 addURI 定义的对应的数值 code。通常用 Switch 语句实现不同 URI 的操作，如下所示：

```
Switch(uriMatcher.match(Uri.parse("content://com.example. Contentptest/contact /person/10")))
{
case 1:语句1;
case 2 :语句2;
default:
// 不匹配 break;
}
```

6.4.4　Content Provider 实现

首先生成了一个 Content Provider，该 Content Provider 实现对数据表格的管理，然后通过 Content Resolver 实现对数据表格的访问，并在 Content Resolver 的窗口显示查询的数值。

①通过 SQLiteOpenHelper 子类建立一个简单的表格，并在表格内存入数据。

```
public class Contentdb extendsSQLiteOpenHelper {
    private staticfinalintDATABASE_VERSION = 1;
    private staticfinal String DATABASE_NAME= "contentprovider_test.db";
```

```java
        private staticfinal String TABLE_CREATE ="create table  content_provider(id integer,name String)";

        @Override
        public void onCreate(SQLiteDatabase db)   throws SQLException{

        db.execSQL(TABLE_CREATE) ;
        // 执行生成一张表格的 SQL 语句。

        ContentValues values =new ContentValues();
        values.put("id", 1);
        values.put("name", "testlin");
        long rowid = db.insert("content_provider", null, values);

        // 在表格里插入记录。
        }
    }
```

②为该数据库生成 Content Provider。

首先，由于 URI 通常比较长，而且有时候容易出错，所以定义了常量代替这些长字符串的使用，如下所示：

```java
public static final Uri CONTENT_URI = Uri.parse("content://com.example.Contentp.provider/content_provider");
```

其次，通过 UriMatcher 来注册 URI。

```java
public static final UriMatcher uriMatcher;
static {
uriMatcher = new UriMatcher(UriMatcher.NO_MATCH);
uriMatcher.addURI("com.example.Contentp.provider", "content_provider", 1);
uriMatcher.addURI("com.example.Contentp.provider", "content_provider/#", 2);}
```

再次，实现 query()、insert()、update()、delete()、getType() 和 onCreate() 方法。这里以 query() 方法为例，代码如下。

```java
        public Cursor query(Uri uri, String[] columns, String selection,
            String[] selectionArgs, String sortOrder) {
        // TODO Auto-generated method stub
        Cursor c = null;
          switch (uriMatcher.match(uri)) {
        case 1:
        // 输入 URI 的 path 值与 "content_provider" 匹配，由此查询整个表格的数据
         c = db.query("content_provider", columns, selection, selectionArgs, null, null, sortOrder);
            //query() 方法返回的是查询结果入口的游标，第 1 个参数表示查询表格，第 2 参数 column 相当于 SQL 语句中 select 后的列名称，第 3、4 个参数 selection、selectionArgs 组合相当于 where 后的字符串。
        break;
        case 2:
        // 输入 URI 的 path 值与 "content_provider/#" 匹配，由此查询整个表格的某一行，该行的
```

"name"由输入URI的参数确定。
```
        c = db.query("content_provider", columns,"name"    + "="+uri.
getLastPathSegment(), selectionArgs, null, null, sortOrder);
        break;
        default:
        thrownew IllegalArgumentException("Unknown URI"+uri);
        }
        c.setNotificationUri(getContext().getContentResolver(), uri);
        return c;

    }
```

③在 AndroidManifest.xml 中进行声明。

```
<provider
    android:name= ".content"
    android:authorities="com.example.Contentp.provider  >
</provider>
```

④生成 Content Resolver。这里是在同一个项目中进行的测试,也可以再新建一个项目模拟生成 Content Resolver,只要将以下代码加到新项目中就可以。

```
    mContentResolver = getContentResolver();
//getContentResolver() 表示获得该项目的 Content Resolver 实例。

       mCursor = mContentResolver.query(Contentt.CONTENT_URI, new String[]
{"ID", "NAME"}, null, null, null);
        int count=mCursor.getCount();
        mCursor.moveToNext();
        String name=mCursor.getString(1);
        String pname = mCursor.getString(1);
        mCursor.close();
```

⑤代码实例如下:

```
------ContentProvider.java 文件------------
package com.example.Contentp;

import android.content.ContentProvider;
import android.content.ContentValues;
import android.database.Cursor;
import android.net.Uri;
import android.util.Log;
import android.content.UriMatcher;

import android.database.sqlite.SQLiteDatabase;

public class Contentt extends ContentProvider {

    Contentdb mDbHelper = null;
    SQLiteDatabase db = null;
```

```java
        public static final Uri CONTENT_URI = Uri.parse("content://com.example.Contentp.provider/content_provider");

        public static final UriMatcher uriMatcher;

        static {
        uriMatcher = new UriMatcher(UriMatcher.NO_MATCH);
        uriMatcher.addURI("com.example.Contentp.provider", "content_provider", 1);
        uriMatcher.addURI("com.example.Contentp.provider","content_provider/#", 2);}


        @Override
        public int delete(Uri arg0, String arg1, String[] arg2) {
            // TODO Auto-generated method stub
            return 0;
        }

        @Override
        public String getType(Uri uri) {
            // TODO Auto-generated method stub
            return null;
        }

        @Override
        public Uri insert(Uri uri, ContentValues values) {
            // TODO Auto-generated method stub
            return null;

        }

        @Override
        public boolean onCreate() {
            // TODO Auto-generated method stub
            mDbHelper = new Contentdb(getContext());
            db = mDbHelper.getReadableDatabase();
            mDbHelper.onCreate(db);
            return false;
        }

        @Override
        public Cursor query(Uri uri, String[] projection, String selection,
            String[] selectionArgs, String sortOrder) {
            // TODO Auto-generated method stub
            Cursor c = null;
            switch (uriMatcher.match(uri)) {
            case 1:
            c = db.query("content_provider", projection, selection, selectionArgs, null, null, sortOrder);
                break;
            case 2:
            c = db.query("content_provider", projection, "name" + "="+uri.
```

```java
            getLastPathSegment(), selectionArgs, null, null, sortOrder);
            break;
        default:
            thrownew IllegalArgumentException("Unknown URI"+uri);
        }

        c.setNotificationUri(getContext().getContentResolver(), uri);
        return c;

    }

    @Override
    publicint update(Uri uri, ContentValues values, String selection,
            String[] selectionArgs) {
        // TODO Auto-generated method stub
        return 0;
    }

}

-------MainActivity.java 文件------------
package com.example.Contentp;

import android.os.Bundle;
import android.app.Activity;
import android.view.Menu;
import android.content.ContentResolver;
import android.widget.TextView;

import android.database.Cursor;


public class MainActivity extends Activity {

    private Cursor mCursor = null;
    private ContentResolver mContentResolver = null;

    @Override
    protected void onCreate(Bundle savedInstanceState) {
        super.onCreate(savedInstanceState);
        setContentView(R.layout.activity_main);
        initAdapter();

    }

    @Override
    public boolean onCreateOptionsMenu(Menu menu) {
        // Inflate the menu; this adds items to the action bar if it is present.
        getMenuInflater().inflate(R.menu.activity_main, menu);
```

```java
        return true;
    }

    public void initAdapter(){
        mContentResolver = getContentResolver();
        mCursor = mContentResolver.query(contentt.CONTENT_URI, newString[]
{"ID","NAME"}, null, null, null);
        mCursor.moveToNext();

        String pname = mCursor.getString(1);// 获取第 2 列的值
        mCursor.close();
        TextView textView = new TextView(this);
        textView.setTextSize(40);
        textView.setText(pname);
        setContentView(textView);
            }

}

------数据表格 Java 文件----------------
package com.example.Contentp;

import android.database.SQLException;
import android.database.sqlite.SQLiteDatabase;
import android.database.sqlite.SQLiteOpenHelper;
import android.content.ContentValues;
import android.content.Context;

public class Contentdb extends SQLiteOpenHelper {

    private static final int DATABASE_VERSION = 1;
    private static final String DATABASE_NAME= "contentprovider_test.db";

    private static final String TABLE_CREATE = "create table content_provider(id integer,name String) ";

    private static final String TABLE_INSERT ="insert into content_provider(id,name)+ values(?,?)";

    @Override
    public void onCreate(SQLiteDatabase db)  throws SQLException{

        db.execSQL(TABLE_CREATE) ;

        ContentValues values =new ContentValues();
        values.put("id", 1);
        values.put("name", "testlin");
        longrowid = db.insert("content_provider", null, values);
```

```
        }

    @Override
    public void onUpgrade(SQLiteDatabase db, int oldVersion, int newVersion) {
        // TODO Auto-generated method stub

-----androidManifest.xml 文件---------
<?xml version="1.0" encoding="utf-8"?>
<manifest xmlns:android="http://schemas.android.com/apk/res/android"
    package="com.example.Contentp"
    android:versionCode="1"
    android:versionName="1.0">

    <uses-sdk
        android:minSdkVersion="8"
        android:targetSdkVersion="17" />

    <application
        android:allowBackup="true"
        android:icon="@drawable/ic_launcher"
        android:label="@string/app_name"
        android:theme="@style/AppTheme">
    <activity
        android:name="com.example.Contentp.MainActivity"
        android:label="@string/app_name">
        <intent-filter>
        <action android:name="android.intent.action.MAIN" />

        <category android:name="android.intent.category.LAUNCHER" />
    </intent-filter>
</activity>
    <provider
        android:name=".Contentt"
        android:authorities="com.example.Contentp.provider"
        android:enabled="true">
    </provider>
</application>

</manifest>
------layout 文件----------------------------------
<RelativeLayout xmlns:android="http://schemas.android.com/apk/res/android"
    xmlns:tools="http://schemas.android.com/tools"
    android:layout_width="match_parent"
    android:layout_height="match_parent"
    tools:context=".MainActivity">

    <TextView
        android:id="@+id/textView1"
        android:layout_width="wrap_content"
        android:layout_height="wrap_content"
```

```xml
        android:layout_centerHorizontal="true"
        android:layout_centerVertical="true"
        android:text="@string/DB" />

</RelativeLayout>
```

⑥运行项目，在 MainActivity 窗口上将显示数据表格里的数据。

6.5 Intent 和 Intent Filter

Activity、Service、Broardcast Receiver 等 Android 核心组件之间的通信是通过 Intent 作为载体的，Intent 描述了要执行的操作、要广播的信息等。不同组件使用调用 Intent 的机制策略稍有不同，具体介绍如下。

● Activity：通过调用 Context.startActivity(intent) 或 Activity.startActivityForResult(intent)，告知 Activity 需要执行的操作。

● Service：通过 Context.startService(intent) 去初始化 Service，或告知 Service 需要执行的操作；在绑定的方式下，通过 Context.bindService(intent) 绑定应用组件和目标 Service。

● Broadcast Receiver：通过广播方法传递给广播接收者。广播方法有：Context.sendBroadcast()、ContextsendStickyBroadcast()、ContextsendOrderedBroadcast()。

Intent 消息机制通常有两种，一个是显式 Intent（Explicit Intent），另一个是隐式 Intent（Implicit Intent），具体介绍如下。

● 显示 Intent：明确指明需要启动或触发的组件名称。
● 隐式 Intent：给出需要启动或触发的组件应该满足怎样的条件。

6.5.1 显式 Intent

显式 Intent 需要明确指定目标组件，即完整的分组名和类名。对于本程序以外的其他应用程序，程序员很难知道它的组件名字具体到分组名和类名，所以显式 Intent 通常用于应用程序内部通信。显式 Intent 通常用于 Activity 或 Service。较少采用显式 Intent 给 Broadcast Receiver 发送广播。

设置组件名字的方法有：

```
public Intent setComponent(ComponentName component);
public Intent setClass(Context packageContext, Class<?> cls);
public Intent setClassName (Context packageContext, String className);
public Intent setClassName (String packageName, String className);
```

读取组件名称的方法：

```
ComponentName aName = application.intent.getComponent();
```

程序内部通过 Intent 启动 Activity 设置的方法如下：

```
Intent inetnt = new Intent();
// 选择其一以显式 Intent 方式启动组件
inetnt.setComponent(new ComponentName(getApplication(),IntentActivity.class));
inetnt.setComponent(new ComponentName(getApplication(),IntentActivity.class.getName()));
inetnt.setComponent(new ComponentName(getApplication().getPackageName(),IntentActivity.class.getName()));
inetnt.setClass(getApplication(),IntentActivity.class);
inetnt.setClassName(getApplication(),IntentActivity.class.getName());
inetnt.setClassName(getApplication().getPackageName(),IntentActivity.class.getName());
startActivity(inetnt);
```

以下用一个实例认识两个 Activity 之间通过 Intent 进行通信，实例包括两个 Activity，其中 MainActivity 提供文字框输入，供用户输入字符，该字符将在另一个 Activity 的窗口上显示，具体步骤如下。

①生成一个新项目 intenttest，具体步骤可参见前文第 4 章。

②在 MainActivity 的窗口生成一个文本输入框和一个按钮。并在 activity_main.xml 里增加 "Android:onClick="sendMessage""，这样一按按钮，将调用 sendMessage() 方法。

③在 MainActivity.java 文件中生成 sendMessage() 方法，该方法完成了从文本输入框获取输入的数值，并将数值传递给另一个 Activity，实例代码如下：

```
public void sendMessage(View view) {
    Intent intent = new Intent(this, IntentDiaplayActivity.class);

    EditText editText = (EditText)findViewById(R.id.edit_message);
    String message = editText.getText().toString();
    intent.putExtra(EXTRA_MESSAGE,message);

    MainActivity.this.startActivity(intent);

}
```

- 用显式 Intent 方式启动 Intent Display Activity。
- Intent.putExtra() 方法将 EXTRA_MESSAGE 的值传递给 Intent Display Activity。

④通过 Eclipse 菜单的 "File" → "New" → "Other" → "Android" → "Android Activity"，出现 "select a wizard" 窗口，按下 "Next" 按键，出现 "Creat Activity" 窗口，再按下 "Next" 按键，出现 "New Blank Activity" 窗口，输入 Activity 的名字 Intent Display Activity，按 "Finish" 按键。

⑤在 Intent Display Activity 类的 onCreat() 方法中，增加从 MainActivty 方法中获得的 EXTRA_MESSAGE 信息，并在文本框 textView 里显示。

```
Intent intent = getIntent();
String message=intent.getStringExtra(MainActivity.EXTRA_MESSAGE);
TextView textView = new TextView(this);
```

```
        textView.setTextSize(40);
        textView.setText(message);
        setContentView(textView);
```

⑥在 AndroidManifest.xml 中增加 Intent Display Activity 类的定义。

```xml
    <activity
    android:name="com.example.Intenttest.IntentDiaplayActivity"
    android:label="@string/display_name"
    android:parentActivityName="com.example.Intenttest.MainActivity">
        <meta-data
        android:name="android.support.PARENT_ACTIVITY"
        android:value="com.example.Intenttest.MainActivity" />
    </activity>
```

⑦在 Spring.xml 里定义相关数值。
⑧修改后的代码如下所示：
--------MainActivity layout.xml 文件--------------------
```xml
<RelativeLayout xmlns:android="http://schemas.android.com/apk/res/android"
    xmlns:tools="http://schemas.android.com/tools"
    android:layout_width="fill_parent"
    android:layout_height="fill_parent"
    tools:context=".MainActivity"
    android:orientation="vertical">

    <EditText
        android:id="@+id/edit_message"
        android:layout_width="fill_parent"
        android:layout_height="wrap_content"
        android:hint="@string/edit_message" />

    <Button
        android:layout_width="wrap_content"
        android:layout_height="wrap_content"
        android:layout_alignParentLeft="true"
        android:layout_below="@+id/edit_message"
        android:onClick="sendMessage"
        android:text="@string/button_send" />

</RelativeLayout>
```
-----------MainAcivity.java 文件----------------------
```java
package com.example.Intenttest;


import android.os.Bundle;
import android.app.Activity;
import android.content.Intent;
import android.view.Menu;
import android.view.View;
import android.widget.EditText;
```

```java
import android.util.Log;


public class MainActivity extends Activity {

public final static String EXTRA_MESSAGE = "com.example.intenttest.MESSAGE";
    @Override
    protected void onCreate(Bundle savedInstanceState) {
        super.onCreate(savedInstanceState);
        setContentView(R.layout.activity_main);
    }

    @Override
    public boolean onCreateOptionsMenu(Menu menu) {

        getMenuInflater().inflate(R.menu.activity_main, menu);
        return true;
    }

    public void sendMessage(View view) {

        Intent intent = new Intent(this, IntentDiaplayActivity.class);

        EditText editText = (EditText)findViewById(R.id.edit_message);
        String message = editText.getText().toString();
        intent.putExtra(EXTRA_MESSAGE,message);


        MainActivity.this.startActivity(intent);


    }


}
```

----------intent_diapaly.xml 文件--------------------
```xml
<RelativeLayout xmlns:android="http://schemas.android.com/apk/res/android"
    xmlns:tools="http://schemas.android.com/tools"
    android:layout_width="match_parent"
    android:layout_height="match_parent"
    tools:context=".IntentDiaplayActivity">

    <TextView
        android:layout_width="wrap_content"
        android:layout_height="wrap_content"
        android:layout_centerHorizontal="true"
        android:layout_centerVertical="true"
        android:text="@string/hello_world" />

</RelativeLayout>
```

```
-----------IntentDiapalyActivity.java 文件-------------
package com.example.Intenttest;

import android.os.Bundle;
import android.app.Activity;
import android.view.Menu;
import android.widget.TextView;
import android.content.Intent;
import android.util.Log;

public class IntentDiaplayActivity extends Activity {

    @Override
    protected void onCreate(Bundle savedInstanceState) {
        super.onCreate(savedInstanceState);
        setContentView(R.layout.intent_diaplay);

        Intent intent = getIntent();
        String message=intent.getStringExtra(MainActivity.EXTRA_MESSAGE);

        TextView textView = new TextView(this);
        textView.setTextSize(40);
        textView.setText(message);
        setContentView(textView);

    }

    @Override
    public boolean onCreateOptionsMenu(Menu menu) {
        //Inflate the menu; this adds items to the action bar if it is present.
        getMenuInflater().inflate(R.menu.intent_diaplay, menu);
        return true;
    }

}
```

⑨运行项目后，首先会看到如图 6-19 所示窗口，输入任意字符后，按下"Send"按钮。

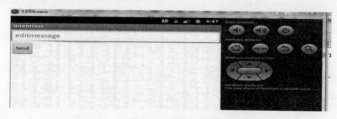

图 6-19　显式 Intent 测试应用运行界面 1

⑩跳出另外一个窗口，如图 6-20 所示，显示刚才输入的字符。

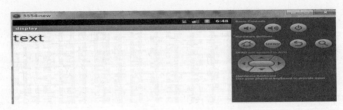

图 6-20　显式 Intent 测试应用运行界面 2

6.5.2　隐式 Intent 及 Intent Filter

隐式 Intent 是不在 Intent 中指定目标组件的名称，系统根据其他的信息，如 Data、Type 和 Category 寻找符合条件的目标组件。隐式 Intent 这一特征通常用于与应用程序外部的组件进行通信。

Intent Filter（消息过滤器）是配合隐式 Intent 而生的，如果组件不包含任何 Intent Filter，那只能接收显式 Intent。如果组件包含 Intent Filter，则既可接收隐式 Intent 也可接收显式 Intent。Intent Filter 实现"白名单"管理，只描述组件希望接收的请求行为（Action）、请求数据（Date）。需要进行字段（Action、Category、Date）匹配，可以是全部或部分匹配。

（1）Action

Action 属性是一个字符串，代表某一种特定的动作。Intent 类定义了一些 Action 常量，开发者也可以自定义 Action。一般来说，自定义的 Action 应该以应用的分组名作为前缀，然后附加特定的大写字符串，例如 "com.example.project.action.SHOW_TOAST"。查看系统定义的动作参考 Intent 类，见表 6-1 列举部分。

表 6-1　Action 常量

Action	目标组件	代表动作
Action_Main	activity	作为任务的初始 Activity
Action_Edit	activity	向用户显示可编辑的数据
Action_Call	activity	拨号动作
Action_Sync	activity	将移动设备和服务器上的数据同步
Action_Battery_Low	broadcastReceiver	提醒手机电量过低
Action_Screen_On	broadcastReceiver	已经打开屏幕
Action_Timezone_Changed	broadcastReceiver	已经改变了时区的设置
Action_Power_Connected	broadcastReceiver	已经连接上外部电源

代码举例如下：

```
<intent-filter>
    <action android:name="com.example.project.SHOW_CURRENT" />
    <action android:name="com.example.project.SHOW_RECENT" />
    <action android:name="com.example.project.SHOW_PENDING" />
</intent-filter>
```

匹配策略介绍如下：

• 一条 <intent-filter> 至少包含一个 Action 类型，否则任何 Intent 请求都无法通过组件 <intent-filter> 的检查；

• 如果 Intent 请求中没有设定 Action 类型，这个 Intent 请求就将顺利地通过所有 <intent-filter> 的 Action 检查。

（2）Category

Category 包含处理该 Intent 请求的目的组件信息。一个 Intent 请求可以有多个 Category。Intent 类定义了多个 Category 常数，见表 6-2。

表 6-2 Category 常量

常量	含义
Category_Browsable	目标 Activity 可以用浏览器显示数据
Category_Gadget	目标 Activity 可以包含在另外一个装载小工具的 Activity 中
Category_Home	目标 Activity 能够显示主屏幕、按下 Home 键看到的屏幕
Category_Launcher	目标 Activity 可以作为任务的初始化 Activity，并且列在应用程序启动器中
Category_Preference	目标 Activity 是一个选项面板

代码举例如下：

```
<intent-filter . . . >
<category android:name="android.intent.category.DEFAULT" />
<category android:name="android.intent.category.BROWSABLE" />
. . .
</intent-filter>
```

匹配策略介绍如下：

• 只有 Intent 请求中所有的 Category 与组件中的一个 Intent Filter 的 Category 完全匹配，该 Intent 才能通过检查；

• Android 系统将自动为所有隐式 Intent 请求生成一个 Category（"Android.intent.category.DEFAULT"），因此认为隐式 Intent 至少包含了一个 category("Android.intent.category.DEFAULT")。由此 Intent Filter 需要匹配隐式 Intent 请求，必须增加 category("Android.intent.category.DEFAULT")，除非该 Intent Filter 中已经包含了 "Android.intent.action.MAIN" 和 "Android.intent.category.LAUNCHER"。

（3）Data

<data> 元素定义了 Intent 请求的数据 URI 和数据类型 MIME（Multipurpose Internet Mail Extension，多用途互联网邮件扩展）。例如，Action 为 Action_Call，Data 是电话号码的 URI；Action 为 Action_Edit，Data 是待编辑数据 URI；Action 为 Action_View，Data 是 HTTP 网址 URI。数据类型 MIME 常常可以通过 URI 推断，特别是 content:URI，它表示该数据属于一个 Content Provider。

代码举例如下：

```
<intent-filter ... >
    <data android:host="string"
    android:mimeType="string"
    android:path="string"
    android:pathPattern="string"
    android:pathPrefix="string"
    android:port="string"
    android:scheme="string" />
</intent-filter>
```

URI 由以下 4 个属性组成：Scheme（网络协议名）、Host（主机名）、Port（主机端口号）和 Path（路径），其格式如：Scheme://host:port/path。4 个属性都是可选的，但它们之间并非相互独立。以 URI：content://com.example.project:200/folder/subfolder/etc 为例，各参数值是：Scheme 是 "content:"（：不能省略）；Host 是 "com.example.project"；Port 是 "port: 200"；Path 是 "path: folder/subfolder/etc"。

MIME 的 Data Type 可以用通配符方式设置。例如，"text/*" 或 "audio/*"，表示所有子类型都匹配。

匹配策略介绍如下。

● 如果 Intent 请求没有设置 URI 和 Data Type，需要 Intent Filter 也同样不设置，才能通过匹配检查。

● 如果 Intent 请求有 URI，但是没有 Data Type，需要 Intent Filter 只有同样的 URI，并且不指定 Data Type，才能通过匹配检查，例如 mailto:、tel: 等。

● 如果 Intent 请求有 Data Type 但没有 URI，需要 Intent Filter 有相同的 Data Type，并且不指定 URI，才能通过匹配检查。

● 如果 Intent 请求包含 URI 和 Data Type（或者 Data Type 可以从 URI 中推断出来），需要 Intent Filter 有相同的 Data Type，Intent Filter 中的 URI 匹配或者不指定 URI 的情况下，才能通过匹配检查。

（4）代码示例

以代码示例说明 Intent Filter 设置及 Intent 匹配过程，用更直观的方式了解两者的工作原理。

Intent Filter 通常在应用程序清单文件 AndroidManifest.xml 中的 intent-filter 元素设置，但有一个例外，Broadcast Receiver 的过滤器也可以在 Java 代码中通过 Context.registerReceiver() 动态注册，详见 Broadcast Receiver 注册方法。

Intent 类使用一系列方法实现 IntentFilter 元素字段的匹配，介绍如下。

● setAction()：设置 Action。

● addCategory()：增加 Category。

● setData()：设置 URI，同时将 MIME 类型设置为 Null；

● setType()：指定 MIME 类型，同时将 URI 设置为 Null。

● setDataAndType()：同时设置数据 URI 和 MIME 类型。

以下是 Intent Filter 的代码实例：

① Intent Filter1

```
<intent-filter>
    <action android:name="android.intent.action.MAIN" />
    <category android:name="android.intent.category.LAUNCHER" />
</intent-filter>
```

② Intent Filter2

```
<intent-filter>
<action android:name="com.example.intenttest.action.TEST"></action>
<category android:name="android.intent.category.DEFAULT"></category>
<data android:scheme="x-id"></data>
</intent-filter>
```

③ Intent Filter3

```
<intent-filter>
<action android:name="android.intent.action.EDIT"></action>
<category android:name="android.intent.category.DEFAULT"></category>
<categoryandroid:name="android.intent.category.BROWSABLE"></category>
</intent-filter>
```

代码说明如下。

① Intent Filter1

在 AndroidManifest.xml 文件中，Action/Category 通常用完整的字符串表示，而不用常量表示。例如"Android.intent.action.MAIN"表示了前面描述的常量"Action_Main"。

Android 系统通过查找有"Android.intent.action.MAIN"和"Android.intent.category.LAUNCHER"的 Activity，将其图标显示在应用程序管理窗口上。

② Intent Filter2

自定义的 Intent 过滤器，可以在其他 Activity 中用 setAction() 方法设置动作、用 addCategory() 方法设置类别、用 setData() 方法设置数据，再用 startActivity() 方法直接调用。Action、Category 和 Data 条件必须匹配。

示例代码如下：

```
Uri uri = Uri.parse("x-id://www.google.com/getDetails?id=123");
Intent intent= new Intent();
intent.setAction("com.example.Intenttest.action.TEST");
// intent.addCategory(Intent.CATEGORY_DEFAULT);// 可以不设置，因为默认是CATEGORY_DEFAULT
    intent.setData(uri);
    MainActivity.this.startActivity(intent);
```

③ Intent Filter3

自定义的 Intent 过滤器，Intent 匹配方式如下：

```
Intent intent= new Intent();
```

```
intent.setAction(Intent.ACTION_EDIT);
intent.addCategory(Intent.CATEGORY_BROWSABLE);
MainActivity.this.startActivity(intent);
```

可以不指定 Category_Default，Android 自动添加，但是 Category_Browsable 必须指定，因为 Category_Browsable 不是系统默认的。

如果一个 Intent 可以通过多个组件的 Intent Filter，那么用户将会被询问需要激活哪个组件。反之，如果 Intent 没有匹配任何组件，系统将会抛出异常。

参考文献

[1] www.Android.com

第 3 篇
iOS 应用软件开发基础篇

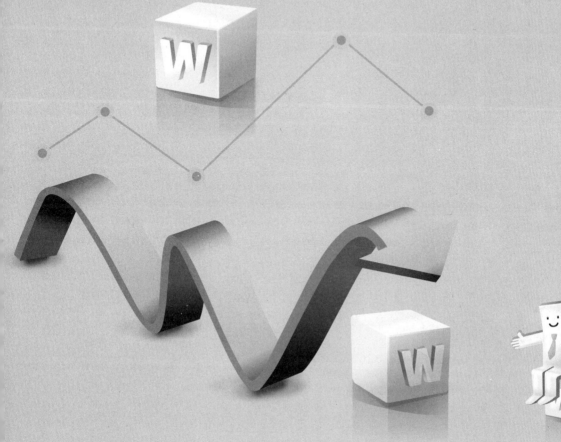

第 7 章

iOS 前世今生

2007 年 1 月 9 日 Macworld 大会上，乔布斯向世界展示了 iPhone，并带来了全新的 iOS 系统。在此后的 5 年来，iOS 陆续被出色地运用到 iPod Touch、iPad 以及 Apple TV 等苹果产品上，随之 iPhone、iPad 和 iTouch 风靡了整个移动世界，从手机到音乐再到视频媒体多个领域，苹果均掌握着炙手可热的产品。移动终端市场发展如此之迅速，Windows Mobile、Palm OS、Symbian 和 BlackBerry 相继陨落，而 iOS 却发展成为市场上有着最丰富功能的平台。回顾 5 年多中 iOS 的华丽蜕变、破茧成蝶的斑驳历史痕迹，如图 7-1 所示。

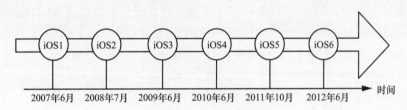

图 7-1　iOS 版本变迁

7.1　iOS 1.0

iOS 最早于 2007 年 1 月 9 日在苹果 Macworld 展览会上公布，随后于同年的 6 月发布第一版 iOS 操作系统，当初的名称为 iPhone Runs OS X。同年 10 月，苹果公司一改以往的封闭作风，宣布为开发者提供 iPhone 应用程序开发包（SDK），之前 iPhone 的所有应用程序都只能由苹果公司预装。在随后的几年中，苹果专注于改进核心的操作系统功能，赋予开发者更多的权力和控制能力，以便打造更加出色的应用。

第一代 iPhone 推出时，提供了核心 iOS 用户界面、iTunes Store 服务，还有由谷歌和雅虎支持的 YouTube、地图、Weather 和 Stocks 服务。但它还相当不完善，不支持 3G、多任务、应用商店、复制或粘贴文本、彩信、Exchange 邮件推送、编辑 Office 文档以及语音拨号，也没有一个可定制的主屏幕。

7.2 iOS 2.0

2008 年 7 月,苹果公司推出 iOS 2.0,iPod Touch 的操作系统也换成 iPhone OS。

iOS 2.0 设立了 App Store(苹果应用商店),App Store 为第三方应用开发者提供了应用销售平台,多样化的第三方应用满足了手机应用个性化的需求,App Store 使得 iOS 保持了竞争力,很大程度上减轻了苹果对于将额外服务、工具或者应用整合进 iOS 2.0 的需求。在 App Store 正式上线后 3 天,其可供下载的应用已达到 800 个,下载量达到 1000 万次。

除此之外,iOS 2.0 还支持微软 Exchange、MobileMe、搜索联系人等新功能。

7.3 iOS 3.0

2009 年 6 月,苹果公司推出 iOS 3.0,应用于 iPhone1、iPod Touch 1 和 iPod Touch 2。

iOS 3.0 使 iPhone 功能得到了全面提升和完善,iPhone 开始支持 3G 网络,全面补足了以前不足的基本功能,新增了许多本地功能,如剪切板、语音控制、MMS 信息、Spotlight 搜索、苹果推送通知、USB 和蓝牙连接、蓝牙语音控制以及横向键盘等。

2010 年 2 月 27 日,苹果公司发布大屏 iOS 设备 iPad,iPad 的操作系统也是 iPhone OS,功能包括浏览互联网、收发电子邮件、操作表单文件、玩游戏、收听音乐或者观看视频。这一举措为苹果公司和开发者带来了新的商机,iPad 被《时代周刊》评为 2010 年 50 个最佳发明之一。

7.4 iOS 4.0

2010 年 6 月,苹果公司将 iPhone OS 改名为 iOS。iOS 原是属于思科公司的注册商标,思科同意将 iOS 商标授权给苹果使用。同时推出 iOS 4.0,应用于 iPhone 3G、iPhone 3GS、iPhone 4 以及 iPod Touch 2、iPod Touch 3。iOS 4.0 新增内容如下。

- 支持多任务处理:可以同时运行多个第三方应用程序,并在它们之间迅速切换,却不会让前台应用程序变慢,也不会消耗过多电量。
- 加入文件夹:用户点击文件后就可以往文件夹里面拖曳,一个文件夹可以放置 12 个软件,实现把几个应用程序放在一个桌面图标上。
- Mail 更新:在整合的收件箱内查看所有账户中的邮件,按邮件线索管理信息,用第三方应用程序打开邮件附件。
- 引入 iBook(电子书阅读器):可以将同一本书下载到用户所有的苹果设备上而不需额外付费。
- 显示:增加了支持 iPhone 4 的视网膜显示屏和速度更快的显示器。

7.5 iOS 5.0

2011 年 6 月 6 日，WWDC 2011 大会的第 1 日，苹果公司正式宣布 iOS 5.0 系统发布，并于 2011 年 10 月 13 日提供正式版更新与下载。应用于 iPhone 3GS、iPhone 4、iPhone 4S；iPad 1、iPad 2；iPod Touch 3、iPod Touch 4。同期苹果公司宣布 iOS 平台的应用程序已经突破 50 万个。

iOS 5.0 系统带来 200 多项新功能和功能增强，最重要的一点是 iCloud 云服务，用户可以通过 iCloud 备份自己设备上的各类数据，并可以通过此功能查找自己的 iOS 设备以及朋友的大概位置，主要的新增功能如下。

- 改进通知中心功能：将用户收到的所有提醒汇集到一起，通知提醒以流动旗帜方式飘浮在显示屏上方。
- 引入了 iMessage 即时通信软件：iMessage 能够在 iOS、Mac OS 设备之间发送文字、图片、视频、通讯录以及位置信息等，支持多人聊天。
- 新增提醒功能（Reminders）：其特点是与地理位置进行了结合，根据时间及用户所在地点向用户发出提醒。
- 新增 Newsstand（报刊亭）功能：用户可以通过这个功能订阅报纸杂志等。
- 整合 Twitter 基本服务：用户利用 iOS 5.0 设备拍照后，可通过 iOS 5.0 中的拍照应用程序直接上传到 Twitter 网站中。

7.6 iOS 6.0

2012 年 6 月 12 日，苹果公司在 WWDC 2012 上宣布了 iOS 6.0，全新地图应用是其中较为引人注目的内容之一，主要新增功能如下。

- 全新中国定制功能：iOS 6.0 拥有更完善的文本输入法，并内置了对热门中文互联网服务的支持模块。
- 全新地图应用：将抛弃谷歌地图，而使用高德地图应用，基于矢量地图元素，支持以倾斜和旋转的角度查看一个区域，而城市和街道的名字仍然不会错位，3D 视图和 Flyover 功能提供优质、逼真的 3D 画面效果。
- 更智能的 Siri：用户能用语音发送信息、编排会议时间和打电话等。可以问球赛比分以及赛程、球员名单和统计数据；提供听写功能，将说的话转化成文字。Siri 增加了普通话、粤语、闽南语等语言。
- 提供分享照片：可以将自己 iCloud 中存储的照片发送给其他用户，其他用户可立即在照片 App 或 iPhoto 中收到照片，更值得赞叹的是，分享照片流不会占用 iCloud 存储空间，因为它们是通过 WLAN 和蜂窝数据传送的。
- 新增 Passbook：集各种票、登机牌、购物卡、优惠券于一身，有了这项功能，

iPhone 或 iPod Touch 一旦被唤醒，各式票券就会在适当的时间和地点出现在锁屏上。

- 提升 FaceTime：可以支持 2G/3G 移动数据网络、WLAN。
- 全新来电管理功能：当有拒绝来电时，可以立即通过文本信息进行回复，或设置回拨提醒。
- 提升设备查找功能：iCloud 针对 iOS 6.0 提供"丢失"模式，当设备丢失时，使用"查找我的 iPhone"来定位并保护丢失的设备，使用 4 位密码远程锁定丢失的 iPhone 以免数据被访问，并发送信息在屏幕上显示联系电话。
- 全新应用商城：通过 iCloud 在所有设备上同步更新购物信息，这样可以实现在不同 iOS 设备上继续购物。

2013 年 1 月 29 日，苹果推出了 iOS 6.1 正式版的更新。更新仍以完善 iOS 系统为主，对 Siri、Passbook 等进行了改善，修复了一些 iOS 6.0 上存在的 Bug 等。

第 8 章

iOS 的系统架构

iOS 框架与 Mac OS 的框架基本相似，应用程序不能直接访问硬件，需要 iOS 系统接口作为底层硬件与应用程序之间的桥梁进行交互。

iOS 框架可视为多个层次的集合，由下而上分为 4 个层次：核心操作系统层（Core OS Layer）、核心服务层（Core Service Layer）、媒体层（Media Layer）、可轻触层（Cocoa Touch Layer）。高层包含着一些服务和技术，底层则为应用程序提供基础服务，高层会对底层的一些复杂功能进行分装，诸如通过 Socket 和线程的方式，以此为底层提供面向对象的抽象，这些抽象可以减少应用程序编写的代码行数，所以一般在编写应用程序的时候，尽可能地使用高层框架，而不要使用底层框架，以减少代码的复杂度，除非高层框架没有提供底层框架某些功能的抽象，那么应用程序则需要直接使用底层框架。

苹果将提供给开发者的系统接口称为框架，iOS 系统框架如图 8-1 所示，应用程序使用前必须先把框架链接到应用中。

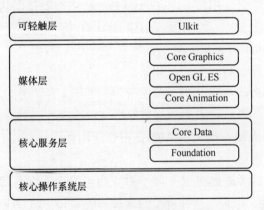

图 8-1 iOS 系统框架

8.1 Cocoa Touch 层

Cocoa Touch 层提供的软件开发 API，用于开发 iPhone/iPod/iPad 上的软件，定义了苹果应用的基本结构，支持如多任务、基于触摸的输入、通知推送等关键技术以及很多上层系统服务。

8.1.1 主要特征

下面介绍一些 Cocoa Touch 层的关键技术。

（1）多任务

iOS SDK 4.0 以及以后的 SDK 构建的应用（且运行在 iOS 4.0 和以后版本的设备上）支持多任务，iOS 中的多任务处理可让使用者在应用软件之间即时切换并继续执行应用软件。重返应用时，可以从离开的位置继续执行。多任务处理不会降低前台应用软件的性能，也不会额外消耗电池电量。

为了延长电池寿命，大多数应用程序进入后台后，将被系统暂停。应用在进入后台时可以获取一定时间运行相关任务，仅有少数几种应用能够被授权在后台长时间运行，如播放音乐、VoIP、定位等。应用暂停后将停留在内存，但不执行任何操作，这种模式下，既能实现应用返回时的快速恢复，又不耗电。无论应用程序是暂停还是继续在后台运行，程序员不需要做额外的工作，切换时系统会通知应用程序，收到通知可以执行任何重要的应用任务，如保存用户数据等。

（2）打印

iOS 4.2 开始支持打印功能，允许应用把打印内容通过无线网络发送给附近的打印机。大部分打印工作是由系统承担的，如管理打印接口、协助应用提交打印内容、管理打印机打印作业的计划和执行。

一台 iOS 终端设备的各种应用程序提交的多个打印任务，统一出现在 Print Center 队列中，按先来先服务的原则。用户可以在 Print Center 中查看打印状态。

支持多任务的设备才支持无线打印。在使用打印功能前程序可使用 UIPrintInteractionController 对象来检测设备是否支持无线打印。

（3）苹果推通知服务（APN）

iOS 3.0 开始支持 APN。由前文的"多任务"特性可以了解到，应用程序切换到后台后，大多数是被系统暂停的，因此对于那些需要保持持续连接状态的应用程序，将不能收到实时的信息。为解决这一限制，推出了 APN，不管应用程序是否运行，APN 可用于通知用户某个应用程序具有新信息。

如图 8-2 所示，在自己的远端服务器（供应商）发送通知，每个 iOS 设备与 APN 建立认证和加密的 IP 连接，并通过这种持续的连接接收通知。如果应用程序的通知到达时，应用程序没有运行，设备提示用户该应用程序有数据等待。

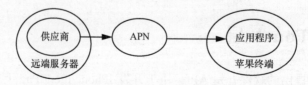

图 8-2 APN 建立服务示意

使用苹果推通知服务，可以在 iOS 终端显示一条短消息、播放提示声音或者在应用程序图标上设置推送通知的数量，使用这些方式可以提示用户应该打开程序查看相关的信息，如类似 QQ 这类即时通信应用就使用这一特性将即时消息推送给用户。

（4）本地通知

iOS 4.0 开始支持本地通知，作为推送通知机制的补充，有别于 APN 需要外部服务器进程产生消息，本地通知的发送方必须和应用程序是同一个 iOS 设备。本地通知适合时间相关的应用程序，如日历管理、闹钟等，也适合 iOS 允许的后台运行程序，例如一个运行在后台的导航程序利用本地通知，提示用户该转弯。

本地通知的优势在于独立于程序，一旦预定通知时间后，无论程序是否运行系统都会管理它的发送。当应用程序处于关闭状态时，想将外部事件的发生通知给应用程序，仍然需要 APN。

（5）手势识别器

iOS 3.2 开始引入手势识别器，系统会跟踪触摸事件，使用预置的算法判断各种手势，开发者可以省去自己编写复杂的手势识别代码的工作，只要设置手势发生时执行的操作，即可达到目的。

UIKit 包含了 UIGestureRecognizer 类，定义了所有手势识别器的标准行为。可以定义自己的定制手势识别器子类，或者使用 UIKit 提供的手势识别器子类来处理如下的标准手势：

- 点击（任何次数）；
- 向内和向外捏（用于缩放）；
- 平移或者拖动；
- 划过（任何方向）；
- 旋转；
- 长按。

（6）点对点服务

从 iOS 3.0 起引入的 Game Kit 框架提供了基于蓝牙的点对点功能，可以使用点对点服务连接附近的设备建立通信，该特性常用于实现多人游戏交互。

（7）标准系统视图控制器

Cocoa Touch 采用 MVC 设计模式，视图控制器（View Controller）相当于操作用户视图（View）的控制对象（Controller）。视图控制器实现了以不同的形式展示用户视图，并且控制数据和用户视图的交互。Cocoa Touch 层的很多框架提供了用来展现标准系统界面的视图控制器，建议开发应用程序时尽量使用这些视图控制器，以保持用户体验的一致性。例如，在任何需要做如下操作时，都应该首选对应框架提供的视图控制器，见表 8-1。

（8）外部显示支持

iOS 3.2 开始引入外部显示支持，允许一些 iOS 设备通过缆线连接到外部的显示器上，应用程序就可以在显示屏上显示内容。屏幕的内容包括它支持的分辨率都可以用 UIKit 框架提供的接口访问。

表 8-1 常见操作与框架对应

操作	对应框架
显示和编辑联系人信息	使用 Address Book UI 框架提供的视图控制器
编写 E-mail 或者短消息	使用 Message UI 框架提供的视图控制器
拍摄一张照片，或者从用户的照片库里面选择一张照片	使用 UIKit 框架内的 UIImagePickerController 类
创建和编辑日历事件	使用 Event Kit UI 框架提供的视图控制器
打开或者预览文件的内容	使用 UIKit 框架里的 UIDocumentInteractionController 类
拍摄一段视频	使用 UIKit 框架内的 UIImagePickerController 类

（9）文档支持

iOS 5.0 开始引入 UIDocument 类让文档应用开发变得更加容易。开发者不需要写过多的代码，就可以实现便捷地管理应用程序写入磁盘文件的操作，特别是在 iCloud 上存储数据。

（10）UI 状态保存

iOS 6.0 开始引入 UI 状态保存，使得应用程序更容易恢复状态。当应用程序切换到后台时，将被询问是否要保存其视图和视图控制器的状态，重新启动后，应用程序使用 UI 状态保存特性恢复，让用户感觉好像没有退出。

（11）自动布局

iOS 之前的部署是以视图的左上角为参考坐标（0,0）进行布局，当屏幕大小发生变化时，需要编写大量的代码进行屏幕的适配，iOS 6.0 开始自定布局的引入解决了这个问题。自动布局使用约束条件（Constraint）定义用户视图元素在屏幕上的布局，这些约束条件直观地定义了元素之间的相对关系，例如在水平方向，下方的按钮总是在窗口中水平居中；上方的按钮总是和下方的保持左边界对齐。

（12）故事板

iOS 5.0 开始引入故事板，用于设计用户界面。原有的 Nib 文件方式中，每一个界面被存储在一个单独的 Nib 文件里，开发人员必须编写代码实现界面之间的导航。使用故事板提供了可视化连接界面的功能。

8.1.2 主要框架

以下描述了 Cocoa Touch 层提供的主要框架和服务。

（1）UIKit 框架

UIKit 是 iOS 应用开发最常用和最重要的框架，所有的 iOS 应用程序都基于 UIKit 框架，是一个轻量的 JavaScript 的 UI 框架。

该框架提供了一系列类来管理和创建应用程序对象、用户视图、事件处理、绘制图形、窗口、视图等。提供的 UI 组件包括：对话框、确认、颜色选择、翻转卡、上下文菜单以及提醒框等。

（2）Map Kit 框架

iOS 3.0 开始引入 Map Kit 框架，它是一组基于 Google 地图的库。利用该框架，可以实现在应用程序中添加地图、用户定位、在地图上添加注释、通过查找纬度和经度获取地址信息，这些能力为开发者提供了对地图服务定制的灵活性。

（3）Message UI 框架

iOS 3.0 开始引入 Message（消息）UI 框架，提供了邮件编写和查询发件箱的视图控制器，iOS 4.0 开始增加对短信的支持。Message UI 框架简化了开发者在应用程序中传递邮件和短信的流程，并且不用离开应用。

（4）Address Book UI 框架

Address Book（地址本）UI 框架提供了显示、选择、创建或编辑联系人的标准系统界面，该框架简化了在应用程序中显示联系人信息所需要的工作，确保应用程序使用地址本界面的一致性。

（5）Event Kit UI 框架

iOS 4.0 开始引入 Event Kit（日历）UI 框架，提供了用来建立、显示及编辑日历事件的视图控制器，简化了在应用程序中编辑日历事件的开发量，确保应用程序使用日历界面的一致性。

（6）Game Kit 框架

iOS 3.0 开始引入 Game Kit 框架支持在应用中进行点对点的网络通信，例如在多人对战游戏网络中实现点对点的连接、语音通话功能等。这个框架提供的网络功能通过封装在几个简单类中实现。这些类抽象了很多网络细节，让没有网络编程经验的开发者也可以轻松地在程序中加入网络功能。

iOS 4.0 开始在框架基础上增加游戏中心，具有了别名、排行榜、创建多人游戏、向其他玩家挑战等特征。iOS 5.0 开始支持回合制的游戏比赛，并能将比赛状态长期存储在 iCloud。

（7）iAd 框架

iOS 4.0 开始引入 iAd（广告）框架，支持开发者在其应用中嵌入苹果公司的横幅广告，并通过分成方式让开发者获得收益。广告由标准的 View 构成，开发者可以按自己的想法将广告 View 插入自己的应用中。广告 View 将和广告服务端通信，处理广告内容的加载、展现以及响应点击等工作。

在开发应用程序时，iAd 会发送测试广告，帮助验证应用实现是否正确。在应用程序发布之前，开发者需要为应用程序选择广告网络选项。

8.2　Media 层

媒体层包含图形技术、音频技术和视频技术，辅助开发人员更容易地创建具有高质量图像及音效的应用程序，通过媒体层框架在移动设备上提供最佳的多媒体体验。

8.2.1 主要特征

（1）图像技术

Media 层的图像技术使应用能够实现复杂的图像处理，如果只是简单的图像处理可以考虑使用 Cocoa Touch 层的 UIKit 框架。相关的框架包括了 CoreGraphics 框架、Quartz Core 框架、CoreImage 框架、OpenGL ES 框架、GLKi 框架、CoreText 框架、ImageI/O 框架、AssetsLibrary 框架。

（2）音频技术

Media 层的音频技术使应用能够实现播放、录制高质量音频及在设备上实现震动。支持的语音编码格式包括 AAC、ALAC、A-law、IMA4、线性 PCM、DVI/Intel IMA ADPACM、微软 GSM6.10、AES-2003、μ-law。

相关的框架包括 MediaPlayer 框架、AVFoundation 框架、OpenAL 框架、CoreAudio 框架等。

（3）视频技术

Media 层的视频技术使应用能够实现播放、录制视频内容。支持的视频文件格式包括 .mov、.mp4、.m4v，支持的压缩编码包括 H.264、MPEG-4 等。

相关框架和类包括 MediaPlayer 框架、AVFoundation 框架、CoreMedia 框架、UIImagePickerController 类。

（4）AirPlay

可以认为 AirPlay 是一种基于 Wi-Fi 实现设备媒体互通的协议，AirPlay 允许应用程序将音频传送到具有 AirPlay 功能的设备，在 iOS 5.0 应用中可以通过 Wi-Fi 把 iOS 设备或者 iTunes 中的音乐、视频和照片传送到其他具有 AirPlay 功能的设备。具有 AirPlay 功能的设备包括苹果电视和通过苹果 AirPlay 认证的第三方设备。

应用程序可以通过 AVFoundation 框架、CoreAudio 框架实现音频传送，iOS 5.0 后，还支持通过使用 UIScreen、AVPlayer 和 UIWebView 类等实现内容传送。

8.2.2 主要框架

Media 层包含以下框架。

- AVFoundation 框架：iOS 2.2 引入。它提供一组 Objective-C 接口，实现音频播放；iOS 3.0 支持录音和音频会话管理；iOS 4.0 支持媒体编辑、影片拍摄和播放；iOS 5.0 支持 AirPlay。

- AssetsLibrary 框架：iOS 4.0 引入。它提供了一组从用户设备的系统相册中查询、存储照片和录像的接口。

- CoreAudio 框架：通过该框架可以在应用程序中实现音频的录制、混音、播放、格式转换和文件流解析，还可以在应用程序中内置均衡器和混频器，访问音频输入和输出硬件，在不影响音频质量的情况下优化电池寿命。

- CoreGraphics 框架：提供了 Quartz 2D 绘图接口。可以使用此框架处理路径的绘制 /

转换、色彩管理、离屏渲染、图片渐变和阴影、图像数据管理、影像创建和 PDF 文档的创建、显示和分析。

- CoreImage 框架：iOS 5.0 引入。它提供了内置过滤器用于处理视频和静态图像，过滤器能够实现照片润色和修正、人脸和特征检测。过滤器的优点在于不改变原始图像。
- CoreMIDI 框架：iOS 4.2 引入。它该框架提供了标准接口与 MIDI（音乐乐器数字接口）设备交互，包括硬件键盘和合成器进行通信的 API。
- CoreText 框架：iOS 3.2 引入。它该框架提供一个完整的文本布局引擎，可以通过它管理文本在屏幕上的摆放，所管理的文本也可以使用不同的字体和渲染属性。CoreText 框架是专为复杂的文字处理应用设置的，如果应用程序只需要简单的文本输入和显示，则可以使用 UIKit 框架。
- CoreVideo 框架：iOS 4.0 引入。它为 Core Service 层的 CoreMedia 框架提供缓冲和缓冲池功能。应用程序不会直接使用该框架。
- GLKi 框架：iOS 5.0 引入。它简化创建 OpenGL ES2.0 应用程序所需的工作。
- ImageI/O 框架：iOS 4.0 引入。它可用于导入或导出图像数据及图像元数据，利用了 Core Graphics 数据类型和函数，能够支持 iOS 上所有的标准图像类型。
- MediaPlayer 框架：提供了用于播放视频的标准接口。iOS 3.0 引入，它支持应用程序访问 iTune 音乐库。iOS 3.2 支持在一个可调整大小的 View 上播放视频，电影回放。iOS 5.0 增加在锁屏上显示"Now Playing"（正在播放）信息和多任务管理，检测在 AirPlay 上是否有视频流。
- OpenAL 框架：OpenAL 是跨平台的音效标准，通过该框架可以在应用程序中实现高性能、高质量的音频；方便地将代码模块移植到其他平台运行。
- OpenGL ES 框架：使用 OpenGL ES 支持在移动设备上的 2D 和 3D 绘图。苹果公司的 OpenGL ES 标准，与设备硬件紧密协作，为全屏幕游戏类应用程序提供很高的帧频。
- Quartz Core 框架：该框架包含了 Core Animation 接口，可提供先进的动画和合成技术，实现复杂的动画和视觉效果。

8.3 Core Service 层

Core Service 层为所有的应用程序提供基础系统服务，应用程序可能并不直接使用这些服务，而是通过高层封装的接口间接使用，但它们是系统赖以构建的基础。

8.3.1 主要特征

（1）iCloud 存储

iOS 5.0 引入。iCloud 是一种典型的云存储模式，实现了将应用程序数据存储在网络侧，用户可以使用各种 iOS 设备访问。因为数据存储在网络端，即使用户移动设备丢失，也不会造成用户数据的丢失，确保了用户数据的安全性。

应用程序可以利用 iCloud 功能实现将用户的数据存储在 iCloud 用户账户上；通过 Key-Value 实现少量数据在同一应用的多个实例之间的共享，如保存一些程序的设置信息，一般只允许存储几十 KB 大小的文件。

（2）ARC（自动引用计数）

iOS 5.0 引入。它是一种编译器功能，简化了对于 Objective-C 对象的生存期管理，即利用编译器自动插入方法实现保留和释放对象，而不需要手动添加代码，实现内存管理的引用计数。

（3）Block 对象

iOS 4.0 引入。Block 对象的本质是一种匿名函数，在其他编程语言里称为闭包或者 lambda。

（4）数据保护

iOS 4.0 引入。它利用了设备上内置的加密工具实现对于敏感数据的管理。当应用程序指定某个文件以一种加密格式存储在磁盘上，设备被锁定时，应用程序或者外部入侵者都无法访问文件的内容，在设备解锁后，应用程序可以通过密钥访问文件。iOS 5.0 引入了额外的安全级别保护文件，允许在设备锁定时，访问已经打开的文件。

（5）文件共享

iOS 4.0 引入。它当应用程序声明支持文件共享，其 /Documents 目录下的内容将共享给用户，用户可以通过 iTunes 9.1 访问，但该功能不支持不同的应用程序在同一设备上实现文件共享。

（6）GCD

iOS 4.0 引入。GCD（大中央调度）是一个 BSD 层的技术，优化多核环境中的并发操作，取代传统多线程的编程模式。旨在提高代码的执行效率与多核的利用率。GCD 还提供了多种类型的底层方法，如读写文件、执行定时器、检测信号和处理事件。

（7）应用程序内购买

iOS 4.0 引入。它主要通过 StoreKit 框架实现，为应用程序提供了使用用户 iTunes 账号处理金融交易的框架。iOS 6.0 增加了内容托管，这样可以将下载的内容存放在苹果服务器上；iOS 6.0 同时增加了在应用程序中购买 iTune 内容的功能。

（8）SQLite

SQLite 可以在应用程序中嵌入轻量级的 SQL 数据库，在应用程序里创建本地数据库文件，对文件的表格和记录实施管理。

（9）支持 XML

Foundation 框架支持从 XML 文档中检索文件，libXML2 开源库支持解析或者写入任意的 XML 数据，将 XML 转换成 HTML。

8.3.2 主要框架

Core Service 层所包含的框架介绍如下。

- Accounts 框架：iOS 5.0 引入。它为应用特定用户提供单点登录功能，如 Twitter 用户。
- AdSupport 框架：iOS 6.0 引入。它是访问广告的一个标识符和标志，指示用户是否已经选择了限制广告跟踪。
- AddressBook 框架：被称为"地址簿"，支持应用访问存储于用户设备中的联系人信息。iOS 6.0 后，访问用户的地址簿必须得到用户的许可。
- CFNetwork 框架：使用 CFNetwork 框架可以容易地实现与 HTTP/HTTPS 服务器通信、与 FTP 服务器通信、解析 DNS 主机名、使用 BSDT Socket（套接字），实现对通信协议栈的控制。
- Core Data 框架：iOS 3.0 引入。Core Data 框架技术适合管理采用 MVC 模式的数据模型，同时该数据模型已经高度结构化，不需要通过编程方式定义。开发者通过 Xcode 图形工具构造数据模型后，在程序运行的时候，可以利用 Core Data 框架创建和管理数据模型的实例，同时还对外提供数据模型访问接口。通过 Core Data 框架管理应用程序的数据模型，可以极大地减少需编写的代码数量。
- Core Foundation 框架：Core Foundation 框架为 iOS 应用程序提供基本数据管理和服务功能，具体包括：集合数据类型（数组、集合等）、程序包、字符串管理、日期和时间管理、原始数据块管理、偏好管理、URL 及数据流操作、线程和运行回路、端口和 Soket 通信。
- Core Location 框架：提供定位和导航功能，通过终端内置的 GPS、蜂窝基站或者 Wi-Fi 信号等信息计算用户方位。开发者可以通过该技术，在应用程序中实现定位功能，例如应用程序可根据用户当前位置搜索附近饭店、商店或其他设施。iOS 3.0 引入通过磁力计获取设备方位信息。iOS 4.0 引入利用蜂窝塔来实现低功耗位置检测服务。
- Core Media 框架：iOS 4.0 引入。它为 AVFoundation 框架提供底层的媒体类型，大多数应用开发者是不需要使用该框架的，除了需要对音频和视频内容提供更加精确控制的开发商。
- Core Motion 框架：提供了访问硬件设备上与运动相关的原始数据及实现对数据的后处理，相关的硬件设备包括了加速计、磁力计和陀螺仪等。例如内置陀螺仪的设备，可以通过该框架获得原始的数据，经过后处理得到旋转速度和姿态信息。
- Core Telephony 框架：提供了蜂窝无线设备相关的电话信息，例如运营商信息、电话状态信息（拨号、来电、连接或断开连接）。
- EventKit 框架：提供了用于访问、操作的日历事件和提醒的类。在访问日历和提醒信息前必须获得用户的同意。
- Foundation 框架：为 Core Foundation 框架的许多功能提供 Objective-C 封装。
- MobileCoreServices 框架：定义统一类型标识符（UTI）使用的底层类型。
- NewsstandKit 框架：iOS 5.0 引入。用户可以通过 Newsstand（报刊亭）订阅报刊杂志，实现在 Newsstand（报刊亭）发布自己的杂志和报纸。
- PassKit 框架：iOS 6.0 引入。Pass（通行证）是一些电子票据，通常包含图片和条形码，通过该功能实现了将各种票、登机牌、购物卡、优惠券存储在 iOS 设备里。使用 PassKit

框架可以创建、发布和更新通行证。

● QuickLook 框架：iOS 4.0 引入。该框架提供了文件预览功能，包括了 iWork 或者微软的文件格式。

● Social 框架：iOS 6.0 引入。它提供了访问用户社交网络账户的接口，实现了对于 Twitter、Facebook、新浪微博的支持；通过该框架可以实现向社交网络发布状态和更新图片，支持单点登录模式。

● StoreKit 框架：iOS 3.0 引入。它提供了在应用程序中购买服务和内容的功能。该框架专注于金融交易的安全性、正确性，因此应用程序可以把重点放在交易过程的用户体验方面。

● System Configuration 框架：实现了对系统的网络参数的配置，如无线网络的可用性、连接的主机设备是否可达。

8.4 Core OS 层

这一层包含了低级别的功能，而应用程序通常不会直接运用这一层的功能，除非上层框架不能满足需求才使用这一层中的框架，例如应用程序需要与外设直接通信。

● Accelerate 框架：iOS 4.0 引入。该框架的接口可用于执行线性代数、图像处理以及 DSP 运算。和开发者个人编写的库相比，该框架的优点在于根据现存的各种 iOS 设备的硬件配置进行过优化，因此开发人员只需一次编码就可确保它在所有设备高效运行。

● Core Bluetooth 框架：提供访问蓝牙 4.0 低功耗设备的功能。

● External Accessory 框架：iOS 3.0 引入。通过此框架实现与连接到 iOS 设备的外设通信，外设可以通过 30 针的基座连接器、蓝牙连接。通过 External Accessory 框架启动与外设建立通信会话后，可以使用设备支持的命令直接对其进行操作。

● Generic Security Service 框架：iOS 5.0 引入。它又被称为通用安全服务框架，提供了一套标准的安全相关的服务，接口遵循 IETF RFC2743 和 RFC4401 标准，此外还有一些非标准的安全管理凭证。

● Security 框架：确保了应用数据管理的安全性，提供管理证书、公共和私人密钥和信任策略接口，支持生成加密的伪随机码，支持将证书和加密密钥等私密信息在 KeyChain 中存储。iOS 3.0 后，支持在多个应用程序中共享 KeyChain。

● System 框架：提供了大量的 BSD 和 POSIX 功能，包括内核环境、驱动及操作系统底层 UNIX 接口。内核以 Mach 为基础，它负责操作系统的各个方面，包括管理系统的虚拟内存、线程、文件系统、网络以及进程间通信。这一层的驱动提供了系统硬件和系统框架的接口。出于安全方面的考虑，只允许少数系统框架和应用程序访问内核和驱动。

第 9 章

iOS 开发环境

9.1 搭建 iOS 开发环境

开发编写 iOS 程序之前，需要先搭建 iOS 开发环境，以下将介绍搭建 iOS 开发环境的详细步骤。

必要条件介绍如下：
- Mac 电脑；
- 苹果开发者账号；
- xCode 集成开发工具。

9.1.1 Mac 电脑

需要一台 Mac 电脑，可以是 iMac、MacBook、MacBook Pro，也可以是 Mac mini、MacBook Air。Mac 必须是 Intel CPU 的，2006 年下半年及以后上市的任何 Macintosh 计算机都符合要求。同时必须安装 Mac OS X 10.5.6（即 Leopard）以上版本的操作系统，实际上目前版本的 SDK 都已经要求至少安装 Mac OS X 10.7.4 或以上版本的操作系统。

9.1.2 注册正式开发者账号

只有拥有苹果 ID 并注册成为 iPhone 开发人员，苹果公司才允许下载 iOS 软件开发工具。在官网（网址为 http://developer.apple.com/programs/register/）页面会提示输入 Apple ID，如果没有 Apple ID，点击"Register"创建 Apple ID，如图 9-1 所示。

Apple ID 登录成功后进入开发者注册（Apple Developer Registration）界面，然后完成开发者注册的 4 步（Personal Profile、Professional Profile、Legal Agreement、E-mail Verification）内容后，即可获得 Apple 的开发者账号，注册成功后的界面如图 9-2 所示。

开发者账号注册成功后，点击"Continue"进入开发者下载主页，拥有 iPhone 开发者账号后即可免费下载官网资料。

图 9-1　Apple ID 登录

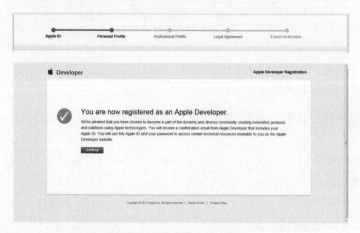

图 9-2　免费开发者账号注册

工作还未完成，如果只需要进行应用开发并在模拟器上测试应用程序，那么就不需要进行此步注册工作，但是如果想将应用程序在真实设备上进行测试并将应用发布到 App Store，就需要花费 99 美元 / 每年的费用注册成为苹果开发者，获取一个官方授权的证书，以便于发布应用程序到 iOS 设备，访问网址 https://developer.apple.com/programs/ios/ 进行正式开发人员注册界面，点击"Enroll Now"，得到如图 9-3 所示界面。

图 9-3　正式开发者账号注册界面 1

点击"Continue"，得到如图 9-4 所示界面。

图 9-4　正式开发者账号注册界面 2

因为刚才已经注册过了，在这里就可以直接选择使用已经有的 Apple ID 账号，如图 9-5 所示。

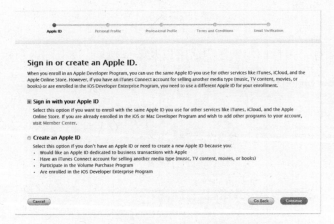

图 9-5　正式开发者账号注册界面 3

进入登录界面，如图 9-6 所示。

图 9-6　正式开发者账号登录界面

这里有两种注册方式：个人开发者名义、公司名义，如图 9-7 所示。本文选择的是个人名义。

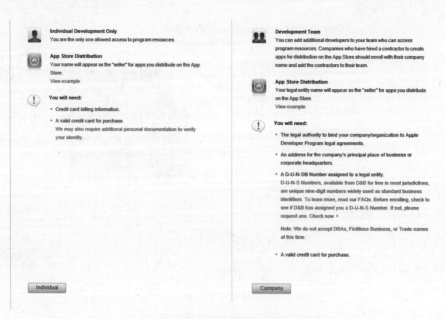

图 9-7 正式开发者账号注册界面 4

填写信用卡信息，包括信用卡账户名字以及账单地址，如图 9-8 所示。

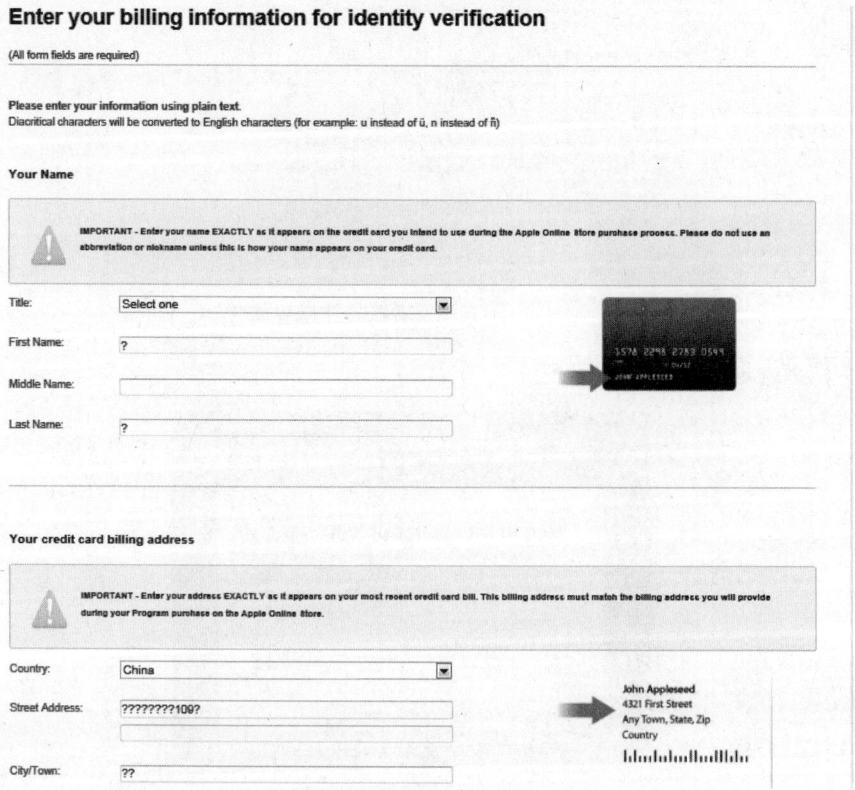

图 9-8 正式开发者账号注册界面 5

选择开发的程序，这里选择 iOS 程序，如图 9-9 所示。

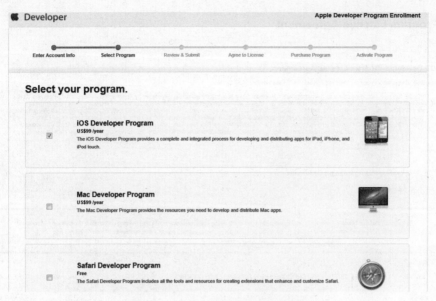

图 9-9　正式开发者账号注册界面 6

确认信息，包括开发者程序以及信用卡信息，如图 9-10 所示。

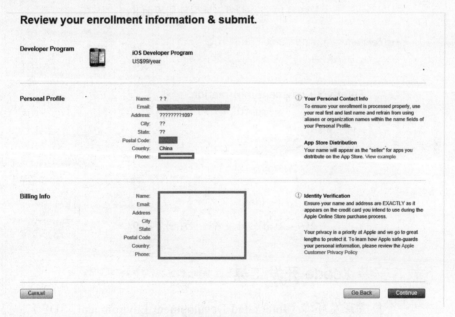

图 9-10　正式开发者账号注册界面 7

同意协议，点击"I Agree"，如图 9-11 所示。

最后，付款并填写信用卡信息，如图 9-12 所示。如果填写的是中国地址，将获得一个 PDF 文件（Purchase Form），填写 Purchase Form 并且手写中文签字后，扫描传真到美国的一个号码，并打电话给苹果中国告知已传真 Purchase Form 过去，让他们帮忙快速处理一下；如果填写的是一个美国或者英国地址，则会发送一封邮件确认后，再继续。扣费成功后，正式开发者账号就能使用了。

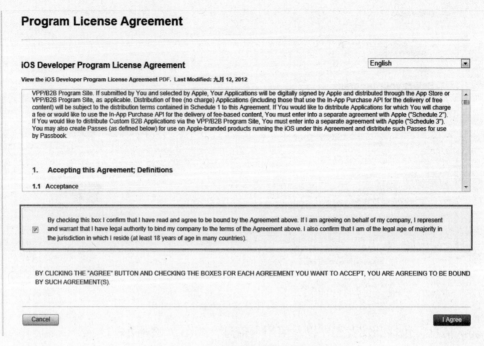

图 9-11 正式开发者账号注册界面 8

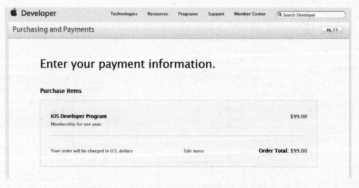

图 9-12 正式开发者账号注册界面 9

9.1.3 下载、安装 Xcode 开发工具

Xcode 是一个集成开发环境（Integrated Development Environment，IDE），提供 Mac OS X 或 iPhone OS 的项目开发构建平台，提供了一系列用来管理整个开发流程的工具，从创建应用到测试、优化应用，直至上传应用到 App Store，提供构建 Mac OS X 或 iPhone OS 应用程序所需的一切，包括创建工程、源代码编辑、图形用户界面编辑器等许多功能。

（1）下载 Xcode

访问网站 http://developer.apple.com/iphone（中文网址为 https://developer.apple.com/cn/），如图 9-13 所示，也可以从 Mac App Store 中下载最新版本的 iOS Xcode，此时 iOS SDK 也一并包含在内进行下载。

第3篇 iOS应用软件开发基础篇

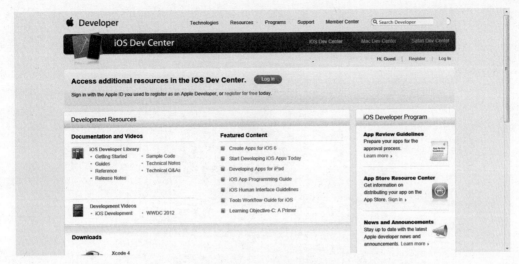

图 9-13 iOS 设备中心

进入下载列表，可以下载最新版本的 Xcode 以及各类文档、视频和示例代码，如图 9-14 所示。选择下载最新版本 Xcode，由于安装包比较大，可能下载时间较长，需要耐心等待。

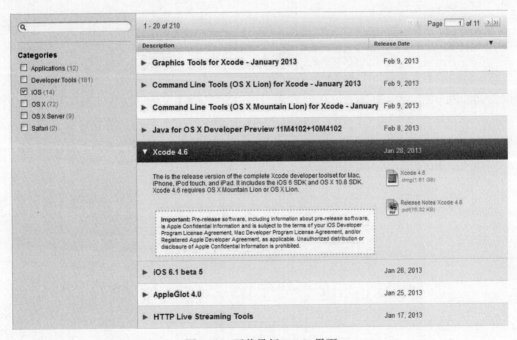

图 9-14 下载最新 Xcode 界面

（2）安装 Xcode

安装 Xcode 很简单，只需要按照提示点击"同意"和"Next"即可。Xcode 安装包如图 9-15 所示。

安装初始界面，省略部分安装过程，如图 9-16 所示。

图 9–15 Xcode 安装包

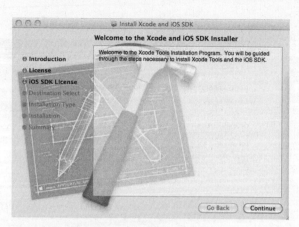
图 9–16 Xcode 安装过程

9.2 Xcode 简介

Xcode 是苹果公司提供的用于开发和调试 iOS 应用的集成开发环境，下面将介绍如何使用 Xcode。

9.2.1 启动 Xcode

在 Developer 文件夹（Developer/Applications/Xcode）找到 Xcode 图标，运行程序，可以看到如图 9-17 所示的 Xcode 欢迎界面。可以在此新建 Xcode 工程，还可以链接到官方网站获取有用资源，其中包含了 iPhone 和 MAC OS X 技术文档、教程视频、新闻、示例代码等。如果今后不想在启动 Xcode 时看到此界面，可以选择取消界面下方"Show this windows when Xcode Launchs"复选框。

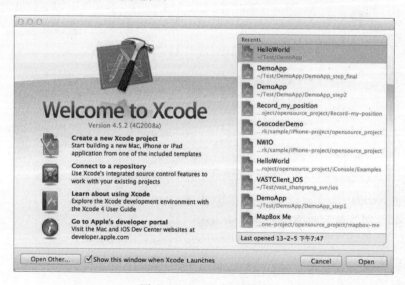
图 9–17 Xcode 启动界面

9.2.2 新建 Xcode 项目

依次选择 File→New Project...（Command-Shift-N），如图 9-18 所示，界面窗口左侧可选择 iOS 或 Mac OS X，可以看到下方各有许多项目模板类别，此处要创建 iOS 工程，故选择 iOS 下方的 Application，在窗口右侧上方中显示出许多项目模板，下方窗口为项目模板说明。几种项目模板说明如下。

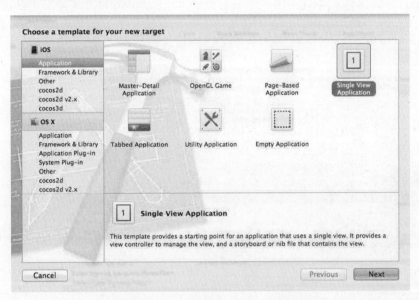

图 9-18 Xcode 新建项目——项目模板

- Master-Detail Application(iPhone)：该模板适用于需要界面导航的 iPhone 程序，选择该模板，将出现导航控制器和导航条目配置界面，能够创建类似 Mail 的应用，左边导航部分是 Master，右边每封邮件的细节是 Detail。
- Master-Detail Application (iPad)：该模板适用于需要左右分栏视图的 iPad 程序，通常是在大屏幕并拥有高分辨率的 iPad 应用程序中开发。使用该模板，将提供分屏控件和两个显示控件的配置界面。
- OpenGL Game：该模板适用于基于 OpenGL ES 的应用程序，如游戏类程序。选择该模板，系统将生成应用需要呈现的 OpenGL ES 场景的视图及视图动画效果的计数器。
- Page-Based Application：是 iOS 5.0 引入的一个新的类，该模板适合创建一种"基于页"的应用程序，其翻页效果是基于 OpenGL ES 实现的，大多用于阅读类应用程序。
- Single View Application：该模板适用于单一界面的应用，选择该模板，系统将生成管理该单一界面的视图控件，并容纳该视图的故事板或者 Nib 文件。
- Tabbed Application：该模板适用于标签页的应用程序，基于该模板生成的应用程序，默认带有标签页。
- Utility Application：该模板适用于有一个主界面和一个信息页的应用，基于该模板生成的应用程序，主界面上有一个信息按钮，点击后，将切换到另一个信息界面，点击导航条按钮,将从信息界面回到主页界面。

- Empty Application:该模板适用于空白的应用程序,基于该模板生成的应用程序,只有一个窗体,没有任何视图,在熟悉 iPhone OS 的程序构建后,可以使用此模板构建自定义程序所需要的分屏、标签栏、视图转换、游戏等。

本文选择 Single View Application(最常用的应用模板,与 Xcode 之前版本的 View-Based Application 最相似,也是后续学习 HelloWorld 应用程序所用的模板)。

填写项目必要信息,如图 9-19 所示,后续章节(HelloWorld 相关章节)会详细说明。

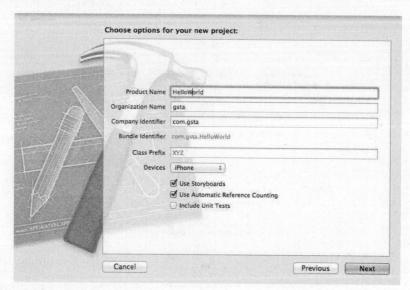

图 9-19 Xcode 新建项目——项目信息

9.2.3 Xcode 项目窗口

在 Xcode 4 中发现,它把以前执行日常开发任务的多个窗口合并成一个叫作"Workspace Windows"的工作区窗口,所有的界面放在了单一的窗口中,开发者代码编写、调试、用户界面设计等都将在这个窗口进行,各个工作区域如图 9-20 所示。

(1)工具栏

提供访问常用工具和命令的途径,如运行、方案弹出按钮等,可以通过 View→Customize Toolbar... 设置工具栏(Toolbar)显示的工具。

- 运行按钮:顾名思义,点击运行程序,无论是在设备上还是在模拟器上都是如此。
- 方案弹出式菜单:选择调试运行的设备,可以选择终端设备或者模拟器。
- 编辑器按钮:切换 3 种模式下的编辑区域显示不同内容,图标从左到右分别是:Standard Editor(标准编辑)、Assistant Editor(辅助编辑)、Version Editor(版本编辑)。标准编辑可以最大化编辑区。辅助编辑会显示开发者可能需要的关联文件,如编辑新的派生类,将显示其父类代码;编写新的实现代码(.m 文件),会显示对应的头文件(.h);设计界面,会显示合适的控制器。版本编辑可以通过拖动视图中间的时间轴滑动条,按时间回溯工程，比较任意两个版本的源代码；还可以在 Log View 中显示文件的所有历史记录。

● 视图按钮：切换3种模式下的视图窗口组合，从图标中很容易让开发者识别其作用，图标从左到右分别是：隐藏/打开最左边的导航区（Navigator Area）、隐藏/打开下边的调试区域（Debug Area）、隐藏/打开最右边的工具区（Utility Area）。

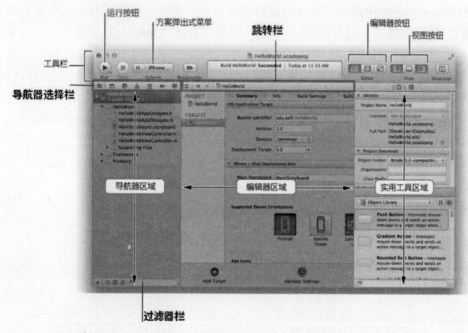

图 9-20 Xcode 项目窗口

（2）导航器区域

项目中的所有资源都在这里显示，其中的列表包括项目文件列表、排序符号、搜索栏、问题追踪、数据调试、断点和日志集合，在 Xcode 的左面面板中包含下面几种导航器：

● Project Navigator，显示 Project 和文件；
● Symbol Navigator，显示 Class 的继承关系，如 Members、Functions；
● Search Navigator，查找，替换；
● Issue Navigator，显示警告和错误；
● Debug Navigator，调试；
● Breakpoint Navigator，显示断点；
● Log Navigator，日志。

（3）编辑区域（Editor Area）

指编写和编辑应用程序源代码的地方，Xcode 4.0 整合了 LLVM 编辑器，完全支持 C、Objective-C 和 C++，编译速度比 GCC 快两倍，因此生成程序也会运行得更快。支持编辑时关键字高亮、代码完整性检查，甚至不仅可以发现错误，而且可以提供修改方案。在该窗口编辑文本便可做出更改，记得经常使用 File（文件）→Save（保存）（Command-S）保存工作。

（4）实用工具区域（Utility Area）

列出了一些较为实用的工具窗口，如 Identity、Object Library 等。

9.2.4 界面编辑器简介

界面编辑器（Interface Builder）支持以图形的方式设计界面，从而使开发人员能够专注于编写代码，使用户界面设计变得简单，免代码编写。在 Xcode 4 里，整合了原来专门用来编辑 Mac 或 iOS 项目界面的界面编辑器软件，选择一份工程中的界面文件（具有 .nib/.xib 后缀的文件）就能打开 Xcode 的界面编辑器。下面介绍 Interface Builder 相关使用。

（1）添加控件

• 在开发 Mac OS X 或者 iOS 应用程序的时候，打开项目工程界面的 Interface Builder（即工程中 nib/.xib 后缀的文件）；

• 从 Xcode 右侧实用工具区域的控件库中拖出相应控件，将之放置在程序的画布上，并可设定它的位置，从而实现程序的布局。

• 如图 9-21 所示，从控件库中选择 Lable 拖曳到画布上相应的位置。

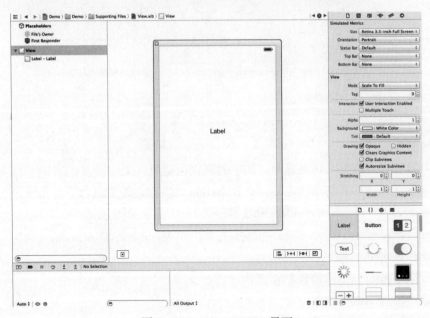

图 9-21 Interface Builder 界面

（2）自动生成控件代码

Interface Builder 最有特色的地方是可以通过拖动的方式直接建立控件的链接到代码中，自动生成代码，当然也可以通过手动添加代码的方式添加控件。

• 在 "ClieckTest" 控件上点右键并且拖曳到 .h 文件中，设置链接类型，并指定名称和类型，点击链接按钮。

• 如图 9-22 所示，Interface Builder 将创建 IBOutlet 或 IBAction。IBOutlet 指界面元素在代码中的代号；IBAction 指界面元素产生事件在代码中的触发函数。

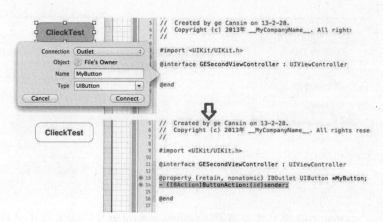

图 9-22 代码自动生成

（3）控件与代码文件关联

这里要说的过程与前文"自动生成控件代码"过程相反，需要在 xxxviewcontroller.h 文件中手动添加代码来声明控件；而后以拖曳的方式实现界面控件与 xxxviewcontroller.h 控件代码的关联。

● 打开 xxxviewcontroller.xib 文件，按住"Ctrl"键，点击相关控件并拖动连线到左侧窗口中的"File's Owner"对象，如图 9-23 所示。

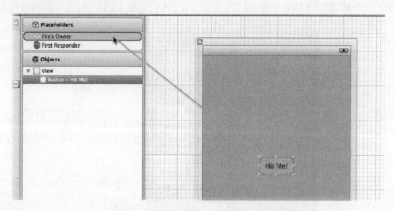

图 9-23 代码控件与视图关联界面

● 释放鼠标，这个时候会产生一个小菜单，上面显示的是已在 xxxviewcontroller.h 中定义过的控件对象，选择相应控件对象即可以把界面上的控件与代码文件中定义的控件关联在一起。

对于不同的控件，以不同的连线方式实现链接：IBOutlet 连线方式为按住"Ctrl"键点击相应控件拖拉到"File's Owner"，弹出菜单，选择 Outlet 名称；IBAction 连线方法是点击控件，拖拉到 File's Owner，在其事件列表中选择要处理的已定义控件菜单如 9-24 所示。

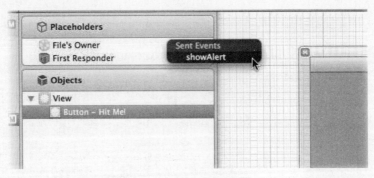

图 9-24 已定义控件菜单

这里的 File's Owner 包含了开发者在 xxxviewcontroller.h 代码文件中声明的控件，所以在链接 File's Owner 时可以看到小菜单中呈现的需要 Outlet 的控件，通过连线方式可以建立在代码文件中声明的控件与界面控件（即 Xib 文件中控件）的关联关系。

9.3 模拟器

iOS SDK 免费为程序开发者提供了一个功能全面的仿真虚拟开发测试器（Simulator），如图 9-25 所示。模拟器可以软件模拟 iPhone、iPod Touch 以及 iPad，用于开发和调试。

图 9-25 模拟器示意

只有苹果开发者付费用户才可以使用 iPhone、iPod Touch 或 iPad 等 iPhone OS 的硬件进行开发测试，故免费的模拟器降低了苹果开发者的部分投入，但值得注意的是，模拟器也有它的局限性，如模拟器没有内存和执行速度限制，所以很难真实模拟在终端设备上的运行情况；无法执行 Arm 汇编指令。

如果使用 Xcode 自带的模拟器，则使用流程如下所示。

（1）选择合适的模拟器

在运行应用前需要设置对应版本的模拟器，如图 9-26 所示，在"Sheme"中设置对应的模拟器。

图 9-26 选择模拟器

（2）启动模拟器

前一节已说明了如何在 Xcode 中基于模板创建一个项目，在开始开发前，可以尝试先试运行一下项目，看看效果。点击 Xcode 界面左上角的"Run"按钮，如图 9-27 所示，Xcode 即开始对项目进行编译，编译完成后，会弹出 iPhone 模拟器，在模拟器中运行项目，当然现在运行起来还只能看到一个空白的界面，如图 9-28 所示。

图 9-27 启动模拟器

图 9-28 启动模拟器的空白界面

也可以通过以下方式启动模拟器：依次选择 Xcode→Open Developer Tool→iOS Simulator，得到如图 9-29 所示界面。

图 9-29 启动模拟器的另一种方法

（3）设置模拟器输入法

设置模拟器输入法为简体中文拼音输入法，依次进入 Settings →General →Keyboard→International Keyboards → Add New Keyboard →Chinese Simplified – PinYin，即可添加出 Chinese – Simplified（PinYin）的输入法，即简体中文拼音输入法。

第10章

第一个 iOS 应用——HelloWorld

千里之行，始于足下！学习 iOS 开发可以从设计首个 iOS 应用程序 HelloWorld 开始。设计 HelloWorld 应用程序的业务需求：程序接受用户按钮点击事件后，屏幕上显示"HelloWorld！"。设计 iOS 应用程序基本遵循的步骤介绍如下。

10.1 创建新项目

选择 iOS 下的 Application，新建一个 Single View Application 项目模板，点击"Next"，如图 10-1 所示。

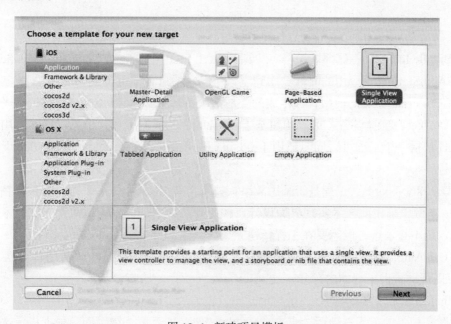

图 10-1 新建项目模板

需结合实际情况填写如图 10-2 所示的工程信息。
必要工程信息的填写说明如下。
- Product Name：工程名字。

● Organization Name：组织名字。

● Company Identifier：公司标识（很重要），一般是将公司的域名倒过来输入（如 com.gsta），这类似于 Java 中的包文件命名。

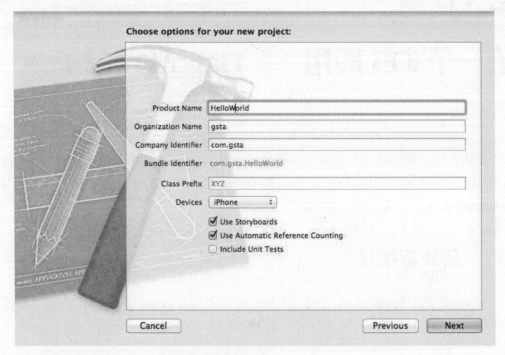

图 10-2　新建项目中的工程信息填写

● Bundle Identifier：捆绑标识符（很重要），由 Product Name+ Company Identifier 构成。因为在 App Store 发布应用的时候会用到它，所以它的命名不可重复。

● Class Prefix：类的前缀，为生成的类加前缀（如 XZY View Controller）。

● Devices：选择设备。可以构建基于 iPhone 或 iPad 的工程，也可以构建通用工程。通用工程是指一个工程可以同时适用于 iPhone 和 iPad，不论在 iPhone 还是 iPad 上都可以正常运行。

● Use Storyboards：工程是否采用故事板技术，在 Xcode 4.2 后采用故事板来替代原本的 Xib。本例子采用此技术实现界面设计，顾此处需要勾选，也可以采用 Xib 技术进行界面构建，则不必勾选，但需要在工程新建完成后新建 MainWindow.xib 的文件。

● Use Automatic Reference Counting：工程是否采用 ARC（自动引用计数）技术，ARC 可以帮助管理工程的内存。

● Include Unit Tests：是否产生与单元测试相关的类。

设置完相关的工程选项后，点击"Next"按钮，进入下一级页面。根据提示选择存放文件的位置，然后点击"Create"按钮，生成的工程如图 10-3 所示。

至此，新建一个 iOS 工程的工作已完成。

第3篇　iOS应用软件开发基础篇

图 10-3　新建项目完成

10.2　项目文件结构设计

新建项目后在导航区域可以看到如图 10-4 所示的项目文件列表，列表第 1 项与项目同名，本文为 HelloWorld，展开后可见 4 个文件夹：HelloWorld、Supporting Files、Frameworks、Products，各文件作用介绍如下。

图 10-4　项目结构

10.2.1 AppDelegate.h 和 AppDelegate.m

每个应用程序都有一个实现 UIApplicationDelegate 协议的 AppDelegate 类，该类是应用和系统之间的交互协议。该类可以从 iOS 处获得与应用程序相关的各种状态消息，并执行应用程序的状态回调方法，如在启动程序、程序关闭、被激活、内存紧急时要委派调用的方法，具体介绍如下。

- application didFinishLaunchingWithOptions:(NSDictionary *)launchOptions：应用程序启动之后。
- applicationWillResignActive:(UIApplication *)application：应用程序从激活状态转入非激活状态，此时应用程序不接收消息。
- applicationDidBecomeActive:(UIApplication *)application：应用程序从非激活状态转入激活状态。
- applicationDidEnterBackground:(UIApplication *)application：应用程序进入后台时调用，如果需要在后台继续运行，可以在该方法中调用。
- applicationWillEnterForeground:(UIApplication *)application：应用程序从后台进入前台（激活）时调用。
- applicationWillTerminate:(UIApplication *)application：应用程序即将结束时调用，通常用来保存数据等工作。
- applicationDidReceiveMemoryWarning:(UIApplication*)application：如果应用程序占用太多内存而被操作系统终止前会调用这个方法，可以在这里进行内存清理工作防止程序被终止。
- applicationSignificantTimeChange:(UIApplication*)application：时间发生改变时执行。
- application:(UIApplication)application willChangeStatusBarFrame:(CGRet)newStatusBarFrame：当 StatusBar 框将要变化时执行。
- application:(UIApplication*)application willChangeStatusBarOrientation:(UIInterfaceOrientation)newStatusBarOrientationduration:(NSTimeInterval)duration：当 StatusBar 框方向将要变化时执行。
- application:(UIApplication*)application handleOpenURL:(NSURL*)url：当打开指定 URL 时执行。
- application:(UIApplication*)application didChangeStatusBarOrientation:(UIInterfaceOrientation)oldStatusBarOrientation：当 StatusBar 框方向变化完成后执行。
- application:(UIApplication*)application didChangeSetStatusBarFrame:(CGRect)oldStatusBarFrame：当 StatusBar 框变化完成后执行。

10.2.2 MainStoryboard. Storyboard

Storyboard（故事板）是 iOS 5.0 定义用户界面的一种新的方式，目的是代替 Nib/

Xib，两者的区别主要介绍如下。

基于 Storyboard 开发的应用，主要组成部分是 AppDelegate、View Controller 及 MainStoryboard.storyboard 配置文件。这个 .storyboard 文件就是一个 XML 格式的文件，所有在 Storyboard 上可视化创建的视图对象都归档保存在这个 XML 文件中。在整个应用程序中，只有一个 .storyboard 文件，它对应了所有的视图控制器。

基于 Nib/Xib 开发的应用，生成的 .xib 文件也是 XML 文件，与 Storyboard 的区别在于利用 Xib 方式，一个应用程序中的 .xib 文件数量不止一个，创建每个可视化视图控制器都有自己的 Xib 文件，而非集中在一个视图文件中。

使用 Storyboard 可以清晰地看到所有的视图以及视图之间的关联关系，还可以通过拖曳的方式建立起多个视图之间的跳转（Segues）关系，如图 10-5 所示，而 Xib 与视图的关系是需要查看相关代码才能获知的。

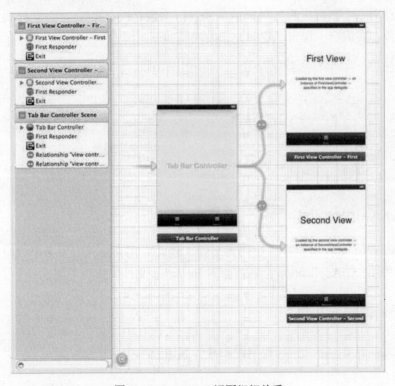

图 10-5 Storyboard 视图组织关系

此外，Storyboard 提供了 Prototype Cell 和 Static Cell，使得处理 Table View 更简单。

10.2.3 ViewController.h 和 ViewController.m

视图控制器，主要是界面的控件响应函数，把显示相关的命令控件都放到这里实现。一个应用程序可以包含多个视图，每个视图都有一对 XXXViewController.h 和 XXXViewController.m，这是因为 Objctive-C 把每个视图类都分为 .h 跟 .m 文件，其中 .h 文件是这个类与其他类的接口，这个接口要写明该类的变量跟函数，而 .m 文件用来实现这个类。

10.2.4　XXX_Prefix.pch

XXX_Prefix.pch 是一组公用来自外部框架的头文件，Xcode 将预编译包含在此文件中的头文件，将会减少使用 Build 或 Build and Go 选项编译项目所需的时间，默认已经包含了常用的头文件。

10.2.5　main.m：main 函数

这是 Object-C 最经典的程序入口程序代码，UIApplicationMain 函数是 iPhone 应用开发的入口，在这里实例化应用程序，通知 AppDelegate 类启动应用程序；*pool 声明了指针变量池，指向一个新创建的 NSAutoreleasePool 对象；Pool Release 自动释放 Pool 指针所有对应的对象，在内存中保留了空间，相关代码如下。

```
int main(int argc, char *argv[])
{
    NSAutoreleasePool *pool = [[NSAutoreleasePool alloc] init];
    int retVal = UIApplicationMain(argc, argv, nil, nil);
    [pool release];
    return retVal;
}
```

10.2.6　XXX–Info.plist

XXX-Info.plist 是应用程序属性列表文件，包含应用 icon、应用名字、应用程序对象对应的 Nib 文件，UIApplication 会通过检索 Info.plist 文件来加载主窗口。

10.2.7　Strings 文件

Strings 文件提供国际化字符串资源图片等其他资源。

10.2.8　Frameworks 文件夹

程序需要的外部库文件，默认已经包含常用的库，如 UIKit、Foundation 等库，在此文件夹中添加的任何框架和库都将链接到程序中，应用程序可以使用包含在该框架或库中的资源、函数等。

项目未包含较少使用的框架和库，根据需要可添加框架，通过选择项目 (Project)→ 选择目标 (Target)→ 选择 "Build Phases" 标签并展开 "Link Binary with Libraries" 项可以添加新的框架。

10.2.9　Products 文件夹

生成执行文件所在目录，包含XXX.app文件，是此项目的应用程序，当尚未编译项目时，文件名显示为红色表示 Xcode 无法找到该文件。

10.3　设计界面

点击选中名称为 MainStoryboard. storyboard 的文件，可以打开设计界面向界面上加入要用到的控件。根据程序设计的需要，需要添加一个按钮用来接受用户点击事件，一个文本框用来在点击事件触发以后显示"HelloWorld"字样，从如图 10-6 所示界面右下角控件窗口中选择添加一个"Round Button"以及一个"Lable"，以拖曳的方式将控件添加入界面中进行布局，界面效果如图 10-7 所示。

图 10-6　控件库

图 10-7　界面效果

本例采用 Interface Builder 的 Storyboard 方式设计程序界面，也可以通过 Interface Builder 的 Xib 方式设计程序界面。如果采用 Xib 的方式，需要在构建项目完成后，新建 MainWindow.xib 文件，在工程目录上右击"新建文件"，选择"User Interface"的"Empty"，建立 MainWindow.xib 文件。

10.4　添加代码

（1）ViewController.h 添加代码

添加一个 UILabel 变量，并且声明 IBOutet 作为属性，表示把界面（Xib 或 Storyboard）中的对象读取到实现类中，这样就可以在实现类中对这些界面控件进行属性设置，从而改变界面的展示。

此时会发现 Xcode 自动在属性的定义旁边生成了用于链接的空心小圆标志，如图 10-8 所示。在下一节会详细介绍代码和界面控件的链接，当连接完成后，此空心圆点会变成实心圆点。

图 10-8 ViewController.h

（2）ViewController.m 添加代码

声明 IBAction 方法的 say hi 操作，如图 10-9 所示，IBAction 操作是控制器类中的方法，通过特殊关键字 IBAction 声明，该关键字告诉 Interface Builder，此方法是一个操作（say hi），且可以被某个控件触发，此控件同样也在下一节进行指定；通常操作方法的声明应如下所示：

(IBAction)doSomething:(id)sender;

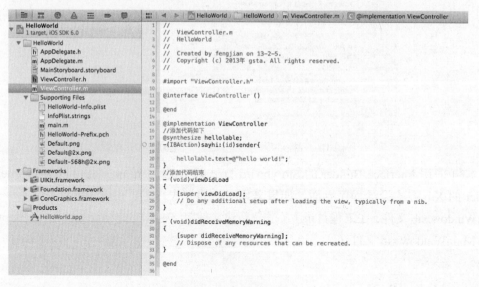

图 10-9 ViewController.m

在头文件中声明 IBOutlet 与 IBAction 作用，就是让编译器知道这些属性与事件调用是公开给界面的。

10.5 界面与代码建立关联

在以上步骤中已分别完成了界面和代码的设计，接下来就是建立界面与代码之间的链接关系，回到 MainStoryboard. storyboard，从界面窗口左边的 View Controller Scene 中，可以看到在界面设计时添加的控件，包含一个 Button 和一个 Lable，如图 10-10 所示，以下需要对这两个控件进行代码关联，在 Xcode 中这种关联的方法显得非常简单、直观，只需要在界面上进行"拖曳"就能实现界面与代码的联动，以下将进行操作演示。

图 10-10 View Controller 场景

首先，将界面中的 Lable 控件与 View Controller 类中的 Hello Lable 变量进行关联，请注意关联的变量与控件必须是同一类型的，否则在关联的时候将不会出现该变量对象，操作方法为：按住"Ctrl"键点击左边窗口中的"ViewController"向 Lable 控件连接，连接后会出现这个类中的相关变量，选择相应变量（Hello Lable）即可，如图 10-11、图 10-12 所示。

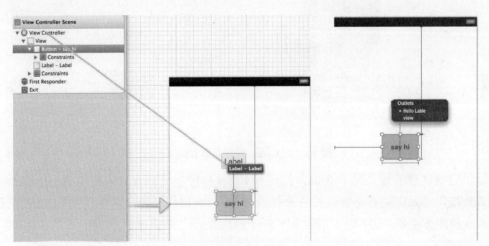

图 10-11 Label 控件关联界面 1　　　　图 10-12 Label 控件关联界面 2

其次，还需要对"Button"与"say hi"方法进行关联，以实现当按下"say hi"按钮后能触发该方法，即发送"HelloWorld！"字符串给 Hello Lable 变量。操作方法为：按住"Button"点击"Ctrl"键向 First Responder 连线，将控件与"say hi"方法连起来，如图 10-13、图 10-14 所示。

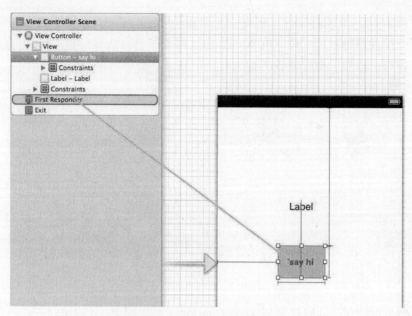

图 10-13　Button 控件关联界面 1

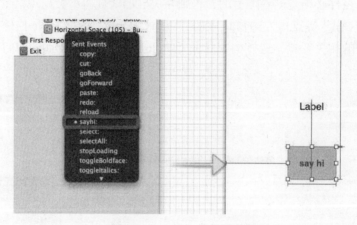

图 10-14　Button 控件关联界面 2

这里应该注意的是，对于 Button 控件和 Label 控件连线的方式有所不同，IBOutlet 连线方式为按住"Ctrl"键点击相应控件拖拉到"File's Owner"，弹出菜单，选择 Outlet 名称；IBAction 连线方法是点击控件，拖拉到"File's Owner"，在其事件列表中选择要处理的。

10.6　在模拟器中运行 HelloWorld

基于已经构建好的 HelloWorld 应用程序，现需要使用模拟器运行此程序以验证它的可用性。基本步骤包括：选择目标工程、选择运行的模拟器、点击运行。

（1）选择目标工程

使用 Xcode 界面左上角的 Scheme 导航按钮运行应用程序，Scheme 上所显示的内容就是当前所选择的工程，如需要在多个工程中选择目标工程，可根据 Scheme 按钮点击后

第3篇　iOS应用软件开发基础篇

的内容，如图 1-15 所示，选择需运行在模拟器中的工程。

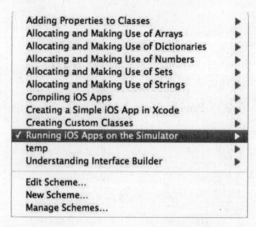

图 10-15　Scheme 上显示的目标工程

（2）选择运行的模拟器

在 Scheme 中可选择任意一种模拟器运行程序（iPhone 或者 iPad），如图 10-16 所示，选择的是 iPhone 6.0 的模拟器。

图 10-16　运行工程界面

（3）点击运行

点击 Scheme 左边的"Run"运行程序，将看到 HelloWorld 程序已加载到 iPhone 模拟器中，运行结果如图 10-17 所示。

在 iOS 模拟器里，点击"Button"后，Label 的字就会改变为"HelloWorld"，如图 10-18 所示。

图 10-17　运行结果 1

图 10-18　运行结果 2

145

10.7　真机测试

通过网址 https://developer.apple.com/devcenter/ios/index.action 链接访问 iOS Dev Center（设备中心）页面，用正式开发者账号登录后，在界面右上角找到 iOS Provisioning Portal 入口，如图 10-19 所示，在 iOS Provisioning Portal 中可以进行证书生成、设备注册、App ID 生成等操作，如图 10-20 所示。

图 10-19　iOS Dev Center 界面

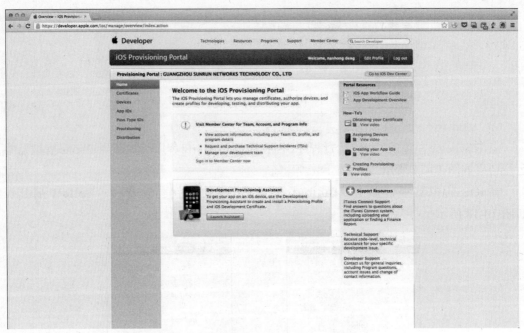

图 10-20　iOS Provisioning Portal 界面

（1）生成证书

iOS Provisioning Portal 界面左边的导航区中，点击 "Certificate"，可分别在 "Development" 和 "Distribution" 选项卡中设置开发时使用的证书和发布时使用的证书。首先离开此页面，到 Mac 上操作。请求证书的界面如图 10-21 所示。

第3篇　iOS应用软件开发基础篇

图 10-21　请求证书

请在 Mac 下用 Key Chain（钥匙串）应用来操作，可以用 Spotlight 搜索该应用，如图 10-22 所示。

图 10-22　查找 Key Chain 应用

依次进入"钥匙串访问（Certificate Assistant）"→"证书助理（Request a Certificate From a Certificate Authority...）"，如图 10-23 所示。

图 10-23　Key Chain 请求证书

在钥匙串访问（Certificate Assistant）窗口中，填写 E-mail 地址和名字，并点击"继续"，将证书文件保存到 Mac 上，如图 10-24 所示。

147

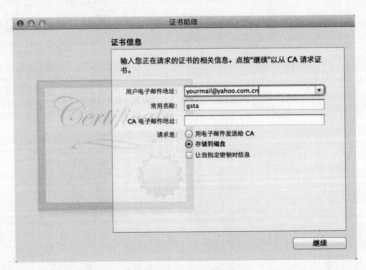

图 10-24 生成本地证书

不必关闭 Key Chain 应用，回到官方网页，将生成的证书文件导入此页面，选择"Choose File"后点击"Submit"，如图 10-25 所示。

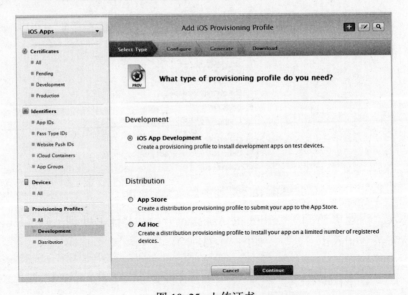

图 10-25 上传证书

提交文件后，等待系统生成证书，等待的过程可能看到证书的状态为"Issued"。在"Current Development Certificates"页面的底部提示下载证书处（"click here to download now"），下载名为"AppleWWDRCA.cer. Double-click"的证书，如图 10-26 所示，并在 Mac 上安装它。

可能还需要发布程序时使用的证书，同样在页面的"Distribution"选项卡中提交证书文件，如图 10-27 所示，与上面开发认证过程中提交的证书文件相同，等待证书生成，直到在"Development"和"Distribution"选项卡中出现下载按钮，下载这两部分证书，双击下载的证书文件，安装证书到 Key Chain，保持 Key Chain 应用开启，后续还会用到。

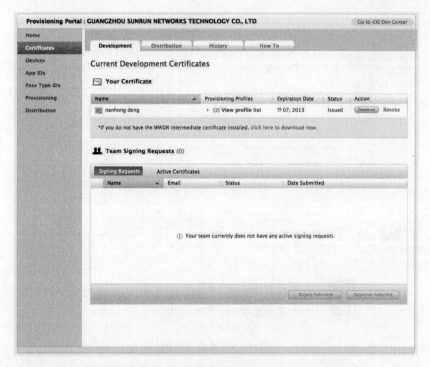

图 10-26 下载 AppleWWDRCA.cer. Double-click 界面

图 10-27 Distribution 证书提交

（2）注册设备

这是进行真机测试必须进行的步骤，选择如图 10-28 所示界面左边的"Device"键，点击"Add Device"添加设备。

此处需要填写设备的 UDID，获取设备 UDID 的方法有很多，可以通过 Xcode 的 Organizer、应用或 iTunes，这里介绍如何通过 iTunes 获得设备的 UDID。打开 iTunes 并将设备连接至电脑，从 iTunes 左边菜单中选择设备，将显示出设备的名称、能力、版本、序列号以及电话号码等各项信息，选择序列号将得到设备的 UDID，如图 10-29 所示。

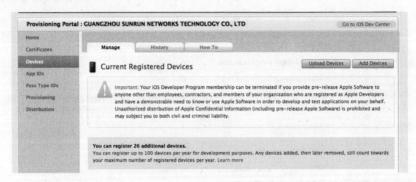

图 10-28 设备注册

图 10-29 获取 UDID

回到官方网站页面，复制设备的 UDID 到网页，并提交，如图 10-30 所示。你可以选择继续添加设备，苹果公司允许每个开发者每年添加最多 100 个设备（包括添加后移除的设备），以备应用程序测试人员使用。

图 10-30 添加 UDID

另一种添加设备的方式是通过 Xcode 添加设备。

连接你的 iOS 设备到 Mac，打开 Xcode 的 Organizer，从 "Device" 选项卡上可以看到你的设备，选择 "Use for Development"，在 Xcode 里，该操作会自动把设备注册到 IOS Provisioning Portal 上并下载通用的开发证书，如图 10-31 所示。

在随后出现的对话框中填写你的开发者账号进行验证，这一步的目的是使 Xcode 能直接连接 Provisioning Portal 进而验证你的设备已经添加到了设备列表中。

第3篇　iOS应用软件开发基础篇

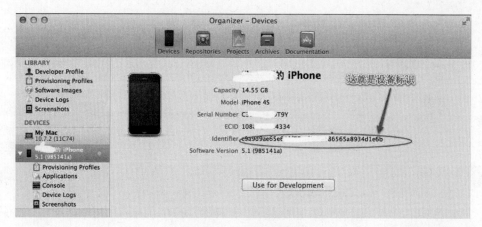

图 10-31　Xcode 添加设备

成功验证后见看到 "iOS Team Provisioning Profile" 字样，表示设备已经添加到开发者账号下。

至此往后，如果有新的设备连接到 Xcode，只需要点击 Xcode 的 Organizer 中的 "Use for Development"，就可以完成设备自动添加到你的账户下并更新你的 Team Provisioning Profile，而不需要到门户（Provisioning Portal）上进行手动添加。

（3）创建 App ID

真机测试或发布应用程序都必须创建 App ID，创建每个应用程序都需要一个 App ID，点击 "New App ID" 新建 App ID，如图 10-32 所示。

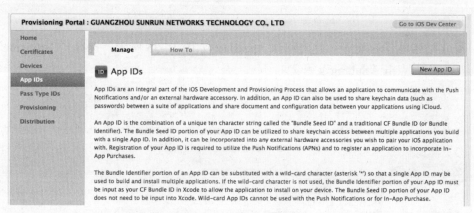

图 10-32　创建 App ID 1

填写相关信息。填写 Description（通常是应用程序的名称）和 Bundle Identifier（包识符）；Seed ID 将永远是开发团队的 Seed ID，表示此应用是该团队的应用，是一个唯一标识符。填写完成后单击 "Submit" 提交，如图 10-33 所示。

（4）创建开发中的配置文件和发布配置文件

点击网页左边菜单中的 "Provisioning"，点击 "New Profile"，创建一个配置文件，如图 10-34 所示。

151

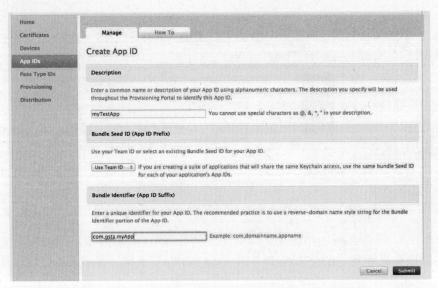

图 10-33 创建 App ID 2

图 10-34 创建 Development Provisioning Profile 界面 1

填写应用名称作为配置文件名称和 App ID，如图 10-35 所示。选择"Certificate"和"Devices"后，点击"Submit"提交。

图 10-35 创建 Development Provisioning Profile 界面 2

当页面返回后，将看到配置文件状态从"Issue"变为了"Pending"，如图 10-36 所示，代表苹果公司已经为用户生成了配置文件，当再次点击"Development"选项卡时，此状态就变为"Active"，并且"Download"按钮呈现为可用。

发布配置文件生成。点击选择"Distribution"选项卡，填写如图 10-37 所示界面内容：

发布方式（Distribution Method）选择"App Store"（必须选择 App Store 才可以将应用发布到 App Store 上）；配置文件名称（Profile Name），不可与开发中的配置文件同名，选择 App ID，最后提交（Submit）。

图 10-36　创建 Development Provisioning Profile 界面 3

图 10-37　创建 Distribution Provisioning Profile 界面 1

下载配置文件。分别到"Development"和"Distribution"选项卡中，点击"Download"下载两个配置文件，如图 10-38 所示。

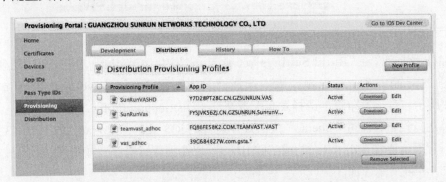

图 10-38　创建 Distribution Provisioning Profile 界面 2

打开配置文件，在本地找到下载得到的配置文件，双击配置文件，在 Xcode 的 Organizer 中打开，如图 10-39 所示。

图 10-39 创建 Distribution Provisioning Profile 界面 3

（5）应用程序测试

完成了以上步骤后，现在可以开始在真实设备上进行应用程序测试。在 Xcode 中打开待测试的程序，在程序的导航区选择程序根目录，然后点击"Target"，在"Summary"选项卡下填写应用程序的版本（Version）和部署目标（Development Target），如图 10-40 所示。

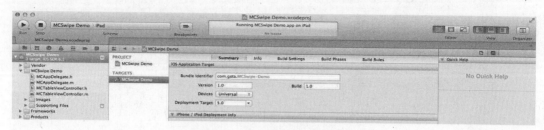

图 10-40 应用程序真机测试界面 1

添加 Product Name。在"Build Settings"选项卡下，搜索"Product"，修改 Product Name，设置为当时在门户上注册的名字，如图 10-41 所示。

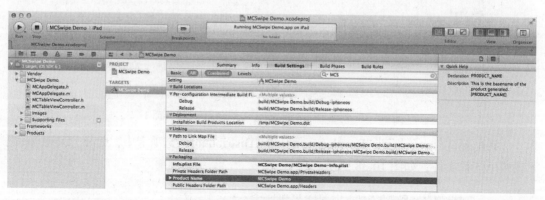

图 10-41 应用程序真机测试界面 2

添加配置文件。在"Build Settings"选项卡下，搜索"signing"，在搜素结果列表中，选择正确的配置文件，对于测试版本选择开发者配置文件（Developer Profile），如图 10-42 所示，对于发布版本选择发布配置文件（Distribution Profile）。

选择运行设备，通过"Sheme"按钮选择运行的 iOS 设备，如 iPad，如图 10-43 所示。

运行程序，通过点击"Run"或"CMD+B"快捷键运行程序，如果程序运行成功，会出现如图 10-44 所示界面。

图 10-42 应用程序真机测试界面 3

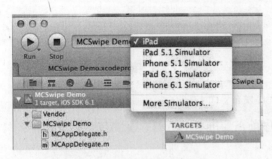

图 10-43 应用程序真机测试界面 4

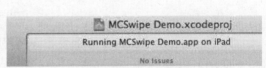

图 10-44 应用程序真机测试界面 5

10.8 应用程序发布

众所周知，App Store 是苹果应用程序发布及下载的地方。App Store 为第三方应用开发者提供了应用销售平台，多样化的第三方应用满足了手机应用个性化的需求，大大降低苹果操作系统对第三方应用程序的依赖程度，目前苹果 App Store 提交应用总数超过 100 万款。本节将介绍如何将开发好的应用程序上传至 App Store 供苹果用户使用。

前提条件介绍如下：

- 注册 App ID，在 Xcode 中指定 Bundle Identifier；
- 创建发布证书（Distribution Certificate）；
- 创建 Distribution Provisioning Profile；
- 用 Distribution Profile 为应用签名。

以上几步已在前文进行详细说明，要完成应用上传工作还需要进行以下几个步骤。

（1）访问 iTunes Connect（网址为 https://itunesconnect.apple.com/）并使用付费的正式苹果开发者账号登录。如果应用是付费的，那么需要进入"Contracts, Tax and Banking"填写详细信息，如图 10-45 所示；如果应用是免费的，那么可以跳过这一步直接执行下一步，提交应用。

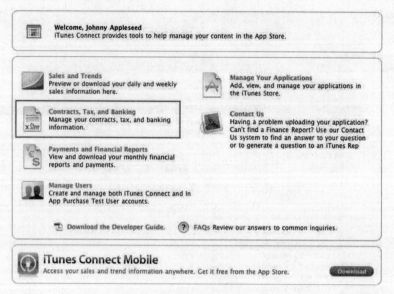

图 10-45 应用程序发布界面 1

（2）在 iTunes Connect 中添加发布应用程序前需要准备的资源，主要包括以下几种：

- 应用名；
- 应用描述；
- 尺寸为 512 像素 ×512 像素的应用图标；
- 至少有一个应用程序的屏幕截图，尺寸要求：320 像素 ×460 像素（无状态栏）；320 像素 ×480 像素；640 像素 ×920 像素（视网膜，无状态）；640 像素 ×960 像素（视网膜）；或是横向 480 像素 ×300 像素（无状态栏）；480 像素 ×320 像素；960 像素 ×600 像素（视网膜，没有状态栏）或 960 像素 ×640 像素（视网膜）。

（3）在 iTunes Connect 网页中点击"Manage Your Applications"，如图 10-46 所示。

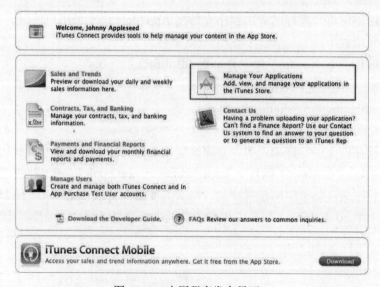

图 10-46 应用程序发布界面 2

（4）点击"Add New App"添加应用，如图 10-47 所示。

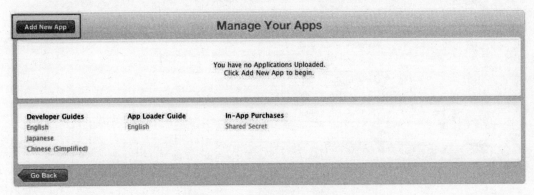

图 10-47　应用程序发布界面 3

（5）填写语言及公司信息。

填写应用程序支持的语言以及公司名称，在这里需要特别注意，公司名称为应用显示在 App Store 上的公司名称，需要仔细填写，一旦点击就很难更改此项信息，如图 10-48 所示。

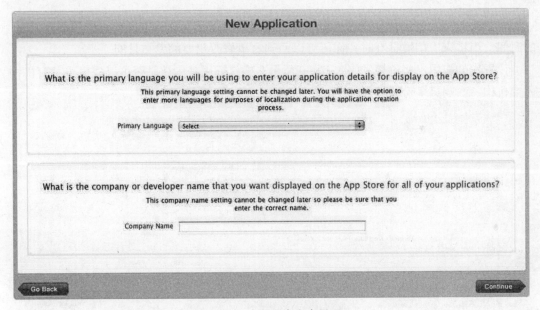

图 10-48　应用程序发布界面 4

（6）应用信息填写，如图 10-49 所示。

● 应用名称（App Name）：填写的 App Name 必须是没人用过的，所以很可能和 Xcode 上的名字不一致，所以要在 Xcode 上修改 Archive 输出的 App 名称。

● SKU Number 用来区分 Dpp，可以为任意数值。

● Bundle ID，唯一标识符，输入一个可表示应用程序的唯一字符串，此项输入后不可修改，可以输入 AppID。

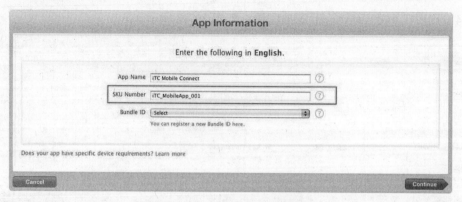

图 10-49　应用程序发布界面 5

（7）日期设置

设置应用的可用期，有 3 种选择：

• 希望应用批准后尽早可用，此日期设置为提交日期；

• 如果希望应用程序可以在未来某一特定日期内发布，那么在此设置你想要的日期，但这个日期不能被保证，如果应用没有在这个时间内通过认证，那么它将在通过认证的时候被发布；

• 如果希望在应用被批准之后再设置发布时间，那么将此日期设置为明年或者足够长的时间，当将来应用被批准时，你还可以回到这里修改想要的发布日期。

设置你的应用出售价格，如图 10-50 所示，确认框用来确认是否可以提供给教育机构、研究机构一次购买多份时的折扣。

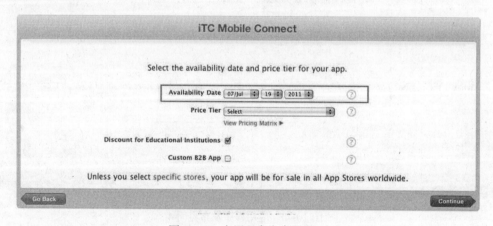

图 10-50　应用程序发布界面 6

（8）应用信息填写，如图 10-51 所示。

• 设置版本号：与 Xcode 中一致。

• 填写描述：此描述用户将在 App Store 中看到。

• 版权信息。

• 应用类别。

• 关键词。

- 技术支持：技术支持的邮箱、URL 等。
- 网站和邮件地址。

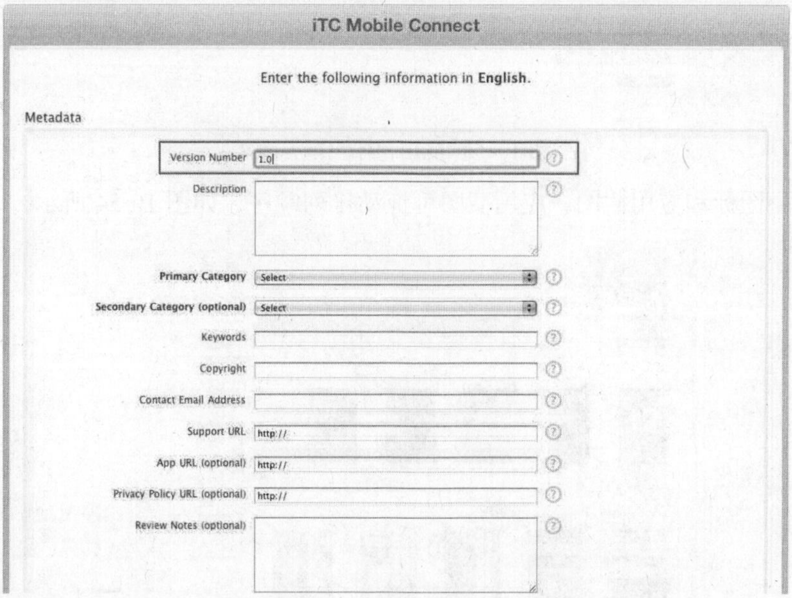

图 10-51　应用程序发布界面 7

（9）应用程序的评级

应用程序的评级：审阅者如果不认同用户的评级，则可以更改，如图 10-52 所示。

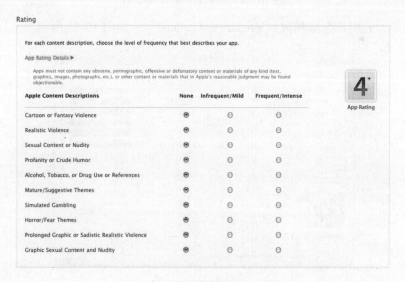

图 10-52　应用程序发布界面 8

（10）图片上传

上传符合格式要求的图片文件，并保存，如图 10-53 所示。Large 512×512icon（必须是 jpg 或 tiff 格式）不支持 MAC OS 应用，只支持 iOS 应用。

图 10-53 应用程序发布界面 9

上传应用图标和应用截图,应用截图可拖动排列顺序,如图 10-54 所示。

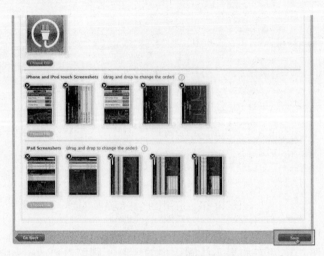

图 10-54 应用程序发布界面 10

上传完毕,应用状态呈现为:"prepare for Upload",如图 10-55 所示。

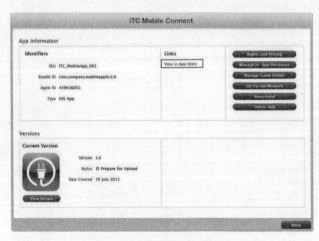

图 10-55 应用程序发布界面 12

(11) Xcode 中上传应用程序

在 Sheme 选项卡中选择 iOS Device,依次进入菜单"Product"→"Archive",正常情况下 Xcode 将打开"Organizer"窗口,应用程序将出现在"Archive"选项卡下,此时直接点击"Submit"提交。

第3篇　iOS应用软件开发基础篇

填写开发者账号进行 iTunes Connect 登录验证，登录界面如图 10-56 所示。

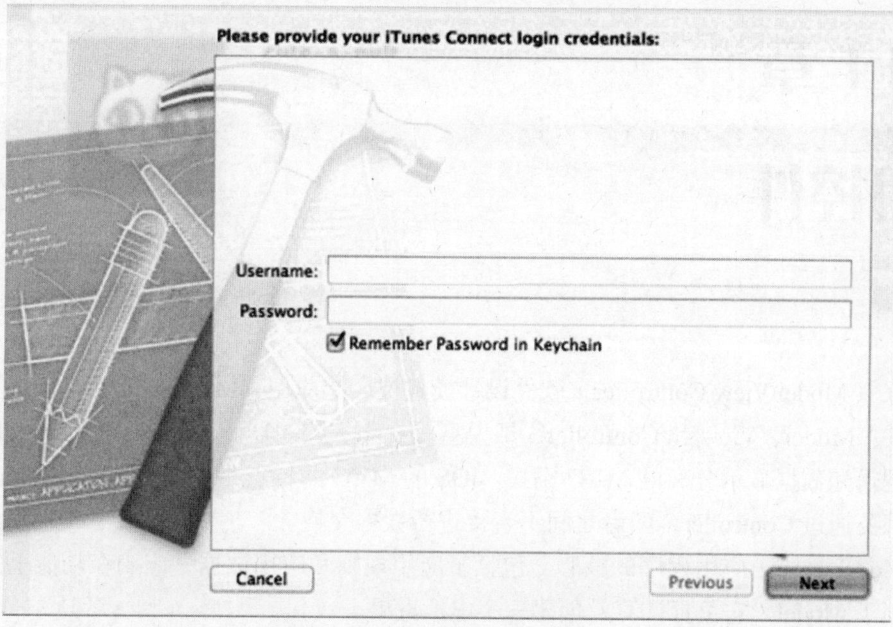

图 10-56　应用程序发布界面 13

选择待提交的应用和提交身份，即 Provisioning Profile，点击"Next"，如图 10-57 所示。

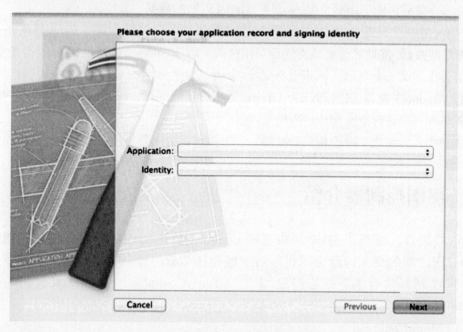

图 10-57　应用程序发布界面 14

接下来就是等待程序上传至 iTunes Connect，上传成功后，iTunes Connect 网页上的应用状态改为"Waiting for Review"表示应用提交已经完成。

161

第 11 章

常用控件

MVC（Model View Controller）软件设计模式被广泛应用，MVC 把软件角色分为 3 个主要组件：Model、View 和 Controller，即模型—视图—控制器。iOS 应用程序开发也采用了业务逻辑和数据显示分离的 MVC 模式。iOS 的 MVC 的特点是 View 和 Model 之间的数据交换都要通过 Controller，两者之间不直接进行数据交换。

- Model 是一个应用程序的核心，包括了应用规则和应用数据，应用在功能上的实现完全依赖于 Model，它负责计算及创建一个虚拟世界。
- Controller 在 Xcode 中通常是指 View Controller，是 Model 跟 View 之间的桥梁，控制器本身不输出任何东西或做任何处理，它只是接收用户的操作请求，并决定调用哪个 Model 处理，然后再确定用哪个 View 显示 Model 返回的数据。
- View 是一个让用户可以与程序交互的界面，大部分情况下，View 都用来显示 Model 提供的数据，除此之外也负责处理与用户的互动。在 iOS 中视图是 UIView 类的实例，负责在屏幕上定义一个矩形区域和用户交互。一个应用程序可以有多个 UIView（视图），如果说把 Window（窗口）比作画框，UIview 就是显示的画布，所有控件都基于画布构建，并利用控件和用户进行交互和传递数据。

在本章中，介绍用户界面相关的控件，学习如何使用视图与控制器建立直观的控件。

11.1 视图控制器介绍

视图控制器，相当于 MVC 架构里的 Control，负责创建和管理视图，协调管理数据和视图之间的交互，是应用程序的中枢控制部分。每个视图都有一个视图控制器，视图控制器包含 3 个核心控制器类：UIViewController、UINavigationController、UITabBarController。

（1）UIViewController

UIViewController 是各类视图控制器的父类，实现对于视图 UIView 的管理和控制，可以通过 UIViewController 控制视图的装载和卸载、旋转视图等任务。表 11-1 描述了 UIViewController 实现视图装载和卸载的过程。

表 11-1 UIViewController 实现视图装载和卸载的过程

装载	
initWithNibName: Bundle:	初始化对象，初始化数据
loadView	从 Nib 载入视图，通常不需要干涉。除非没有使用 Xib 文件创建视图
viewDidLoad	载入完成，可以进行自定义数据以及动态创建其他控件
viewWillappear	视图将出现在屏幕之前，这个视图马上会被展现在屏幕上
viewDidappear	视图已在屏幕上渲染完成
卸载	
viewWillUnload viewDidUnload	当系统内存警告时会调用该方法，可以在此方法中释放内存，iOS 6.0 之前版本
viewWillDisappear	视图被从屏幕上消失之前执行
viewDidDisappear	视图已经被从屏幕上消失，用户看不到这个视图

内存是 iOS 的重要资源，UIViewController 提供了 didRecieveMemoryWarning 方法，实现在内存低的情况下释放内存。

在 iOS 6.0 之前，当系统发生低内存警告时，如果检测到当前的视图控制器可以被安全释放，UIViewController 尝试调用 viewWillUnload 方法和 viewDidUnload 方法，释放它的 View 对象并返回到原始的无 View 状态，直到 View 下次被请求。但 iOS6.0 版本中，遇到低内存警告时，UIViewController 不会再释放 View 对象和调用 viewWillUnload 方法和 viewDidUnload 方法，而是建议重构 didRecieveMemoryWarning 方法。

（2）UINavigationController

UINavigationController 是 UIViewController 的子类，实现了导航视图控制器，能够在分层次化数型结构视图之间导航，每一个层次视图都有应用自定义内容的视图控制器。导航控制器以堆栈方式来管理视图控制器，导航遵循后进先出原则，应用程序运行的第一个视图在整个层次化结构图的最底层，被称作根视图控制器。

如图 11-1 所示，导航视图包括了工具栏（Toolbar）、导航栏（Navigation Bar）、应用自定义内容。

- 导航栏：指视图顶部上的导航条，导航条包括后退键和其他自定义的按键。可以通过 navigationBarHidden 属性或者 setNavigationBarHidden：Animated: 方法来显示或者隐藏导航栏。
- 工具栏：navigationController 自带的工具栏，显示在窗口底部，可以通过设置 navigationController.toolbarHidden 或者 setToolBarHidden：Animated: 方法来显示或隐藏工具栏。工具栏中的内容可以通过视图控制器的 toolbarItems 来设置，toolbarItems 包含了一组 UIBarButtonItem 对象，可以使用系统提供的很多常用风格的对象，也可以根据需求进行自定义。

- 应用自定义内容：用户自行定义的应用内容。

（3）UITabBarController

UITabBarController 是标签栏视图控制器 UIViewController 的子类，标签栏视图控制器和导航视图控制器类似，也可以用来控制多个页面导航，所不同的是，导航视图的各页面视图是分层次树型结构的，而标签栏视图是通过屏幕底部的标签栏实现在不同的独立页面视图之间导航，如图 11-2 所示。

图 11-1 导航视图界面

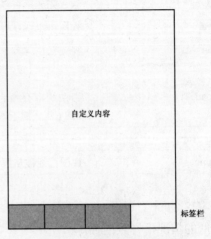

图 11-2 标签栏视图界面

标签栏视图模式适用于应用希望从不同角度讨论同一个问题，或者希望从不同功能来组织。

每个分立的视图之间可以采用不同类型的视图控制器，如 ViewController、UINavigationController、UITableViewController 等，只要将视图控制器添加到选项卡栏，每个选项卡对应一个视图控制器。

11.2　UITextView

定义：将文本段落呈现给用户，并允许用户使用键盘输入自己的文本，其效果如图 11-3 所示。

图 11-3 TextView 示意

要创建该控件，先在控件栏中找到 UITextView 控件，然后把该控件拖到需要显示的界面上，在代理者头文件中添加 UITextView 对象：IBOutlet UITextView *textView；使用控件对象 textView 与新添加的控件进行关联。下面介绍如何通过代码创建该控件并加载到视图中。

```
self.textView = [[[UITextView alloc] initWithFrame:self.view.frame]
autorelease]; // 初始化大小并自动释放
    self.textView.textColor = [UIColor blackColor];// 设置 TextView 里面的字体颜色
    self.textView.font = [UIFont fontWithName:@"Arial" size:20.0];// 设置 TextView
字体名字和大小
    self.textView.delegate = self;// 设置它的委托方法
    self.textView.backgroundColor = [UIColor whiteColor];// 设置它的背景颜色
    self.textView.text = @" ";// 设置它显示的内容
    self.textView.returnKeyType = UIReturnKeyDefault;// 返回键的类型
    self.textView.keyboardType = UIKeyboardTypeDefault;// 键盘类型
    self.textView.scrollEnabled = YES;// 是否可以拖动
    self.textView.autoresizingMask = UIViewAutoresizingFlexibleHeight;// 自适应高度
    [self.view addSubview: self.textView];// 加载到视图中
```

11.3　UIButton

定义：UIButton 是界面开发中比较常用的一个控件，类库已经为它默认定义了以下类型的按钮，如图 11-4 所示。

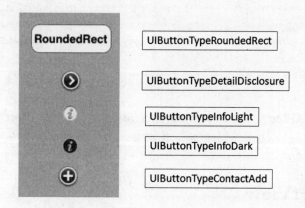

图 11-4　Button 不同样式

这些按钮分别对应如下类型，其中第一种 UIButtonTypeCustom 是用户自定义类型，代码如下。

```
typedef enum {
UIButtonTypeCustom = 0,
UIButtonTypeRoundedRect,
    UIButtonTypeDetailDisclosure,
    UIButtonTypeInfoLight,
    UIButtonTypeInfoDark,
    UIButtonTypeContactAdd,
} UIButtonType;
```

可以在创建按钮的时候，通过 buttonWithType 方法创建指定类型的按钮。其中

UIButtonTypeCustom 类型就是指定一个自定义按钮类型。创建一个自定义的 UIButton，除了使用 buttonWithType 方法，还可以通过 initWithFrame 方法创建，initWithFrame 通过指定按钮的形状、大小创建代码。两种方法的实现代码如下。

```
// 方法一：使用 init WithFrame 方法创建
UIButton *button = [[UIButton alloc] initWithFrame:frame];
// 方法二：使用 UIButtonTypeCustom 类型创建的按钮 "frame" 为 0，需要再另外指定其大小
//UIButton *button = [[UIButton buttonWithType:UIButtonTypeCustom] retain];
//button.frame = CGRectMake(0,0, 80, 30);
// 指定按钮文字的显示方式
button.contentVerticalAlignment = UIControlContentVerticalAlignmentCenter;
button.contentHorizontalAlignment = UIControlContentHorizontalAlignmentCenter;
// 指定按钮标题的状态
[button setTitle:title forState:UIControlStateNormal];
// 指定按钮标题的颜色
[button setTitleColor:[UIColor whiteColor] forState:UIControlStateNormal];
// 指定按钮的背景图片
UIImage *newImage = [image stretchableImageWithLeftCapWidth:12.0 topCapHeight:0.0];
[button setBackgroundImage:newImage forState:UIControlStateNormal];
// 指定按钮的操作状态图片
UIImage *newPressedImage = [imagePressed stretchableImageWithLeftCapWidth:12.0 topCapHeight:0.0];
[button setBackgroundImage:newPressedImage forState:UIControlStateHighlighted];
// 设置按钮的响应事件
[button addTarget:target action:selector forControlEvents:UIControlEventTouchUpInside];
```

需要说明一下 CGRectMake($x, y, width, height$)方法，使用 CGRect 函数绘制控件视图，4 个参数分别是 x 坐标、y 坐标、矩形宽、矩形长，以父视图左上角为原点画一个矩形。

11.4　UIAlertView

定义：显示提示信息，并要求用户做出下一步响应，如确认、输入等。其效果如图 11-5 所示。

```
UIAlertView *alertView = [[UIAlertView alloc]
initWithTitle:@"UIAlertView"
message:@"Alert  message"
delegate:nil
cancelButtonTitle:@"Cancel"
otherButtonTitles:@"Button1",@"Button2", nil];
[alertView show];
[alert release];
```

图 11-5 UIAlertView 示意

参数说明如下。

- Title：这个字符串会显示在提示框的最上面标题处。
- Message：这是显示给用户的实际提示消息。
- Delegate：可选。希望从提示视图得到用户操作的通知时，需要 Delegate，当视图状态变更时，委托对象会被通知，要实现这一点，视图控制器必须实现协议 UIAlertViewDelegate 中的方法，指定 delegate 为 self。

以下为视图控制器里实现协议 UIAlertViewDelegate 中方法的代码，ViewController.m 中的详细代码如下：

```
// 根据被点击按钮的索引处理点击事件
-(void)alertView:(UIAlertView *)alertView clickedButtonAtIndex:(NSInteger)buttonIndex
{
    NSLog(@"clickButtonAtIndex:%d",buttonIndex);
}

//AlertView 已经消失时执行的事件
-(void)alertView:(UIAlertView *)alertView didDismissWithButtonIndex:(NSInteger)buttonIndex
{
    NSLog(@"didDismissWithButtonIndex");
}

//ALertView 即将消失时的事件
-(void)alertView:(UIAlertView *)alertView willDismissWithButtonIndex:(NSInteger)buttonIndex
{
    NSLog(@"willDismissWithButtonIndex");
}

//AlertView 的取消按钮的事件
-(void)alertViewCancel:(UIAlertView *)alertView
{
    NSLog(@"alertViewCancel");
}

//AlertView 已经显示时的事件
```

```
-(void)didPresentAlertView:(UIAlertView *)alertView
{
    NSLog(@"didPresentAlertView");
}

//AlertView 即将显示时
-(void)willPresentAlertView:(UIAlertView *)alertView
{
    NSLog(@"willPresentAlertView");
}
```

- cancelButtonTitle：可选参数。这个字符串会显示在提示视图的取消按钮上，其标识是可以自定义的，不要求一定显示取消。
- otherButtonTitles：可选参数。若希望提示视图出现其他按钮，只要传递标题参数。此参数需用逗号分隔，用 nil 作结尾，如 otherButtonTitles:@"按钮 1"，@"按钮 2"，@"按钮 3"，nil]。
- Show：使用 Show 函数将提示框显示出来，相当于把 AlertView 复制了一份。
- Release：释放内存。

UIAlertView 类有提供一个类型为 UIAlertViewStyle 的属性，叫做 alertViewStyle，提供提示框以多样的方式显示，如带普通文本输入框、密码输入框等。下面以带密码输入框的 AlertView 为例进行说明，界面如图 11-6 所示。

图 11-6 带密码输入框的 AlertView

```
UIAlertView *alertView = [[UIAlertView alloc]
initWithTitle:@ "Password"
message:@ "Please enter your password:"
delegate:self
cancelButtonTitle:@ "Cancel"
otherButtonTitles:@ "Ok", nil];
[alertView setAlertViewStyle:UIAlertViewStyleSecureTextInput];
[alertView show];
[alert release];
```

setAlertViewStyle 包含表 11-2 的几种类型。

表 11-2 setAlertViewStyle 类型

UIAlertViewStyleDefault	无附件输入
UIAlertViewStylePlainTextInput	一个普通输入框
UIAlertViewStyleSecureTextInput	密码输入框
UIAlertViewStyleLoginAndPasswordInput	普通输入框加密码输入框

本例正是使用了 UIAlertViewStyleSecureTextInput 这一类型实现密码输入框。

11.5 Controls

（1）UISwitch

定义：选择键，在功能栏目上提供开关功能的选项，其效果如图 11-7 所示。

图 11-7　Button 示意

① .h 文件中声明如下：

```
@interface UIswitchViewController :UIViewController
{
    UISwitch* toSwitch;
}
@property(nonatomic,retain)UISwitch*toSwitch;
```

② .m 文件中声明如下：

```
@synthesize toSwitch;

- (void)viewDidLoad
{
    [super viewDidLoad];
    toSwitch=[[UISwitch alloc]initWithFrame:CGRectMake(100, 100,40, 20)];//初始化控件
    [toSwitch addTarget:self action:@selector(switchChanged:) forControlEvents:UIControlEventValueChanged];//函数调用
    [self.view addSubview:self];           // 添加到视图上
- (IBAction)switchChanged:(id)sender
{
    UISwitch *mySwitch = (UISwitch *)sender;
    BOOL setting = mySwitch.isOn;//获得开关状态
    [toSwitch setOn:setting animated:YES];//设置开关状态
}
}
```

各参数与变量具体介绍如下。

- viewDidLoad 函数：加载视图时初始化开关控件。
- initWithFrame 方法：初始化控件。
- CGRectMake（x, y, width, height）方法：绘制开关控件矩形框。
- addTarget:action:forControlEvents: 方法：通知函数调用，若希望在开关控件被打开或关闭时得到通知信息，就必须在类中利用 UISwitch 的 addTarget:action:forControlEvents: 方法加上开关的 Target。
- addSubview 方法：将控件添加到视图上。

- On 属性：通过 UISiwtch 实例的的 On 属性改变开关状态。

setOn（）方法：使用开关控件的 setOn:animated: 方法，Animated 参数是布尔类型，若值为 Yes 开关改变状态时会显示动画，可增进与用户互动。

（2）UISlider

定义：UISlider 是一个滑动条对象，是 UIControl 的一个扩展，显示的是一个水平的滑动条，可以对其指定滑动值的范围，用户通过滑动轨道的游标，选择对应的值。其效果如图 11-8 所示。

图 11-8 UISlider 示意

标准的 UISlider 控件可以通过控件栏中进行创建，从界面中拖动 UISlider 到界面中，然后对控件和控件对象进行关联。本文着重介绍通过代码自定义 UISlider 对象：IBOutlet UISlider *mySlider。

通过代码自定义创建的实现代码如下：

```
CGRect frame = CGRectMake(174.0, 12.0, 120.0, 30);
mySlider = [[UISlider alloc] initWithFrame:frame];
// 指定代理者，并指定控件响应的事件对象
[mySlider addTarget:self action:@selector(sliderAction:)
forControlEvents:UIControlEventValueChanged];
mySlider.backgroundColor = [UIColor clearColor];

        mySlider.minimumValue = 0.0;// 滑动条最小值
        mySlider.maximumValue = 100.0;// 滑动条最大值
        mySlider.continuous = Yes;// 连续变化
        mySlider.value = 50.0;// 当前滚动条值，在代理者中实现响应事件 sliderAction，
-(void) sliderAction:(id)sender
{
        // 在这里处理控件滑动时，需要处理的操作
// 这里打印输出滑动条的值
UISlider *slider = (UISlider *)sender;
NSLog(@"Slider select value is %f", [slider value]);
}
```

11.6 UITextField

定义：UITextField 用来显示可编辑的文本框对象，当用户按下返回按钮后，把消息发送给目标对象。通常通过 UITextField 从用户的输入中收集文字以及执行一些相关的用户行为。UITextField 包括的主要属性有边框类型、字体颜色、字体大小、背景颜色等，可以通过修改这些属性实现自己想要的效果。其效果如图 11-9 所示。

```
<enter text>
```

图 11-9 UITextField 示意

对于 UITextField 的形状，系统已经提供了 4 种不同的边框类型，可以通过属性 borderStyle 指定，可选择以下类型：

```
typedef enum {
        UITextBorderStyleNone,
        UITextBorderStyleLine,
    UITextBorderStyleBezel,
    UITextBorderStyleRoundedRect
} UITextBorderStyle;
```

实现代码如下：

```
UITextField * field = nil;
CGRect frame = CGRectMake(2.0, 8.0, 80, 30);// 指定编辑框的大小
    field = [[UITextField alloc] initWithFrame:frame];
    field.borderStyle = UITextBorderStyleBezel;// 指定边框类型
    field.textColor = [UIColor blackColor];// 指定文字颜色
    field.font = [UIFont systemFontOfSize:15.0];// 指定文字大小
    field.placeholder = @"";// 当输入框没有内容时，水印提示内容
    field.backgroundColor = [UIColor whiteColor];// 指定背景颜色
    field.autocorrectionType = UITextAutocorrectionTypeNo;// 不自动纠错
    field.keyboardType = UIKeyboardTypeDefault;// 设置键盘样式为默认键盘
field.returnKeyType = UIReturnKeyDefault;
// return 键默认灰色按钮，标有 Return
    field.clearButtonMode = UITextFieldViewModeWhileEditing;
// 编辑时出现用于一次性删除输入框中内容的叉号
    field.tag = kViewTag;
field.delegate = self;     // 设置代理用于实现 UITextFieldDelegate 协议
```

具体说明如下：

① text.autocorrectionType = UITextAutocorrectionTypeNo; 设置是否对输入内容纠错，类型如下：

```
typedef enum {
    UITextAutocorrectionTypeDefault, 默认
    UITextAutocorrectionTypeNo,     不自动纠错
    UITextAutocorrectionTypeYes,    自动纠错
} UITextAutocorrectionType;
```

② field.keyboardType = UIKeyboardTypeDefault;   // 设置键盘样式

```
typedef enum {
    UIKeyboardTypeDefault, 默认键盘，支持所有字符
    UIKeyboardTypeASCIICapable, 支持 ASC Ⅱ 的默认键盘
    UIKeyboardTypeNumbersAndPunctuation, 标准电话键盘，支持"＋"、"＊"、"＃"字符
    UIKeyboardTypeURL, URL 键盘，支持 .com 按钮，只支持 URL 字符
    UIKeyboardTypeNumberPad, 数字键盘
```

```
        UIKeyboardTypePhonePad, 电话键盘
        UIKeyboardTypeNamePhonePad, 电话键盘，也支持输入人名
        UIKeyboardTypeEmailAddress, 用于输入电子邮件地址的键盘
        UIKeyboardTypeDecimalPad, 数字键盘有数字和小数点
        UIKeyboardTypeTwitter, 优化的键盘，方便输入"@"、"#"字符
        UIKeyboardTypeAlphabet = UIKeyboardTypeASCIICapable,
} UIKeyboardType;
```

③ field.returnKeyType = UIReturnKeyDefault;// 设置 Return 键变成什么键

```
typedef enum {
    UIReturnKeyDefault, 默认灰色按钮，标有 Return
    UIReturnKeyGo, 标有 Go 的蓝色按钮
    UIReturnKeyGoogle, 标有 Google 的蓝色按钮，用语搜索
    UIReturnKeyJoin, 标有 Join 的蓝色按钮
    UIReturnKeyNext, 标有 Next 的蓝色按钮
    UIReturnKeyRoute, 标有 Route 的蓝色按钮
    UIReturnKeySearch, 标有 Search 的蓝色按钮
    UIReturnKeySend, 标有 Send 的蓝色按钮
    UIReturnKeyYahoo, 标有 Yahoo 的蓝色按钮
    UIReturnKeyEmergencyCall, 紧急呼叫按钮
} UIReturnKeyType;
```

④ field.clearButtonMode = UITextFieldViewModeWhileEditing; // 输入框中是否有用于一次性删除输入框中内容的叉号，在什么时候显示

```
typedef enum {
    UITextFieldViewModeNever, 从不出现
    UITextFieldViewModeWhileEditing, 编辑时出现
    UITextFieldViewModeUnlessEditing, 除了编辑外都出现
    UITextFieldViewModeAlways, 一直出现
} UITextFieldViewMode;
```

11.7 SearchBar

定义：SearchBar 提供实现搜索效果功能的控件对象，其效果如图 11-10 所示。

图 11-10 SearchBar 示意

在控件栏中，可以找到 SearchBar 控件，通过拖动到界面窗口，再在控件承载类中添加 SearchBar 控件对象；IBOutlet SearchBar *searchBar；把 searchBar 和界面中的 SearchBar 控件关联就创建成功。以下介绍通过代码自定义创建和代理者关联：

searchBar = [[[UISearchBar alloc] initWithFrame:CGRectMake(0.0, 0.0, self.view.bounds.size.width, 44.0)] autorelease];

self.searchBar.delegate = self;// 关联代理者
self.searchBar.showsCancelButton = Yes;// 是否显示 Cancel 按钮
self.searchBar.showsBookmarkButton = Yes;
// 在控件的右端显示一个书的按钮（没有文字的时候）
　　[self.view addSubview: self. searchBar];// 把搜索控件添加到视图

添加完成后，为了响应搜索控件的消息，就需要代理者中实现 UISearchBarDelegate 的方法，常用的方法如下：

- (void)searchBarSearchButtonClicked:(UISearchBar *)searchBar; // 响应键盘的搜索按钮；
- (void)searchBarBookmarkButtonClicked:(UISearchBar *)searchBar; // 响应书本标签按钮；
- (void)searchBarCancelButtonClicked:(UISearchBar *) searchBar; // 响应取消按钮。

11.8　Pickers

（1）UIPicker

定义：UIPickerView 是一个派生自 UIView 的视图选择器，其显示效果如图 11-11 所示。

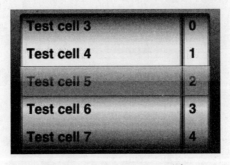

图 11-11　UIPickerView 示意

在控件栏中找到 UIPickerView 控件，然后拖动到界面，在承载这个 UIPickerView 的类头文件中添加一个 UIPickerView 对象：IBOutlet UIPickerView *pickerView；通过界面把对象 pickerView 与控件关联起来。

通过代码创建来实现，代码如下：

```
pickerView = [[UIPickerView alloc] initWithFrame:CGRectZero];
    pickerView.autoresizingMask = UIViewAutoresizingFlexibleWidth | UIView
AutoresizingFlexibleTopMargin;
    CGSize pickerSize = [pickerView sizeThatFits:CGSizeZero];
    pickerView.frame = [self pickerFrameWithSize:pickerSize];

    pickerView.showsSelectionIndicator = YES;
    // 特别要注意设置pickerView 的数据源和代理者
    pickerView.delegate = self;
    pickerView.dataSource = self;
```

创建控件后，要对控件的数据源进行处理，如下所示创建一个数据集：

```
NSArray *pickerViewData = [NSArray arrayWithObjects:
                @"Test cell 1", @"Test cell 2", @"Test cell 3",
                @"Test cell 4", @"Test cell 5", @"Test cell 6", @"Test
cell 7", nil];
```

数据集创建后,就可以通过如下方法对控件进行数据绑定:

```
- (void)pickerView:(UIPickerView *)pickerView didSelectRow:(NSInteger)
row inComponent:(NSInteger)component
{
label.text = [NSString stringWithFormat:@"%@ - %d",
[pickerViewData objectAtIndex:[pickerView selectedRowInComponent:0]],
[pickerView selectedRowInComponent:1]];
}
```

(2) UIDataPicker

定义:UIDatePicker 是一个日期控件对象,是 UIPickView 的一个扩展控件,其效果如图 11-12 所示。

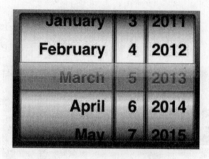

图 11-12 UIDatePicker 示意

日期控件有几种不同的显示模式,其模式定义如下:

```
typedef enum {
    UIDatePickerModeTime,              // 显示时、分的时间格式(例如:8|15| pm)
    UIDatePickerModeDate,              // 显示年、月、日(例如:11|15|2007)
    UIDatePickerModeDateAndTime,       // 显示日期和时间
    UIDatePickerModeCountDownTimer     // 显示时、分(例如:1|53)
} UIDatePickerMode;
```

模式的控制通过 datePickerMode 属性来处理。

日期控件的创建可以在界面通过从控件栏拖动生成,也可以代码指定区域生成。利用代码方式创建时,实现代码如下:

```
UIDatePicker * datePicker = nil;
datePickerView = [[UIDatePicker alloc] initWithFrame:CGRectZero];
datePicker.autoresizingMask = UIViewAutoresizingFlexibleWidth | UIViewAutore
                    sizingFlexibleTopMargin;
datePicker.datePickerMode = UIDatePickerModeDate;
// 在这里使用 CGRectZero 设置日期的尺寸,是因为 UIPickView 已经为日期控件创建了最佳尺寸,
在这里只需设置日期控件的起始坐标即可
```

```
CGSize pickerSize =CGSizeMake(0,0);
datePicker.frame = [self pickerFrameWithSize:pickerSize];
```

11.9 Image

定义：UIImage 用来显示图像的控件对象。

创建 UIImage 的方式有几种，包括数据源来自图片名称、图片文件、内存数据、其他 UIImage 对象，分别对应如下方法：

+ (UIImage *)imageNamed:(NSString *)name; // 从根目录装载图片

+ (UIImage *)imageWithContentsOfFile:(NSString *)path;// 从指定路径装载图片

+ (UIImage *)imageWithData:(NSData *)data;// 从数据源装载图片

+ (UIImage *)imageWithCGImage:(CGImageRef)cgImage; // 从其他 UIImage 对象装载图片

例如：UIImage *image = [UIImage imageNamed:@"test.jpg"]；这时必须保证图片 test.jpg 存在于根目录下才能创建成功。

11.10 UIImageView

定义：UIImageView 扩展自 View 控件，用来显示一个单一图像或者一组动态的图像，其效果如图 11-13 所示。

要创建该控件，先要在控件栏中找到 UIImageView 控件，然后把该控件拖到需要显示的界面上，在代理者头文件中添加 UIImageView 对象：IBOutlet UIImageView *imageView；使用控件对象 imageView 与新添加的控件进行关联。控件创建成功后，如果只需要显示单一控件，则所用的代码如下：

图 11-13 UIImageView 示意

```
UIImage *image = [UIImage imageNamed:@ "test.jpg"];
imageView.image = image;
```

如果需要实现一组动画图片,则需要对 animationImages 属性进行处理,代码如下:

```
imageView.animationImages = [NSArray arrayWithObjects:
                             [UIImage imageNamed:@ "text1.jpg"],
                             [UIImage imageNamed:@ "text2.jpg"],
                             [UIImage imageNamed:@ "text3.jpg"],
                             [UIImage imageNamed:@ "text4.jpg"],
                             nil];
    imageView.animationDuration = 5.0;// 设置动画的时间
    [self.imageView stopAnimating];// 开启动画演示图片
```

第 4 篇
Windows Phone 应用软件开发基础篇

　　Windows Phone 是 Microsoft 推出的全新智能型手机操作系统，无论是在应用程序的存储机制、管理模式、认证方式、更新方式上，还是在界面机制上，都发生了翻天覆地的变化。2010 年 2 月，微软公司正式发布 Windows Phone 智能手机操作系统的第一个版本 Windows Phone 7（WP7），并于 2010 年底发布了基于此平台的硬件设备，主要生产厂商有三星、HTC、LG 等。目前最新的版本为 Windows Phone 8，由于其 SDK 刚推出，本书有关应用开发部分的介绍将基于较为成熟的 Windows Phone 7，从 Windows Phone 前世今生的演变历程、开发环境搭建、第一个 Windows Phone 应用程序 HelloWorld 开发与测试、开发控件、生命周期介绍及应用程序发布等几个部分入手，开启开发 Windows Phone 7 应用程序的大门。

第12章

Windows Phone 前世今生

本章将回顾 Windows Phone 的演变历程，展示它成为又一杰出的智能手机操作系统的前世今生。

12.1 Windows CE

在介绍 Windows Phone 的前世今生时，势必需要从它的开山鼻祖 Windows CE 说起，说到 Windows CE，许多读者也许比较陌生，Windows CE 是微软公司于 1996 年发布的供手持设备使用的第一个操作系统，是一个开放的、可升级的 32 bit 嵌入式操作系统，专门用于手持设备和信息家电。CE 中的 C 代表袖珍（Compact）、消费（Consumer）、通信能力（Connectivity）和伴侣（Companion），E 代表电子产品（Electronics）。

Windows CE 与 Windows Mobile 有不解之缘。Windows Mobile 采用的系统内核就是 Windows CE，但它集成了更多内容，是一个完整的手机软件解决方案。Windows CE 并非专为单一装置设计的，其使用范围更广泛，微软将旗下采用 Windows CE 作业系统的产品大致分为 3 条产品线：Pocket PC（掌上电脑）、Handheld PC（手持设备）及 Auto PC，Windows CE 只提供最基本的操作系统功能。

Windows CE 的操作界面虽来源于 Windows 95/98，但其是基于 Win32 API 重新开发的、新型的信息设备平台。Windows CE 平台上可以使用 Windows 95/98 上的编程工具（如 Visual Basic、Visual C++ 等）、同样的函数、同样的界面风格，使绝大多数 Windows 95/98 的应用软件只需简单的修改和移植就可以在 Windows CE 平台上继续使用。

Windows CE 版本主要有 1.0、2.0、3.0、4.0、4.2、5.0 和 6.0，发布时间如图 12-1 所示，其功能强大，尤其是在多媒体方面。缺点是颇显臃肿，对硬件要求高，消耗资源多，如耗电。

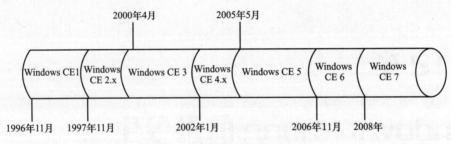

图 12-1 Windows CE 版本演进

12.2 Windows Mobile

2003 年微软公司发布基于 Windows CE 4.2 内核的 Pocket PC 2003，又称为 Windows Mobile 2003，从此开始以 Windows Mobile 为代号的版本发展历程。历经十余载，Windows Mobile 系统由简陋发展到华丽，其手机操作系统更倾向于手机和个人电脑的融合，将用户熟悉的桌面 Windows 体验扩展到了移动设备上，由于 Windows Mobile 沿用了微软 Windows 操作系统的界面，大部分用户都能很快上手。Windows Mobile 版本演进如图 12-2 所示。

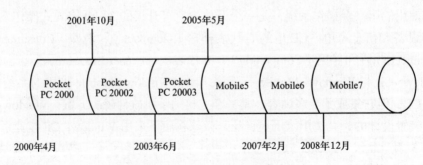

图 12-2 Windows Mobile 版本演进

12.3 Windows Phone

12.3.1 Windows Phone 7

2010 年 2 月，微软公司正式发布 Windows Phone 智能手机操作系统的第一个版本 Windows Phone 7，开始了 Windows Phone 的时代，微软对 Windows Phone7 操作系统和以往的 Windows Mobile 相比做了彻头彻尾的改进。

Windows Phone7 的几点出色变化表现在以下几个方面。

（1）主界面

Windows Phone 7 的界面完全脱胎换骨，整个界面就是一个巨大的信息的集合，体现了 Windows Phone 7 系统以内容为主题的理念。

• Metro UI 界面展示：Metro 界面强调的是信息本身，例如用户可在主界面获得最新的网络内容（微博、微信等）、照片、联系人信息等。这与苹果 iOS、谷歌的 Android 界面都以应用程序图标为呈现对象有所区别，Metro UI 体现了 Windows Phone 7 系统以内容为主题的理念。

• 动态磁贴（Live Tile）：是出现在 Windows Phone 的一个新概念，可以将喜爱和常用的功能贴在主屏界面，采用实时更新的机制将最新的内容动态展示给用户。

• Title 的表现方式：区别于 Android 系统，WP7 主导功能的图标逐步被更有内容的"Title"所取代，如表示联系人功能的巨大 People 文字链。

• 界面风格：超大的字体、溢出屏幕范围的内容。

（2）应用中心（Hub）

以"Hub"的模式实现各类应用信息的关联管理，各类 Hub 具体如下。

• 联系人（People Hub）：将电话簿的联系人与社交网络（SNS）的更新内容、照片等整合在一起，在联系人页面即可看到联系人照片和相关社交网站的更新内容，如 Facebook、Windows Live 等。

• 相册（PicturesHub）：实现了对手机、电脑存储照片及网络相册存储照片的支持。用户可以上传照片至社交网站上分享自己的照片。

• 办公中心（Office Hub）：提供 Office Sharepoint、Office Mobile、Office Onenote 的本地安装和快速访问功能。

• 音乐与视频（Music+Video Hub）：将 Zune 的音乐与视频服务整合进 Windows Phone 7 手机中，手机媒体播放中心包含了本地音乐、流媒体、广播以及视频。

• 游戏站（Game Hub）：将 XBOX360 的在线游戏体验整合入手机的游戏中心，开始支持 3D 以及跨平台游戏。

• 商城（Marketplace Hub）：第三方软件的安装将只能通过 Marketplace 进行。

（3）云端的系统

用户可以更为方便地通过互联网同步手机中的数据，随时将手机中的资源上传到网络之中与朋友们进行及时的分享。

12.3.2　Windwos Phone 7.5

2011 年 9 月 27 日，微软发布了 Windows Phone 系统的重大更新版本"Windows Phone 7.5"（Mango）版。Windows Phone 7.5 是微软在 Windows Phone 7 的基础上大幅优化改进后的升级版，弥补了 WP7 的许多不足并在运行速度上有大幅提升。2012 年 3 月 21 日，微软发布了 Windows Phone 的更新版本"Refresh（Tango）"，版本号依旧沿用 Windwos Phone 7.5，Tango 只是 Mango 更新的一部分，定位于廉价低端设备，所以搭载 Tango 系统的手机硬件配置并不会要求过高，诸如采用入门级处理器、低分辨率屏幕等。Mango 系统或 Tango 系统，统称 Windows Phone 7.5 系统。

Windows Phone 7.5 系统界面上与 Windows Phone 7 系统相比变化不大，但此版本中有数以百计的功能加入和改进，主要更新如下：

- 更新修复具有欺骗性质的第三方证书，有效确保用户使用证书的安全性；
- 将 Twitter、LinkedIn 联系人添加到地址簿中，用户可以通过统一的界面查看来自 Twitter 和 LinkedIn 的消息；
- 采用微软最新的支持 HTML5 的移动浏览器 IE9；
- Bing Vision 应用支持用户扫描二维码和微软"标签"，并实时获取在线信息；
- Skydrive 云服务功能，实现联系人、日程、电子邮件、文档、图像、视频等内容的云端同步。
- 支持可视语音邮件、移动热点功能；
- 支持中文、多任务处理、后台播放音乐等。

12.3.3　Windwos Phone 7.8

2012 年 6 月 20 日，微软正式提出 Windows Phone 7.8 手机操作系统，Windows Phone 7.8 将直接推送给所有 Windows Phone 用户，绕过运营商。也就是说，可以随时随地通过 Wi-Fi 下载并安装 Windows Phone 7.8。同时微软正式发布 Windows Phone 8，微软表示由于内核变更，目前所有的 WP7.5 系统手机无法升级为 WP8 系统，而现在的 WP7.5 手机将能升级到 WP7.8 系统，不过 WP 7.8 还会继续优化。

Windows Phone 7.8 的主要更新内容介绍如下：

- Start Screen 开始屏幕：与 Windows Phone 8 看起来一样的开始屏幕。
- 定制化磁贴：和 Windows Phone 8 一样，Windows Phone 7.8 支持 3 种磁贴尺寸。除了当前 WP7 支持的小尺寸（方形）和大尺寸（矩形），Windows Phone 7.8 还将支持一种更小的尺寸，是小尺寸的 1/4。用户可因自己想获得的资讯而改变 Live Tiles 的形状、面积。
- 必应（Bing）动态图片：必应是微软的全球搜索品牌，可以设置每日 Bing 动态图片作为锁屏壁纸。
- 主题：有 20 种颜色主题。

12.3.4　Windows Phone 8

2012 年微软开发者大会于美国时间 6 月 20 日上午 9 点在美国旧金山举行，微软在此次大会上发布 Windows Phone 8 操作系统。它与 Windows 8 使用同样的内核，支持双核处理器以及多种屏幕分辨率等。Windows Phone 8 的主要特性如下。

- 采用 Windows NT 内核：Windows Phone 8 采用与 Windows 8 相同的内核，这就意味着 Windows Phone 8 将可能兼容 Windows 8 应用。内核的改变可以说是这个版本与以往版本（WP7.8 以前是 Windows CE 内核）最根本性的差异。
- 支持多核：以前 Windows Phone 版本的内核不能驾驭更高规格的硬件和软件平台，而 Windows Phone 8 则支持多核处理器，支持 64 bit 核心处理，硬件制造商可以提供更丰富、更多配置的 Windows Phone 8 设备。

- 支持 3 种分辨率：除已有的 WVGA（800 dpi×480 dpi）屏幕分辨率外，还增加了对 WXGA（1 280 dpi×768 dpi）和 720P（1 280 dpi×720 dpi）的支持，Windows Phone 8 应用可以不经任何改变就在上述 3 种分辨率中正常运行。
- 支持 Micro SD 扩展卡：新增了对 Micro SD 扩展卡的支持。Micro SD 卡支持包括图片、音乐、视频及应用的安装。
- 内置 IE10 移动浏览器：内置 IE10 移动浏览器，相比 Windows Phone 7.5 JavaScript 性能提升 4 倍，相比 HTML 5 性能提升 2 倍，具有更强的反网络欺诈能力。
- 应用向下兼容 WP7：所有 Windows Phone 7.5 的应用将全部兼容 Windows Phone 8。
- 移动电子钱包：提供付款、信用卡、优惠卷、会员卡等电子钱包功能，支持 NFC，微软支持与移动运营商合作，推出支持移动支付的改进 SIM 卡。
- 支持游戏原生编程：支持对游戏的原生编程，开发者可同时以同一编程为 Windows 8 以及 Windows Phone 8 编写游戏，而不需进行太多的修改即可移植。
- 内置诺基亚更新：诺基亚为 Windows Phone 8 更新地图、Cinemagraph 和音乐应用。
- 企业功能：支持加密、安全引导、LOB 应用部署以及类别管理，可以用同一套工具管理 PC 和手机，因为 WP8 与 Windows 8 内核一致。

第13章

开发环境

本书将以 Windows Phone 7 版本为对象阐述 WP 开发相关知识。

搭建 Windows Phone 7 开发环境很简单,只需要安装一个集成软件开发包工具 Windows Phone SDK 7.1（适合 Windows Phone 7 或 Window Phone7.5 开发）即可,Windows Phone SDK 7.1 开发包工具里已经包括了多种开发工具。

在介绍搭建开发环境前,需要先对 Windows Phone 7 的开发工具进行一定的了解,本章首先对开发调测工具进行介绍,然后阐述如何按步骤搭建 Windows Phone 7 的开发环境。

13.1 开发调测工具

Windows Phone 7 开发工具主要包括 Windows Phone Developer Tool、Visual Studio 2010、Expression Blend、XNA Game Studio、Windows Phone 7 模拟器、ZUNE 播放器以及 Windows Phone Connect Tool,以下对这一系列开发工具逐一进行介绍。

13.1.1 Windows Phone Developer Tools

Windows Phone Developer Tool 是可以免费让开发者在开发环境中模拟 Windows Phone 7 运作的工具套件,该套件主要由以下部分组成:

- Visual Studio 2010 Express for Windows Phone;
- Windows Phone 7 仿真器;
- Windows Phone 7 版本的 Silverlight;
- Windows Phone 7 版本的 Expression Blend;
- XNA 游戏工作室 4.0 版。

13.1.2 Visual Studio 2010 Express for Windows Phone

Visual Studio 是微软公司推出的开发环境,是目前最流行的 Windows 平台应用程序开发环境。Visual Studio 2010 Express for Windows Phone 是创建 Windows Phone 应用程序的完整开发环境，包括设计界面、代码编辑器、项目模板和工具箱等功能，如图 13-1 所示。

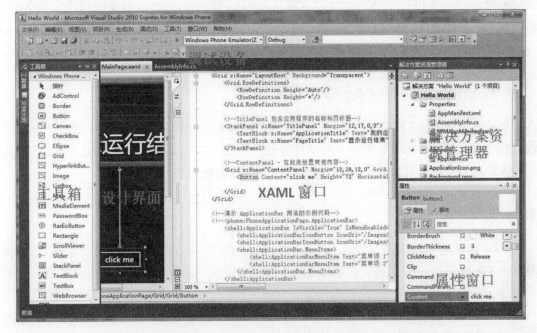

图 13-1　Visual Studio 2010 Express for Windows Phone 应用界面

13.1.3　Expression Blend

编码人员用 Visual Studio 2010 进行代码设计，而图形界面人员用 Expression Blend 实现对 Windows Phone 7 应用界面进行布局和图形设计。Expression Blend 将生成 Windows Presentation Foundation 应用程序，所显示的设计方案是用 XAML 表示的。Expression Blend 包含以下功能：

- 视图化界面；
- 可导入图像、视频和声音等媒体资源；
- 全套矢量绘图工具，包括文本工具和三维 (3D) 工具；
- 强大的数据源和外部资源集成点；
- 实时的设计和标记视图。

13.1.4　XNA Game Studio

XNA Game Studio 是一款针对 Windows 以及 XBOX360 的游戏制作平台，XNA Game Studio 分为两种版本，一种是面向业余创作者的 Express 免费版本，另一种是面向专业用户的专业版本。XNA Game Studio 有以下特点。

- 加快游戏开发的速度，与 DirectX 相比，使用 XNA Game Studio 进行游戏开发，

XNA 架构把所有用作游戏编程的底层技术封装起来，大大减少了开发者的工作量，可以更加关注游戏的创意。

- 开发的游戏可以在 Windows 与 XBOX360 之间跨平台运行，只要游戏开发于 XNA 的平台上，支持 XNA 的所有硬件便能运行。
- 支持 2D 与 3D 游戏开发，也支持 XBOX360 的控制器和震动效果。

13.1.5 Windows Phone 7 模拟器

Windows Phone 7 模拟器提供了一个虚拟化的开发、调测环境，具有与实际设备相当的性能。通过使用模拟器，开发者可以在没有物理设备的情况下完成常见的应用程序开发工作流，这可以降低开发 Windows Phone 7 应用程序的成本。

13.1.6 Zune 播放器

Zune 软件是一款与 Windows Phone 手机搭配的桌面端管理软件，用户可以通过 Zune 软件为 Windows Phone 手机完成系统更新、应用和游戏下载及音乐、视频和图片同步管理等工作。Zune 同时也是一款桌面端媒体管理播放系统，可以统一管理 PC 的多媒体文件，具备图片幻灯片浏览功能。

在应用部署测试的时候，可以使用 Zune 软件与 Windows Phone 连接的功能，实现将主机上的应用部署至物理设备上。

13.1.7 Windows Phone Connect Tool

Windows Phone Connect Tool 是一款 Windows Phone 的连接工具，即使不运行 Zune 软件，也可以与设备建立串行或 USB 连接。由于当 Zune 软件运行时，Zune 软件将锁定本地媒体数据库，将导致无法测试与媒体交互的应用，这时可以使用 Windows Phone Connect Tool 进行测试与媒体交互的应用。

13.2 系统要求

以下将介绍如何搭建 Windows Phone 7 开发平台，首先来了解加载开发平台的系统要求，具体如下。

- 支持的操作系统：Windows Vista（x86 和 x64）Service Pack 2，除 Starter Edition 之外的所有版本；Windows 7（x86 和 x64），除 Starter Edition 之外的所有版本。
- 系统驱动器上有 4 GB 可用磁盘空间。
- 有至少 3 GB 内存。
- Windows Phone Emulator 要求有使用 WDDM 1.1 驱动程序的支持 DirectX 10 或更高版本的图形卡。

13.3 搭建开发环境

13.3.1 下载安装包

在官方网站（网址为 http://www.microsoft.com/zh-cn/download/default.aspx）上搜索"Windows Phone SDK 7.1"，进入 Windows Phone SDK 7.1 下载页面，点击 vm_web2.exe 进行下载，如图 13-2 所示。

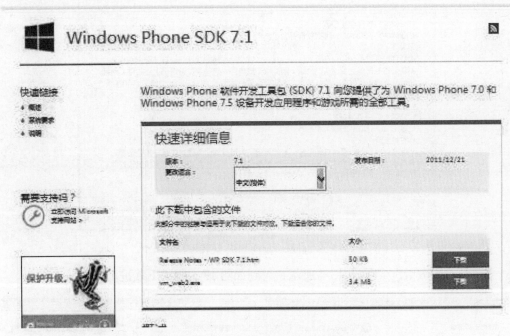

图 13-2 Windows Phone SDK 下载界面

Windows Phone SDK 包括以下组件：
- 用于 Windows Phone 的 Microsoft Visual Studio 2010 学习版；
- Windows Phone Emulator；
- Windows Phone SDK 7.1 程序集；
- Silverlight 4 SDK 和 DRT；
- 用于 XNA Game Studio 4.0 的 Windows Phone SDK 7.1 扩展程序；
- 用于 Windows Phone 7 的 Microsoft Expression Blend SDK；
- 用于 Windows Phone OS 7.1 的 Microsoft Expression Blend SDK；
- 用于 Windows Phone 的 WCF Data Services 客户端；
- 用于 Windows Phone 的 Microsoft Advertising SDK。

13.3.2 安装 SDK

安装详细过程如下所述。

双击"vm_web2.exe"进行安装,点击"接受",如图 13-3 所示。

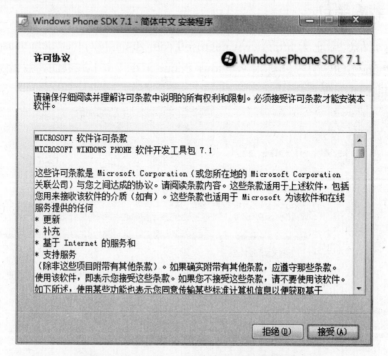

图 13-3 Windows Phone SDK 安装过程界面 1

点击"立即安装",如图 13-4 所示,得到如图 13-5 所示下载进度界面。

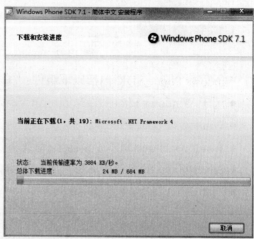

图 13-4 Windows Phone SDK 安装过程界面 2　　图 13-5 Windows Phone SDK 安装过程界面 3

网络速度决定此下载安装过程所需的时间,大致需要半小时,安装成功后得到如图 13-6 所示界面。

第4篇 Windows Phone 应用软件开发基础篇

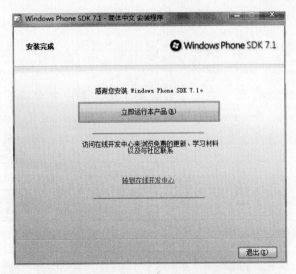

图 13-6 Windows Phone SDK 安装过程界面 4

安装成功后,点击"立即运行本产品",即可运行该程序,也可在计算机"开始"菜单中找到该程序,如图 13-7 所示。

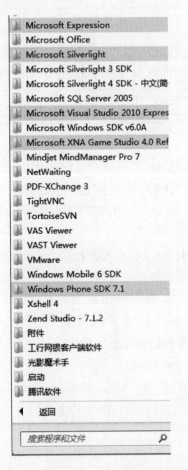

图 13-7 Windows Phone SDK 安装过程界面 5

13.4 开发框架

在进行 Windows Phone 开发之前，有必要了解一下这个全新平台的架构。Windows Phone 基于 .NET Compact Framework，.NET Compact Framework 是一种独立于硬件的环境，用于在资源受限制的计算设备上运行程序。其框架如图 13-8 所示，具体介绍如下。

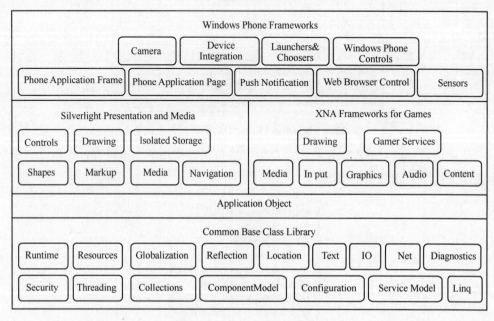

图 13-8 Windows Phone 框架

（1）Common Base Class Library

位于框架的最底层，是 .NET 平台的基础。基础类库（Base Class Library，BCL）是微软提出的一组标准函数库，可提供给 .NET 平台所有的语言使用。

（2）Application Object 层

位于框架的中间层，基于 .NET Compact Framework，Windows Phone 7 在这一层提供了 Silverlight 框架、XNA 框架两种应用程序开发框架。Silverlight 框架开发以 XAML 文件为基础的事件驱动应用程序，以 Silverlight 框架为基础的应用程序是由一堆页面组成的，每一个页面是扩展名为 .XAML 的文件；XNA 框架主要用于开发以循环为基础的游戏程序，提供 2D/3D 的动画、音效及各种游戏相关的功能。

（3）Windows Phone Frameworks 层

提供 Windows Phone 特有的一些功能，如相机、Windows Phone 控件、感应器、多点触控屏幕等，作为移动手机平台特殊的一部分功能。

第14章

第一个 Windows Phone 程序——HelloWorld

学习任何开发编程语言,无一例外从经典的"HelloWorld"应用程序开始。前几章已经介绍了如何搭建 Windows Phone 的开发环境并分析了其开发框架,本章在此基础上主要阐述如何创建、测试、部署和运行第一个 Silverlight——Windows Phone 应用程序"HelloWorld"。学习如何使用 Windows Phone 开发者工具,包括:用于 Windows Phone IDE 的免费工具 Microsoft Visual Studio 2010 Express 和 Windows Phone Emulator(模拟器)。

14.1 构建 HelloWorld

创建一个 Windows Phone 的应用程序,基本分为以下 3 步:
- 建立应用程序工程;
- 设置应用界面;
- 添加与业务逻辑相关代码。

以下介绍如何创建一个 Windows Phone 的"HelloWorld"应用程序,当点击按钮后,应用程序界面上会显示"HelloWorld"字样。

14.1.1 创建一个 Windows Phone 应用程序工程

从开始菜单启动 Microsoft Visual Studio 2010 Express for Windows Phone,出现如图 14-1 所示界面。

选择菜单:文件(File)→新建项目(New Project),在"New Project"对话框中,从安装的模板列表里选择 Visual C# 中的"Silverlight for Windows Phone"类别,然后选择 Windows Phone 应用程序模板,这样就可以建立以 Silverlight 框架为基础的 Windows Phone 7 应用程序,如图 14-2 所示。

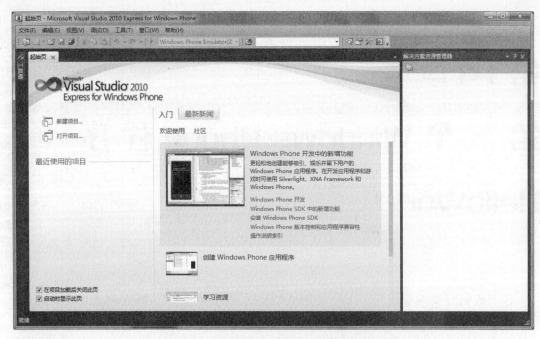

图 14-1 创建 Windows Phone 应用程序界面 1

图 14-2 创建 Windows Phone 应用程序界面 2

具体说明如下。

● 名称（Name）：HelloWorld。

● 位置（Location）：源代码文件夹为 C:\Users\user\Documents\Visual Studio 2010\Projects。

● 解决方案名称（Solution Name）：HelloWorld。

然后点击"确定（OK）"。

经过简单的两步，就能成功地建立一个 Windows Phone 7 的项目，在关闭项目后如何重新打开所创建的项目，很简单，找到源代码文件夹（笔者保存在 C:\Users\user\Documents\Visual Studio 2010\Projects），这里会列出所创建的所有项目名称，打开项目文件夹中的 .sln 文件，即可重新打开所创建的项目。

14.1.2 设置应用界面

在解决方案资源管理器里能够看到一个 Visual Studio 2010 系统自动生成的 MainPage.xaml 文件，在这个文件内默认已经为应用程序用户主界面 MainPage.xaml 添加了两个 TextBlock 控件：ApplicationTitle 和 PageTitle，分别显示着"我的应用"和"页面名称"，以下为 MainPage.xaml 文件内容，如图 14-3 所示。

```
<phone:PhoneApplicationPage
 x:Class="Hello_World.MainPage"
 xmlns="http://schemas.microsoft.com/winfx/2006/xaml/presentation"
 xmlns:x="http://schemas.microsoft.com/winfx/2006/xaml"

 xmlns:phone="clr-namespace:Microsoft.Phone.Controls;assembly=Microsoft.Phone"
 xmlns:shell="clr-namespace:Microsoft.Phone.Shell;assembly=Microsoft.Phone"
 xmlns:d="http://schemas.microsoft.com/expression/blend/2008"
 xmlns:mc="http://schemas.openxmlformats.org/markup-compatibility/2006"
 mc:Ignorable="d" d:DesignWidth="480" d:DesignHeight="768"
 FontFamily="{StaticResource PhoneFontFamilyNormal}"
 FontSize="{StaticResource PhoneFontSizeNormal}"
 Foreground="{StaticResource PhoneForegroundBrush}"
 SupportedOrientations="Portrait" Orientation="Portrait"
 shell:SystemTray.IsVisible="True">

<!--LayoutRoot 是包含所有页面内容的根网格 -->
<Grid x:Name="LayoutRoot" Background="Transparent">
<Grid.RowDefinitions>
<RowDefinition Height="Auto"/>
<RowDefinition Height="*"/>
</Grid.RowDefinitions>

<!--TitlePanel 包含应用程序的名称和页标题 -->
<StackPanel x:Name="TitlePanel" Margin="12,17,0,0">
<TextBlock x:Name="ApplicationTitle" Text="我的应用程序" Style="{StaticResource PhoneTextNormalStyle}"/>
<TextBlock x:Name="PageTitle" Text="显示运行结果" Margin="9,-7,0,0" Style="{StaticResource PhoneTextTitle1Style}"/>
</StackPanel>
<!--ContentPanel - 在此处放置其他内容 -->
<Grid x:Name="ContentPanel" Margin="12,28,12,0" Grid.Row="1">
```

```
</Grid>
</Grid>
</phone:PhoneApplicationPage>
```

注意：Grid 根据其 Column Definitions 和 Row Definitions 集中所定义的每列宽度和高度的值安排页面上的子控件。注意第 1 列的宽度值被设置为 Auto，目的是根据其内容调整列大小；第 2 列的宽度被指定为 *，这样做的目的是保证当所有的其他列都被分配后，第 1 列能自动伸展并填满未被使用的行空间。

图 14-3 创建 Windows Phone 应用程序界面 3

设置界面时主要有以下任务需要完成。

• 如果属性管理器窗口没有出现，也可以通过右击"页面名称"选择"属性"打开属性管理器窗口，如图 14-4 所示。

图 14-4 创建 Windows Phone 应用程序界面 4

- 在控件属性管理器窗口修改名为"PageTitle"的 TextBolck 控件内容为"显示运行结果",如图 14-5 所示。

图 14-5 创建 Windows Phone 应用程序界面 5

- 打开左侧工具箱,如图 14-6 所示,用鼠标拖动一个 Button 控件到 MainPage.xaml 设计面板上,并设置其 Content 属性为 Click Me,将 Button 控件居中放在适当位置。

最终界面效果如图 14-7 所示。

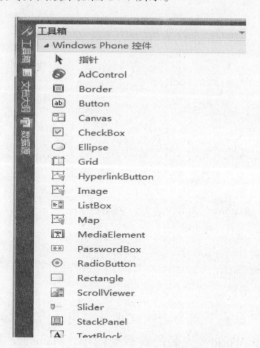

图 14-6 创建 Windows Phone 应用程序界面 6　　图 14-7 创建 Windows Phone 应用程序界面 7

在 XAML 标记中会自动添加如下代码片段:

```
<Grid x:Name="ContentPanel" Margin="12,28,12,0" Grid.Row="1">
    <Button Content="click me" Height="72" HorizontalAlignment="Left" Margin="129,184,0,0"
    Name="button1"VerticalAlignment="Top" Width="160" />
</Grid>
```

14.1.3 添加与业务逻辑相关代码

本程序的业务逻辑相对简单，即实现点击按钮后，屏幕出现"HelloWorld"字样。

（1）保存 MainPage.xaml 文件

双击 Button 控件，会生成控件单击事件调用的方法，此时看到 MainPage.xaml.cs 文件的代码，以下代码是自动生成的：

```csharp
using System;
using System.Collections.Generic;
using System.Linq;
using System.Net;
using System.Windows;
using System.Windows.Controls;
using System.Windows.Documents;
using System.Windows.Input;
using System.Windows.Media;
using System.Windows.Media.Animation;
using System.Windows.Shapes;
using Microsoft.Phone.Controls;

namespace Hello_World
{
publicpartialclassMainPage : PhoneApplicationPage
    {
//构造函数
public MainPage()
        {
            InitializeComponent();
        }

privatevoid button1_Click(object sender, RoutedEventArgs e)
        {

        }
    }
}
```

对以上代码进行解析：首先使用"using"对命名空间进行引用，然后看到整个程序的代码被封装在以程序名称"HelloWorld"为名的命名空间中，MainPage 继承于 PhoneApplicationPage，button1_Click() 的按钮单击事件调用的方法实现。

（2）添加业务逻辑代码

程序的设计很简单，即要实现点击按钮出现"HelloWorld！"字样，通过对按钮单击事件的响应代码 button1_Click 中实现。当单击按钮时，名为 ApplicationTitle 的 TextBolck 控件将会显示"HelloWorld！"字样，添加如下代码：

```csharp
private void button1_Click(object sender, RoutedEventArgs e)
```

```
        {
            PageTitle.Text = "HelloWorld!";
        }
```

14.2 模拟器编译与调试

使用 Windows Phone 模拟器可以在没有 Windows Phone 设备的情况下，模拟设备部署和测试应用程序。本章将会在 Windows Phone 模拟器上构建、部署和运行应用程序并测试应用程序是否工作正常。另外，Visual Studio 调试器还可以通过设置断点，利用调试程序进入源代码中并检查各个变量的输出值的方法实现对运行在模拟器上的应用程序调试。

14.2.1 模拟器编译运行程序

编译并在模拟器上运行应用程序的步骤如下。

①通过"调试"→"窗口"→"输出"打开输出窗口，如图 14-8 所示。"输出"窗口可以查看构建编译过程中产生的每条消息记录，包括最后输出的结果信息。

图 14-8　Windows Phone 应用编译输出窗口

②在"调试"菜单选择"生成解决方案"，或者按键盘上的 Shift + F6 组合键来编译解决方案中的项目工程。

可以通过"错误列表"视窗查看、处理代码的错误，这个视窗能够以列表的形式显示错误、警告以及编译器产生的信息，通过双击错误信息条目来打开源代码文件并定位到错误的源点，如图 14-9 所示。

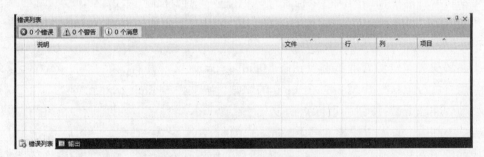

图 14-9　Windows Phone 应用编译错误列表

③要在 Windows 模拟器上进行应用部署，需要先检查确保调试目标设备是模拟器，在 Visual Studio 的"标准"工具栏中，选择"Windows Phone 模拟器"，如图 14-10 所示。

图 14-10 Windows Phone 模拟器

④按下"启动调试"的绿色三角形或直接按 F5 键后，Visual Studio 将在 Windows Phone 模拟器中启动应用程序，并同时启动调试器。根据 HelloWorld 应用程序设计思想，按下"click me"按钮，将在名为 Page Title 的 Text Block 空间上显示"HelloWorld！"，结果如图 14-11 所示。

图 14-11 Windows Phone 应用调试结果显示

⑤停止调试通过按下 Shift+F5 或者工具栏上的"调试"→"停止调试"按钮来分离调试器并终止调试会话，不要直接关闭模拟器视窗，否则下次启动需要等待较长的时间。

14.2.2 调试应用程序

Visual Studio 调试器是一个功能强大的工具，可以观察程序的运行时行为并确定逻辑错误的位置。该调试器可用于所有的 Visual Studio 编程语言及其关联的库。使用调试器，可以中断（或挂起）程序的执行以检查代码，计算和编辑程序中的变量，查看寄存器、从源代码创建的指令以及应用程序所占用的内存空间。下面利用 HelloWorld 举例说明如何在调试中设置断点。

①在解决方案资源管理器上找到该 MainPage.xaml 文件并右键单击它，然后选择查看代码，用户可以重新打开 MainPage.xaml 的隐藏代码文件 MainPage.xaml.cs。

②为"click me"按钮的事件句柄定义一个断点，当程序运行到断点时会停止执行。要设置这个断点，首先定位源文件中 button1_Click 方法的第一行代码，然后点击该行代码所对应的编辑窗口左边的灰色区域。插入断点的位置显示了一个灰色的圆圈，如图 14-12

所示。另外一种选择就是在编辑窗口中点击代码行然后按 F9 键。点击空白页面上灰点或者在包含断点的代码行处按 F9 键，可取消断点。

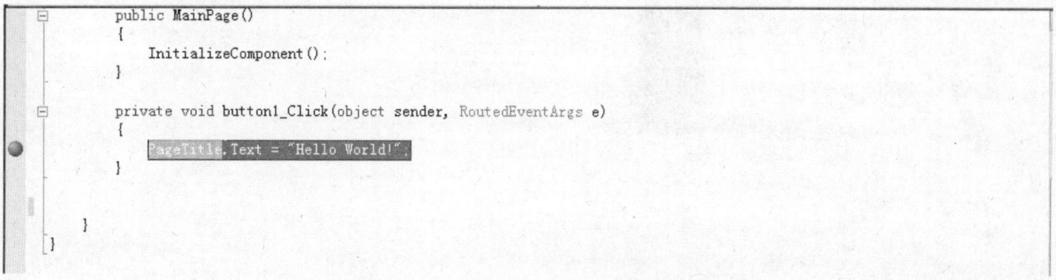

```
public MainPage()
{
    InitializeComponent();
}

private void button1_Click(object sender, RoutedEventArgs e)
{
    PageTitle.Text = "Hello World!";
}
```

图 14-12 Windows Phone 应用断点设置

③按 F5 键，在 Windows Phone 模拟器上构建和部署应用程序，并开始调试进程，等待应用程序被启动并显示模拟器主页面。如果调试过程中始终保持模拟器处于运行状态，那么启动一个应用程序将只花几秒钟时间；如果关闭了模拟器，那么需要等待较长时间。

④运行会回到 Visual Studio 中，注意程序在前面设置的断点处停止执行，同时下一句要执行的语句被以黄色高亮起来。

⑤当使用 F10 时，就命令调试器跳过当前语句；也可以使用 F11 进入当前语句中。

⑥按 F5 键可继续执行应用程序，将回到 Windows Phone 模拟器界面。

14.3 物理设备测试

上一节讲述了如何在模拟器上编译与调试应用程序，本节将主要介绍在真实的物理设备上对未签名的应用程序进行测试需要做的准备工作，如何在物理设备上部署应用程序以及需要媒体 API 支持的应用程序。

以下是在物理设备上部署应用程序的几个步骤。

第 1 步：注册开发人员账号信息。

首先需要在应用中心具有一个活动的开发人员账户。每个开发人员账户能够为应用程序开发注册 3 个设备。登录以下网站，注册一个 Windows Phone 开发者账号，网址为 http://dev.windowsphone.com/zh-cn/join。

第 2 步：将 Windows Phone 设备连接至主机。

第 3 步：安装和运行 Zune 客户端软件。

前文已经介绍了 Zune。可以从以下网址下载和安装 Zune 客户端软件：http://www.microsoft.com/zh-cn/download/details.aspx?id=27163。Zune 必须正在运行。当将 Windows Phone 设备连接至主机时，Zune 将自动启动；若 Zune 未启动，请手动将其启动。第一次使用 Zune 客户端需要按提示进行设备配置。Zune 客户端必须可以识别已连接的设备，如图 14-13 所示。

图 14-13 Zune 软件连接设备界面

第 4 步，注册 Windows Phone。

要注册 Windows Phone，需要使用 Windows Phone Developer Registration 工具，此工具在安装 Windows Phone SDK 时自动安装，具体步骤如下。

- 打开手机并在必要时解锁手机屏幕。
- 确保手机中的日期和时间正确无误。
- 通过 USB 数据线将手机连接至计算机，此时 Zune 软件将在计算机上自动启动。若 Zune 未启动，请手动将其启动。
- 启动 Windows Phone Developer Registration，在计算机上依次单击"开始"→"所有程序"→ Windows Phone SDK 7.1，单击 Windows Phone Developer Registration，如图 14-14 所示。

图 14-14 注册 Windows Phone 界面 1

- Windows Phone Developer Registration 随即启动如图 14-15 所示界面。手机保持解锁状态，验证以确保"状态"消息显示手机就绪。
- 输入与应用中心会员身份对应的 Windows Live ID 和密码。
- 单击"Register(注册)"。在成功注册手机后，状态消息将显示"已成功注册您的电话"，如图 14-16 所示。

图 14-15　注册 Windows Phone 界面 2

图 14-16　注册 Windows Phone 界面 3

成功将设备注册后，即可将应用程序部署到 Windows Phone。如果需要，还可以通过单击工具中的"注销"注销设备。

第 5 步，真机调试。

开发工具中选择真机调试，如图 14-17 所示，需要选择 Windows Phone Device。

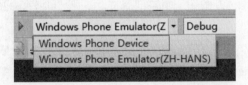

图 14-17　选择 Windows Phone Device

14.4 部署应用程序到设备

第 14.3 节介绍了使用真实设备进行调试,这一节介绍如何将应用部署到真实物理设备上。

第 1 步:注册开发人员账号信息。

第 2 步:将 Windows Phone 设备连接至主机。

第 3 步:安装和运行 Zune 客户端软件。

第 4 步:注册 Windows Phone。

第 5 步:部署应用程序到设备。

从以下位置运行该工具:C:\Program Files\Microsoft SDK\Windows Phone\v7.1\Tools\XAP Deployment\XapDeploy.exe,启动"Windows Phone 开发人员工具",此时会启动应用程序部署工具,如图 14-18 所示。

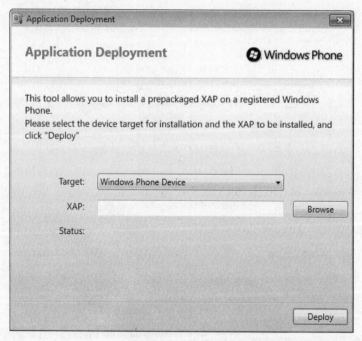

图 14-18 部署 Windows Phone 应用界面

- 在"目标(Target)"下拉框中,选择"Windows Phone Device"作为 XAP 文件的目标。
- 单击"浏览(Browse)"找到要部署的 XAP 文件。
- 单击"部署(Deploy)"按钮。如果部署成功,则"状态(status)"字段会显示"XAP 部署完成"。

前文已介绍了通过 Zune 软件连接物理设备的方式,在物理 Windows Phone 设备上测试应用程序。但由于 Zune 软件锁定了本地媒体数据库,当 Zune 软件运行时,无法测试与媒体 API 交互的应用程序,如调试包含照片选择器或相机启动器任务的应用程序。对于需要在物理设备上测试媒体 API 的应用程序，微软提供 Windows Phone Connect Tool 支持在不运行 Zune 软件的情况下，与设备建立串行或 USB 连接，使得本地媒体库不被锁定。

第 1 步：运行 Zune 客户端软件

安装 Zune 客户端软件。连接手机后，Zune 软件自动启动。若 Zune 软件未启动，请手动将其启动。验证以确保"状态"消息显示"手机就绪"，Zune 软件可以识别已连接设备。

第 2 步：连接手机后，关闭 Zune 软件

第 3 步：打开命令提示窗口并导航至 WPConnect 文件夹，可以在以下位置之一找到该文件夹：

- Program Files\Microsoft SDKs\Windows Phone\v7.1\Tools\WPConnect；
- Program Files (x86)\Microsoft SDKs\Windows Phone\v7.1\Tools\WPConnect。

第 4 步：在命令提示符下，输入命令 WPConnect.exe。

将收到设备已连接的确认，此时可以在不运行 Zune 软件的情况下测试应用程序。通过启动 Zune 软件，可以随时重新建立与 Zune 软件的连接。但在重新建立与 Zune 软件的连接之后，若要重新使用 Windows Phone Connect Tool 连接测试包含媒体 API 的应用程序，必须重复前面的步骤。

14.5 项目的基本档案结构说明

打开 Visual Studio 2010 Express for Windows Phone，可以从"解决方案资源管理器"中查看 Windows Phone 应用的项目文件，也可以对项目下的文件进行添加、修改、删除等操作，所有的操作都可以通过鼠标右键来完成。本例中的解决方案只包含了一个名为"HelloWorld"的 Silverlight Windows Phone 工程项目。

通过解决方案资源管理器可以查看基于 Windows Phone 应用程序模板产生的解决方案的结构，如图 14-19 所示，包含以下项目。

- MainPage.xaml: 默认应用程序用户主界面。
- 引用：一些库文件（集）的列表，为应用程序的工作提供功能和服务。
- Properties：包含了 AppManifest.xml、AssemblyInfo.cs、WMAppManifest.xml 共 3 个清单文件。
- App.xaml/App.xaml.cs：定义应用程序的入口点，初始化应用程序范围内的资源，预设包含

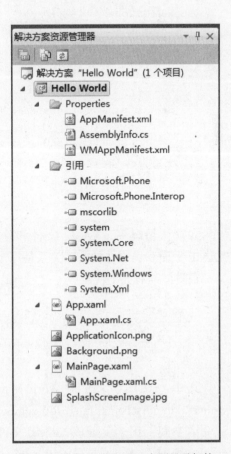

图 14-19 Windows Phone 应用目录架构

了 Lifecycle（应用程序生命周期）的相关事件处理。

- ApplicationIcon.png、Background.png、SplashScreenImage.jpg：图像文件。

14.5.1 XAML

XAML(eXtensible Application Markup Language，可扩展应用程序标记语言)，是微软公司的一种构建应用程序用户界面的描述性语言，XAML 实现了界面定义和程序逻辑分离。

由于 XAML 文件只负责界面定义，而界面定义对应的控制逻辑通常是由与之对应的代码隐藏文件来负责的，在 XAML 中定义的元素是代码隐藏文件中定义的类型对象。代码隐藏文件以 .xaml.cs 为后缀，这是两个独立的文件，即所谓的代码后置。

以下举了个例子，在 XAML 文件里定义了一个按钮，并确定了按钮处理方法是 On_Click，当用户按下按钮时，自动回调代码隐藏文件 MainPage.xaml.cs 中的 Btn_Click 事件处理方法。

```
---------XAML 文件----------------
<phone:PhoneApplicationPage
x:Class="Test.MainPage"
...>
<Button Click="On_Click" />
</phone:PhoneApplicationPage>

---------- 代码隐藏文件----------------
namespace Test
{
    public partial class MainPage : PhoneApplicationPage
    {
        private void On_Click (object sender, RoutedEventArgs e)
        {
        ....
        }
}
```

在默认情况下，XAML 文件和隐藏文件的名字是一样的，但这不是必须的，因为 XAML 页面和类文件的关联关系是靠声明方式实现的，每个 Page 类型的 XAML 文件开头处都很类似地有如下代码：

```
<phone:PhoneApplicationPage
        x:Class="Hello_World.MainPage"
        xmlns="http://schemas.microsoft.com/winfx/2006/xaml/presentation"
        xmlns:x="http://schemas.microsoft.com/winfx/2006/xaml"
```

其中，x:Class="Hello_World.MainPage" 声明了 XAML 文件与 xaml.cs 类关联；xmlns="http://schemas.microsoft.com/winfx/2006/xaml/presentation" 是 XAML 文档默认命名空间，用于验证该 XAML 文件中元素是否属于 WPF/Silverlight 中定义的元素；xmlns:x=http://schemas.microsoft.com/winfx/2006/xaml，除了第一个默认命名空间，其他引

入的命名空间都需要有一个唯一的前缀，这个映射到 XAML 语言命名空间。

14.5.2 MainPage.xaml

新生成的工程项目包含一个缺省的文件 MainPage.xaml，该文件里定义了应用程序用户界面，默认情况下，这个文件用分隔视图显示，一个窗口显示 XAML 标记，另一个窗口显示所见即所得的用户界面元素设计视图，可以通过在操作区域里添加控件来创建自己的应用程序的用户界面，如图 14-20 所示。

图 14-20 MainPage.xaml 界面

从解决方案资源管理器窗口中打开 MainPage.xaml 档案，可以直接从工具箱窗口将控件拖曳到 MainPage.xaml 放置。设计应用程序的操作画面，其结果会反映在 MainPage.xaml 档案中，而为操作画面上的控件编写事件处理程序时，程序代码会被自动加入 MainPage.xaml.cs 档案中，双击界面控件可以链接到 MainPage.xaml.cs 档案中的对应地方，编写控件事件处理程序。

14.5.3 App.xaml\APP.xaml.cs

App.xaml 和 App.xaml.cs 是创建应用时自动生成的，用于定义应用程序的入口点，初始化应用程序级全局静态资源，预设包含了应用程序生命周期的相关事件，处理显示应用程序用户界面。App.xaml 和 App.xaml.cs 共同定义了 Application 类的实例，它们来源于 System.Windows.Application 类库。

也可以不用 App.xaml 和 App.xaml.cs 作为应用的入口，自己定义类作为应用启动项。

14.5.3.1 App.xaml

以下是 HelloWorld 的 App.xaml 文件代码示例：

```xml
<Application
    x:Class="Hello_World.App"
    xmlns="http://schemas.microsoft.com/winfx/2006/xaml/presentation"
    xmlns:x="http://schemas.microsoft.com/winfx/2006/xaml"

    xmlns:phone="clr-namespace:Microsoft.Phone.Controls;assembly=Microsoft.Phone"

    xmlns:shell="clr-namespace:Microsoft.Phone.Shell;assembly=Microsoft.Phone">

    <!-- 应用程序资源 -->
    <Application.Resources>
    </Application.Resources>

    <Application.ApplicationLifetimeObjects>
        <!-- 处理应用程序的生存期事件所需的对象 -->
        <shell:PhoneApplicationService
            Launching="Application_Launching" Closing="Application_Closing"
            Activated="Application_Activated"
    Deactivated="Application_Deactivated"/>
    </Application.ApplicationLifetimeObjects>

</Application>
```

在 App.xaml 里可以定义以下资源。

● 应用程序级全局静态资源：可以把 Application 级别的资源放在这里，用 Application.Resources 属性访问，如整个应用程序使用的颜色、画笔以及样式对象。

● Application Lifetime Objects 属性，创建了一个 Phone Application Service 对象。Phone Application Service 的任务在于管理 Application 状态改变时触发的事件。在这里注册了程序生命周期的 4 个事件：Launching、Closing、Activated、Deactivated。有关应用程序生命周期的内容参考后续章节。启动程序的时候会调用 Application_Launching，退出程序的时候调用 Application_Closing，暂停程序时调用 Application_Deactivated，重新激活程序本程序时调用 Application_Activated。

● 全局事件处理，如 Startup、Exit 等。在 App.xaml 中做事件的绑定，在 App.xaml.cs 文件中添加事件的处理方法。Startup 事件是启动应用时发生，<Application Startup= "eventhandler" />；Exit 时间恰好在应用程序关闭之前发生，且无法取消，可以通过处理 Exit 事件来检测应用程序何时关闭，<Application Exit= "eventhandler" />。

14.5.3.2 App.xaml.cs

在解决方案资源管理器中右键单击 App.xaml 并选择 View Code 打开一个代码隐藏文件 App.xaml.cs，如图 14-21 所示，其中展示了全局事件处理方法。

Application 类的 RootFrame 属性标识了应用程序的启动页面，所有的 Windows Phone 应用程序都有一个最顶层的容器元素，它的数据类型是 Phone Application Frame。这个框架包括了一个或多个用来标识应用程序内容的 Phone Application Page 元素，同时它还被用来处理不同页面之间的导航切换。

在 Application 的派生类构造函数中，已经有一个针对未捕获的异常的全局处理程序 Unhandled Exception 的句柄。

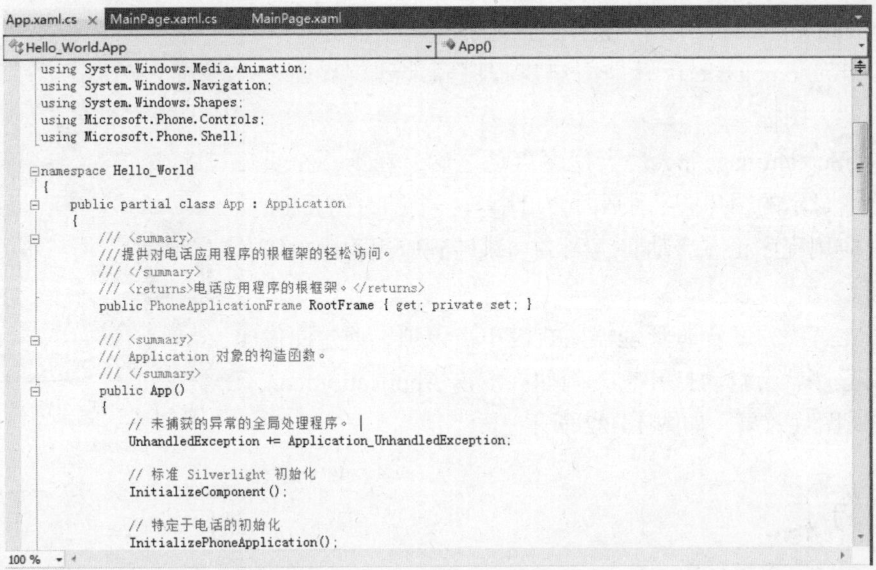

```
App.xaml.cs  × MainPage.xaml.cs   MainPage.xaml
Hello_World.App                              App()
    using System.Windows.Media.Animation;
    using System.Windows.Navigation;
    using System.Windows.Shapes;
    using Microsoft.Phone.Controls;
    using Microsoft.Phone.Shell;

    namespace Hello_World
    {
        public partial class App : Application
        {
            /// <summary>
            /// 提供对电话应用程序的根框架的轻松访问。
            /// </summary>
            /// <returns>电话应用程序的根框架。</returns>
            public PhoneApplicationFrame RootFrame { get; private set; }

            /// <summary>
            /// Application 对象的构造函数。
            /// </summary>
            public App()
            {
                // 未捕获的异常的全局处理程序。
                UnhandledException += Application_UnhandledException;

                // 标准 Silverlight 初始化
                InitializeComponent();

                // 特定于电话的初始化
                InitializePhoneApplication();
```

图 14-21 App.xaml.cs 界面

App.xaml.cs 还包含了 Launching、Closing、Activated、Deactivated 等应用程序生命周期事件处理方法。可以通过更新这些方法的代码在 Windows Phone 应用程序启动和关闭过程中执行自己定制过的代码，如下所示：

```
// 应用程序启动（例如，从"开始"菜单启动）时执行的代码
// 此代码在重新激活应用程序时不执行
privatevoid Application_Launching(object sender, LaunchingEventArgs e)
        {
        }
// 激活应用程序（置于前台）时执行的代码
// 此代码在首次启动应用程序时不执行
privatevoid Application_Activated(object sender, ActivatedEventArgs e)
        {
        }
// 停用应用程序（发送到后台）时执行的代码
// 此代码在应用程序关闭时不执行
privatevoid Application_Deactivated(object sender, DeactivatedEventArgs e)
        {
        }
// 应用程序关闭（例如，用户点击"后退"）时执行的代码
// 此代码在停用应用程序时不执行
privatevoid Application_Closing(object sender, ClosingEventArgs e)
        {
        }
```

14.5.4 ApplicationIcon.png、Background.png、SplashScreenImage.jpg

ApplicationIcon.png 是手机应用程序的图标。

Background.pngTile 背景是用户将程序固定到首界面之后所展现的大图标。

SplashScreenImage.jpg 是当程序启动之后，在第一个页面启动之前显示的图片。启动画面会给用户一个即时的反馈，告诉用户应用程序正在启动，直到成功跳转到应用程序的第一个页面。

可以在解决方案资源管理器上右键单击该项，通过图像编辑应用程序就会自动打开它，例如：双击 ApplicationIcon.png 后查看图片效果，如图 14-22 所示。

图 14-22 编辑图标文件

14.5.5 引用

Windows Phone 应用程序通常需要用到基础平台或者其他类库提供服务，应用程序需要首先引用实现这些服务的程序集。引用文件夹包含了这些引用的库文件（集）的列表，如图 14-23 所示。如果需要使用到其他 DLL，把相关 DLL 增加到 References 文件夹里面即可。

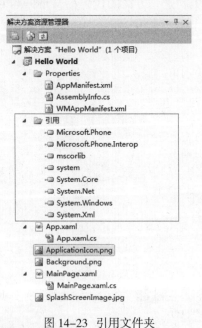

图 14-23 引用文件夹

14.5.6 Properties

Properties 视窗是编辑 Windows Phone 清单文件的唯一方式，如图 14-24 所示。在解决方案资源管理器中右键单击项目然后选择"Properties",也可以通过右键HelloWorld项目选择"属性"文件来修改。

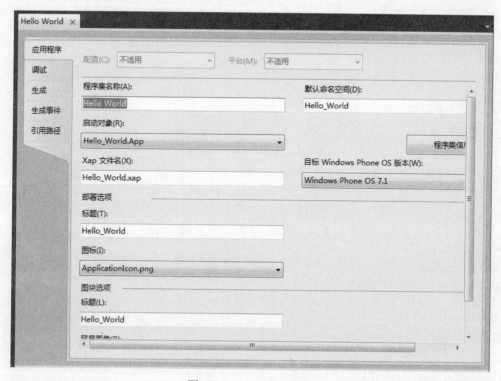

图14-24 Properties视窗

Properties文件夹下包含AppManifest.xml、AssemblyInfo.cs、WMAppManifest.xml 3个文件。

Properties\AppManifest.xml:用于定义程序打包文件(manifest)。Silverlight程序最终会打成XAP包,里面包含了程序需要用到的所有资源(如图片、声音文件等)和第三方类库等。XAP包是Zip格式的文件,把SilverRadio.xap文件改名为SilverRadio.zip,然后解压,能看到程序发布时候所有的文件。

Properties\AssemblyInfo.cs:包含版本信息等源数据(Metadata)。

Properties\WMAppManifest.xml:与AppManifest.xml一样也是用来定义程序的打包文件,起到全局清单配置的作用,WMAppManifest.xml用于指定Windows Phone Silverlight应用程序相关的源数据,例如上述的启动页面MainPage.xaml的定义包含在WMAppManifest.xml里面。

本文截取了代码片段如下:

```
<?xmlversion="1.0"encoding="utf-8"?>
<Deploymentxmlns="http://schemas.microsoft.com/windowsphone/2009/deployment"
AppPlatformVersion="7.1">
    <Appxmlns=""ProductID="{49a4e9d3-f5e6-4a3b-8f45-67f0f2b2208d}"Title="Hello_
World"RuntimeType="Silverlight"
        Version="1.0.0.0"Genre="apps.normal"Author="Hello_World
```

```xml
author"Description="Sample description"Publisher="Hello_World">
        <IconPathIsRelative="true"IsResource="false">ApplicationIcon.png</IconPath>
        <Capabilities>
            <CapabilityName="ID_CAP_GAMERSERVICES" />
            <CapabilityName="ID_CAP_IDENTITY_DEVICE" />
            <CapabilityName="ID_CAP_IDENTITY_USER" />
            <CapabilityName="ID_CAP_LOCATION" />
            <CapabilityName="ID_CAP_MEDIALIB" />
            <CapabilityName="ID_CAP_MICROPHONE" />
            <CapabilityName="ID_CAP_NETWORKING" />
            <CapabilityName="ID_CAP_PHONEDIALER" />
            <CapabilityName="ID_CAP_PUSH_NOTIFICATION" />
            <CapabilityName="ID_CAP_SENSORS" />
            <CapabilityName="ID_CAP_WEBBROWSERCOMPONENT" />
        </Capabilities>
        <Tasks>
            <DefaultTaskName="_default"NavigationPage="MainPage.xaml" />
        </Tasks>
        <Tokens>
            <PrimaryTokenTokenID="Hello_WorldToken"TaskName="_default">
    <TemplateType5>
    <BackgroundImageURIIsRelative="true"IsResource="false">Background.png</BackgroundImageURI>
    <Count>0</Count>
    <Title>Hello_World</Title>
    </TemplateType5>
    </PrimaryToken>
    </Tokens>
    </App>
</Deployment>
```

（1）Deployment 元素

在部署 Windows Phone 的应用程序时，此元素提供清单文件中的应用程序和本地化信息。

• Xmlns：XML 命名空间，默认值为 http://schemas.microsoft.com/windowsphone/2009/deployment。

• AppPlatformVersion：Windows Phone SDK 的版本。默认值为 7.1。

（2）App 元素

App 元素是 Deployment 元素的子元素。该元素提供诸如产品 ID、版本和应用程序类型等信息。表 14-1 定义了 App 元素的属性。

表 14-1 App 元素属性

属性	说明
ProductID	代表应用程序的全球唯一标识字符串
Title	项目的默认名称，这里的文字也会显示在应用程序列表中

续表

RuntimeType	设定应用程序是 Silverlight 或 XNA 的类型
Version	应用程序的版本号
Genre	当应用程序为 Silverlight 时会为 apps.normal，XNA 则为 apps.game
Author	作者名称
Description	应用程序的描述
Publisher	这个值预设是项目的名称，当应用程序使用到 Push 的相关功能时，这个值是一定要有的

（3）IconPath 元素

IconPath 元素是 App 元素的子元素。该元素提供应用程序列表中可见的应用程序图标的位置。Silverlight 项目和 XNA 的默认图像分别为 ApplicationIcon.png 和 PhoneGameThumb.png。

（4）Capabilities 元素

相关的区块在这个区块中描述了应用能够使用的功能特性，例如使用网络的功能或存取媒体库的内容。通常情况下是不需要修改的。

（5）Task 元素

其中的 NavigationPage 为该应用的主入口页面 XAML 文件的位置，比如这里为默认的 MainPage.xml，如图 14-25 所示，可以在这里修改其他非 MainPage 的页面。

（6）Token 元素

标签用来设置程序添加到主页面（Tile）时的相关显示信息，例如应用程序首页的背景图片设置（即 BackgroundImageURI，默认是 Background.png）、未处理的工作条数（即 Count）等。<TemplateType5> 的语句是图标显示模式，如果需要大图标模式修改为 <TemplateType6> 即可，注意：大图标分辨率是 365 像素 ×173 像素。

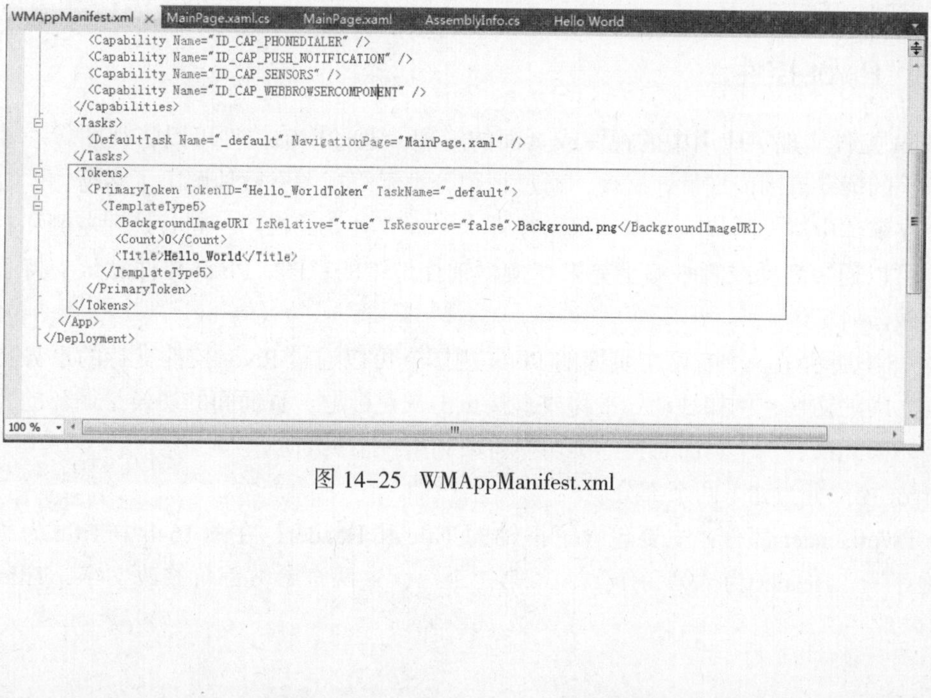

图 14-25　WMAppManifest.xml

第 15 章
开发控件

本章主要介绍 Windows Phone 应用开发中常用到的控件,如全景(Panorama)控件、枢轴(Pivot)控件、地图控件等。

15.1 Pivot 和 Panorama

Pivot 和 Panorama 控件都是 Silverlight 里 Windows Phone 特有的。供用户以横向切换导航的方式显示与内容相关的页面,而它们之间的主要区别如下。

- Pivot 控件由一组 Pivot 页面组成,这些 Pivot 页面适用于同一内容的不同展现形式,可以通过过滤、排序等方式对内容进行组织和分类,滑动切换屏幕时背景不随滑动而滑动,某种程度上可以说是 Tab 控件的替代品。
- Panorama 控件所要展示的内容比较宽,可形成一个连续的水平画卷,在一个屏展示不下时使用,用户可以通过左右滑动方式浏览整个画卷。比较适合显示从多种媒体源聚合过来的信息,滑动切换时背景跟着滑动,例如 Music+Videos。

15.1.1 Pivot 控件

Pivot 控件实现了应用中的视图或页面的管理,通过枢轴控件可以将视图像一轴画卷般在狭小的屏幕范围内连贯地展现,通过视图分类组织视图有效地解决了多窗体中容易导致用户在窗体中迷失的状况。枢轴视图控件水平放置独立的视图,同时处理左侧和右侧的导航,可以通过划动或者平移手势来切换枢轴控件中的视图。Pivot 控件默认支持手势,不需要做任何工作。

图 15-1 展示了一个有两个页面的 Pivot 视图,可以通过 Pivot 控件支持的手势实现两个页面之间的切换,例如划动、平移或直接点击灰色标题。页面间的切换是循环的,也就是说当切换到最后一个页面时再继续切换将回到第一个页面。

Pivot 控件分为如下两个部分。

- PivotHeader 部分:主要包含了枢轴的 Title 和 Header,在图 16-1 中 Title 为"我的应用程序",Header 为"第一个"、"第二个",这两个参数都可修改文字,Title 可以改变外观，Header 不能改变外观属性，也不建议将其文字设置太长。

● PivotItem Item 控件部分：PivotItem 控件包含单个页面的内容，显示在 Pivot 视图页面的控件都放到 PivotItem 中，如控件、网格或链接。因此可以将 PivotItem 当作一个控件容器。

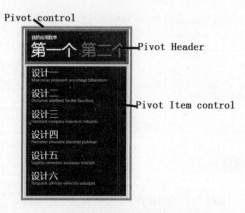

图 15-1　枢轴视图

XAML 代码：

```
<Grid x:Name="LayoutRoot" Background="Transparent">
    <!-- 枢轴控件 -->
    <controls:Pivot Title=" 我的应用程序 ">
        <!-- 枢轴项一 -->
        <controls:PivotItem Header=" 第一个 ">
            <!-- 具有文字环绕的双线列表 -->
            <ListBox x:Name="FirstListBox" Margin="0,0,-12,0" ItemsSource="{Binding Items}">
                <ListBox.ItemTemplate>
                    <DataTemplate>
                        <StackPanel Margin="0,0,0,17" Width="432" Height="78">
                            <TextBlock Text="{Binding LineOne}" TextWrapping="Wrap" Style="{StaticResource PhoneTextExtraLargeStyle}"/>
                            <TextBlock Text="{Binding LineTwo}" TextWrapping="Wrap" Margin="12,-6,12,0" Style="{StaticResource PhoneTextSubtleStyle}"/>
                        </StackPanel>
                    </DataTemplate>
                </ListBox.ItemTemplate>
            </ListBox>
        </controls:PivotItem>

        <!-- 枢轴项二 -->
        <controls:PivotItem Header=" 第二个 ">
            <!-- 无文字环绕的三线列表 -->
            <ListBox x:Name="SecondListBox" Margin="0,0,-12,0" ItemsSource="{Binding Items}">
                <ListBox.ItemTemplate>
                    <DataTemplate>
                        <StackPanel Margin="0,0,0,17">
```

```
                                      <TextBlock Text="{Binding LineOne}"
TextWrapping="NoWrap" Margin="12,0,0,0" Style="{StaticResource
PhoneTextExtraLargeStyle}"/>
                                      <TextBlock Text="{Binding LineThree}"
TextWrapping="NoWrap" Margin="12,-6,0,0" Style="{StaticResource
PhoneTextSubtleStyle}"/>
                                  </StackPanel>
                              </DataTemplate>
                         </ListBox.ItemTemplate>
                    </ListBox>
               </controls:PivotItem>
          </controls:Pivot>
     </Grid>
```

15.1.2 Panorama 控件

Panorama 控件通过使用超出屏幕边界的长水平画布提供了一个查看控件、数据和服务的方式，超出的内容可以依次切入屏幕中，可以通过左右滑动的方式来切换它们。在屏幕的右侧可以看到下一屏幕的部分内容，让用户知道下一屏还有内容。屏幕是循环呈现的，即当浏览到内容的最后一屏时再继续切换，则会回到第一屏。另外，Panorama 控件自身内置了触控和导航，通常来说这些已经够用，基本上不需要再为其实现特殊的手势功能。在 Windows Phone 系统下，内置的 People 和 Music+Videos 界面就是 Panorama 控件一个典型的案例。

Panorama 控件包含 3 个层次，分别是背景层、标题层、项层。Panorama 控件的结构如图 15-2 所示。

图 15-2 Panorama 控件的结构

（1）背景层

背景层是使用 Panorama 控件上的 Background 属性设置的。在默认模板中，Background 在默认情况下设置为 Transparent。不应该将全景控件的 Background 设置为 Null。如果设置为 Null，则手势响应将不可靠。

- SolidColorBrush：对背景应用颜色。
- ImageBrush：对背景应用图像。
- GradientBrush：可以对背景使用线性或径向画笔。

(2)标题层

标题层是全景应用程序的标题并且它是在 Panorama 控件的 Title 属性中设置的。无论内容大小是过大还是缺少内容，该层使用的垂直高度都不变，这样做是为了保证所有应用程序中的全景视图的外观能够保持统一的风格。

通过 Panorama 控件的 HeaderTemplate 属性，可以改变它的 Tiltle，比如修改字体、颜色，甚至添加一些其他的控件。

(3)项层

项层是包含 PanoramaItem 控件的层，这是用户在应用程序中主要交互的层。Panorama 控件可以支持多个 PanoramaItem 控件。PanoramaItem 包含以下两个部分。

- Header：Panorama Item 的标题，即图 15-2 中的第一项等。
- Content：Panorama Item 的内容，要展示的控件就会放到这个区域中，即图 15-2 中的设计一、设计二、设计三等。

XAML 代码：

```
<Grid x:Name="LayoutRoot" Background="Transparent">

        <!--Panorama 控件-->
        <controls:Panorama Title=" 我的应用程序 ">
            <controls:Panorama.Background>
                <ImageBrush ImageSource="PanoramaBackground.png"/>
            </controls:Panorama.Background>

            <!--Panorama 项目一 -->
            <controls:PanoramaItem Header=" 第一项 ">
                <!-- 具有文字环绕的双线列表 -->
                <ListBox Margin="0,0,-12,0" ItemsSource="{Binding Items}">
                    <ListBox.ItemTemplate>
                        <DataTemplate>
                            <StackPanel Margin="0,0,0,17" Width="432" Height="78">
                                <TextBlock Text="{Binding LineOne}" TextWrapping="Wrap" Style="{StaticResource PhoneTextExtraLargeStyle}"/>
                                <TextBlock Text="{Binding LineTwo}" TextWrapping="Wrap" Margin="12,-6,12,0" Style="{StaticResource PhoneTextSubtleStyle}"/>
                            </StackPanel>
                        </DataTemplate>
                    </ListBox.ItemTemplate>
                </ListBox>
            </controls:PanoramaItem>

            <!--Panorama 项目二 -->
            <!-- 使用 "Orientation="Horizontal"" 可使面板水平放置 -->
            <controls:PanoramaItem Header=" 第二项 ">
                <!-- 具有图像占位符和文字环绕的双线列表 -->
                <ListBox Margin="0,0,-12,0" ItemsSource="{Binding
```

```
Items}">
                        <ListBox.ItemTemplate>
                            <DataTemplate>
                                <StackPanel Orientation="Horizontal" Margin="0,0,0,17">
                                    <!-- 用图像替换矩形 -->
                                    <Rectangle Height="100" Width="100" Fill="#FFE5001b" Margin="12,0,9,0"/>
                                    <StackPanel Width="311">
                                        <TextBlock Text="{Binding LineOne}" TextWrapping="Wrap" Style="{StaticResource PhoneTextExtraLargeStyle}"/>
                                        <TextBlock Text="{Binding LineTwo}" TextWrapping="Wrap" Margin="12,-6,12,0" Style="{StaticResource PhoneTextSubtleStyle}"/>
                                    </StackPanel>
                                </StackPanel>
                            </DataTemplate>
                        </ListBox.ItemTemplate>
                    </ListBox>
                </controls:PanoramaItem>
            </controls:Panorama>
        </Grid>
```

15.1.3 创建 Panorama 和 Pivot 控件的方法

（1）方法一：新建项目模板

在新建工程面板中选择 Windows Phone 枢轴应用程序或 Windows Phone Panorama 应用程序来完成，如图 15-3 所示。

图 15-3 创建全景和枢轴控件方法一

（2）方法二：使用页面模板

在解决方案管理器中右键项目，点添加 → 新建项。在新建项目对话框中，选择 Windows Phone Panorama 页或者 Windows Phone 枢轴页，如图 15-4 所示。

图 15-4　创建全景和枢轴控件方法二

（3）方法三：工具栏

直接从工具栏以拖拽的方式在现有页面中添加，但默认这两个控件不在工具栏中，需要先添加这两个控件到工具栏中，点击"工具"菜单然后选择"选择工具箱"项，如图 15-5 和图 15-6 所示。

图 15-5　创建全景和枢轴控件方法三 1

图 15-6　创建全景和枢轴控件方法三 2

15.2 Grid

Grid 以表格的方式定位子元素，可以定义行和列，然后将元素布局到表格中。可以由 Grid.ColumnDefinitions 列元素和 Grid.RowDefinitions 行元素集定义子控件在页面上的位置，如图 15-7 所示。

图 15-7 Grid 示意

XAML 代码如下：

```
<Grid HorizontalAlignment="Left" Name="grid1" ShowGridLines="true" Width="480" Height="410" Background="#b0e0e6">
    <Grid.ColumnDefinitions>
        <ColumnDefinition/>
        <ColumnDefinition/>
        <ColumnDefinition/>
    </Grid.ColumnDefinitions>
    <Grid.RowDefinitions>
        <RowDefinition/>
        <RowDefinition Height="200"/>
        <RowDefinition/>
        <RowDefinition/>
    </Grid.RowDefinitions>
</Grid>
```

对代码说明如下。

● Grid.ColumnDefinitions：表格的列定义。

● ColumnDefinition：表示在最终网格布局的占位符列。可以在后面加参数，如 Width、Height。

● Grid.RowDefinitions：表格的行定义。

● RowDefinition：表示在最终网格布局的占位符行。可以在后面加参数，如 Width、Height。

15.3 StackPanel

StackPanel 是一个比较简单的容器，以水平或者竖直方向对子元素进行排列，默认是竖排。不能同时横排和竖排，如果想实现横排和竖排一起出现的效果，就要使用子控件嵌套或者布局控件嵌套。控件如图 15-8 所示。

图 15-8 StackPanel 示意

XAML 代码如下：

```
<Grid x:Name=" ContentPanel" Grid.Row="1" Margin="12,0,12,0">
    <Grid.RowDefinitions>
        <RowDefinition Height="200"/>
        <RowDefinition/>
    </Grid.RowDefinitions>
    <StackPanel Orientation="Horizontal">
        <TextBlock Text="左" Width="150"/>
        <TextBlock Text="中" Width="150"/>
        <TextBlock Text="右" Width="150"/>
    </StackPanel>
    <StackPanel Orientation="Vertical" Grid.Row="1">
        <TextBlock Text="上" Height="200"/>
        <TextBlock Text="中" Height="200"/>
        <TextBlock Text="下" Height="200"/>
    </StackPanel>
</Grid>
```

对代码说明如下。

● Orientation 参数：控件排放方向的属性，是枚举类型，Horizontal 表示横排，Vertical 表示竖排。

● TextBlock 参数：文本显示控件，定义控件文本内容、尺寸等。

15.4　HyperlinkButton

HyperlinkButton（超链接键）可以链接到另一个 XAML 页面（也可以导航到 Web 网页），实现页面导航，控件如图 15-9 所示。页面导航是 Windows Phone 7 应用程序模型的基础，深入了解页面导航有助于更好地了解 Windows Phone 7 应用程序。

图 15-9　HyperlinkButton 示意

XAML 代码如下：

```
<Grid x:Name="ContentPanel" Grid.Row="1" Margin="12,0,12,0">
    <HyperlinkButton Content="点击此处链接" IsEnabled="True" NavigateUri="http://google.com"
        Height="59" HorizontalAlignment="Left" Margin="139,126,0,0" Name="hyperlinkButton1" VerticalAlignment="Top" Width="213" Click="hyperlinkButton1_Click" />
</Grid>
```

对代码说明如下。

● HyperlinkButton 控件的 XAML 节元素为 HyperlinkButton，只需在 XAML 树型文档中添加 <HyperlinkButton>、</HyperlinkButton> 节元素即可将 HyperlinkButton 加入视图。

● Content：HyperlinkButton 显示的内容，支持任意字符。

● IsEnabled：BOOL 类型的属性，表示按钮状态。设置为 True 时为激活状态，设置为 False 时为无效状态。只有处于激活状态时，HyperlinkButton 才具有实际作用。

● NavigateUri：指定页面路径（URI）或者网页链接，即链接地址。

● HyperlinkButton 也是一种 Button，继承了 ButtonBase 抽象类，因此 HyperlinkButton 的属性和事件与 Button 控件都是相同的。

15.5　ProgressBar

ProgressBar（进度条）控件以动画的形式指示程序的进度情况（如正在连接、正在下载、正在播放等），当操作暂停或无法完成时，ProgressBar 控件会停止运动，ProgressBar 属于常用控件之一，由于它可以给予用户较好的等待体验，故在许多程序中都用到。

Windows Phone 7 的进度条有两种样式：一种是从左往右循环滚动的小圆点，这种进度条并不能显示当前进度，可称为循环式进度条；另一种是能精确显示进度的普通进度条，显示一个从左向右移动的彩色条，可称作非循环式进度条。当无法确定需要等待的时间或者无法计算等待的进度情况时,适合使用循环式进度条,进度条会一直产生等待的效果,直到关掉进度条或者跳转到其他页面。两种样式效果如图 15-10 所示。

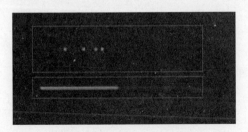

图 15-10　ProgressBar 示意

XAML 代码如下:

```
<ProgressBar Grid.Row="1" Height="40" HorizontalAlignment="Left"
Margin="88,72,0,0" IsIndeterminate="True" Name="progressBar1"
VerticalAlignment="Top" Width="298" ValueChanged="progressBar1_ValueChanged" />
    <ProgressBar Height="40" HorizontalAlignment="Left" Margin="88,177,0,0"
Name="progressBar2" VerticalAlignment="Top" Width="298" Grid.Row="1" />
```

对代码说明如下。

● IsIndeterminate 参数:获取或设置 ProgressBar 是否显示实际值或泛型。如果是 System.Boolean 类型,默认值为 False 时,则 ProgressBar 显示实际值,即非循环式进度条;如果为 True 时,则 ProgressBar 显示泛型进度,即循环式进度条。

● 非循环式进度条参数:该进度条用于表示确定的任务时间,根据完成任务的情况而改变进度条的值,使用 Minimum 和 Maximum 属性指定范围。默认情况下,Minimum 为 0,而 Maximum 为 100。通过 ValueChanged 事件可以监控到进度条控件值的变化,若要指定进度值,那么就需要通过 Value 属性来设置。

15.6　Map

Windows Phone 的 Bing 地图 Silverlight 控件允许开发人员在其 Windows Phone 应用程序中为最终用户提供地图相关服务。在工具箱中找到 Map 控件,拖放到界面中,发现同时添加了名字空间,如果是以手动添加 XAML 代码方式创建 Map 控件的,则请注意将以下名字空间添加入 XAML 文件中:

```
xmlns:my="clr-namespace:Microsoft.Phone.Controls.Maps;assembly=Microsoft.Phone.Controls.Maps">
```
Windows Phone 的地图控件具有以下名字空间:
Microsoft.Phone.Controls.Maps
Microsoft.Phone.Controls.Maps.AutomationPeers
Microsoft.Phone.Controls.Maps.Core
Microsoft.Phone.Controls.Maps.Design
Microsoft.Phone.Controls.Maps.Overlays
Microsoft.Phone.Controls.Maps.Platform

XAML 代码如下：

```
<Grid x:Name="ContentPanel" Grid.Row="1" Margin="12,0,12,0">
    <my:Map Height="271" HorizontalAlignment="Left" Margin="54,72,0,0"
Name="map1" VerticalAlignment="Top" Width="339" />
</Grid>
```

如图 15-11 所示，在地图中有一个对话框提示白色文字写着"无效的证书。注册一个开发人员账户"，这是因为用户没有获得 Bing Map API 密钥，在构建地图程序之前首先要获得一个 Bing Map API 密钥，这个密钥是免费注册的。

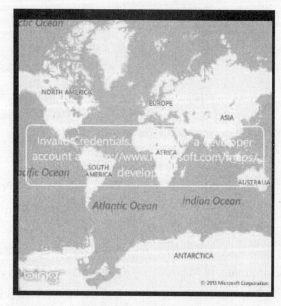

图 15-11 Map 示意

第 16 章

应用程序生命周期与页面处理

为向终端用户提供实时快速的、反应灵敏的用户体验，避免运行多个应用程序而导致的程序间竞争有限的系统资源，使用户的移动终端设备处于较低的性能和电池电量极具减少的可能性，在 Windows Phone 前景一次只执行一个应用程序，即不允许第三方应用程序在后台运行。当开启一个应用程序时，可以在前景操作它，当应用程序以不同的方式退出前景时，原先的应用程序发生了什么事？另外，在应用程序中，可能会存在好几个页面，而彼此间要怎么传递数据呢？这些涉及应用程序的生命周期处理及页面处理。

16.1 应用程序生命周期事件

在 Windows Phone 上运行的应用程序从开始到程序运行结束，其整个生命周期都由 Windows Phone 的执行模型所支配。应用生命周期由 5 个事件组成，分别是 Launching（启动）、Running（运行）、Closing（结束）、Deactivated（暂停）、Activated（激活），都是 PhoneApplicationService 类的成员。有关这些事件需要开发者处理，以保证应用程序在整个生命周期中能提供一致的用户体验。

（1）Launching（启动）

点击手机应用列表里的应用图标或首页的磁贴，应用程序会被启动，单击屏幕上方的弹出式通知条时，发出该通知的应用程序也会被启动。应用程序启动后，操作系统将创建一个新的应用程序实例，同时将会触发 Launching 事件。处理这个 Launching 事件时，从 Isolated Storage 加载一些永久配置数据，但尽量不要安排大量的事务操作，否则会影响用户体验。

（2）Running（运行）

当 Launching 事件被执行后，应用程序就进入运行状态。应用程序处于运行状态时，用户可对程序进行相关操作，此时应用程序会自己管理自己的状态。如果应用程序有较多的持久化数据，在运行状态下，可以增量方式逐步保存应用程序的永久配置数据，这样做的目的是避免当应用程序的状态发生改变时需要瞬间保存大量的数据。

（3）Closing（结束）

应用程序处于运行状态之后，用户通过退回键，一旦翻过应用程序的首页，Closing

事件就被触发，关闭应用程序窗口。但如果应用程序是在后台运行的，是不会触发Closing事件的。

处理Closing事件时，开发者应该把所有的永久配置数据保存到Isolated Storage。同时开发者没有必要保存当前实例的瞬间状态，因为当用户再次启动应用程序时，系统启动的是一个重新运行的实例。

（4）Deactivated（暂停）

运行中的应用程序一旦被另一个应用程序替代并退出系统前景，Deactivated事件就会被触发，此时应用程序被暂停。例如一个主应用程序调用短信应用来实现收发短信功能，当从主应用程序切换到短信应用时，主应用程序被暂停。有许多操作都会导致当前应用程序被暂停，例如点击手机开始键、超时导致自动锁屏、呼入电话、提醒功能、低电量、程序之间相互切换等。

不同于Closing事件应用程序被完全终止，Deactivated事件应用程序将被系统暂停，操作系统会保存应用程序的运行状态数据，以确保重新回到该程序时，操作系统能恢复一些系统状态信息；开发者也应该将应用程序当前状态的临时性数据保存到PhoneApplicationService类的State属性里，以保证返回该应用时，用户看到的页面与原来一致。这样返回时的状态将和暂停之前的状态完全一样，就像应用程序根本没有暂停过一样。

处理Deactivated事件的所有操作必须在10 s内完成，否则操作系统会终止应用程序。

（5）Activated（激活）

应用程序从后台程序变为前台程序，应用程序被激活，Activated事件将会被触发。如果应用程序上有拍照按钮，用户完成拍照功能后，应用程序会被激活；用户可多次单击退回键回到暂停的应用程序，应用程序被激活。处理这个Activated事件时，尽量不要安排大量的事务操作，否则会影响用户体验，开发者应该从PhoneApplicationService类的State属性中读取程序暂停前的瞬间状态信息，从而完全恢复到暂停前的状态。

也有可能应用程序被暂停后，这个应用程序再也不被激活。例如用户重新启动应用程序，得到一个新的应用程序实例；也可能因为用户启动和暂停过多的其他应用程序，最早被暂停的应用程序超过了应用程序堆栈的容量极限而被丢失，此时即使通过回退按钮也不可能回到原应用程序。

（6）状态变化过程图

如图16-1所示是一个最简单的程序从启动到结束经历的事件过程。应用程序第一次的启动一定是由首页的磁贴或应用程序行表启动，接着就会进入Launching事件中；经过Launching的事件之后，应用程序的第一个页面就会显示出来，这时候会进入应用程序运行状态；而在应用程序的页面，使用者按下返回键，这个时候就会直接引发Closing事件，Closing事件之后就会把应用程序整个关闭。

举例一个应用程序经历启动、运行、禁止再到激活的过程，如图16-12所示。当应用程序运行在第一个页面中时，使用者按下开始钮，这个时候应用程序便会进入Deactivated事件，而在Deactivated事件之后，使用者可能会执行其他的应用程序或进行其他的操作，之后可能会按下返回键回到应用程序的执行，这个时候就会进入 Activated 事件，Activated 事件处理完毕之后，便会回到执行中的状态。

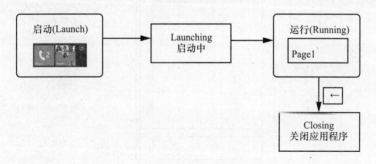

图 16-1　应用程序状态转移 1

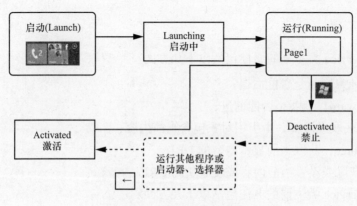

图 16-2　应用程序状态转移 2

16.2　页面（Page）处理

在了解应用程序的生命周期事件代表着应用程序的不同状态后，在应用程序中，可能会存在好几个页面，而彼此间要怎么传递数据呢？在页面显示的过程中以及在页面间浏览时，应用程序是如何处理这些事件的。

16.2.1　页面导航

Silverlight 框架使用以页面（Page）为基础的导航模式，每个独立的页面都有唯一的 URI，页面之间是可以相互导航的，页面都继承自 PhoneApplicationPage 类，一个应用程序可以包含多个页面，这些页面都在一个框架（Frame）下，一个应用程序只有一个框架，框架继承自 PhoneApplicationFrame 类。在创建应用时，在 App.xaml.cs 中将实现框架的初始化。框架与页面的关系如图 16-3 所示。

（1）代码导航

Windows Phone 7 通常可以在代码里利用 NavigationService 类实现打开新页面和页面

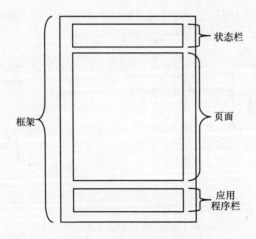

图 16-3 框架、页面关系

之间的跳转。

NavigationService 类主要的属性包括以下几方面：

● CanGoBack，判断是否能后退；

● CanGoForward，判断是否能前进；

● Content，获取或设置一个引用对象包含当前内容；

● CurrentSource，获取当前显示内容的 URI；

● Source，获取或设置当前内容或要导航的 URI。

NavigationService 类主要的方法包括以下几方面：

● GoBack，导航至后退栈中的最新纪录，可以先通过 CanGoBack 属性来测试是否允许后退，否则会引发异常；

● GoForward，导航至前进栈的最新纪录，可以先通过 CanGoForward 属性来测试是否允许前进，否则会引发异常；

● Refresh，重新载入当前页面；

● StopLoading，停止加载当前页面；

● Navigate，加载指定的 URI 或对象。

以下是利用 Navigate 方法浏览到下一个页面的示例：

NavigationService.Navigate(new Uri("/NewPage.xaml",UriKind.Relative))

● Uri 是第一个参数的 URI 字符串，"/" 开头表示根目录，依次输入文件路径；

● UriKind 是个枚举型，指定前面的 URI 字符串是相对 URI、绝对 URI 还是不确定。

以下有两种方法返回原页面：NavigationService.GoBack() 或 NavigationService.Navigate(Url)。两种方式的区别是，通过 GoBack() 方法可以返回原页面；Navigate() 方法会产生一个新的目标页面，原页面的数据不保存。

（2）XAML 文件导航

还可以在 XAML 文件中利用导航控件 HyperlinkButton 实现，这种方式与前面介绍的 NavigationService 类实现的导航结果是一致的。

代码示例如下：

```
<HyperlinkButton NavigateUri="/NewPage.xaml" Content=" new page" Height="30" HorizontalAlignment="Left" Margin="23,72,0,0" VerticalAlignment="Top" Width="200" />
```

NavigateUri 属性用来设置路径。

16.2.2 页面事件

前面提到，应用程序生命周期事件，如 Deactivated、Activated 处理的是整个应用程序通用性的瞬态数据或状态，这些状态信息是在 PhoneApplicationService 类管理的；页面导航事件在载入页面、离开页面时触发的事件，在这类事件中是处理页面的瞬态数据或状态，这些状态是存储在 PhoneApplicationPage 类的 State 属性里的，如文字框的内容、ScrollViewr 的滚动条的位置等用户画面操作内容。

（1）OnNavigatedTo()

在载入新页面时，系统会调用 Page 类的 OnNavigatedTo() 方法。系统调用该方法包括当应用程序第一次启动时、用户在应用程序的页面之间进行导航时以及在应用程序重新激活等情况。通常重写 OnNavigatedTo() 方法执行初始化工作，或页面暂时性地存储数据。

在此方法中，应用程序应检查页面是否为新实例，如果非新实例，可以获知页面实例已经存储于内存中，这意味着 UI 状态保持了原样，并且无需还原控件值；若页面为新实例，并且 State 属性中存在数据，则使用该数据还原 UI。State 属性允许保存页面上的少量的暂态数据。

此外浏览新页面，也会触发 FrameworkElement 类 Loaded 事件，该事件比 OnNavigatedTo 方法要晚。因为 OnNavigatedTo 方法，是在每次页面成为活动页面（第一次打开时）时调用该方法。Silverlight 框架在每次将元素添加到可视化树时引发 Loaded 事件，在激活某一页面时该事件可能会多次发生。由此启动页面的处理功能通常是重写 OnNavigatedTo 方法实现。

（2）OnNavigatedForm()

当要从页面离开时，系统会调用 OnNavigatedForm 方法。调用该方法的情况可能是由应用程序中的普通页面导航导致，也可能是应用程序处于暂停状态时调用该方法。通常重写 OnNavigatedForm 方法实现该页面执行最后的操作，例如，可以更新与该页面相关的数据，可以将相关信息存储在 State 属性内。

当应用程序处于暂停状态调用该方法时，将会保留 State 属性值，以便在重新激活应用程序时，可以使用该属性还原状态。页面导航调用该方法时，可以使用 NavigationMode 属性来确定导航是否为向后导航，若为向后导航，则无需保存状态，因为页面将在下次访问时重新创建。

从页面离开时，也会触发 NavigationService 类事件。通常建议使用 OnNavigatedForm 方法，因为不必再从 NavigationService 对象移除事件处理程序以避免对象生存期问题。

16.2.3 数据传递

页面之间的数据传递通常采用以下几种方式。

（1）查询字符串方式

在页面导航时，直接将传递的参数添加在 URI 的属性中，具体格式如下所示："/Page.xaml?param1=stringValue1&param2=stringValue2"。XAML 文件地址后跟一个问号，代表参数声明的开始，多个参数之间用"&"间隔。

在导航的目标页面中，需要重写 OnNavigatedTo 方法，并从中获得所传递的参数值，示例代码如下：

```
string paramValue1 = NavigationContext.QueryString["param1"];
string paramValue2 = NavigationContext.QueryString["param2"];
```

（2）在 App 类定义全局变量的方式

在 App.xaml.cs 文件中的 App 类中，定义任意类型的 Public 属性。

在导航的目标页面中，在 OnNavigatedTo 方法内读取 App 类定义的全局变量的值。

（3）NavigationEventArgs.Content

前文已经介绍过，页面导航的瞬态数据或状态是存储在 PhoneApplicationPage 类的 State 属性里的。因此可以将共享信息通过 State 属性传递，不过这个对象是可序列化的（Serializable）。在程序中，无需自己创建实例，通过 PhoneApplicationService 的静态属性 Current 就可以获取到已有的实例，如下所示：

```
protected override void OnNavigatedTo(System.Windows.Navigation.NavigationEventArgs e)
        {      if (PhoneApplicationService.Current.State.ContainsKey("param"))
            { stringValue = PhoneApplicationService.Current.State["param "] as string;
            }
            base.OnNavigatedTo(e);
        }
        protected override void OnNavigatedFrom(System.Windows.Navigation.NavigationEventArgs e)
        {     PhoneApplicationService.Current.State[param "] = stringValue;
            base.OnNavigatedFrom(e);
        }
```

第17章 应用发布

本章主要介绍如何将劳动果实发布到应用商场 Windows Phone Marketplace，另外，若要通过认证并具备在 Windows Phone 7 商城中上市的资格有许多注意事项需要大家了解，以规避遭拒和下架的风险。

17.1 发布过程概述

图 17-1 展示了一个应用程序从提交应用到认证发布应用的一系列过程，主要包括应用程序的提交以及应用程序验证审批过程，下面针对这些过程进行一一介绍。

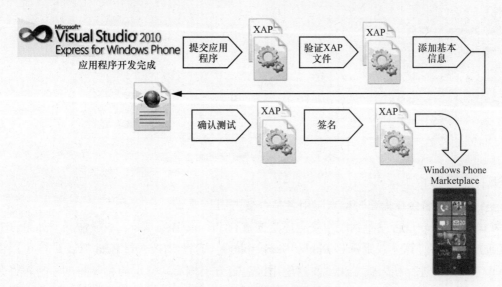

图 17-1 应用发布过程概述

17.1.1 应用程序的提交

第1步：使用账户登录到 Windows Phone Dev Center 开发者中心（取代 App Hub，将提供更简洁的体验，并可以在更多国家发布应用，以得到更高的回报）。用如图 17-2 所示链接访问 Windows Phone Dev Center 开发者中心：https://dev.windowsphone.com/en-us。

图 17-2 应用程序提交页面 1

第 2 步：点击"Submit App"以进入新的应用程序提交页面，如图 17-3 所示。

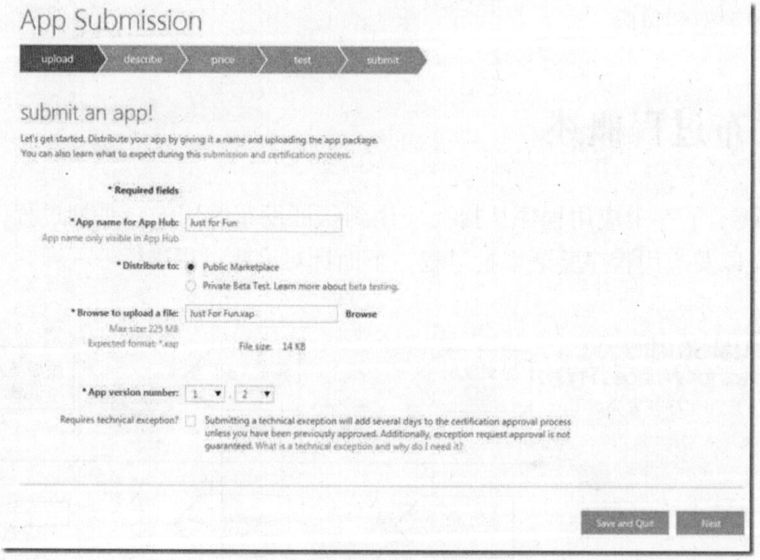

图 17-3 应用程序提交页面 2

具体说明如下。

- App 的命名会在提交时检查应用名是否被占用。
- 设置该 App 是否发布到应用商店还是先进行 Private Beta Test，一般情况下如果官方审核通过，直接打算上线则选择 Public Marketplace，而针对 Private Beta Test 最多可以提供 100 个人邀请进行私人版本测试。当应用经过官方审核后，指定的私人测试参与者将会收到 E-mail，E-mail 中将包含测试版本 App 下载安装链接。
- 上传应用程序 XAP 文件（XAP 文件是 Silverlight 2 应用程序编译打包后的一个文件，包括了 Silverlight 2 应用程序所需的一切文件，如程序集、资源文件等。XAP 文件在 Silverlight 项目编译时由开发环境自动生成，一般情况下，不需要手工进行控制），请参见下一节 XAP 软件包提交注意事项。在这里上传的 XAP 文件必须是 Release 版本，而非 Debug 版本，XAP 文件在项目的 bin 目录下，例如：C:\Users\yanly2\Documents\Visual

Studio 2010\Projects\HelloWorld\HelloWorld\Bin\Release。如果 bin 目录下不包含 Release 版本，说明在运行调试应用程序时没有选择 Release，在选择 Release 后运行调试，就会产生 Release 目录，如图 17-4 所示。

图 17-4 应用程序提交页面 3

● Technical Exception 是一份让 App 验证审核人员的参考文件，这份文件的目的是协助验证审核人员审核提交的 App，如果需要进行 Technical Exception 则必须要向官方提供一份 Technical Exception Form PDF 格式的文档，文档格式下载地址：http://go.microsoft.com/fwlink/?LinkID=201159

第 3 步：输入应用程序的元数据，比如类别、标题、描述和图解，分别如图 17-5 和图 17-6 所示。

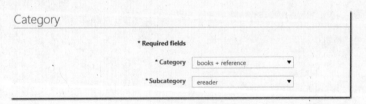

图 17-5 应用程序提交页面 4

图 17-6 应用程序提交页面 5

应用的分类很重要，它会直接影响用户查找 App，不推荐切换成中文的方式，这样不容易区分和与应用商店英文对应。

在此添加对应用和具体描述，如图 17-7 所示。

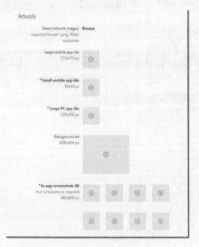

图 17-7　应用程序提交页面 6

添加图解，此处请参见下一节提交过程注意事项的图片部分，Windows Phone 应用商店对图解图片有规格要求，可以直接借助生成工具 Windows phone Icon Maker 批量生成提交应用时需要的 4 种不同规格的图片 Logo。

第 4 步：选择发行国家 / 地区和价格，如图 17-8 所示。

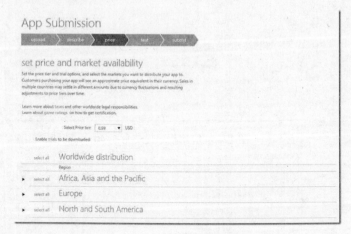

图 17-8　应用程序提交页面 7

具体说明如下。

- 价格：Windows Phone 应用商店应用的价格可设置的区域为：0.99~499.99 美元，应用付款可根据不同地区、国家固定汇率结算。
- 发布的地区：根据应用需要设置发布区域，通常设置为 WorldWide，即全球范围使用。
- 试用版：可选择是否提供应用试用版（Trails Version），提供试用版可以有效降低应用购买后要求退款的情况。

第 5 步：选择发布选项，如果没有特殊需求则最常见选项为 As soon as it's certified，如图 17-9 所示。

图 17-9　应用程序提交页面 8

在此特别说明 4 种发布方式选项的不同之处，如下。

● None：这是缺省选项，当前应用将不会被提交。但可以通过 Save and Quit 操作保存本次提交记录，可以在其他任意时间打开这条记录继续提交。

● As soon as it's certified：这种方式是普通应用的常选项，应用通过官方认证流程会尽快发布到应用商店中。该选项发布审核时间最短，应用权限公开最大。

● As soon as it's certified，but it hidden：这个选项的目的是有针对性地分发应用，应用在官方认证流程后提交到应用商店，但只有有应用链接的人才能在市场目录中找到需要的应用。该选项可以用作应用程序小范围邀请体验。

● I will publish it manually after it has been certified：这个选项适用于用户手工控制的需求，在官方认证完应用程序后，该应用将不会出现在应用商店中，只有用户手动提交后才能正式上线。可以在 Windows phone 操作面板（Dashboard）中应用链接手动发布已经通过官方认证但尚未发布上线的应用程序。

第 6 步：提交应用，如图 17-10 所示，至此提交应用程序已完成，进入应用审批阶段，可以在操作面板上看到对应应用的审核进度。

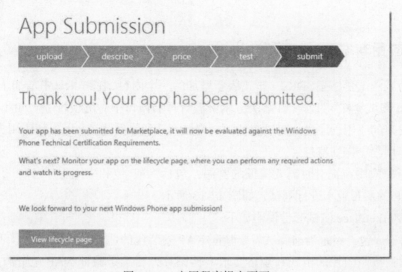

图 17-10　应用程序提交页面 9

17.1.2 验证审批流程

第 1 步：在输入应用程序信息元数据时会验证 XAP 文件，如果 XAP 文件验证成功，提交过程将继续进行下一步；否则会终止流程并发出通知。

第 2 步：重新打包 XAP 文件，当向应用商店提交 XAP 文件时，该文件需要被解压、验证并重新打包，重新打包的 XAP 文件包括程序包的原始内容、最新的 Windows Phone 应用程序清单以及数字版权管理头文件。

第 3 步：重新打包的 XAP 文件会部署到手机以进行认证测试。认证测试包括自动和手动验证应用程序是否满足要求，具体要求可参见下一节描述。

第 4 步：如果应用程序满足所有要求，会使用 Authenticode 证书对应用程序和重新打包的 XAP 文件进行签名，这个证书是在注册为 App Hub 成员时分配。证书签发后，不会保留之前签发给应用程序和 XAP 文件的任何签名。至此应用成功在 Windows Phone 应用商城发布完成，状态如图 17-11 所示。

图 17-11　应用程序验证审批

第 5 步：如果应用程序不满足其中一个或多个要求，将得到一个故障报告，反复修改并得到官方审核团队验证通过后，才可发布应用程序。

17.2　提交过程的注意事项

17.2.1　应用商城测试工具包

应用商城测试套件是 SDK7.1 正式版新增加的一个内容，在 Project 中增加了一个"Open MarketPlace 测试套件"选项（在解决方案资源管理器窗口中右键项目），如图 17-12 所示，用于等待发布的应用程序进行自动化测试、监控测试和手动测试，以提高应用提交成功率。

（1）应用程序详细信息

提交当前应用在提交时需要验证的资源，包括 XAP 包和应用程序各种图解，这里必须提交 XAP 的发布版本进行测试，如图 17-13 所示。

Open MarketPlace 测试套件说明如下。

- 应用程序包：指定当前测试需要验证 XAP 安装包的地址。
- 图片：按照图片的格式和规格要求上传图片，目的是验证 XAP 包资源文件的图片规格和格式。

第4篇　Windows Phone 应用软件开发基础篇

图 17-12　Open MarketPlace 测试套件

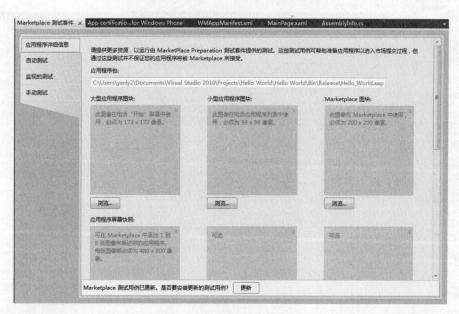

图 17-13　应用程序详细信息

（2）自动测试

该测试将自动化测试应用程序的大小、验证应用程序功能、验证应用程序图标是否按规格要求、验证屏幕快照。一般来说自动测试是提交应用前必须测试通过，因为这个列表中验证的内容都在提交应用过程中硬性要求。自动测试界面如图 17-14 所示。

（3）监视的测试

用于在使用中分析应用程序性能以及预认证要求的符合程度，主要针对应用在运行时的性能和可靠性，例如加载时间、内存使用量、"后退"硬件支持处理等。因为模拟器上的性能不代表实际性能，只有在设备上运行才能获得精确的测量数据。

如果有出错提示也可以不修改，这项测试并不是必须的，如图 17-15 所示。

235

图 17-14 自动测试界面

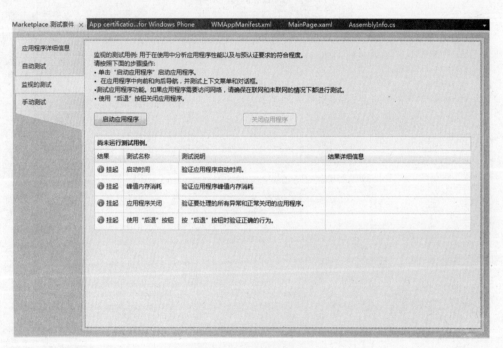

图 17-15 监视的测试

（4）手动测试

手动测试总共有 50 项目用来手工测试，其中提供测试的步骤说明及详细说明。因开发人员手工测试，Visio Studio 2010 无法通过程序的方式判断应用程序测试项是否通过，需要测试人员浏览应用程序，并观察其在各种不同的情况下的行为，以确保它符合应用程序认证要求，可见测试结果完全由测试人员决定是否通过。

当完成手工测试后，找到项目解决方案的全部文件时要通过 SubmissionInfo 文件夹，该文件夹是将来在提交应用时一起提交的资源，包括图片资源等，其中手工测试的结果会保存在 ManualTEstResult.xml 文件中提交，如图 17-16 所示。

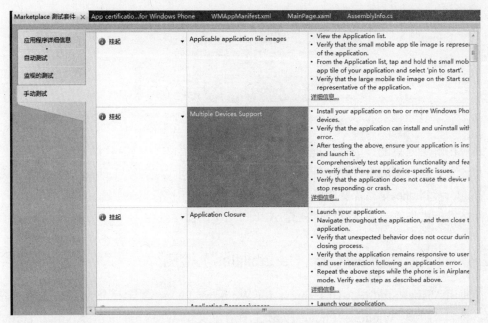

图 17-16　手动测试

17.2.2　XAP 软件包提交注意事项

XAP 软件包文件最大为 225 MB，所以不要开发超过 225 MB 以上的大应用。XAP 软件包必须包含以下内容。

（1）WMAppManifest.xml：Windows Phone 应用程序清单文件，起到全局清单配置作用，包含应用程序（如 App ID）的详细信息及该应用程序所使用功能的清单文件。清单文件的主要用途如下。

- 当将应用程序提交到 Windows Phone 商城时，清单文件中的信息将用于认证过程，以在 Windows Phone 商城中正确筛选应用程序，并在物理设备上部署和运行此应用程序。
- 清单文件中的信息在应用程序数据库中存储为元数据。

（2）AppManifest.xml：.NET 应用程序清单文件。

（3）AppManifest.xml 文件中指定的程序集文件。

（4）应用程序需要的资源文件。

17.2.3　应用程序代码验证

应用程序发布代码必须使用发布版本而不是调试版本，应用程序不得包含调试符号或输出。当开发应用程序时，通常会创建应用程序的调试版本，因为其包含更多的调试信息。当准备将应用程序提交到应用商城时，需要创建发布版本。

指定 Windows Phone 应用程序的调试或发布版本在 Visual Studio 的"标准"工具栏中，单击解决方案配置向下箭头，如图 17-17 所示，然后选择"Debug"或"Release"。

图 17-17 Windows Phone 应用程序模式

如果在解决方案配置的列表框未显示,请依次选择菜单"工具"→"设置"→"专家设置"。解决方案配置列表框应出现在"标准"工具栏中,随后可以选择"Debug"或"Release"。

Windows Phone 开发者要想顺利提交应用,必须使用 Windows Phone 应用程序平台上应用程序目标操作系统版本支持的规定 API 开发应用程序。

17.2.4 应用所用手机功能(Capabilities)检测

在使用 Visual Studio 2010 Express for Windows Phone 创建一个 Windows Phone 项目时,将自动生成 Windows Phone 应用程序清单文件 WMAppManifest.xml,它包含了 Windows Phone 所支持的全部手机功能的列表,即清单中的 <Capabilities> 元素。它定义了该应用程序用到的手机功能,操作系统将根据在清单文件中所列出的功能向应用程序授予安全权限。

```
<Capabilities>
    <Capability Name="ID_CAP_GAMERSERVICES"/>
    <Capability Name="ID_CAP_IDENTITY_DEVICE"/>
    <Capability Name="ID_CAP_IDENTITY_USER"/>
    <Capability Name="ID_CAP_LOCATION"/>
    <Capability Name="ID_CAP_MEDIALIB"/>
    …
</Capabilities>
```

应用程序提交过程会使用 Microsoft 中间语言(MSIL)代码分析检测手机功能,检测出的手机功能会在 XAP 文件重新打包时在应用程序清单文件中列出,并替换已有功能,在应用程序清单文件中列出的手机功能也将在应用程序购买过程中向用户显示。如果在测试过程中应用所用到的手机功能超出清单文件所列范围,将会导致验证不通过。

建议在测试应用程序的时候开发者可以利用 Windows Phone Capability Detection 工具进行手机功能检测,并将该工具所检测到的手机功能写入应用程序清单文件,避免使用未记录的 API 或通过 .NET 反射调用 API,因为 MSIL 将检测不到这类手机功能。

17.2.5 关于应用程序语言

AppHub 在新版本更新后能够自动检测 XAP 安装包里的默认语言设置和资源文件里的本地语言设置。每个应用程序的发布应针对至少一个特定地域市场及语言,如果没有设置一个中立的语言将会提交失败,开发者可以针对多个市场并使用多种语言提交你的应用程序。语言检测过程包括对用于描述该应用程序的元数据以及在该应用程序中使用的 UI 文本的评估。下面的列表显示了在 Windows Phone 中支持的语言：

- 英语；
- 法语；
- 意大利语；
- 德语；
- 西班牙语。

关于语言设置，介绍如下。

位于 Properties\AssemblyInfo.cs 文件中 [NeutralResourcesLanguage] 属性设置了关于程序的语言。如果需要设置程序语言，开发者需要在"项目"→"属性"→"程序集信息"中设置，如图 17-18 所示。

设置完成后能在 Properties\AssemblyInfo.cs 文件中看到设置的信息：

[assembly: AssemblyVersion("1.0.0.0")]
[assembly: AssemblyFileVersion("1.0.0.0")]
[assembly: NeutralResourcesLanguageAttribute("zh-CN")]

图 17–18　Windows Phone 应用程序语言设置

17.2.6　相关图标的注意事项

在应用提交应用商城时需要上传不同规格要求应用图标，包括应用程序的图标、磁贴和背景截图等，用户在购买应用时，将在 Windows Phone Marketplace 应用程序目录中看到这些代表发布应用的图片。在 Windows Phone 应用中针对应用程序的各类图标都有明确文件格式，并且该图标必须与 XAP 程序包中所提供的图标完全一致，以下是对各类图标的规格要求。具有透明背景的插图在 Windows Phone 商城目录中无法正确显示，见表 17-1。

表 17-1 应用商城需要的应用图标

图片用途	尺寸	图片格式	是否必须	使用位置
手机应用小磁贴	99 像素 ×99 像素	PNG	是	手机上商城目录
手机应用大磁贴	173 像素 ×173 像素	PNG	是	手机上商城目录、手机的"开始"屏幕
PC 应用大磁贴	200 像素 ×200 像素	PNG	是	PC 上商城目录
应用小图标	62 像素 ×62 像素	PNG	是	手机上安装的应用程序列表
应用程序屏幕截图	480 像素 ×800 像素	PNG	是	在目录的详细信息页面
全背景截图	1 000 像素 ×800 像素	PNG	否	如果应用程序被选为特别推荐的应用程序，则客户会在 Windows Phone 商城目录中看到全景背景插图图像

无需为这些种种图标规格要求费神，可以直接借助生成工具 Windows phone Icon Maker 批量生成提交应用时所需的不同规格图片。

第 5 篇
百度云 ROM 应用开发基础篇

百度云 ROM 由百度公司推出，基于 Android 4.0 开发，能够带给国内用户更为贴心的 Android 智能手机体验。初次刷机需要使用到百度云一键刷机工具，而后可以通过 OTA 方式进行无线升级。百度云 ROM 每两周更新一次，用户可以在"系统更新"中检查 OTA 版本的升级。百度云 ROM 于 2012 年 6 月 4 日正式推出。

第 18 章

初步认识百度云 ROM

18.1 百度云亮点

（1）RAM 超大、超流畅

百度云 ROM 提供了简洁流畅又省电的 RAM，RAM 可用空间提升 22%，可以提供流畅的使用体验，深度优化多项系统性能，例如开机加速、打开相机图库速度更快等。

（2）深度集成安全模块，时刻捍卫手机安全

①应用权限管理

高危权限控制时刻保护手机，防止恶意吸费及隐私泄露。权限监控可以控制应用对敏感权限的调用，例如监控应用打电话、发短信的权限，防止恶意应用吸费；监控应用读取通话记录、读取短信、读取联系人、获取地理位置的权限，防止个人隐私的泄露。

Root 权限控制可以杜绝第三方 Root 工具带来的风险，系统级的 Root 权限管理免去用户的 Root 流程，只需要打开功能，即可轻松控制应用的 Root 权限。

②全面的安全保护

流量监控，包括流量使用情况的监控以及对应用联网权限的管理。如每日流量超额提醒及包月套餐超额提醒，可以防止流量超额。

防骚扰，主要包括电话防骚扰、短信防骚扰。目前实现了黑名单以及 VIP 名单、联系人放行策略。

电源管理，通过智能控制 CPU 频率、独创的关屏外设管理、贴心的提醒机制，在不影响用户正常使用的情况下实现节电。

系统优化，应用自启动管理，禁止应用的后台自启动和开机启动。

通知栏广告过滤，轻松告别通知栏广告，不影响应用的正常使用。

（3）精准快捷的个人搜索助手

百度云 ROM 全面整合多项独创搜索功能，文、声、图相结合，真正将搜索融于日常生活。

- 划词搜索：智能选词结合画中画展示功能，提供舒适的阅读搜索体验。如读新闻、看小说，遇到想要搜索的内容，仅需轻触屏幕，采用强大的智能分词技术，提供准确定位的关键词；从此告别复制粘贴，拒绝屏幕跳转，畅享随心阅读体验。

- 点滴搜索：水滴工具全局智能取词，随心所欲发起搜索，不错过生活中的点点滴滴。全局性支持，有文字的地方就可以搜索，点指即搜，无限应用。
- 语音搜索：多种入口，全局唤起，随时随地迅速响应，即刻满足所需。打电话、发短信、下载应用打开网页等多种功能一句话搞定。
- 图像搜索：拍照识别，现实延伸，除了文字、语音，利用图像也可发起搜索，认知世界的新窗口，实现图书识别、生活助手、网友评论、实时比价。陆续支持二维码、建筑物、CD封面、电影海报等类目的识别搜索功能。

（4）百度云走进云的时代

云端同步，多个设备间的数据同步，一处更新，处处更新！更换手机联系人导入联系人麻烦？有多个手机编辑联系人麻烦？手机丢了通讯录无法找回？百度云Rom智能的云端同步功能帮忙解决这些问题！

云相册，随时随地分享精彩瞬间！手机内存太小，拍了那么多照片都没法存；手机中照片导入电脑中速度慢，效率低。使用百度云Rom的云相册功能，帮忙快速地在多个设备间分享查看照片，节省手机存储空间。

备份恢复，超全的备份方式。频繁的刷机后需要重新设置手机、下载应用，百度云贴心的备份功能解决此类困扰。

（5）个性化玩机体验

多主题，百度云ROM集成多款精美主题，有项目组设计的作品，有主题大赛获胜者的作品。百度云ROM主题还支持其他第三方主题库，机友上传了海量主题。想替换系统一成不变的字体，可以使用主题的自定义功能，只要选择包含字体文件的主题，就可以轻松替换字体。

百度云ROM支持高效的主屏管理方式。

快捷开关可以轻松快捷地开启/关闭常用功能。

18.2 百度云ROM特色功能

百度云ROM提供的特色功能包括以下几方面。

（1）电话

整合拨号盘和通话记录界面，并增加通话类型下拉筛选菜单，更在拨打服务电话时贴心地自动打开拨号盘，如图18-1所示。

（2）短信

新增定时短信、精选短信插件功能，并在短信列表界面增加对话置顶功能，可以让用户锁定那个他（她），如图18-2所示。

（3）联系人

推出全新的搜索盘和索引方式，用户可以更快速更简单地找到要找的联系人，同时新增按照联系人姓名智能分配头像的功能，既美观又方便查找。百度云ROM联系人界面如

图 18-3 所示。

图 18-1　百度云 ROM 电话界面　　　　图 18-2　百度云 ROM 短信界面

图 18-3　百度云 ROM 联系人界面

（4）提供多套独特的百度风格界面，海量在线网络主题可以随心换。

（5）语音搜索

全局时长按菜单键或锁屏时长按音量键可直接唤起语音面板，随叫随到，解放双手。功能上更强大，支持陪用户聊天、查天气情况、查股票等。提供强大的语义理解和丰富的后端资源满足用户所需。

（6）点滴搜索

独有的全局搜索功能，手机每个地方的文字都能够被选中发起搜索，"哪里不懂点哪里"，中英文从容应对。搜索结果在当前屏幕直接呈现，再也不用来回跳转。

（7）热词锁屏

实时热点、头条新闻，尽在掌握，"从开始就知道"，从解锁便知天下大事。百度云 ROM 热词锁屏界面如图 18-4 所示。

图 18-4 百度云 ROM 热词锁屏界面

（8）划词搜索

智能自动分词直接选中想要的词语，从此免去选词不准、来回调整的尴尬和时间浪费。新增搜索功能，选中就能搜。搜索结果在当前屏幕直接呈现，再也不用来回跳转。

（9）图像搜索

极速扫描一维码/二维码，还能拍照、搜图书和 CD 封面，支持商品比价、查看豆瓣书评等多种后续操作。

（10）RAM

可用空间提升 22%，流畅无比，多任务毫无压力。每次 ROM 迭代，在新增功能的同时保证不会使 RAM 可用空间下降，流畅度长期有保障。

（11）安全功能

实现防骚扰技术，精准拦截；流量监控，实时"Hold 住"流量资费；特色电源管理，智能省电。

（12）手机找回

帮用户实时定位手机的位置、远程密码锁定屏幕，劲爆的警音可协助用户找回手机，甚至拍下小偷头像。

（13）权限保护

系统级权限保护，无需安装其他安全 App，省电又省心。远离恶意吸费与隐私泄露，自带 Root 权限管理，"我的机子我做主"。

18.3 百度云 ROM 特色应用

（1）百度手机输入法

百度手机输入法的特点如下。

- 极速输入，采用百度第三代内核，性能卓越，输入全面提速。

- 三维词库，三维立体算法，超高首选率，知你所想，输入更贴心。
- 智能语音输入，个性化语音识别，全平台，省流量，最智能。
- 首创多媒体输入，开启输入新时代，涂鸦、随写、位置。
- 云输入，220万词在云端，让手机输入更精准！
- 最全输入方式，输入全能，总有一款适合你！拼音、五笔、手写、笔画等。

（2）百度地图

免费语音导航，具有语音搜索功能，帮助用户告别繁琐的手动输入，让用户开车更安全；路况播放，实时播报周围路况动态，随时清晰掌握每一条道路的状况；电子眼预报，提供丰富的电子眼信息，用户不再为罚单发愁。

海量资源免费下载，下载离线地图包，离线状态也能看地图。离线包更瘦身90%，更快捷更省流量。支持离线包在线更新。导航资源数据分组，免费下载路口3D+卫星版实景图。

本地生活服务，提供周边餐饮美食、休闲娱乐等海量商户信息。

智能出行规划，拥有强大的路线查询及规划能力。

提供全国377个城市高清卫星图、3D图，支持手势操作、3D模式。

（3）百度浏览器

T5内核，基于几十项技术改进，浏览器为手机量身定制增强型WebKit内核，全面提速30%，信息掌握保持领先！

应用中心，最丰富、最实用的应用大全，游戏、资讯、工具等，精彩尽在掌握。

滑动缩放，首创底部无级滑动缩放，体验指尖在触摸屏上的酷炫操作效果，轻轻松松实现手机访问PC网页的畅游体验。

主体突出，自动寻找网页中的主体内容，提供人性化的排版方式，减少浏览网页过程中的多余步骤，让手机阅读省心省力！

智能地址栏，智能识别网址和关键词搜索，无需分辨地址栏和搜索框，所有信息一键到达。

语音浏览，浏览动口不动手，提供更多更简单的操作方式，让浏览更加便捷！

截图分享，方便的屏幕截图功能，让用户轻松对当前页面进行拍照，并一键分享给亲朋好友，精彩瞬间岂能错过！

个性化首页，享受指尖在触屏滑动的交互效果，自由设定首页中屏，轻点图标即可访问常用网站。

文本选取，喜欢的内容无法选取？放大镜可以帮助用户随时随地对文字进行即时放大、复制、发送和搜索，让分享无障碍。

（4）百度语音助手

百度语音助手是一款支持语音指令、语音搜索、语音对话功能的智能语音服务软件。通过语音操作，可以操作手机，如打电话、发短信、设置提醒、播放音乐等。

搜索信息：用户可以查询天气、查询航班、查询周边美食、搜索股票等。语音问答：讲个笑话、念首诗、聊天调侃等。

（5）百度音乐

百度音乐播放器，全球最大的中文搜索引擎、最大的中文网站——百度旗下的音乐播放器。

更加小巧的 Q 版不占用手机过多空间，随时清除缓存，可以有更好的音乐体验。

（6）百度云

百度云是百度公司推出的一款云服务产品。通过百度云，可以将照片、文档、音乐、通讯录等数据在各类设备中使用和管理，并支持视频、音频在线播放，文档、图片在线阅读，任意文件随时随地分享。

百度云，任何用户通过邮件 ID 可以申请免费的 5 GB 空间，多端同步。百度云手机可以享用更多的免费空间。百度云手机和 ROM 已经内置了"百度云"应用。

18.4 百度云 ROM 刷机

支持连接 PC 与手机两种刷机模式。连接 PC 模式如下。

（1）连接手机

用 USB 线连接电脑与手机，待正常识别到手机后，将看到"立即刷机"按钮，点击即可进入刷机的下一步。

（2）选择 ROM 包

除最新百度云 ROM 公测版、正式版，还支持本地 ROM 包选择；除本地 ROM 包外，其他 2 种需要进行下载。

（3）备份数据

如果不是老用户，刷机会清空数据，所以建议用户备份数据（而老用户会默认保留数据，不需要备份）。

（4）一键刷机

进行到真正的刷机过程，每一个刷机流程均清晰可见！

（5）完成

手机模式刷机方式如下。

（1）刷机前的准备

在确认网络连接正常且手机已具有 Root 权限之后，选择想要刷的 ROM。

（2）自动完成下载

自动帮用户完成 ROM 包和 Reccovery 文件的下载。

（3）重启完成刷机

立即重启刷机，全部搞定。

第 6 篇
提高篇——跨终端互联网产品开发

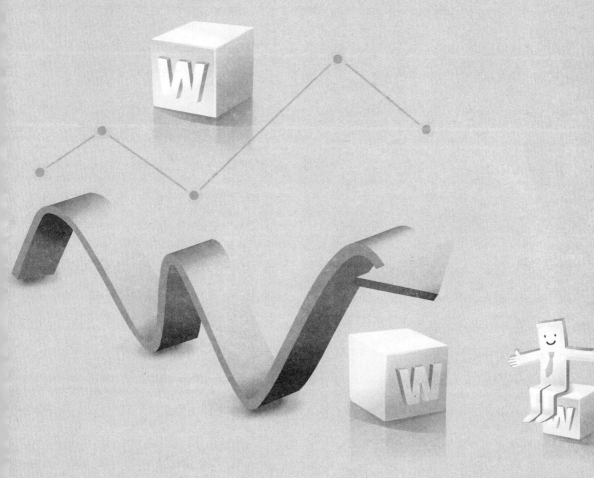

第 19 章

小型互联网产品演示项目——SmallDemo

按照产品开发的一般过程进行一个小型演示产品的设计开发，通过这个产品展示如何通过网络获取数据、对数据进行分析并展示结果、通过设备的存储架构进行离线浏览、摄像头的控制和图像显示以及对它的简单处理、通过录音放音展示多媒体的处理功能、通过对陀螺仪设备的控制展示"摇一摇"功能的实现方法。一个好的产品开发，除了有好的设计、好的代码实现之外，还需要有好的界面，通过这个产品的开发，还可以了解与美工之间的协作过程。开民 SmallDemo 分在 Android（见第 20 章）、iOS（见 21 章）、Windows Phone（见第 22 章）手机平台实现，这一章主要介绍产品开发需求。

19.1　产品需求

开发 SmallDemo，在 Android、iOS、Windows Phone 3 个手机平台上实现以下功能：
- 天气实时更新及展现；
- 离线天气查看；
- 拍照及相片的查看及通过手势进行放大缩小；
- 录音、放音；
- "摇一摇"变换图片。

19.2　整体界面架构设计

如图 19-1 所示，例程的整体界面框架包含 4 个界面：1- 本地天气、2- 照相、3- 录音、4- 摇一摇，每个界面包含统一的标题元素（顶部）和界面切换图标（底部）。标题采用底色 + 文字的方式，底部切换图标以 1 ~ 4 标识，分别对应天气、照相、录音、摇一摇 4 个功能界面，点按图标可以切换到对应的功能界面。

界面以竖屏模式进行设计，根据设备分辨率对图片进行对应比例的拉伸显示，本设计以基本分辨率（800 像素 × 600 像素）为标准进行设计，如图 19-1 所示。顶部标题背景底色采用底图，文字采用白色，宽度为手机竖屏宽度，高度为 80 像素，底部宽度为手机竖屏宽度，高度为 64 像素，底部图标为手机竖屏宽度的 1/4，不同手机按比例进行宽度拉伸。中间部分采用一张背景图显示，根据手机分辨率不同进行拉伸显示。

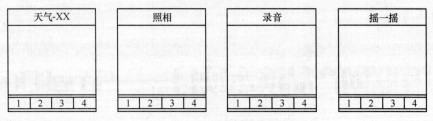

图 19-1　演示例程界面设计

19.3　子功能界面设计

（1）天气 -XX（XX 为本地城市）

显示 3 天内天气情况，点击"刷新"图标进行天气更新及显示，如图 19-2 所示。

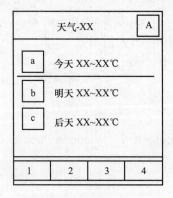

图 19-2　天气功能界面设计

A 为刷新图标，a、b、c 以图形方式显示今天、明天、后天的天气情况。

（2）照相

照相功能界面设计如图 19-3 所示。

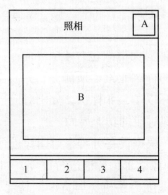

图 19-3　照相功能界面设计

A 为启动手机摄像头进行拍照,拍完照片后在 B 区显示照片,可以进行放大缩小操作。A 图标为 64 像素 ×64 像素,B 区为去掉顶部和底部后的区域,减去 4 个边界各 10 像素的部分。

(3)录音

录音功能界面如图 19-4 所示。

录音时长为文字,未曾录音显示 0 s,A 为录音按钮,B 为放音按钮(未曾录音时为不可用状态,以不同的图标显示)。

(4)摇一摇

摇一摇功能界面设计如图 19-5 所示。

图 19-4 录音功能界面设计

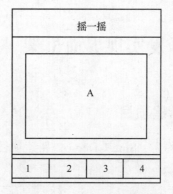
图 19-5 摇一摇功能界面设计

A 区为去掉顶部和底部后的区域,减去 4 个边界各 10 像素的部分。进入本界面显示一张表示要"摇一摇"的图(分辨率为 256 像素 ×256 像素),程序内置 5 张不同的图片,在手机摇动之后,随机选取其中一张以拉伸方式显示在 A 区。

19.4 功能设计与分工

至此,主体界面框架已经设计完成,可以进行具体的功能设计,一般开发方面的分工需要分成两部分:界面开发与美工设计,以上界面设计在实际过程中一般交由美工进行,美工设计好之后把最终效果图提供给项目组,确定之后进行分工,开发人员根据设计方案实现界面框架,美工提供所需的界面元素,包括图标、颜色、样式等。本例程至此可以分为 3 个步骤:开发并实现界面框架,所需界面元素留空或者采用一些常用图标代替;按需求实现具体功能;补上正式图标、调整界面元素,形成最后的成品。

第20章

Android 部分

20.1 开发实现界面框架

20.1.1 新建项目

项目名称为：Small_Demo，新建项目界面如图 20-1 所示。

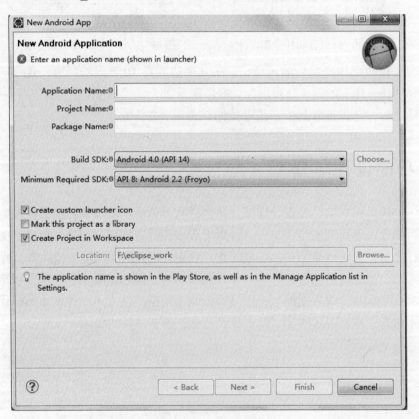

图 20-1 Android 应用创建

- Application Name：应用程序的名称，应用安装后显示的名字；
- Project Name：工程项目的名称，在编辑器中显示的名字；
- Package Name：应用程序的包名；
- Build SDK：选择编译的 SDK 版本；
- Minimum SDK：支持的最低版本。

新建项目完成后，目录列表如图 20-2 所示。

图 20-2 Android 应用目录

20.1.2 搭建界面框架以及天气界面

（1）需求界面

显示 3 天内的天气情况，点击"刷新"图标进行天气更新及显示，需求界面如图 20-3 所示。

图 20-3 天气功能界面设计

A 为刷新图标，a、b、c 以图形方式显示今天、明天、后天的天气情况。

（2）根据需求，在工程的 res→layout 目录下建立独立的布局文件 bottom_lay.xml，供后续使用，具体内容如下：

```
<?xmlversion="1.0"encoding="utf-8"?>
<RelativeLayoutxmlns:android="http://schemas.android.com/apk/res/android"
android:gravity="center"android:id="@+id/rlayoutBottom"
```

```xml
        android:layout_width="fill_parent"
        android:layout_height="wrap_content"android:layout_alignParentBottom="true">

        <LinearLayoutandroid:layout_width="fill_parent"android:layout_height="@dimen/nav_bottom_height"
            android:orientation="horizontal"android:layout_weight="6">
            <LinearLayoutandroid:layout_width="wrap_content"android:layout_height="fill_parent"
                android:layout_weight="1"android:id="@+id/btnWeather"
                android:background="@drawable/bottom_selector"
                android:gravity="center">

                <TextViewandroid:layout_width="wrap_content"android:layout_height="wrap_content"
                    android:text=" 天气 "android:textColor="@color/nav_bottom"
                    android:textSize="@dimen/nav_bottom_size"/>

            </LinearLayout>

            <LinearLayoutandroid:layout_width="wrap_content"android:layout_height="fill_parent"
                android:layout_weight="1"android:id="@+id/btnCamera"
                android:background="@drawable/bottom_selector"
                android:gravity="center">

                <TextViewandroid:layout_width="wrap_content"android:layout_height="wrap_content"
                    android:text=" 照相 "android:textColor="@color/nav_bottom"
                    android:textSize="@dimen/nav_bottom_size"/>
            </LinearLayout>
            <LinearLayoutandroid:layout_width="wrap_content"android:layout_height="fill_parent"
                android:layout_weight="1"android:id="@+id/btnRecord"
                android:background="@drawable/bottom_selector"
                android:gravity="center">

                <TextViewandroid:layout_width="wrap_content"android:layout_height="wrap_content"
                    android:text=" 录音 "android:textColor="@color/nav_bottom"
                    android:textSize="@dimen/nav_bottom_size"/>

            </LinearLayout>

            <LinearLayoutandroid:layout_width="wrap_content"android:layout_height="fill_parent"
                android:layout_weight="1"android:id="@+id/btnShake"
                android:background="@drawable/bottom_selector"
                android:gravity="center">

                <TextViewandroid:layout_width="wrap_content"android:layout_height="wrap_content"
```

```xml
android:text=" 摇一摇 "android:textColor="@color/nav_bottom"
android:textSize="@dimen/nav_bottom_size"/>

    </LinearLayout>
</LinearLayout>

</RelativeLayout>
```

（3）根据需求，在工程的 res → layout 目录下建立对应的布局文件 weather.xml，具体的内容如下：

```xml
<?xmlversion="1.0"encoding="utf-8"?>
<RelativeLayout android:layout_width="fill_parent"
android:layout_height="fill_parent"
    xmlns:android="http://schemas.android.com/apk/res/android">

<RelativeLayoutandroid:gravity="center"android:id="@+id/rlayoutTop"
android:background="@color/nav_title_bg"android:layout_width="fill_parent"
android:layout_height="@dimen/nav_title_height"android:layout_alignParentTop="true"
android:layout_centerHorizontal="true">

<TextViewandroid:textColor="@color/nav_title"android:id="@+id/txtTitle"
android:layout_width="fill_parent"android:layout_height="@dimen/nav_title_height"
android:textSize="@dimen/nav_title_size"android:layout_centerInParent="true"
android:text="@string/title_weather"android:gravity="center"/>
</RelativeLayout>

<includelayout="@layout/bottom_lay"android:layout_alignParentBottom="true"/>
</RelativeLayout>
```

（4）根据需求界面，编写天气对应的 Activity——WeatherActivity，具体代码如下：

```java
package com.demo.ui;

import android.app.Activity;
import android.app.AlertDialog;
import android.content.DialogInterface;
import android.content.Intent;
import android.os.Bundle;
import android.view.KeyEvent;
import android.view.Menu;
import android.view.MenuItem;
import android.view.View;
import android.view.Window;
import android.widget.LinearLayout;

import com.demo.R;

public class WeatherActivity extends Activity implements View.
```

```java
OnClickListener{

    private LinearLayout llayTQ = null;
    private LinearLayout llayZX = null;
    private LinearLayout llayLY = null;
    private LinearLayout llayYY = null;

    public void onCreate(Bundle bundle){//Activity创建函数
        super.onCreate(bundle);
        requestWindowFeature(Window.FEATURE_NO_TITLE);//设置标题显示模式——没有标题

        setContentView(R.layout.weather);//设置当前使用布局

        initButton();//控件初始化
    }

    //控件初始化函数
    private void initButton(){
        llayTQ = (LinearLayout)findViewById(R.id.btnWeather);//获取底部天气控件并设置单击事件监听器
        llayTQ.setSelected(true);
        llayTQ.setOnClickListener(this);

        llayZX = (LinearLayout)findViewById(R.id.btnCamera);//获取底部照相控件并设置单击事件监听器
        llayZX.setOnClickListener(this);

        llayLY = (LinearLayout)findViewById(R.id.btnRecord);//获取底部录音控件并设置单击事件监听器
        llayLY.setOnClickListener(this);

        llayYY = (LinearLayout)findViewById(R.id.btnShake);//获取底部"摇一摇"控件并设置单击事件监听器
        llayYY.setOnClickListener(this);
    }

    //控件点击事件监听函数
    @Override
    public void onClick(View v){
        try {
            switch (v.getId()) {
            case R.id.btnWeather:
                break;

            case R.id.btnCamera:
                EntryCameraActivity();
                break;

            case R.id.btnRecord:
```

```java
                EntryRecordActivity();
                break;

            case R.id.btnShake:
                EntryShakeActivity();
                break;
            }
        } catch (Exception e) {
            return;
        }
    }

    // 进入照相界面
    private void EntryCameraActivity(){
        Intent intent = new Intent();
        intent.setClass(this, CameraActivity.class);
        startActivity(intent);

        finish();
    }

    // 进入录音界面
    private void EntryRecordActivity(){
        Intent intent = new Intent();
        intent.setClass(this, RecordActivity.class);
        startActivity(intent);

        finish();
    }

    // 进入"摇一摇"界面
    private void EntryShakeActivity(){
        Intent intent = new Intent();
        intent.setClass(this, ShakeActivity.class);
        startActivity(intent);

        finish();
    }

    /*
     * 继承重写创建菜单函数
     * 此函数只在第一次按 Menu 键显示 Menu 时显示
     * */
    @Override
    public boolean onCreateOptionsMenu(Menu paramMenu){
        getMenuInflater().inflate(R.menu.exit_menu, paramMenu);

        return true;
    }

    /*
```

* 继承菜单选择事件函数
 * 此函数在每次选择菜单时会执行
 * */
public boolean onOptionsItemSelected(MenuItem item) {

    switch (item.getItemId()) {
        case R.id.exitMenu:
            ExitDialog();
            break;
    }

    return true;
}

// 退出对话框
private void ExitDialog(){
    AlertDialog.Builder builder = new AlertDialog.Builder(this);
    builder.setTitle(R.string.edialog_title);
    builder.setIcon(android.R.drawable.ic_dialog_info);
    builder.setMessage(R.string.edialog_content);
    builder.setPositiveButton(R.string.ok,
        new DialogInterface.OnClickListener(){

            @Override
            public void onClick(DialogInterface dialog, int which){
                exit();
            }
        });
    builder.setNegativeButton(R.string.cancel,
        new DialogInterface.OnClickListener(){
            @Override
            public void onClick(DialogInterface dialog, int which) {

            }
        });
    builder.create().show();
}

// 退出程序
private void exit(){
    try {
        finish();
        android.os.Process.killProcess(android.os.Process.myPid());
    } catch (Exception e) {
        return;
    }
}

// 按键的事件监听器
@Override
public boolean onKeyDown(int keyCode, KeyEvent event) {
```
```

```
            if(keyCode==KeyEvent.KEYCODE_BACK&&event.getRepeatCount()==0){
finish();
            return true;
        }else{
            return super.onKeyDown(keyCode, event);
        }
    }

}
```

（5）在 AndroidManifest.xml 文件中设置天气的 Activity(Weather)，具体设置如下：

```
<activityandroid:label="@string/app_name"android:name=".ui.WeatherActivity">
<intent-filter>
<actionandroid:name="android.intent.action.MAIN"/>
<categoryandroid:name="android.intent.category.LAUNCHER"/>
</intent-filter>
        </activity>
```

（6）运行程序，天气的基本界面显示如图 20-4 所示。

图 20-4 Andorid 实例天气功能运行界面

20.1.3 照相界面

（1）需求界面

照相功能界面设计如图 20-5 所示。

A 为启动手机摄像头进行拍照，拍完照片后在 B 区显示照片，可以进行放大缩小操作。

（2）根据需求，在工程的 res → layout 目录下建立对应的布局文件 camera.xml，具体的内容如下：

```
<?xmlversion="1.0"encoding="utf-8"?>
<RelativeLayout android:layout_width="fill_parent"
```

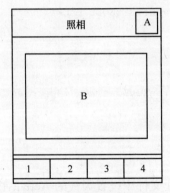

图 20-5 照相功能界面设计

```
android:layout_height="fill_parent"
    xmlns:android="http://schemas.android.com/apk/res/android">

<RelativeLayoutandroid:gravity="center"android:id="@+id/rlayoutTop"
android:background="@color/nav_title_bg"android:layout_width="fill_parent"
    android:layout_height="@dimen/nav_title_height"android:layout_alignParentTop="true"
    android:layout_centerHorizontal="true">

<TextViewandroid:textColor="@color/nav_title"android:id="@+id/txtTitle"
    android:layout_width="fill_parent"android:layout_height="@dimen/nav_title_height"
    android:textSize="@dimen/nav_title_size"android:layout_centerInParent="true"
    android:text="@string/title_camera"android:gravity="center"/>
</RelativeLayout>

<includelayout="@layout/bottom_lay"android:layout_alignParentBottom="true"/>
</RelativeLayout>
```

（3）根据需求界面，编写天气对应的 Activity——CameraActivity，具体代码如下：

```
package com.demo.ui;

import android.app.Activity;
import android.app.AlertDialog;
import android.content.DialogInterface;
import android.content.Intent;
import android.os.Bundle;
import android.view.KeyEvent;
import android.view.Menu;
import android.view.MenuItem;
import android.view.View;
import android.view.Window;
import android.widget.LinearLayout;

import com.demo.R;
```

```java
public class CameraActivity extends Activity implements View.OnClickListener{

    private LinearLayout llayTQ = null;
    private LinearLayout llayZX = null;
    private LinearLayout llayLY = null;
    private LinearLayout llayYY = null;

    public void onCreate(Bundle bundle){//Activity 创建函数
        super.onCreate(bundle);
        requestWindowFeature(Window.FEATURE_NO_TITLE);// 设置标题显示模式——没有标题

        setContentView(R.layout.camera);// 设置当前使用布局

        initButton();// 控件初始化
    }

    // 控件初始化函数
    private void initButton(){
        llayTQ = (LinearLayout)findViewById(R.id.btnWeather);// 获取底部天气控件并设置单击事件监听器
        llayTQ.setOnClickListener(this);

        llayZX = (LinearLayout)findViewById(R.id.btnCamera);// 获取底部照相控件并设置单击事件监听器
        llayZX.setSelected(true);
        llayZX.setOnClickListener(this);

        llayLY = (LinearLayout)findViewById(R.id.btnRecord);// 获取底部录音控件并设置单击事件监听器
        llayLY.setOnClickListener(this);

        llayYY = (LinearLayout)findViewById(R.id.btnShake);// 获取底部"摇一摇"控件并设置单击事件监听器
        llayYY.setOnClickListener(this);
    }

    // 控件点击事件监听函数
    @Override
    public void onClick(View v){
        try {
            switch (v.getId()) {
            case R.id.btnWeather:
                EntryWeatherActivity();
                break;

            case R.id.btnCamera:
                break;

            case R.id.btnRecord:
```

```java
                    EntryRecordActivity();
                    break;
                
                case R.id.btnShake:
                    EntryShakeActivity();
                    break;
            }
        } catch (Exception e) {
            return;
        }
    }

    // 进入天气界面
    private void EntryWeatherActivity(){
        Intent intent = new Intent();
        intent.setClass(this, WeatherActivity.class);
        startActivity(intent);

        finish();
    }

    // 进入录音界面
    private void EntryRecordActivity(){
        Intent intent = new Intent();
        intent.setClass(this, RecordActivity.class);
        startActivity(intent);

        finish();
    }

    // 进入"摇一摇"界面
    private void EntryShakeActivity(){
        Intent intent = new Intent();
        intent.setClass(this, ShakeActivity.class);
        startActivity(intent);

        finish();
    }

    /*
     * 继承重写创建菜单函数
     * 此函数只在第一次按 Menu 键显示 Menu 时显示
     * */
    @Override
    public boolean onCreateOptionsMenu(Menu paramMenu){
        getMenuInflater().inflate(R.menu.exit_menu, paramMenu);

        return true;
    }

    /*
```

```
 * 继承菜单选择事件函数
 * 此函数在每次选择菜单时会执行
 * */
public boolean onOptionsItemSelected(MenuItem item) {

       switch (item.getItemId()) {
              case R.id.exitMenu:
                    ExitDialog();
                    break;
       }

       return true;
}

// 退出对话框
private void ExitDialog(){
    AlertDialog.Builder builder = new AlertDialog.Builder(this);
    builder.setTitle(R.string.edialog_title);
    builder.setIcon(android.R.drawable.ic_dialog_info);
    builder.setMessage(R.string.edialog_content);
    builder.setPositiveButton(R.string.ok,
        new DialogInterface.OnClickListener(){

            @Override
            public void onClick(DialogInterface dialog, int which){
                exit();
            }
        });
    builder.setNegativeButton(R.string.cancel,
        new DialogInterface.OnClickListener(){
            @Override
            public void onClick(DialogInterface dialog, int which) {

            }
        });
    builder.create().show();
}

// 退出程序
private void exit(){
       try {
              finish();
              android.os.Process.killProcess(android.os.Process.myPid());
       } catch (Exception e) {
              return;
       }
}

// 按键的事件监听器
  @Override
  public boolean onKeyDown(int keyCode, KeyEvent event) {
```

```
            if(keyCode==KeyEvent.KEYCODE_BACK&&event.getRepeatCount()==0){
    finish();
        return true;
    }else{
        return super.onKeyDown(keyCode, event);
    }
}
}
```

（4）在 AndroidManifest.xml 文件中设置照相的 Activity(CameraActvity)，具体设置如下：

```
<activity android:label="@string/app_name" android:name=".ui.CameraActivity"/>
```

（5）运行程序，照相的基本界面显示如图 20-6 所示。

图 20–6　Andorid 实例照相功能运行界面

20.1.4　录音界面

（1）需求界面

录音功能界面设计如图 20-7 所示。

录音时长为文字，未曾录音显示 0 s，A 为录音按钮，B 为放音按钮（未曾录音时为不可用状态，以不同的图标显示）。

（2）根据需求，在工程的 res → layout 目录下建立对应的布局文件 record.xml，具体的内容如下：

```
<?xmlversion="1.0"encoding="utf-8"?>
```

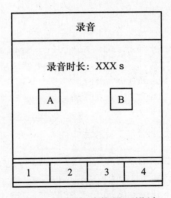

图 20-7 录音功能界面设计

```
<RelativeLayoutandroid:layout_width="fill_parent"
android:layout_height="fill_parent"
    xmlns:android="http://schemas.android.com/apk/res/android">

<RelativeLayoutandroid:gravity="center"android:id="@+id/rlayoutTop"
android:background="@color/nav_title_bg"android:layout_width="fill_parent"
    android:layout_height="@dimen/nav_title_height"android:layout_
alignParentTop="true"
    android:layout_centerHorizontal="true">

<TextViewandroid:textColor="@color/nav_title"android:id="@+id/txtTitle"
android:layout_width="fill_parent"android:layout_height="wrap_content"
android:textSize="@dimen/nav_title_size"android:layout_centerInParent="true"
android:text="@string/title_record"android:gravity="center"/>
</RelativeLayout>

<includelayout="@layout/bottom_lay"android:layout_alignParentBottom="true"/>
</RelativeLayout>
```

（3）根据需求界面，编写录音对应的 Activity——RecordActivity，具体代码如下：

```
package com.demo.ui;

import android.app.Activity;
import android.app.AlertDialog;
import android.content.DialogInterface;
import android.content.Intent;
import android.os.Bundle;
import android.view.KeyEvent;
import android.view.Menu;
import android.view.MenuItem;
import android.view.View;
import android.view.Window;
import android.widget.LinearLayout;

import com.demo.R;
```

```java
public class RecordActivity extends Activity implements View.OnClickListener{

    private LinearLayout llayTQ = null;
    private LinearLayout llayZX = null;
    private LinearLayout llayLY = null;
    private LinearLayout llayYY = null;

    public void onCreate(Bundle bundle){//Activity 创建函数
        super.onCreate(bundle);
        requestWindowFeature(Window.FEATURE_NO_TITLE);// 设置标题显示模式——没有标题

        setContentView(R.layout.record);// 设置当前使用布局

        initButton();// 控件初始化
    }

    // 控件初始化函数
    private void initButton(){
        llayTQ = (LinearLayout)findViewById(R.id.btnWeather);// 获取底部天气控件并设置单击事件监听器
        llayTQ.setOnClickListener(this);

        llayZX = (LinearLayout)findViewById(R.id.btnCamera);// 获取底部照相控件并设置单击事件监听器
        llayZX.setOnClickListener(this);

        llayLY = (LinearLayout)findViewById(R.id.btnRecord);// 获取底部录音控件并设置单击事件监听器
        llayLY.setSelected(true);
        llayLY.setOnClickListener(this);

        llayYY = (LinearLayout)findViewById(R.id.btnShake);// 获取底部"摇一摇"控件并设置单击事件监听器
        llayYY.setOnClickListener(this);
    }

    // 控件点击事件监听函数
    @Override
    public void onClick(View v){
        try {
            switch (v.getId()) {
            case R.id.btnWeather:
                EntryWeatherActivity();
                break;

            case R.id.btnCamera:
                EntryCameraActivity();
```

```
                break;

            case R.id.btnRecord:
                break;

            case R.id.btnShake:
                EntryShakeActivity();
                break;
            }
        } catch (Exception e) {
            return;
        }
    }

    // 进入天气界面
    private void EntryWeatherActivity(){
        Intent intent = new Intent();
        intent.setClass(this, WeatherActivity.class);
        startActivity(intent);

        finish();
    }

    // 进入照相界面
    private void EntryCameraActivity(){
        Intent intent = new Intent();
        intent.setClass(this, CameraActivity.class);
        startActivity(intent);

        finish();
    }

    // 进入"摇一摇"界面
    private void EntryShakeActivity(){
        Intent intent = new Intent();
        intent.setClass(this, ShakeActivity.class);
        startActivity(intent);

        finish();
    }

    /*
     * 继承重写创建菜单函数
     * 此函数只在第一次按 Menu 键显示 Menu 时显示
     */
    @Override
    public boolean onCreateOptionsMenu(Menu paramMenu){
        getMenuInflater().inflate(R.menu.exit_menu, paramMenu);

        return true;
    }
```

```java
/*
 * 继承菜单选择事件函数
 * 此函数在每次选择菜单时会执行
 * */
public boolean onOptionsItemSelected(MenuItem item) {

        switch (item.getItemId()) {
             case R.id.exitMenu:
                    ExitDialog();
                    break;
        }

        return true;
}

// 按键的事件监听器
 @Override
 public boolean onKeyDown(int keyCode, KeyEvent event) {

if(keyCode==KeyEvent.KEYCODE_BACK&&event.getRepeatCount()==0){
   finish();

        return true;
    }else{
        return super.onKeyDown(keyCode, event);
    }
 }

// 退出对话框
private void ExitDialog(){
        AlertDialog.Builder builder = new AlertDialog.Builder(this);
     builder.setTitle(R.string.edialog_title);
     builder.setIcon(android.R.drawable.ic_dialog_info);
     builder.setMessage(R.string.edialog_content);
     builder.setPositiveButton(R.string.ok,
        new DialogInterface.OnClickListener(){

            @Override
            public void onClick(DialogInterface dialog, int which){
            exit();
            }
        });
     builder.setNegativeButton(R.string.cancel,
        new DialogInterface.OnClickListener(){
            @Override
            public void onClick(DialogInterface dialog, int which) {

            }
        });
     builder.create().show();
```

```
    }
    // 退出程序
    private void exit(){
        try {
            finish();
            android.os.Process.killProcess(android.os.Process.myPid());
        } catch (Exception e) {
            return;
        }
    }
}
```

（4）在AndroidManifest.xml文件中设置录音的Activity(RecordActivity)，具体设置如下：

`<activity android:label="@string/app_name" android:name=".ui.RecordActivity"/>`

（5）运行程序，录音的基本界面显示如图20-8所示。

图 20-8 Andorid 实例录音功能运行界面

20.1.5 "摇一摇"界面

（1）需求界面

"摇一摇"功能设计界面如图20-9所示。

A区为去掉顶部和底部后的区域，减去4个边界各10像素的部分。进入本界面显示一张表示要"摇一摇"的图。

（2）根据需求，在工程的 res→layout 目录下建立对应的布局文件 shake.xml，具体的内容如下：

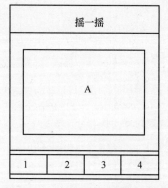

图20-9 "摇一摇"功能设计界面

```
<?xmlversion="1.0"encoding="utf-8"?>
<RelativeLayoutandroid:layout_width="fill_parent"
android:layout_height="fill_parent"
   xmlns:android="http://schemas.android.com/apk/res/android">

<RelativeLayoutandroid:gravity="center"android:id="@+id/rlayoutTop"
android:background="@color/nav_title_bg"android:layout_width="fill_parent"
android:layout_height="@dimen/nav_title_height"android:layout_
alignParentTop="true"
   android:layout_centerHorizontal="true">

<TextViewandroid:textColor="@color/nav_title"android:id="@+id/txtTitle"
android:layout_width="fill_parent"android:layout_height="wrap_content"
android:textSize="@dimen/nav_title_size"android:layout_centerInParent="true"
android:text="@string/title_shake"android:gravity="center"/>
</RelativeLayout>

<includelayout="@layout/bottom_lay"android:layout_alignParentBottom="true"/>
</RelativeLayout>
```

（3）根据需求界面，编写"摇一摇"对应的Activity—ShakeActivity，具体代码如下：

```
package com.demo.ui;

import android.app.Activity;
import android.app.AlertDialog;
import android.content.DialogInterface;
import android.content.Intent;
import android.os.Bundle;
import android.view.KeyEvent;
import android.view.Menu;
import android.view.MenuItem;
import android.view.View;
import android.view.Window;
import android.widget.LinearLayout;

import com.demo.R;
```

```java
public class ShakeActivity extends Activity implements View.OnClickListener{

    private LinearLayout llayTQ = null;
    private LinearLayout llayZX = null;
    private LinearLayout llayLY = null;
    private LinearLayout llayYY = null;

    public void onCreate(Bundle bundle){//Activity 创建函数
        super.onCreate(bundle);
        requestWindowFeature(Window.FEATURE_NO_TITLE);// 设置标题显示模式——没有标题

        setContentView(R.layout.shake);// 设置当前使用布局

        initButton();// 控件初始化
    }

    // 控件初始化函数
    private void initButton(){
        llayTQ = (LinearLayout)findViewById(R.id.btnWeather);// 获取底部天气控件并设置单击事件监听器
        llayTQ.setOnClickListener(this);

        llayZX = (LinearLayout)findViewById(R.id.btnCamera);// 获取底部照相控件并设置单击事件监听器
        llayZX.setOnClickListener(this);

        llayLY = (LinearLayout)findViewById(R.id.btnRecord);// 获取底部录音控件并设置单击事件监听器
        llayLY.setOnClickListener(this);

        llayYY = (LinearLayout)findViewById(R.id.btnShake);// 获取底部"摇一摇"控件并设置单击事件监听器
        llayYY.setSelected(true);
        llayYY.setOnClickListener(this);

    }

    // 控件点击事件监听函数
    @Override
    public void onClick(View v){
        try {
            switch (v.getId()) {
            case R.id.btnWeather:
                EntryWeatherActivity();
                break;

            case R.id.btnCamera:
                EntryCameraActivity();
                break;
```

```java
                case R.id.btnRecord:
                    EntryRecordActivity();
                    break;

                case R.id.btnShake:
                    break;
            }
        } catch (Exception e) {
            return;
        }
    }

    // 进入天气界面
    private void EntryWeatherActivity(){
        Intent intent = new Intent();
        intent.setClass(this, WeatherActivity.class);
        startActivity(intent);

        finish();
    }

    // 进入照相界面
    private void EntryCameraActivity(){
        Intent intent = new Intent();
        intent.setClass(this, CameraActivity.class);
        startActivity(intent);

        finish();
    }

    // 进入录音界面
    private void EntryRecordActivity(){
        Intent intent = new Intent();
        intent.setClass(this, RecordActivity.class);
        startActivity(intent);

        finish();
    }

    /*
     * 继承重写创建菜单函数
     * 此函数只在第一次按 Menu 键显示 Menu 时显示
     */
    @Override
    public boolean onCreateOptionsMenu(Menu paramMenu){
        getMenuInflater().inflate(R.menu.exit_menu, paramMenu);

        return true;
    }
```

```java
/*
 * 继承菜单选择事件函数
 * 此函数在每次选择菜单时会执行
 * */
public boolean onOptionsItemSelected(MenuItem item) {

    switch (item.getItemId()) {
        case R.id.exitMenu:
            ExitDialog();
            break;
    }

    return true;
}

// 退出对话框
private void ExitDialog(){
    AlertDialog.Builder builder = new AlertDialog.Builder(this);
    builder.setTitle(R.string.edialog_title);
    builder.setIcon(android.R.drawable.ic_dialog_info);
    builder.setMessage(R.string.edialog_content);
    builder.setPositiveButton(R.string.ok,
        new DialogInterface.OnClickListener(){

            @Override
            public void onClick(DialogInterface dialog, int which){
                exit();
            }
        });
    builder.setNegativeButton(R.string.cancel,
        new DialogInterface.OnClickListener(){
            @Override
            public void onClick(DialogInterface dialog, int which) {

            }
        });
    builder.create().show();
}

// 退出程序
private void exit(){
    try {
        finish();
        android.os.Process.killProcess(android.os.Process.myPid());
    } catch (Exception e) {
        return;
    }
}

// 按键的事件监听器
@Override
```

```
    public boolean onKeyDown(int keyCode, KeyEvent event) {
if(keyCode==KeyEvent.KEYCODE_BACK&&event.getRepeatCount()==0){
    finish();

        return true;
    }else{
        return super.onKeyDown(keyCode, event);
    }
}
```

（4）在 AndroidManifest.xml 文件中设置"摇一摇"的 Activity(ShakeActivity)，具体设置如下：

`<activity Android:label="@string/app_name" Android:name=".ui.ShakeActivity" />`

（5）运行程序，"摇一摇"的基本界面显示如图 20-10 所示。

图 20-10　Andorid 实例"摇一摇"功能运行界面

（6）到此为止，整个项目的基本界面模块已经完全搭建好了，其配套源代码存放在 Small_Demo_Ui 目录下。

20.2　天气的实现

20.2.1　天气的数据接口

采用 HTTP 通信的方式，连接如下接口获取城市的天气数据信息：http://m.weather.com.cn/data/%s.html，其中 %s- 为城市的代码，只需要将 %s 替换成具体的城市代码就行了。

全国各个城市的具体代码如下：

北京：101010100朝阳：101010300顺义：101010400怀柔：101010500通州：101010600昌平：101010700延庆：101010800丰台：101010900石景山：101011000大兴：101011100房山：101011200密云：101011300门头沟：101011400平谷：101011500八达岭：101011600佛爷顶：101011700汤河口：101011800密云上甸子：101011900斋堂：101012000霞云岭：101012100北京城区：101012200海淀：101010200天津：101030100宝坻：101030300东丽：101030400西青：101030500北辰：101030600蓟县：101031400汉沽：101030800静海：101030900津南：101031000塘沽：101031100大港：101031200武清：101030200宁河：101030700上海：101020100宝山：101020300嘉定：101020500南汇：101020600浦东：101021300青浦：101020800松江：101020900奉贤：101021000崇明：101021100徐家汇：101021200闵行：101020200金山：101020700石家庄：101090101张家口：101090301承德：101090402唐山：101090501秦皇岛：101091101沧州：101090701衡水：101090801邢台：101090901邯郸：101091001保定：101090201廊坊：101090601郑州：101180101新乡：101180301许昌：101180401平顶山：101180501信阳：101180601南阳：101180701开封：101180801洛阳：101180901商丘：101181001焦作：101181101鹤壁：101181201濮阳：101181301周口：101181401漯河：101181501驻马店：101181601三门峡：101181701济源：101181801安阳：101180201合肥：101220101芜湖：101220301淮南：101220401马鞍山：101220501安庆：101220601宿州：101220701阜阳：101220801亳州：101220901黄山：101221001滁州：101221101淮北：101221201铜陵：101221301宣城：101221401六安：101221501巢湖：101221601池州：101221701蚌埠：101220201杭州：101210101舟山：101211101湖州：101210201嘉兴：101210301金华：101210901绍兴：101210501台州：101210601温州：101210701丽水：101210801衢州：101211001宁波：101210401重庆：101040100合川：101040300南川：101040400江津：101040500万盛：101040600渝北：101040700北碚：101040800巴南：101040900长寿：101041000黔江：10104110万州天城：101041200万州龙宝：101041300涪陵：101041400开县：101041500城口：101041600云阳：101041700巫溪：101041800奉节：101041900巫山：101042000潼南：101042100垫江：101042200梁平：101042300忠县：101042400石柱：101042500大足：101042600荣昌：101042700铜梁：101042800璧山：101042900丰都：101043000武隆：101043100彭水：101043200綦江：101043300西阳：101043400秀山：101043600沙坪坝：101043700永川：101040200福州：101230101泉州：101230501漳州：101230601龙岩：101230701晋江：101230509南平：101230901厦门：101230201宁德：101230301莆田：101230401三明：101230801兰州：101160101平凉：101160301庆阳：101160401武威：101160501金昌：101160601嘉峪关：101161401酒泉：101160801天水：101160901武都：101161001临夏：101161101合作：101161201白银：101161301定西：101160201张掖：101160701广州：101280101惠州：101280301梅州：101280401汕头：101280501深圳：101280601珠海：101280701佛山：101280800肇庆：101280901湛江：101281001江门：101281101河源：101281201清远：101281301云浮：101281401潮州：101281501东莞：101281601中山：101281701阳江：101281801揭阳：101281901茂名：101282001汕尾：101282101韶关：101280201南宁：101300101柳州：101300301来宾：101300401桂林：101300501梧州：101300601防城港：101301401贵港：101300801玉林：101300901百色：101301001钦州：101301101河池：101301201北海：101301301崇左：101300201贺州：101300701贵阳：101260101安顺：101260301都匀：101260401兴义：101260906铜仁：101260601毕节：101260701六盘水：101260801遵义：101260201凯里：101260501昆明：101290101红河：101290301文山：101290601玉溪：101290701楚雄：101290801普洱：101290901昭通：101291001临沧：101291101怒江：101291201香格里拉：101291301丽江：101291401德宏：101291501景洪：101291601大理：101290201曲靖：101290401保山：101290501呼和浩特：101080101乌海：101080301集宁：101080401通辽：101080501阿拉善左旗：101081201鄂尔多斯：101080701临河：101080801锡林浩特：101080901呼伦贝尔：101081000乌兰浩特：101081101包头：101080201赤峰：101080601南昌：101240101上饶：101240301抚州：101240401宜春：101240501鹰潭：101241101赣州：101240701景德镇：101240801萍乡：101240901新余：101241001九江：101240201吉安：101240601武汉：101200101黄冈：101200501荆州：101200801宜昌：101200901恩施：101201001十堰：101201101神农架：101201201随州：101201301荆门：101201401天门：101201501仙桃：101201601潜江：101201701襄樊：101200201鄂州：101200301孝感：101200401黄石：101200601咸宁：101200701成都：101270101自贡：101270301绵阳：101270401南充：101270501达州：101270601遂宁：101270701广安：101270801巴中：101270901泸州：101271001宜宾：101271101内江：101271201资阳：101271301乐山：101271401眉山：101271501凉山：101271601雅安：101271701甘孜：101271801阿坝：101271901德阳：101272001广元：101272101攀枝花：101270201银川：101170101中卫：101170501固原：101170401石嘴山：101170201吴忠：101170301西宁：101150101

黄南:101150301海北:101150801果洛:101150501玉树:101150601海西:101150701海东:101150201
海南:101150401济南:101120101潍坊:101120601临沂:101120901菏泽:101121001滨州:101121101
东营:101121201威海:101121301枣庄:101121401日照:101121501莱芜:101121601聊城:101121701
青岛:101120201淄博:101120301德州:101120401烟台:101120501济宁:101120701泰安:101120801
西安:101110101延安:101110300榆林:101110401铜川:101111001商洛:101110601安康:101110701
汉中:101110801宝鸡:101110901咸阳:101110200渭南:101110501太原:101100101临汾:101100701
运城:101100801朔州:101100901忻州:101101001长治:101100501大同:101100201阳泉:101100301
晋中:101100401晋城:101100601吕梁:101101100乌鲁木齐:101130101石河子:101130301昌
吉:101130401吐鲁番:101130501库尔勒:101130601阿拉尔:101130701阿克苏:101130801喀
什:101130901伊宁:101131001塔城:101131101哈密:101131201和田:101131301阿勒泰:101131401
阿图什:101131501博乐:101131601克拉玛依:101130201拉萨:101140101山南:101140301
阿里:101140701昌都:101140501那曲:101140601日喀则:101140201林芝:101140401台北
县:101340101高雄:101340201台中:101340401海口:101310101三亚:101310201东方:101310202临
高:101310203澄迈:101310204儋州:101310205昌江:101310206白沙:101310207琼中:101310208定
安:101310209屯昌:101310210琼海:101310211文昌:101310212保亭:101310214万宁:101310215
陵水:101310216西沙:101310217南沙岛:101310220乐东:101310221五指山:101310222琼
山:101310102长沙:101250101株洲:101250301衡阳:101250401郴州:101250501常德:101250601
益阳:101250700娄底:101250801邵阳:101250901岳阳:101251001张家界:101251101怀
化:101251201黔阳:101251301永州:101251401吉首:101251501湘潭:101250201南京:101190101镇
江:101190301苏州:101190401南通:101190501扬州:101190601宿迁:101191301徐州:101190801淮
安:101190901连云港:101191001常州:101191101泰州:101191201无锡:101190201盐城:101190701
哈尔滨:101050101牡丹江:101050301佳木斯:101050401绥化:101050501黑河:101050601双鸭
山:101051301伊春:101050801大庆:101050901七台河:101051002鸡西:101051101鹤岗:101051201
齐齐哈尔:101050201大兴安岭:101050701长春:101060101延吉:101060301四平:101060401白
山:101060901白城:101060601辽源:101060701松原:101060801吉林:101060201通化:101060501沈
阳:101070101鞍山:101070301抚顺:101070401本溪:101070501丹东:101070601葫芦岛:101071401
营口:101070801阜新:101070901辽阳:101071001铁岭:101071101朝阳:101071201盘锦:101071301
大连:101070201锦州:101070701

20.2.2 天气数据接口的数据格式

以北京为例，其城市代码为：101010100，故其获取天气数据的接口为：http://m.weather.com.cn/data/101010100.html。

此接口接口，返回信息比较全面，也是以 JSON 格式提供，格式如下：

```
{"weatherinfo": {
// 基本信息；
"city": " 北京 ", "city_en":"beijing",
"date_y": "2012 年 2 月 16 日 ", "date":"", "week":" 星 期 四 ", "fchh":"11",
"cityid":"101010100",
// 摄氏温度
"temp1": "2℃ ~-7℃ ",
"temp2": "1℃ ~-7℃ ",
"temp3": "4℃ ~-7℃ ",
"temp4": "7℃ ~-5℃ ",
"temp5": "5℃ ~-3℃ ",
"temp6": "5℃ ~-2℃ ",
// 华氏温度；
```

```
"tempF1": "35.6℉~19.4℉",
"tempF2": "33.8℉~19.4℉",
"tempF3": "39.2℉~19.4℉",
"tempF4": "44.6℉~23℉",
"tempF5": "41℉~26.6℉",
"tempF6": "41℉~28.4℉",
// 天气描述；
"weather1": "晴",
"weather2": "晴",
"weather3": "晴",
"weather4": "晴转多云",
"weather5": "多云",
"weather6": "多云转阴",
// 天气描述图片序号
"img1": "0",
"img2": "99",
"img3": "0",
"img4": "99",
"img5": "0",
"img6": "99",
"img7": "0",
"img8": "1",
"img9": "1",
"img10": "99",
"img11": "1",
"img12": "2",
"img_single": "0",
// 图片名称；
"img_title1": "晴",
"img_title2": "晴",
"img_title3": "晴",
"img_title4": "晴",
"img_title5": "晴",
"img_title6": "晴",
"img_title7": "晴",
"img_title8": "多云",
"img_title9": "多云",
"img_title10": "多云",
"img_title11": "多云",
"img_title12": "阴",
"img_title_single": "晴",
// 风速描述
"wind1": "北风3～4级转微风",
"wind2": "微风",
"wind3": "微风",
"wind4": "微风",
"wind5": "微风",
"wind6": "微风",
// 风速级别描述
"fx1": "北风",
"fx2": "微风",
```

```
"fl1": "3～4级转小于3级",
"fl2": "小于3级",
"fl3": "小于3级",
"fl4": "小于3级",
"fl5": "小于3级",
"fl6": "小于3级",
// 今天穿衣指数;
"index": "冷",
"index_d": "天气冷,建议着棉衣、皮夹克加羊毛衫等冬季服装。年老体弱者宜着厚棉衣或冬大衣。",
//48h 穿衣指数
"index48": "冷",
"index48_d": "天气冷,建议着棉衣、皮夹克加羊毛衫等冬季服装。年老体弱者宜着厚棉衣或冬大衣。",
// 紫外线及 48h 紫外线
"index_uv": "弱",
"index48_uv": "弱",
// 洗车
"index_xc": "适宜",
// 旅游
"index_tr": "一般",
// 舒适指数
"index_co": "较不舒适",

"st1": "1",
"st2": "-8",
"st3": "2",
"st4": "-4",
"st5": "5",
"st6": "-5",
// 晨练
"index_cl": "较不宜",
// 晾晒
"index_ls": "基本适宜",
// 过敏
"index_ag": "极不易发"}}
```

20.2.3 对 JSON 数据的解析

通过对以 HTTP 方式连接天气数据接口返回的 JSON 格式的数据进行解析,从而获取 3 天之内的天气详细信息,具体代码如下:

HTTP 通信基础类与 JSON 数据的解析

```
package com.demo.net;

import java.net.HttpURLConnection;
import java.net.URL;
import java.util.ArrayList;

import org.json.JSONObject;
```

```java
import android.os.Build;
import android.util.Log;

import com.demo.util.WeatherInfo;

public class ExHttp {
    private String TAG = "ExHttp";
    private final int SET_VERSION = 8;

    public HttpURLConnection createHttpConnectBase(String url) throws Exception{

        HttpURLConnection conn = null;
        try{
    conn = (HttpURLConnection)new URL(url).openConnection();

    conn.setDoInput(true);
    conn.setConnectTimeout(5000);//10s
    conn.setReadTimeout(10000);
    conn.setRequestProperty("Accept-Charset", "UTF-8");
    conn.setRequestMethod("GET");
    // HTTP connection reuse which was buggy pre-froyo
    if (Integer.parseInt(Build.VERSION.SDK) <= SET_VERSION) {
        System.setProperty("http.keepAlive", "false");
    }

    Log.i(TAG, "connect "+url);

        }catch(Exception e){
    e.printStackTrace();

    return null;
        }

        return conn;
    }

    public ArrayList<WeatherInfo> parseJsonlistdir(String result){
        ArrayList<WeatherInfo> data = new ArrayList();

        try {
            JSONObject rootJSONObject = new JSONObject(result);
            JSONObject dJson = rootJSONObject
                    .getJSONObject("weatherinfo");

            // 温度
            String todayTemp = dJson.getString("temp1");
            String tomTemp = dJson.getString("temp2");
            String atomTemp = dJson.getString("temp3");
            Log.i(TAG,"todayTemp: "+todayTemp);
```

```java
            Log.i(TAG,"tomTemp: "+tomTemp);
            Log.i(TAG,"atomTemp: "+atomTemp);

            // 天气情况
            String todayWeather = dJson.getString("weather1");
            String tomWeather = dJson.getString("weather1");
            String atomWeather = dJson.getString("weather1");
            Log.i(TAG,"todayWeather: "+todayWeather);
            Log.i(TAG,"tomWeather: "+tomWeather);
            Log.i(TAG,"atomWeather: "+tomWeather);

            // 图片

            WeatherInfo todayWea = new WeatherInfo();
            WeatherInfo tomWea = new WeatherInfo();
            WeatherInfo atomWea = new WeatherInfo();

            // 设置索引
            todayWea.setIndex("0");
            tomWea.setIndex("1");
            atomWea.setIndex("2");

            // 设置温度
            todayWea.setTemp(todayTemp);
            tomWea.setTemp(tomTemp);
            atomWea.setTemp(atomTemp);

            // 设置天气情况
            todayWea.setWeather(todayWeather);
            tomWea.setWeather(tomWeather);
            atomWea.setWeather(atomWeather);

            // 添加到数组
            data.add(todayWea);
            data.add(tomWea);
            data.add(atomWea);

        } catch (Exception e) {
            e.printStackTrace();

            return null;
        }

        return data;
    }
}
```

20.2.4 文件存储天气信息

以文件的方式，将每次更新的天气信息以覆盖的方式保存到文件，在无网络或更新失败的情况下，加载本地的天气信息进行显示。具体代码如下：

```java
private String fileDir = "";
    private String fileName = "weather.xml";
    // 保存到文件
    privatevoid saveWeatherByFile(String result){
        try {
                if(fileDir.equals("")){
                        fileDir = Environment.getExternalStorageDirectory()
                                .toString() + "/EX5/weather/";
                }
                File fDir = new File(fileDir);
                if(!fDir.exists()){
                        fDir.mkdirs();
                }

                File userFile = new File(fileDir, fileName);
                FileOutputStream fos = new FileOutputStream(userFile);
                fos.write(result.getBytes(), 0, result.getBytes().length);

                fos.close();
        } catch (Exception e) {
            e.printStackTrace();

            return;
        }
    }


    // 读取文件
    public String readWeatherByFile(){
        if(fileDir.equals("")){
            fileDir = Environment.getExternalStorageDirectory()
                    .toString() + "/EX5/weather/";
        }

        String res="";
        try{
                    FileInputStream fin = new FileInputStream(fileDir+fileName);
                int length = fin.available();
                byte [] buffer = newbyte[length];
                int len = fin.read(buffer);

                    ByteArrayBuffer babuf = new ByteArrayBuffer(length);
                    babuf.append(buffer, 0, len);
```

```
                        res = new String(babuf.toByteArray(), HTTP.UTF_8);

                    fin.close();
                }catch(Exception e){
                    e.printStackTrace();
            return"";
                }

            return res;
    }
```

20.2.5 多线程与 Handler 非阻塞方式构建天气模块

每次刷新采用开启线程的方式，通过 HTTP 通信方式与天气接口服务器进行连接，在成功获取天气数据信息后，才用 Handler 非阻塞线程方式对 JSON 数据进行解析并更新 UI 进行显示。具体整个源码如下：

```
A, 天气的主类——WeatherActivity
package com.demo.ui;

import java.io.File;
import java.io.FileInputStream;
import java.io.FileOutputStream;
import java.io.InputStream;
import java.net.HttpURLConnection;
import java.util.ArrayList;

import org.apache.http.protocol.HTTP;
import org.apache.http.util.ByteArrayBuffer;

import android.app.Activity;
import android.app.AlertDialog;
import android.content.DialogInterface;
import android.content.Intent;
import android.os.Bundle;
import android.os.Environment;
import android.os.Handler;
import android.util.Log;
import android.view.KeyEvent;
import android.view.Menu;
import android.view.MenuItem;
import android.view.View;
import android.view.Window;
import android.widget.Button;
import android.widget.ImageView;
import android.widget.LinearLayout;
import android.widget.RelativeLayout;
import android.widget.TextView;
```

```java
import com.demo.R;
import com.demo.net.ExHttp;
import com.demo.util.WeatherInfo;



public class WeatherActivity extends Activity implements View.OnClickListener{

    private String TAG = "WeatherActivity";

    private final int UPDATE_WEATHER = 1000;

    private LinearLayout llayTQ = null;
    private LinearLayout llayZX = null;
    private LinearLayout llayLY = null;
    private LinearLayout llayYY = null;

    private RelativeLayout loadLay = null;

    private TextView todayDay = null, todayTemp = null;
    private TextView tomDay = null, tomTemp = null;
    private TextView atomDay = null, atomTemp = null;

    private ImageView todayImg = null;
    private ImageView tomImg = null;
    private ImageView atomImg = null;

    private Button refreshBtn = null;

    private ExHttp exHttp = null;
    private ArrayList<WeatherInfo> weatherInfo = null;

    private final String codeBJ = "101010100";
    private final String baseUrl = "http://m.weather.com.cn/data/%s.html";

    public void onCreate(Bundle bundle){//Activity 创建函数
        super.onCreate(bundle);
        requestWindowFeature(Window.FEATURE_NO_TITLE);// 设置标题显示模式——没有标题

        setContentView(R.layout.weather);// 设置当前使用布局

        initButton();// 控件初始化

        startWeatherThread();// 开启天气线程
    }


    // 控件初始化函数
```

```java
private void initButton(){

    refreshBtn = (Button)findViewById(R.id.refresh_weather);
    refreshBtn.setOnClickListener(this);

    llayTQ = (LinearLayout)findViewById(R.id.btnWeather);// 获取底部天气控件并设置单击事件监听器
    llayTQ.setSelected(true);
    llayTQ.setOnClickListener(this);

    llayZX = (LinearLayout)findViewById(R.id.btnCamera);// 获取底部照相控件并设置单击事件监听器
    llayZX.setOnClickListener(this);

    llayLY = (LinearLayout)findViewById(R.id.btnRecord);// 获取底部录音控件并设置单击事件监听器
    llayLY.setOnClickListener(this);

    llayYY = (LinearLayout)findViewById(R.id.btnShake);// 获取底部"摇一摇"控件并设置单击事件监听器
    llayYY.setOnClickListener(this);


    todayDay = (TextView)findViewById(R.id.today_day);
    tomDay = (TextView)findViewById(R.id.tom_day);
    atomDay = (TextView)findViewById(R.id.atom_day);

    todayTemp = (TextView)findViewById(R.id.temp_day);
    tomTemp = (TextView)findViewById(R.id.temp_tomday);
    atomTemp = (TextView)findViewById(R.id.temp_atom);

    todayImg = (ImageView)findViewById(R.id.img_day);
    tomImg = (ImageView)findViewById(R.id.img_tomday);
    atomImg = (ImageView)findViewById(R.id.img_atom);

    loadLay = (RelativeLayout)findViewById(R.id.loadLay);
}


// 控件点击事件监听函数
@Override
public void onClick(View v){
    try {
        switch (v.getId()) {
        case R.id.btnWeather:
            break;

        case R.id.btnCamera:
            EntryCameraActivity();
            break;
```

```java
                case R.id.btnRecord:
                    EntryRecordActivity();
                    break;

                case R.id.btnShake:
                    EntryShakeActivity();
                    break;

                case R.id.refresh_weather:
                    startWeatherThread();// 开启天气线程
                    break;
            }
        } catch (Exception e) {
            return;
        }
    }

    // 进入照相界面
    private void EntryCameraActivity(){
        Intent intent = new Intent();
        intent.setClass(this, CameraActivity.class);
        startActivity(intent);

        finish();
    }

    // 进入录音界面
    private void EntryRecordActivity(){
        Intent intent = new Intent();
        intent.setClass(this, RecordActivity.class);
        startActivity(intent);

        finish();
    }

    // 进入"摇一摇"界面
    private void EntryShakeActivity(){
        Intent intent = new Intent();
        intent.setClass(this, ShakeActivity.class);
        startActivity(intent);

        finish();
    }

    /*
     * 继承重写创建菜单函数
     * 此函数只在第一次按 Menu 键显示 Menu 时显示
     * */
    @Override
    public boolean onCreateOptionsMenu(Menu paramMenu){
```

```
        getMenuInflater().inflate(R.menu.exit_menu, paramMenu);

        return true;
    }

    /*
     * 继承菜单选择事件函数
     * 此函数在每次选择菜单时会执行
     * */
    public boolean onOptionsItemSelected(MenuItem item) {

        switch (item.getItemId()) {
            case R.id.exitMenu:
                ExitDialog();
                break;
        }

        return true;
    }

    // 退出对话框
    private void ExitDialog(){
        AlertDialog.Builder builder = new AlertDialog.Builder(this);
        builder.setTitle(R.string.edialog_title);
        builder.setIcon(android.R.drawable.ic_dialog_info);
        builder.setMessage(R.string.edialog_content);
        builder.setPositiveButton(R.string.ok,
            new DialogInterface.OnClickListener(){

                @Override
                public void onClick(DialogInterface dialog, int which){
                    exit();
                }
            });
        builder.setNegativeButton(R.string.cancel,
            new DialogInterface.OnClickListener(){
                @Override
                public void onClick(DialogInterface dialog, int which) {

                }
            });
        builder.create().show();
    }

    // 退出程序
    private void exit(){
        try {
            finish();
            android.os.Process.killProcess(android.os.Process.myPid());
        } catch (Exception e) {
            return;
```

```java
        }
    }

    // 通过HTTP通信获取天气信息
    private void getWeatherByHttp(){
        HttpURLConnection httpClient = null;
        try {
            if (exHttp == null) {
                exHttp = new ExHttp();
            }
            String url = String.format(baseUrl, codeBJ);
            httpClient = exHttp.createHttpConnectBase(url);

            if(httpClient != null){
                String result = "";

            byte[] buffer = new byte[1024];
            int len=0;
            InputStream inUserData = httpClient.getInputStream();
            ByteArrayBuffer babuf = new ByteArrayBuffer(1024);
            while ((len = inUserData.read(buffer)) > 0) {
                babuf.append(buffer, 0, len);
                String str = new String(babuf.toByteArray(), HTTP.UTF_8);
                result += str;

                str = null;
                babuf.clear();
            }
            inUserData.close();
            httpClient.disconnect();

            weatherInfo = exHttp.parseJsonlistdir(result);
            saveWeatherByFile(result);
            }else{
                String result = readWeatherByFile();
                if(!result.equals("")){
                    weatherInfo = exHttp.parseJsonlistdir(result);
                }
            }

    weaHandler.sendEmptyMessage(UPDATE_WEATHER);
        } catch (Exception e) {
            if(httpClient != null){
                httpClient.disconnect();
            }

            String result = readWeatherByFile();
            Log.i(TAG,"result: "+result);
            if(!result.equals("")){
                weatherInfo = exHttp.parseJsonlistdir(result);
            }
```

```java
                weaHandler.sendEmptyMessage(UPDATE_WEATHER);

                return;
            }
        }

    private String fileDir = "";
    private String fileName = "weather.xml";
    // 保存到文件
    private void saveWeatherByFile(String result){
            try {
                    if(fileDir.equals("")){
                            fileDir = Environment.getExternalStorageDirectory()
                                    .toString() + "/EX5/weather/";
                    }
                    File fDir = new File(fileDir);
                    if(!fDir.exists()){
                            fDir.mkdirs();
                    }

                    File userFile = new File(fileDir, fileName);
                    FileOutputStream fos = new FileOutputStream(userFile);
                    fos.write(result.getBytes(), 0, result.getBytes().length);

                    fos.close();
            } catch (Exception e) {
                    e.printStackTrace();

                    return;
            }
    }


    // 读取文件
    public String readWeatherByFile(){
            if(fileDir.equals("")){
                    fileDir = Environment.getExternalStorageDirectory()
                            .toString() + "/EX5/weather/";
            }

            String res="";
             try{
                        FileInputStream fin = new FileInputStream(fileDir+fileName);
                        int length = fin.available();
                        byte [] buffer = new byte[length];
                        int len = fin.read(buffer);

                        ByteArrayBuffer babuf = new ByteArrayBuffer(length);
                            babuf.append(buffer, 0, len);

                            res = new String(babuf.toByteArray(), HTTP.UTF_8);
```

```java
                    fin.close();
            }catch(Exception e){
                    e.printStackTrace();
                    return "";
            }

        return res;
    }

// 开启获取天气信息线程
private void startWeatherThread(){
        loadLay.setVisibility(View.VISIBLE);
        Thread weaThread = new Thread(){
                public void run(){
                        getWeatherByHttp();// 获取天气信息
                }
        };
        weaThread.start();
}

// 更新天气信息
private void UpdateWeatherData(){

        if(weatherInfo != null){
                for(int i = 0; i < weatherInfo.size(); i++){
                        WeatherInfo curInfo = weatherInfo.get(i);

                        if(curInfo.getIndex().equals("0")){
                                todayDay.setText(" 今天 ");
                                todayTemp.setText(curInfo.getTemp());

                        }else if(curInfo.getIndex().equals("1")){

                                tomDay.setText(" 明天 ");
                                tomTemp.setText(curInfo.getTemp());

                        }else if(curInfo.getIndex().equals("2")){

                                atomDay.setText(" 后天 ");
                                atomTemp.setText(curInfo.getTemp());
                        }

                }
        }
}

// 按键的事件监听器
@Override
public boolean onKeyDown(int keyCode, KeyEvent event) {
    if(keyCode==KeyEvent.KEYCODE_BACK&&event.getRepeatCount()==0){
```

```
            finish();

                return true;
            }else{
                return super.onKeyDown(keyCode, event);
            }
        }

        //异步回调类,主要处理UI的一些辅助工作
        public Handler weaHandler = new Handler(){
            public void handleMessage(android.os.Message msg) {
                switch (msg.what){
                case UPDATE_WEATHER:
                    UpdateWeatherData();
                    loadLay.setVisibility(View.INVISIBLE);
                    break;
                }
            }
        };

}
    B,天气信息保存类
package com.demo.util;

publicclass WeatherInfo {
    public String getWeather() {
        returnweather;
    }
    publicvoid setWeather(String weather) {
        this.weather = weather;
    }
    public String getImage() {
        returnimage;
    }
    publicvoid setImage(String image) {
        this.image = image;
    }
    public String getTemp() {
        returntemp;
    }
    publicvoid setTemp(String temp) {
        this.temp = temp;
    }
    public String getIndex() {
        returnindex;
    }
    publicvoid setIndex(String index) {
        this.index = index;
    }
    private String weather ="";//天气描述
    private String image = "";//图片
```

```
    private String temp = "";//温度
    private String index = "";//索引
}
```

20.2.6 在 AndroidManifest.xml 文件中添加相关权限

由于此部分涉及到对 SD 卡文件的读写操作，故需要加入相应权限：

```
<uses-permission android:name="android.permission.WRITE_EXTERNAL_STORAGE"/>
```

另外涉及 HTTP 通信，故也需要加入对网络的访问权限：

```
<uses-permission android:name="android.permission.INTERNET"></uses-permission>
```

20.2.7 完成天气模块

天气模块的效果如图 20-11 所示。

图 20-11 Andorid 实例天气模块效果

20.3 照相

20.3.1 对系统手机摄像头的启动与拍照

主要通过调用系统摄像头程序，然后继承实现界面的回调的函数，从而实现对系统摄像头拍照时间的检测，具体代码如下：

```java
// 调用系统摄像头程序进行拍照
    publicvoidEntryncameraActivity(){
            try {
                    if (cameraDir.equals("")) {
                            cameraDir = Environment.getExternalStorageDirectory()
                                    .toString() + "/EX5/camera/";
                    }

                    File dir = new File(cameraDir);
                    if (!dir.exists()) {
                            dir.mkdirs();
                    }

                    SimpleDateFormat df = new SimpleDateFormat("yyyyMMdd_HHmmss");// 设置日期格式
                    cameraFile = df.format(new Date())+ ".jpg";

                    Log.i(TAG, "cameraFile = "+cameraFile);
                    File file = new File(cameraDir + cameraFile);

                    Intent intent = new Intent(MediaStore.ACTION_IMAGE_CAPTURE);
                    intent.putExtra(MediaStore.EXTRA_OUTPUT, Uri.fromFile(file));
                    startActivityForResult(intent, CAMERA_UPLOAD);
            } catch (Exception e) {
                    e.printStackTrace();
                    return;
            }

    }
```

Activity 回调函数的实现：
```java
//Activity 的回调函数，此处拍照程序结束后会调用此程序
    protectedvoidonActivityResult(int requestCode, int resultCode, Intent data) {
            super.onActivityResult(requestCode, resultCode, data);

            switch (requestCode) {
            // 拍照
            caseCAMERA_UPLOAD:
                    try {
                            String tempfile = cameraDir+cameraFile;
                            //Log.i(TAG,"tempfile="+tempfile);
                            File file = new File(tempfile);

                            if (!file.isFile() || !file.exists() || file.length() <= 0) {
                                    if(file.exists() && file.isFile()){
                                            file.delete();
                                    }
```

```
                                Toast.makeText(getApplicationContext(), "很抱
歉,您拍照失败!"
                                        Toast.LENGTH_SHORT).show();
                                cameraFile = "";
                        } else {
                                cameraHandler.sendEmptyMessage(VIEW_CAMERA_
IMG);
                        }
                } catch (Exception e) {
                        e.printStackTrace();
                        return;
                }

                break;
        }
}
```

20.3.2 照片的显示以及多点触控缩放

通过 Activity 的回调函数,在摄像头程序成功拍照后,显示具体的图片,并通过多点触控技术,实现对图片的双指针放大、缩小以及移动等相关操作。具体代码如下:

```
privatestaticfinalintNONE = 0;
    privatestaticfinalintDRAG = 1;
    privatestaticfinalintZOOM = 2;
    privateintmode = NONE;
    privatefloatoldDist;
    private Matrix matrix = new Matrix();
    private Matrix savedMatrix = new Matrix();
    private PointF start = new PointF();
    private PointF mid = new PointF();

    //多点触控事件检测(双指针放大、缩小、移动等)
    publicboolean imgeOntouchListener(View v,MotionEvent event){
        try {
                ImageView view = (ImageView) v;
                switch (event.getAction() & MotionEvent.ACTION_MASK) {
                case MotionEvent.ACTION_DOWN:
                        savedMatrix.set(matrix);
                        start.set(event.getX(), event.getY());
                        mode = DRAG;
                        break;
                case MotionEvent.ACTION_UP:
                case MotionEvent.ACTION_POINTER_UP:
                        mode = NONE;
                        break;
                case MotionEvent.ACTION_POINTER_DOWN:
                        oldDist = spacing(event);
```

```java
                                if (oldDist> 10f) {
                                        savedMatrix.set(matrix);
                                        midPoint(mid, event);
                                        mode = ZOOM;
                                }
                                break;
                        case MotionEvent.ACTION_MOVE:
                                if (mode == DRAG) {
                                        matrix.set(savedMatrix);
                                        matrix.postTranslate(event.getX() - start.x,
event.getY()
                                                        - start.y);
                                } elseif (mode == ZOOM) {
                                        float newDist = spacing(event);
                                        if (newDist > 10f) {
                                                matrix.set(savedMatrix);
                                                float scale = newDist / oldDist;
                                                matrix.postScale(scale, scale, mid.x,
mid.y);
                                        }
                                }
                                break;
                        }
                        view.setImageMatrix(matrix);
                } catch (Exception e) {
                        e.printStackTrace();

                        returnfalse;
                }
                returntrue;
        }

        privatefloat spacing(MotionEvent event) {
                float x = event.getX(0) - event.getX(1);
                float y = event.getY(0) - event.getY(1);
                return FloatMath.sqrt(x * x + y * y);
        }

        privatevoid midPoint(PointF point, MotionEvent event) {
                float x = event.getX(0) + event.getX(1);
                float y = event.getY(0) + event.getY(1);
                point.set(x / 2, y / 2);
        }
```

20.3.3 照相功能的整合

将启动系统摄像头,通过 Activity 回调函数检测摄像头拍照事件以及实现对相片的多点触控放大缩小技术,从而实现照相的功能模块,具体代码如下:

```java
package com.demo.ui;
```

```java
import java.io.File;
import java.text.SimpleDateFormat;
import java.util.Date;

import android.app.Activity;
import android.app.AlertDialog;
import android.content.DialogInterface;
import android.content.Intent;
import android.content.res.Configuration;
import android.graphics.Bitmap;
import android.graphics.BitmapFactory;
import android.graphics.Matrix;
import android.graphics.PointF;
import android.net.Uri;
import android.os.Bundle;
import android.os.Environment;
import android.os.Handler;
import android.provider.MediaStore;
import android.util.FloatMath;
import android.util.Log;
import android.view.Display;
import android.view.KeyEvent;
import android.view.Menu;
import android.view.MenuItem;
import android.view.MotionEvent;
import android.view.View;
import android.view.Window;
import android.widget.Button;
import android.widget.ImageView;
import android.widget.LinearLayout;
import android.widget.RelativeLayout;
import android.widget.Toast;

import com.demo.R;
import com.demo.util.ImageTools;

public class CameraActivity extends Activity implements View.OnClickListener{

    private final String TAG = "CameraActivity";

    private RelativeLayout rlayoutTop = null;

    private LinearLayout llayTQ = null;
    private LinearLayout llayZX = null;
    private LinearLayout llayLY = null;
    private LinearLayout llayYY = null;

    private String cameraDir = "",cameraFile = "";// 拍照图片保存的目录与文件名
    private static final int CAMERA_UPLOAD = 101;// 拍照消息
    private final int VIEW_CAMERA_IMG = 1000;// 显示拍照的图片消息
```

```java
private ImageView cameraImg = null;// 显示拍照的图片控件
private Button cameraBtn = null;// 拍照按钮控件

public void onCreate(Bundle bundle){//Activity创建函数
    super.onCreate(bundle);
    requestWindowFeature(Window.FEATURE_NO_TITLE);// 设置标题显示模式——没有标题

    setContentView(R.layout.camera);// 设置当前使用布局

    initButton();// 控件初始化
}

// 控件初始化函数
private void initButton(){
    rlayoutTop = (RelativeLayout)findViewById(R.id.rlayoutTop);

    llayTQ = (LinearLayout)findViewById(R.id.btnWeather);// 获取底部天气控件并设置单击事件监听器
    llayTQ.setOnClickListener(this);

    llayZX = (LinearLayout)findViewById(R.id.btnCamera);// 获取底部照相控件并设置单击事件监听器
    llayZX.setSelected(true);
    llayZX.setOnClickListener(this);

    llayLY = (LinearLayout)findViewById(R.id.btnRecord);// 获取底部录音控件并设置单击事件监听器
    llayLY.setOnClickListener(this);

    llayYY = (LinearLayout)findViewById(R.id.btnShake);// 获取底部"摇一摇"控件并设置单击事件监听器
    llayYY.setOnClickListener(this);

    cameraBtn = (Button)findViewById(R.id.btn_camera);
    cameraBtn.setOnClickListener(this);

    cameraImg = (ImageView)findViewById(R.id.camera_img);
    cameraImg.setOnTouchListener(new View.OnTouchListener() {

        @Override
        public boolean onTouch(View v, MotionEvent event) {
            // TODO Auto-generated method stub
            return imgeOntouchListener(v,event);
        }
    });
}
private static final int NONE = 0;
private static final int DRAG = 1;
private static final int ZOOM = 2;
```

```java
private int mode = NONE;
private float oldDist;
private Matrix matrix = new Matrix();
private Matrix savedMatrix = new Matrix();
private PointF start = new PointF();
private PointF mid = new PointF();

//多点触控事件检测（双指针放大、缩小、移动等）
public boolean imgeOntouchListener(View v, MotionEvent event){
    try {
        ImageView view = (ImageView) v;
        switch (event.getAction() & MotionEvent.ACTION_MASK) {
        case MotionEvent.ACTION_DOWN:
            savedMatrix.set(matrix);
            start.set(event.getX(), event.getY());
            mode = DRAG;
            break;
        case MotionEvent.ACTION_UP:
        case MotionEvent.ACTION_POINTER_UP:
            mode = NONE;
            break;
        case MotionEvent.ACTION_POINTER_DOWN:
            oldDist = spacing(event);
            if (oldDist > 10f) {
                savedMatrix.set(matrix);
                midPoint(mid, event);
                mode = ZOOM;
            }
            break;
        case MotionEvent.ACTION_MOVE:
            if (mode == DRAG) {
                matrix.set(savedMatrix);
                matrix.postTranslate(event.getX() - start.x,
event.getY()
                        - start.y);
            } else if (mode == ZOOM) {
                float newDist = spacing(event);
                if (newDist > 10f) {
                    matrix.set(savedMatrix);
                    float scale = newDist / oldDist;
                    matrix.postScale(scale, scale, mid.x,
mid.y);
                }
            }
            break;
        }
        view.setImageMatrix(matrix);
    } catch (Exception e) {
        e.printStackTrace();
    }

    return false;
```

```java
            }
            return true;
        }

        private float spacing(MotionEvent event) {
            float x = event.getX(0) - event.getX(1);
            float y = event.getY(0) - event.getY(1);
            return FloatMath.sqrt(x * x + y * y);
        }

        private void midPoint(PointF point, MotionEvent event) {
            float x = event.getX(0) + event.getX(1);
            float y = event.getY(0) + event.getY(1);
            point.set(x / 2, y / 2);
        }

        //控件点击事件监听函数
        @Override
        public void onClick(View v){
            try {
                switch (v.getId()) {
                case R.id.btnWeather:
                    EntryWeatherActivity();
                    break;

                case R.id.btnCamera:
                    break;

                case R.id.btnRecord:
                    EntryRecordActivity();
                    break;

                case R.id.btnShake:
                    EntryShakeActivity();
                    break;

                case R.id.btn_camera:
                    EntryncameraActivity();
                    break;
                }
            } catch (Exception e) {
                return;
            }
        }

        //进入天气界面
        private void EntryWeatherActivity(){
            Intent intent = new Intent();
            intent.setClass(this, WeatherActivity.class);
            startActivity(intent);
```

```java
        finish();
}

// 进入录音界面
private void EntryRecordActivity(){
        Intent intent = new Intent();
        intent.setClass(this, RecordActivity.class);
        startActivity(intent);

        finish();
}

// 进入"摇一摇"界面
private void EntryShakeActivity(){
        Intent intent = new Intent();
        intent.setClass(this, ShakeActivity.class);
        startActivity(intent);

        finish();
}

/*
 * 继承重写创建菜单函数
 * 此函数只在第一次按 Menu 键显示 Menu 时显示
 * */
@Override
public boolean onCreateOptionsMenu(Menu paramMenu){
getMenuInflater().inflate(R.menu.exit_menu, paramMenu);

return true;
}

/*
 * 继承菜单选择事件函数
 * 此函数在每次选择菜单时会执行
 * */
public boolean onOptionsItemSelected(MenuItem item) {

        switch (item.getItemId()) {
                case R.id.exitMenu:
                        ExitDialog();
                        break;
        }

        return true;
}

// 退出对话框
private void ExitDialog(){
        AlertDialog.Builder builder = new AlertDialog.Builder(this);
    builder.setTitle(R.string.edialog_title);
```

```java
        builder.setIcon(android.R.drawable.ic_dialog_info);
        builder.setMessage(R.string.edialog_content);
        builder.setPositiveButton(R.string.ok,
            new DialogInterface.OnClickListener(){

                @Override
                public void onClick(DialogInterface dialog, int which){
                exit();
                }
            });
        builder.setNegativeButton(R.string.cancel,
            new DialogInterface.OnClickListener(){
                @Override
                public void onClick(DialogInterface dialog, int which) {

                }
            });
        builder.create().show();
    }

    // 退出程序
    private void exit(){
        try {
            finish();
            android.os.Process.killProcess(android.os.Process.myPid());
        } catch (Exception e) {
            return;
        }
    }

    // 调用系统摄像头程序进行拍照
    public void EntryncameraActivity(){

        try {
            if (cameraDir.equals("")) {
                cameraDir = Environment.getExternalStorageDirectory()
                        .toString() + "/EX5/camera/";
            }

            File dir = new File(cameraDir);
            if (!dir.exists()) {
                dir.mkdirs();
            }

            SimpleDateFormat df = new SimpleDateFormat("yyyyMMdd_HHmmss");// 设置日期格式
            cameraFile = df.format(new Date())+ ".jpg";

            Log.i(TAG, "cameraFile = "+cameraFile);
            File file = new File(cameraDir + cameraFile);
```

```java
                Intent intent = new Intent(MediaStore.ACTION_IMAGE_CAPTURE);
                intent.putExtra(MediaStore.EXTRA_OUTPUT, Uri.fromFile(file));
                startActivityForResult(intent, CAMERA_UPLOAD);
        } catch (Exception e) {
                e.printStackTrace();
                return;
        }
    }

    //activity的回调函数,此处拍照程序结束后会调用此程序
    protected void onActivityResult(int requestCode, int resultCode, Intent data) {
            super.onActivityResult(requestCode, resultCode, data);

            switch (requestCode) {
            // 拍照
            case CAMERA_UPLOAD:
                    try {
                            String tempfile = cameraDir+cameraFile;
                            //Log.i(TAG,"tempfile="+tempfile);
                            File file = new File(tempfile);

                            if (!file.isFile() || !file.exists() || file.length() <= 0) {
                                    if(file.exists() && file.isFile()){
                                            file.delete();
                                    }

                                    Toast.makeText(getApplicationContext(), "很抱歉,您拍照失败!"
                                            Toast.LENGTH_SHORT).show();
                                    cameraFile = "";
                            } else {
                                    cameraHandler.sendEmptyMessage(VIEW_CAMERA_IMG);
                            }
                    } catch (Exception e) {
                            e.printStackTrace();
                            return;
                    }

                    break;
            }
    }

    // 显示拍照成的图片
    public void viewCameraImg(){
            try {
                    String tempfile = cameraDir + cameraFile;
```

```
                    File file = new File(tempfile);

                    if (!cameraFile.equals("") && file.isFile() && file.exists()
&& file.length() > 0) {
                        // 从文件获取位图对象
                        Bitmap mBitmap = BitmapFactory.decodeFile(tempfile);

                        // 获取显示对象
                        Display display = getWindowManager().
getDefaultDisplay();

                        int tempWidth = cameraImg.getLeft()*2;
                        int tempheight = 0;
                        if(llayTQ.getHeight() != 0 && rlayoutTop.getHeight()
!= 0){
                            tempheight = cameraImg.getTop()*2;
                        }else{
                            tempheight = 200;
                        }

                        // 根据位图资源，生成需要的适应大小位图资源
                        Bitmap newBitmap = ImageTools.resizeImage(mBitmap,
                                display.getWidth() - tempWidth, display.
getHeight() - tempheight);

                        /*Log.i(TAG,""+cameraImg.getWidth()+" "+cameraImg.
getHeight());
                        // 根据位图资源，生成需要的适应大小位图资源
                        Bitmap newBitmap = ImageTools.resizeImage(mBitmap,
cameraImg.getWidth(),
                                        cameraImg.getHeight());*/

                        cameraImg.setImageBitmap(newBitmap);
                    }
                } catch (Exception e) {
                    e.printStackTrace();
                    return;
                }

            }

        // 转屏事件的监听函数
        public void onConfigurationChanged(Configuration newConfig) {
            super.onConfigurationChanged(newConfig);

            cameraHandler.sendEmptyMessage(VIEW_CAMERA_IMG);
        }

        // 按键的事件监听器
        @Override
```

```
    public boolean onKeyDown(int keyCode, KeyEvent event) {
        if(keyCode==KeyEvent.KEYCODE_BACK&&event.getRepeatCount()==0){
finish();

            return true;
        }else{
            return super.onKeyDown(keyCode, event);
        }
    }

    //异步回调类,主要处理 UI 的一些辅助工作
    public Handler cameraHandler = new Handler(){
        public void handleMessage(android.os.Message msg) {
            switch (msg.what){
            case VIEW_CAMERA_IMG:
                viewCameraImg();
                break;
            }
        }
    };

}
```

此模块的运行效果如图 20-12 所示。

图 20-12 Andorid 实例照相模块效果

20.4 录音

根据录音文件的时长来决定当前录音、停止、播放、停止播放以及不可用状态的切换。

20.4.1 MediaRecorder 类进行录音

利用 MediaRecorder 类进行 Android 系统录音，具体代码如下：

```
privatevoid onStartRecording() {
        // when plan comes to interrupt activity
        Log.i("Start Rec", "MessageManager");
        recordTime = 0;
        setRecordText();
        isStart = true;
        recordHandler.sendEmptyMessageDelayed(ADD_RECORD_TIME, 1000);

        mRecorder = new MediaRecorder();
        initRecorder();
        mRecorder.start();

    }

    privatevoid initRecorder() {
        try {
            mRecorder.setAudioSource(MediaRecorder.AudioSource.MIC);

            mRecorder.setOutputFormat(MediaRecorder.OutputFormat.RAW_AMR);

            mRecorder.setAudioEncoder(MediaRecorder.AudioEncoder.AMR_NB);

            mSampleFile = null;

            if (recordSaveDir.equals("")) {
                recordSaveDir = Environment.getExternalStorageDirectory()
                        .toString() + "/EX5/record/";
            }
            File dirFile = new File(recordSaveDir);
            if(!dirFile.exists()){
                dirFile.mkdirs();
            }

            mSampleFile = File.createTempFile("record", ".wav",dirFile);
            mRecorder.setOutputFile(mSampleFile.getAbsolutePath());
            mRecorder.prepare();
        } catch (Exception e) {
            e.printStackTrace();
            return;
        }
    }

    privatevoid onStopRecording() {
        try {
            Log.i("stop rec", "MessageManager");
```

```
                if (mRecorder != null) {

                    mRecorder.stop();
                    mRecorder.release();
                    mRecorder = null;
                    isStart = false;

                    setRecordText();
                }

        } catch (Exception e) {
            e.printStackTrace();

            return;
        }
    }
```

20.4.2 MediaPlayer 类对录制的视频文件进行播放

利用 Android 的 MediaPlayer 多媒体类，对录制好的视频文件进行播放，具体代码如下：

```
privatevoid startPlaying() {
try {
    mPlayer = newMediaPlayer();
    if(mSampleFile != null&&mSampleFile.length() > 0){
            mPlayer.setOnCompletionListener(newMediaPlayer.OnCompletionListener() {

                            @Override
                            publicvoid onCompletion(MediaPlayer arg0) {
                                stopPlaying();
                                btnPlay.setText(" 播放 ");
                            }
                        });
        // 设置要播放的文件
        mPlayer.setDataSource(mSampleFile.getAbsolutePath());
        mPlayer.prepare();
        // 播放
        mPlayer.start();
    }
        } catch (Exception e) {
    e.printStackTrace();

    return;
        }
    }

// 停止播放
privatevoid stopPlaying() {
```

```
    if(mPlayer != null){
          mPlayer.release();
          mPlayer = null;
    }
}
```

20.4.3 在 AndroidManifest.xml 中加入相应的权限

由于音频文件的录音与播放操作，需要对多媒体设备的访问权限，故需要加入以下配置：

```xml
<uses-permission android:name="android.permission.RECORD_AUDIO" />
```

20.4.4 录音与播放功能代码整合

主要需要考虑录音与播放按钮的状态切换，如录音时播放按钮不可用、播放时录音按钮不可用等状态的切换，具体的代码如下：

```java
package com.demo.ui;

import java.io.File;

import android.app.Activity;
import android.app.AlertDialog;
import android.content.DialogInterface;
import android.content.Intent;
import android.media.MediaPlayer;
import android.media.MediaRecorder;
import android.os.Bundle;
import android.os.Environment;
import android.os.Handler;
import android.util.Log;
import android.view.KeyEvent;
import android.view.Menu;
import android.view.MenuItem;
import android.view.View;
import android.view.Window;
import android.widget.Button;
import android.widget.LinearLayout;
import android.widget.TextView;

import com.demo.R;

public class RecordActivity extends Activity implements View.OnClickListener{

    private LinearLayout llayTQ = null;
    private LinearLayout llayZX = null;
```

```java
        private LinearLayout llayLY = null;
        private LinearLayout llayYY = null;

        private String recordSaveDir = "";

        private TextView recordTxt = null;
        private Button btnrStart = null, btnPlay = null;

        private String recordbaseTxt = "录音时间长：";
        private long recordTime = 0;

        private final int ADD_RECORD_TIME = 1000;

        private boolean isStart = false;

        private File mSampleFile;
        private MediaRecorder mRecorder;

        private MediaPlayer mPlayer = null;

        public void onCreate(Bundle bundle){//Activity创建函数
            super.onCreate(bundle);
            requestWindowFeature(Window.FEATURE_NO_TITLE);//设置标题显示模式——没有标题

            setContentView(R.layout.record);//设置当前使用布局

            initButton();//控件初始化

            setRecordText();//初始化录制视频大小
        }

        //控件初始化函数
        private void initButton(){
            llayTQ = (LinearLayout)findViewById(R.id.btnWeather);//获取底部天气控件并设置单击事件监听器
            llayTQ.setOnClickListener(this);

            llayZX = (LinearLayout)findViewById(R.id.btnCamera);//获取底部照相控件并设置单击事件监听器
            llayZX.setOnClickListener(this);

            llayLY = (LinearLayout)findViewById(R.id.btnRecord);//获取底部录音控件并设置单击事件监听器
            llayLY.setSelected(true);
            llayLY.setOnClickListener(this);

            llayYY = (LinearLayout)findViewById(R.id.btnShake);//获取底部"摇一摇"控件并设置单击事件监听器
            llayYY.setOnClickListener(this);
```

```java
            recordTxt = (TextView)findViewById(R.id.record_txt);

            btnrStart = (Button)findViewById(R.id.btnrStart);
            btnrStart.setOnClickListener(this);

            btnPlay = (Button)findViewById(R.id.btnPlay);
            btnPlay.setOnClickListener(this);
    }
    public void setRecordText(){
            try {
                    String txtrTime = "";

                    if (recordTime <= 60) {
                            txtrTime = Math.round(recordTime)+ "秒";
                    } else {
                            txtrTime = Math.round(recordTime / 60)+ "分钟";
                    }

                    txtrTime = recordbaseTxt + txtrTime;
                    recordTxt.setText(txtrTime);
                    if (recordTime <= 0) {
                            if(btnPlay.isEnabled()){
                                    btnPlay.setEnabled(false);
                            }
                    } else {
                            if(!isStart){
                                    if(!btnPlay.isEnabled()){
                                            btnPlay.setEnabled(true);
                                    }
                            }else{
                                    if(btnPlay.isEnabled()){
                                            btnPlay.setEnabled(false);
                                    }
                            }
                    }
            } catch (Exception e) {
                    e.printStackTrace();
                    return;
            }
    }

    private void onStartRecording() {
            // when plan comes to interrupt activity
            Log.i("Start Rec", "MessageManager");
            recordTime = 0;
            setRecordText();
            isStart = true;
            recordHandler.sendEmptyMessageDelayed(ADD_RECORD_TIME, 1000);

            mRecorder = new MediaRecorder();
```

```java
            initRecorder();
            mRecorder.start();

    }

    private void initRecorder() {
        try {
            mRecorder.setAudioSource(MediaRecorder.AudioSource.MIC);
            mRecorder.setOutputFormat(MediaRecorder.OutputFormat.RAW_AMR);
            mRecorder.setAudioEncoder(MediaRecorder.AudioEncoder.AMR_NB);
            mSampleFile = null;

            if (recordSaveDir.equals("")) {
                recordSaveDir = Environment.getExternalStorageDirectory()
                            .toString() + "/EX5/record/";
            }
            File dirFile = new File(recordSaveDir);
            if(!dirFile.exists()){
                dirFile.mkdirs();
            }

            mSampleFile = File.createTempFile("record", ".wav",dirFile);
            mRecorder.setOutputFile(mSampleFile.getAbsolutePath());
            mRecorder.prepare();
        } catch (Exception e) {
            e.printStackTrace();
            return;
        }
    }

    private void onStopRecording() {
        try {
            Log.i("stop rec", "MessageManager");
            if (mRecorder != null) {

                mRecorder.stop();
                mRecorder.release();
                mRecorder = null;
                isStart = false;

                setRecordText();
            }

        } catch (Exception e) {
            e.printStackTrace();

            return;
        }
```

```java
    }

     private void startPlaying() {
         try {
    mPlayer = new MediaPlayer();
    if(mSampleFile != null && mSampleFile.length() > 0){
           mPlayer.setOnCompletionListener(new MediaPlayer.OnCompletionListener() {

                                @Override
                                public void onCompletion(MediaPlayer arg0) {
                                    stopPlaying();
                                    btnPlay.setText(" 播放 ");
                                }
                            });
             // 设置要播放的文件
             mPlayer.setDataSource(mSampleFile.getAbsolutePath());
             mPlayer.prepare();
             // 播放
             mPlayer.start();
    }
         } catch (Exception e) {
    e.printStackTrace();

    return;
         }
     }


      // 停止播放
      private void stopPlaying() {
    if(mPlayer != null){
          mPlayer.release();
          mPlayer = null;
    }
      }



      // 控件点击事件监听函数
      @Override
      public void onClick(View v){
            try {
                switch (v.getId()) {
                case R.id.btnWeather:
                    EntryWeatherActivity();
                    break;

                case R.id.btnCamera:
                    EntryCameraActivity();
                    break;

                case R.id.btnRecord:
```

```java
                    break;

                case R.id.btnShake:
                    EntryShakeActivity();
                    break;

                case R.id.btnrStart:
                    if(btnrStart.getText().equals("录音")){
                        btnrStart.setText("停止");

                        onStartRecording();
                    }else if(btnrStart.getText().equals("停止")){
                        btnrStart.setText("录音");

                        onStopRecording();
                    }

                    break;

                case R.id.btnPlay:
                    if(btnPlay.getText().equals("播放")){
                        btnPlay.setText("停止");

                        startPlaying();
                    }else if(btnrStart.getText().equals("停止")){
                        btnrStart.setText("播放");

                        stopPlaying();
                    }

                    break;
            }
        } catch (Exception e) {
            return;
        }
    }

    public Handler recordHandler = new Handler(){
        public void handleMessage(android.os.Message msg) {
            switch (msg.what){
            case ADD_RECORD_TIME:
                if(isStart){
                    recordHandler.sendEmptyMessageDelayed(ADD_RECORD_TIME, 1000);

                    recordTime++;
                    setRecordText();
                }

                break;
            }
```

```java
            }
        };

        // 进入天气界面
        private void EntryWeatherActivity(){
            Intent intent = new Intent();
            intent.setClass(this, WeatherActivity.class);
            startActivity(intent);

            finish();
        }

        // 进入照相界面
        private void EntryCameraActivity(){
            Intent intent = new Intent();
            intent.setClass(this, CameraActivity.class);
            startActivity(intent);

            finish();
        }

        // 进入"摇一摇"界面
        private void EntryShakeActivity(){
            Intent intent = new Intent();
            intent.setClass(this, ShakeActivity.class);
            startActivity(intent);

            finish();
        }

    /*
     * 继承重写创建菜单函数
     * 此函数只在第一次按 Menu 键显示 Menu 时显示
     * */
    @Override
    public boolean onCreateOptionsMenu(Menu paramMenu){
        getMenuInflater().inflate(R.menu.exit_menu, paramMenu);

        return true;
    }

    /*
     * 继承菜单选择事件函数
     * 此函数在每次选择菜单时会执行
     * */
    public boolean onOptionsItemSelected(MenuItem item) {

            switch (item.getItemId()) {
                case R.id.exitMenu:
                    ExitDialog();
                    break;
```

```java
        }
        return true;
    }

    // 按键的事件监听器
    @Override
    public boolean onKeyDown(int keyCode, KeyEvent event) {
        if(keyCode==KeyEvent.KEYCODE_BACK&&event.getRepeatCount()==0){
            finish();
            return true;
        }else{
            return super.onKeyDown(keyCode, event);
        }
    }

    // 退出对话框
    private void ExitDialog(){
        AlertDialog.Builder builder = new AlertDialog.Builder(this);
        builder.setTitle(R.string.edialog_title);
        builder.setIcon(android.R.drawable.ic_dialog_info);
        builder.setMessage(R.string.edialog_content);
        builder.setPositiveButton(R.string.ok,
            new DialogInterface.OnClickListener(){

                @Override
                public void onClick(DialogInterface dialog, int which){
                    exit();
                }
            });
        builder.setNegativeButton(R.string.cancel,
            new DialogInterface.OnClickListener(){
                @Override
                public void onClick(DialogInterface dialog, int which) {

                }
            });
        builder.create().show();
    }

    // 退出程序
    private void exit(){
        try {
            finish();
            android.os.Process.killProcess(android.os.Process.myPid());
        } catch (Exception e) {
            return;
        }
    }
}
```

20.4.5 录音功能模块运行效果

（1）没有录音文件

没有录音文件时的效果如图20-13所示。

（2）正在录音

正在录音时的效果界面如图20-14所示。

（3）正在播放录音文件

正在播放录音文件时的效果如图20-15所示。

  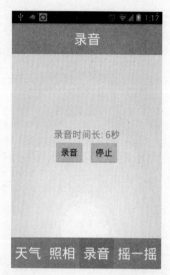

图20-13 Andorid实例录音模块效果1　图20-14 Andorid实例录音模块效果2　图20-15 Andorid实例录音模块效果3

20.5 摇一摇

此功能主要是通过检测传感器事件来判断当前手机是有振动或摇动，从而动态切换要显示的图片。

20.5.1 传感器检测

需要根据Activity的状态，动态地注册与移除传感器服务，通过传感器事件的变化实现"摇一摇"的具体功能，其代码如下：

```
@Override
protectedvoid onPause() {
// TODO Auto-generated method stub
super.onPause();
sensorManager.unregisterListener(this);
```

```
    }

    @Override
    protectedvoid onResume() {

    super.onResume();
    sensorManager.registerListener(this, sensorManager.getDefaultSensor(Sensor.
TYPE_ACCELEROMETER), SensorManager.SENSOR_DELAY_NORMAL);
    }

    // 当传感器精度改变时回调该方法，Do nothing
    @Override
    publicvoid onAccuracyChanged(Sensor sensor, int accuracy) {
    }

    @Override
    publicvoid onSensorChanged(SensorEvent event) {

    int sensorType = event.sensor.getType();
    //values[0]:X 轴，values[1]：Y 轴，values[2]：Z 轴
    float[] values = event.values;
    if(sensorType == Sensor.TYPE_ACCELEROMETER){
    if((Math.abs(values[0])>sensorValue||Math.abs(values[1])>sensorValue||Math.
abs(values[2])>sensorValue)){
    // 摇动手机后，再伴随震动提示
    vibrator.vibrate(300);
            updateImgByRandom();
        }
      }
    }
```

20.5.2 "摇一摇"功能的具体实现

通过传感器事件的检测，动态地改变当前显示的图片，其代码如下：

```
package com.demo.ui;

import java.io.InputStream;
import java.util.ArrayList;
import java.util.Random;

import android.app.Activity;
import android.app.AlertDialog;
import android.app.Service;
import android.content.DialogInterface;
import android.content.Intent;
import android.content.res.AssetManager;
import android.graphics.BitmapFactory;
import android.graphics.drawable.BitmapDrawable;
```

```java
import android.graphics.drawable.Drawable;
import android.hardware.Sensor;
import android.hardware.SensorEvent;
import android.hardware.SensorEventListener;
import android.hardware.SensorManager;
import android.os.Bundle;
import android.os.Vibrator;
import android.util.Log;
import android.view.KeyEvent;
import android.view.Menu;
import android.view.MenuItem;
import android.view.View;
import android.view.Window;
import android.widget.ImageView;
import android.widget.LinearLayout;

import com.demo.R;

public class ShakeActivity extends Activity implements View.OnClickListener, SensorEventListener{

    private String TAG = "ShakeActivity";

    private LinearLayout llayTQ = null;
    private LinearLayout llayZX = null;
    private LinearLayout llayLY = null;
    private LinearLayout llayYY = null;

    private ImageView shakeImg = null;
    private ArrayList<Drawable> imgArray = null;

    private int cindex = -1;

    private final int sensorValue = 12;

    private SensorManager sensorManager = null;
    private Vibrator vibrator = null;

    public void onCreate(Bundle bundle){//Activity 创建函数
        super.onCreate(bundle);
        requestWindowFeature(Window.FEATURE_NO_TITLE);// 设置标题显示模式——没有标题

        setContentView(R.layout.shake);// 设置当前使用布局

        initButton();// 控件初始化

        initImgArray();// 初始化图片数据

        sensorManager = (SensorManager) getSystemService(SENSOR_SERVICE);
        vibrator = (Vibrator) getSystemService(Service.VIBRATOR_SERVICE);
```

```
            updateImgByRandom();
      }

      public void updateImgByRandom(){
            try {
                  Random rand = new Random();
                  while(true){
                        int index = rand.nextInt(5);
                        if(index != cindex){
                              cindex = index;
                              break;
                        }
                  }
                  Log.i(TAG, "cindex = " + cindex+" imgArray.size() = "+imgArray.size());
                  if (imgArray != null && imgArray.size() > cindex) {
                        shakeImg.setBackgroundDrawable(imgArray.get(cindex));
                  }
            } catch (Exception e) {
                  e.printStackTrace();

                  return;
            }
      }

      // 控件初始化函数
      private void initButton(){
            llayTQ = (LinearLayout)findViewById(R.id.btnWeather);// 获取底部天气控件并设置单击事件监听器
            llayTQ.setOnClickListener(this);

            llayZX = (LinearLayout)findViewById(R.id.btnCamera);// 获取底部照相控件并设置单击事件监听器
            llayZX.setOnClickListener(this);

            llayLY = (LinearLayout)findViewById(R.id.btnRecord);// 获取底部录音控件并设置单击事件监听器
            llayLY.setOnClickListener(this);

            llayYY = (LinearLayout)findViewById(R.id.btnShake);// 获取底部"摇一摇"控件并设置单击事件监听器
            llayYY.setSelected(true);
            llayYY.setOnClickListener(this);

            shakeImg = (ImageView)findViewById(R.id.shake_img);
      }

      private void initImgArray(){
            try {
```

```
                    if (imgArray == null) {
                            imgArray = new ArrayList();
                    }else{
                            return;
                    }

                    AssetManager assets = getAssets();
                    // 获取/assests目录下的所有文件
                    String images[] = assets.list("");

                    for(int i = 0; i < images.length; i++){
                            if(images[i].endsWith(".png") || images[i].endsWith(".jpg")){
                                    // 打开指定资源对应的输入流
                                    Log.i(TAG,"images[i] = "+images[i]);
                                    InputStream assetFile = assets.open(images[i]);
                                    Drawable drawable = new BitmapDrawable (BitmapFactory.decodeStream(assetFile));
                                    imgArray.add(drawable);
                            }
                    }

            } catch (Exception e) {
                    e.printStackTrace();

                    return;
            }

    }

    // 控件点击事件监听函数
    @Override
    public void onClick(View v){
            try {
                    switch (v.getId()) {
                    case R.id.btnWeather:
                            EntryWeatherActivity();
                            break;

                    case R.id.btnCamera:
                            EntryCameraActivity();
                            break;

                    case R.id.btnRecord:
                            EntryRecordActivity();
                            break;

                    case R.id.btnShake:
                            break;
                    }
            } catch (Exception e) {
```

```java
                return;
            }
    }

    // 进入天气界面
    private void EntryWeatherActivity(){
            Intent intent = new Intent();
            intent.setClass(this, WeatherActivity.class);
            startActivity(intent);

            finish();
    }

    // 进入照相界面
    private void EntryCameraActivity(){
            Intent intent = new Intent();
            intent.setClass(this, CameraActivity.class);
            startActivity(intent);

            finish();
    }

    // 进入录音界面
    private void EntryRecordActivity(){
            Intent intent = new Intent();
            intent.setClass(this, RecordActivity.class);
            startActivity(intent);

            finish();
    }

    /*
     * 继承重写创建菜单函数
     * 此函数只在第一次按 Menu 键显示 Menu 时显示
     * */
    @Override
    public boolean onCreateOptionsMenu(Menu paramMenu){
    getMenuInflater().inflate(R.menu.exit_menu, paramMenu);

    return true;
    }

    /*
     * 继承菜单选择事件函数
     * 此函数在每次选择菜单时会执行
     * */
    public boolean onOptionsItemSelected(MenuItem item) {

            switch (item.getItemId()) {
                case R.id.exitMenu:
                        ExitDialog();
```

```java
                    break;
            }
        
        return true;
    }
    
    //退出对话框
    private void ExitDialog(){
        AlertDialog.Builder builder = new AlertDialog.Builder(this);
        builder.setTitle(R.string.edialog_title);
        builder.setIcon(android.R.drawable.ic_dialog_info);
        builder.setMessage(R.string.edialog_content);
        builder.setPositiveButton(R.string.ok,
            new DialogInterface.OnClickListener(){
                
                @Override
                public void onClick(DialogInterface dialog, int which){
                    exit();
                }
        });
        builder.setNegativeButton(R.string.cancel,
            new DialogInterface.OnClickListener(){
                @Override
                public void onClick(DialogInterface dialog, int which) {
                    
                }
        });
        builder.create().show();
    }
    
    //退出程序
    private void exit(){
        try {
            finish();
            android.os.Process.killProcess(android.os.Process.myPid());
        } catch (Exception e) {
            return;
        }
    }

    @Override
    protected void onPause() {
        // TODO Auto-generated method stub
        super.onPause();
        sensorManager.unregisterListener(this);
    }
    
    @Override
    protected void onResume() {
        
        super.onResume();
```

```java
            sensorManager.registerListener(this, sensorManager.getDefaultSensor
(Sensor.TYPE_ACCELEROMETER), SensorManager.SENSOR_DELAY_NORMAL);
    }

    // 当传感器精度改变时回调该方法，Do nothing
    @Override
    public void onAccuracyChanged(Sensor sensor, int accuracy) {
    }

    @Override
    public void onSensorChanged(SensorEvent event) {

        int sensorType = event.sensor.getType();
        //values[0]:X轴，values[1]: Y轴，values[2]: Z轴
        float[] values = event.values;
        if(sensorType == Sensor.TYPE_ACCELEROMETER){
            if((Math.abs(values[0])>sensorValue||Math.abs(values[1])>sensor
Value||Math.abs(values[2])>sensorValue)){
                // 摇动手机后，再伴随震动提示
                vibrator.vibrate(300);
                updateImgByRandom();
            }
        }
    }

    // 按键的事件监听器
    @Override
    public boolean onKeyDown(int keyCode, KeyEvent event) {
        if(keyCode==KeyEvent.KEYCODE_BACK&&event.getRepeatCount()==0){
finish();

            return true;
        }else{
            return super.onKeyDown(keyCode, event);
        }
    }
}
```

20.5.3 "摇一摇"功能的效果

"摇一摇"功能的效果如图 20-16 所示。

到此为止，天气、照相、录音、"摇一摇"的功能已经基本实现，其整体源码命名为：Small_Demo_Middle，可作为一个中间产品而呈现，后续需要加入美工针对产品而做的具体设计，从而提升产品的美观与用户体验性。

图 20-16 Andorid 实例"摇一摇"模块效果

20.6 形成成品

形成的成品有以下 4 种：
- 天气—北京；
- 照相；
- 录音；
- "摇一摇"。

此部分主要是将美工做的设计界面，应用到具体的应用中，其主要为修改 res 目录下的相关文件，如图 20-17 所示。

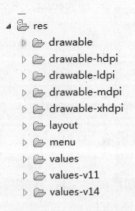

图 20-17 Android 实例应用目录

（1）Drawable 目录

此目录主要保存具体的图片资源文件、XML 配置文件等。

（2）Layout 目录

此目录为应用程序中的一些布局，在替换设计图的过程中，主要根据需要修改布局文件中的涉及的背景、图片资源等相关内容。

（3）Menu

此目录下主要存放的是菜单的布局文件，在替换设计图的过程中，主要根据需要修改文件中的图标参数。

（4）Values 目录

此目录下主要存放了字符串、颜色、字体大小、数值大小等相关的配置文件，在替换设计图的过程中，主要根据需要修改颜色值与数值大小。

具体的使用方法，可参看此套源码进行学习。此项目命名为：Small_Demo，可基本定位最终的成品。经过美工设计后的 UI 如图 20-18~图 20-21 所示。

图 20-18 Android 实例 UI 效果界面 1

图 20-19 Android 实例 UI 效果界面 2

图 20-20 Android 实例 UI 效果界面 3

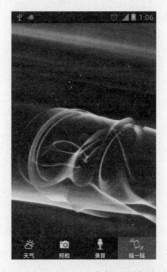

图 20-21 Android 实例 UI 效果界面 4

第 21 章

iOS 部分

下面将在 iOS 平台上构建一个简单的 App，包含 4 个简单的功能，分别是天气预报、照相、录音播音和"摇一摇"切换图片。

iPhone 上最常用的两种界面展示风格，一种是导航栏风格，另一种是标签页风格。在这里，标签页风格更符合要求，所以将使用 UITabBarController 构造 App。

下面开始一步一步地制作 App。

21.1 创建项目

打开 Xcode，选择菜单项 File→New→Project，然后选择新建一个 Tabbed Application，如图 21-1 所示。

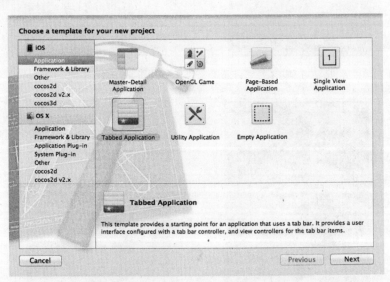

图 21-1 创建 iOS 实例过程界面 1

在弹出的新项目页面中，将项目命名为 DemoApp，Organization Name 可以填写自己公司的名字或任意一个标识符，Device 选择 iPhone，同时勾选 Use Storyboards 和 Use Automatic Reference Counting，如图 21-2 所示。

第6篇 提高篇——跨终端互联网产品开发

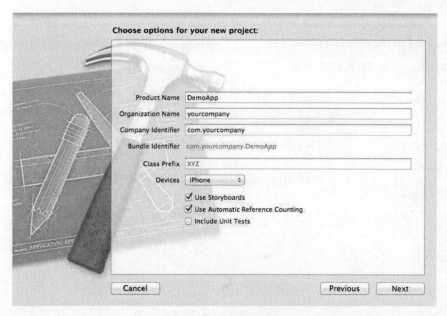

图 21-2 创建 iOS 实例过程界面 2

然后点击 Next，选择一个保存路径，最后点击 Create，完成新项目的创建。这个时候会看到项目的主页面，如图 21-3 所示。

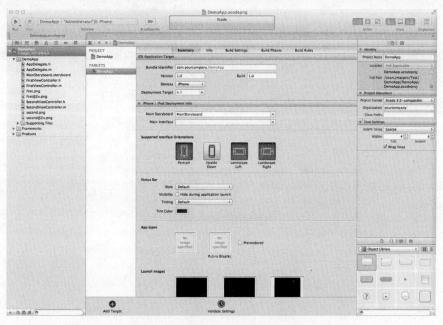

图 21-3 创建 iOS 实例过程界面 3

首先还需要做一些简单的调整。Xcode 创建的项目，默认总是只支持最新版本的 iOS 操作系统，在这个例子里，默认支持的是 iOS 6.0，如图 21-4 所示。

考虑到目前不同版本的 iOS 系统的市场占有率，还有不少用户仍然在继续使用 iOS 5.x 版本，大部分开发商也都还在继续支持 5.x 版本，所以这个 App 也要同时支持 iOS 5

和 iOS 6。在 Deployment Target 一项中，通过下拉菜单选择 5.0，另外，在同一个页面中的 Supported Interface Orientations 中，取消 Landscape Left 和 Landscape Right 两项，只保留 Portrait 这一项，如图 21-5 所示。

图 21-4 创建 iOS 实例过程界面 4

图 21-5 创建 iOS 实例过程界面 5

这个时候，在 Xcode 的左上方，选择 iPhone 6.0 Simulator 设备，然后点击 Run 按钮，如图 21-6 所示。

图 21-6 创建 iOS 实例过程界面 6

程序就可以在模拟器上先运行起来，会看到模拟器上的 App 界面如图 21-7 所示。

图 21-7 iOS 实例运行效果

21.2　构建界面框架

可以看到，Xcode 生成的代码模板，已经具有两个 Tab 页面。后面将逐步把它改造成自己的有 4 个 Tab 页面的 App。但是，在这之前，还有一个步骤需要做。前面提到过，App 要同时支持 iOS 5 和 iOS 6，自然就还需要做一些兼容性方面的考虑。在 iOS 6 中，苹果引入了一种新的界面布局方案——autolayout，可以让界面布局更好地适应不同大小的屏幕，比如 iPhone 5 和 iPhone 4 的屏幕大小就不一样。在 iOS 6 之前，则只能使用另外一种布局方案，也就是"Springs and Struts"模式。App 要同时运行在 iOS 5 和 iOS 6 上，就只能选择旧的方案。不用担心，其实对于很多 App，原有的布局方案也是够用的。在 Xcode 左侧的导航区中，选中 MainStoryboard，然后在右侧的 Show the file inspector 选项卡中，取消 Use Autolayout 选项，如图 21-8 所示。

图 21-8　构建 iOS 实例界面框架 1

其他的都保持不变，然后重新在模拟器中运行一下，可以看到，App 界面没有什么变化。

现在请在配套光盘中找到 iosImage 文件夹，然后把里面的所有图片一起选中，并且拖动到 Xcode 左侧导航区的 Supporting Files 组里，在弹出的提示信息框中，选择 Copy items into destination group's folder(if needed)，其他保持不变，然后点击 Finish，如图 21-9 所示。

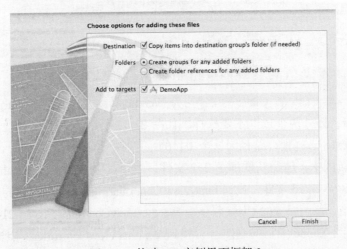

图 21-9　构建 iOS 实例界面框架 2

下面先把 2 个 Tab 页面变成 4 个 Tab 页面。首先在 Xcode 左侧导航区中，选中如图 21-10 所示的 8 个文件，删除它们（在弹出的提示框中，选择 Move to Trash）。

图 21-10 构建 iOS 实例界面框架 3

然后，选择菜单项 File→New→File，再选择 Objective-C Class，如图 21-11 所示。

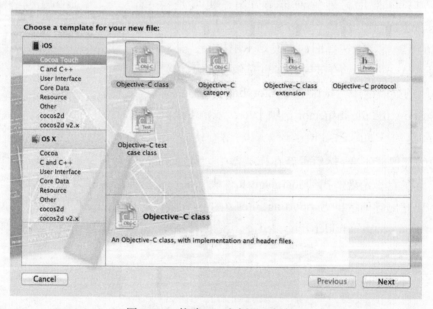

图 21-11 构建 iOS 实例界面框架 4

点击 Next，然后设置 Class 的名字为 WeatherViewController，Subclass of 设置为 UIViewController，另外两个选框不要选择，如图 21-12 所示。

继续点击 Next，选择保存路径为这个项目的主路径，然后点击 Create，这个时候可以看到，Xcode 的导航区中，已经新增加了 2 个文件，对于其中一个文件 WeatherViewController.h/.m，接着选择 Storyboard 文件，找到 First View Controller，在 Xcode 右侧的 Show the identity inspector 选项卡中，修改对应的 Class 名字为 WeatherViewController，如图 21-13 所示。

接着再次回到 Xcode 中间的制图区，找到 WeatherViewController，点击它下方的黑色区域，如图 21-14 中的粗线框住的区域。

第6篇 提高篇——跨终端互联网产品开发

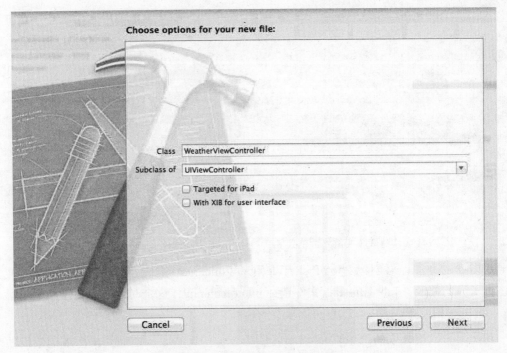

图 21-12 构建 iOS 实例界面框架 5

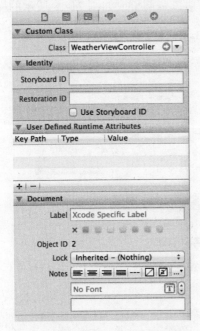

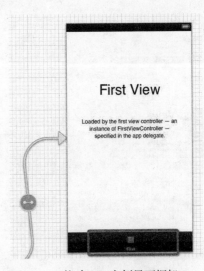

图 21-13 构建 iOS 实例界面框架 6　　图 21-14 构建 iOS 实例界面框架 7

然后在 Xcode 右侧的 Show the attributes inspector 中，修改成如图 21-15 所示的样式。

再回到 Xcode 中间的制图区，找到 WeatherViewController，这个时候它会变成如图 21-16 所示的界面。

331

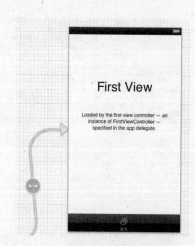

图 21-15 构建 iOS 实例界面框架 8　　图 21-16 构建 iOS 实例界面框架 9

用同样的办法，再创建 PhotoPickerViewController.h/.m 文件，同时在 Storyboard 文件中也做对应的修改，Tab 上的图标文件选择 photoIcon.png，这个时候再次在模拟器上运行 App，可以看到如图 21-17 所示界面。

到此为止，模板中的两个 Controller，已经做了一轮修改，还需要再添加剩余的两个 Controller。还是按照前面介绍的办法，先创建 AudioViewController.h/.m，然后点击导航区中的 Storyboard，先将已有的几个 Controller 的相对位置调整成如图 21-18 所示的样式。

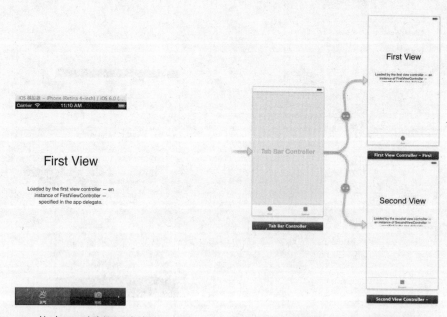

图 21-17 构建 iOS 实例界面框架 10　　图 21-18 构建 iOS 实例界面框架 11

然后从 Xcode 右下角的 Show the Object Library 中，拖动一个 UIViewController 到制图区中，如图 21-19 所示。

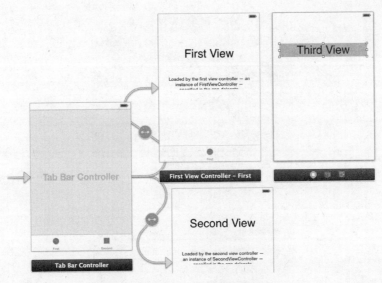

图 21-19 构建 iOS 实例界面框架 12

然后将鼠标移动到 TabBarController 上面，按住鼠标右键，拖动到刚才新添加的那个 ViewController 上，这时会看到一条蓝色的线，然后松开鼠标，会看到一个黑色的弹出框，选择其中的最后一行，如图 21-20 所示。

图 21-20 构建 iOS 实例界面框架 13

接着在制图区选中刚刚新添加的 ViewController，然后在 Xcode 右侧的 Show the identity inspector 选项卡中，修改对应的 Class 名字为 AudioViewController，如图 21-21 所示。

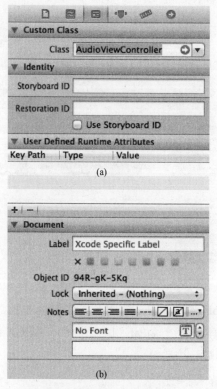

图 21-21 构建 iOS 实例界面框架 14

然后按照之前介绍过的方法，修改对应的 Tab Bar Item 的属性，如图 21-22 所示。

图 21-22 构建 iOS 实例界面框架 15

此时，第 3 个 ViewController 也添加到 TabBarViewController 里面了，这时运行 App 会发现有 3 个 Tab。

按照同样的方法，添加最后一个 Controller，对应的 Tab Bar Item 使用图片 shakeIcon.png。

到此为止，这个 App 的主要 Controller 都已经初步构造出来，运行 App，会看到有 4 个 Tab 标签，可以切换，如图 21-23 所示。

图 21-23　构建 iOS 实例界面框架 16

可以按照前面的流程，一步一步地执行到这个位置，当然，也提供了一个 Xcode 项目的打包文件（配套光盘中的 DemoApp_step1.zip 文件），正好执行到这个步骤，也可以用这个项目作为开始的地方，然后接着往下执行。

21.3　实现天气

前面已经把所有的 ViewController 都添加到项目中，下面将开始逐一完善每个 ViewController。

首先是 WeatherViewController。需要使用到一个 HTTP API，比如要获取广州的天气预报，就使用 http://m.weather.com.cn/data/101280101.html，其中的 101280101 表示广州，如果要查询其他城市的天气预报信息，可以在 http://www.360doc.com/content/12/1102/09/4808208_245235392.shtml 中查询对应的城市编码。这个 API 返回的是 JSON 格式的信息，以广州为例，调用这个 API 后得到的数据如下：

```
{
    "weatherinfo": {
        "city": "广州",
        "city_en": "guangzhou",
        "date_y": "2013年1月31日",
        "date": "",
        "week": "星期四",
```

```
"fchh": "11",
"cityid": "101280101",
"temp1": "23℃~13℃",
"temp2": "24℃~15℃",
"temp3": "24℃~16℃",
"temp4": "21℃~17℃",
"temp5": "23℃~17℃",
"temp6": "24℃~17℃",
"tempF1": "73.4℉~55.4℉",
"tempF2": "75.2℉~59℉",
"tempF3": "75.2℉~60.8℉",
"tempF4": "69.8℉~62.6℉",
"tempF5": "73.4℉~62.6℉",
"tempF6": "75.2℉~62.6℉",
"weather1": "多云",
"weather2": "多云",
"weather3": "阴转小雨",
"weather4": "小雨转阴",
"weather5": "阴转小雨",
"weather6": "小雨转多云",
"img1": "1",
"img2": "99",
"img3": "1",
"img4": "99",
"img5": "2",
"img6": "7",
"img7": "7",
"img8": "2",
"img9": "2",
"img10": "7",
"img11": "7",
"img12": "1",
"img_single": "1",
"img_title1": "多云",
"img_title2": "多云",
"img_title3": "多云",
"img_title4": "多云",
"img_title5": "阴",
"img_title6": "小雨",
"img_title7": "小雨",
"img_title8": "阴",
"img_title9": "阴",
"img_title10": "小雨",
"img_title11": "小雨",
"img_title12": "多云",
"img_title_single": "多云",
"wind1": "微风",
"wind2": "微风",
"wind3": "微风",
"wind4": "微风",
"wind5": "微风",
```

```
            "wind6": " 微风 ",
            "fx1": " 微风 ",
            "fx2": " 微风 ",
            "fl1": " 小于 3 级 ",
            "fl2": " 小于 3 级 ",
            "fl3": " 小于 3 级 ",
            "fl4": " 小于 3 级 ",
            "fl5": " 小于 3 级 ",
            "fl6": " 小于 3 级 ",
            "index": " 舒适 ",
            "index_d": " 建议着薄型套装等春秋过渡装。年老体弱者宜着套装。但昼夜温差较大，注意适当增减衣服。",
            "index48": " 暖 ",
            "index48_d": " 建议着长袖衬衫加单裤等春秋过渡装。年老体弱者宜着针织长袖衬衫、马甲和长裤。",
            "index_uv": " 弱 ",
            "index48_uv": " 弱 ",
            "index_xc": " 较适宜 ",
            "index_tr": " 适宜 ",
            "index_co": " 舒适 ",
            "st1": "23",
            "st2": "13",
            "st3": "24",
            "st4": "15",
            "st5": "25",
            "st6": "16",
            "index_cl": " 适宜 ",
            "index_ls": " 适宜 ",
            "index_ag": " 极不易发 "
    }
}
```

只需要用到其中的"city"这一行，还有"temp1"至"temp3"这 3 行、"weather1"至"weather3"这 3 行。city 就是城市的名字；temp 表示温度，后面的数组表示对应的第几天，取了 3 行，也就是今天、明天、后天；weather 则对应天气情况。在 WeatherViewController 中，要把这 3 天的天气温度信息都显示出来。先看一下最终的效果，如图 21-24 所示。

要达到这种效果，还是从 Storyboard 入手，点击 MainStoryboard 文件，进入 Xcode 的制图区，在制图区左侧的 Storyboard 导航区上，点击 WeatherViewController，把它的 View 层级展开，如图 21-25 所示。

选中其中的 Label 和 Text View，删除。然后再进入制图区域，点击 WeatherViewController，并且调整到合适大小，以便进行布局操作，如图 21-26 所示。

从 Xcode 右下角的 Show the object library 中，拖动一个 UIImageView 到 WeatherViewController 上，这个时候，WeatherViewController 的 View 层级关系如图 21-27 所示。

点击制图区域中的 UIImageView，保持选中状态，然后在 Xcode 右上侧的 Show the size inspector 选项卡中，设置成如图 21-28 所示的形式。

图 21-24 天气效果

图 21-25 iOS 实例应用天气实现 1

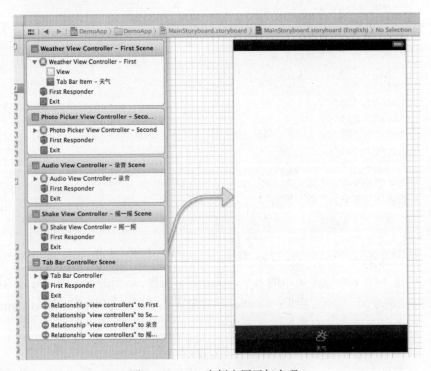

图 21-26 iOS 实例应用天气实现 2

  前面这个设置，可以让 UIImageView 的大小随着它的 Parent View 的大小一起变化。这个设置可以让 UIImageView 的大小匹配 iPhone 4S 和 iPhone 5 这两种不同大小的屏幕。

  然后切换到 Show the attributes inspector 选项卡中，设置图片文件为 weatherBg.jpg，此时制图区中的 WeatherViewController 界面如图 21-29 所示。

  然后再从 Show the object library 中，拖动一个 UILabel 到 WeatherViewController 中，放置在顶部的位置，如图 21-30 所示。

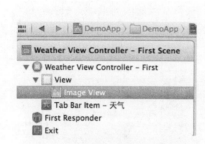

图 21-27 iOS 实例应用天气实现 3

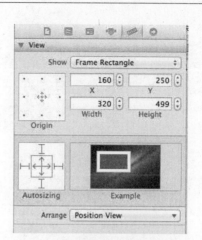

图 21-28 iOS 实例应用天气实现 4

图 21-29 iOS 实例应用天气实现 5

图 21-30 iOS 实例应用天气实现 6

在这个 Label 的 Show the attributes inspector 选项卡中，设置成如图 21-31 所示的格式。这里还有一些想补充说明的，在设置这个 Label 的属性时，不一定完全按照给出的这个例子里的值进行设置，完全可以自己做一些调整，比如改变字体大小、颜色、对齐方式等。

还需要在这个 Lable 的 Show the Size Inspector 选项卡中进行修改，设置成如图 21-32 的形式。

可以看到，这个 Label 的 Autosizing 和之前加入的 UIImageView 的 Autosizing 不太一样。这里的 Autosizing 的含义，其实是让这个 Label 保持自己的大小不变，同时它的上边缘和它的 Parent View 的上边缘保持一个固定的距离。这个 Label 将用来显示城市的名字，笔者希望在程序运行的过程中，还可以对这个 Label 进行修改，所以在 Storyboard 中，还要多做一些工作，要让这个 Label 和 WeatherViewController 建立一定的联系，通过所谓的 IBOutlet。

 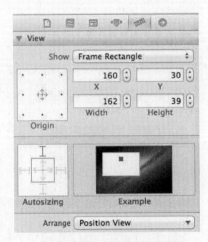

图 21-31　iOS 实例应用天气实现 7　　图 21-32　iOS 实例应用天气实现 8

打开 WeatherViewController.m 文件，把如下指令：

@interfaceWeatherViewController ()

@end

修改成：

@interfaceWeatherViewController ()

@property (weak, nonatomic) IBOutletUILabel *cityName;

@end

然后点击 MainStoryboard.storyboard，进入制图区，在左侧的 WeatherViewController 上，按住鼠标右键，然后拖动到制图区中刚才创建的 Label 上面，如图 21-33 所示。

需注意的是，从左边导航栏中的 WeatherViewController 拖动到右边的 Label，然后能看到一个弹出框，选择其中的 cityName 并点击，如图 21-34 所示。

经过这个操作之后，代码中的 cityName 变量就和 Storyboard 中的 UILabel 连接起来了，在代码中，可以修改这个 Label 的属性，控制它的行为。这时，再次在左侧的导航区域中用鼠标右键点击一下 WeatherViewController，在弹出的菜单中可以看到这个连接关系已经建立起来，如图 21-35 中阴影标注的那一行。

用同样的方法，再添加一个位于这个 Label 右侧的按钮 Button。在程序运行的时候，不需要动态地修改这个 Button 的属性，所以不需要在代码中建立这个 Button 的 IBOutlet，但是需要知道这个 Button 被点击这个事件，所以还需要建立另外一种连接关系——IBAction。

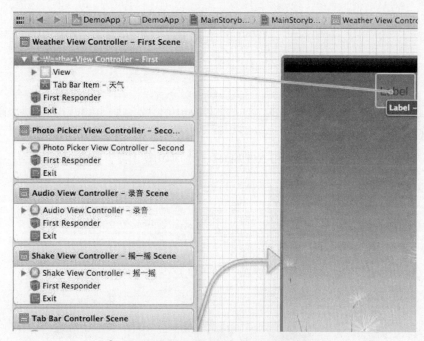

图 21-33 iOS 实例应用天气实现 9

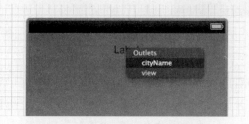

图 21-34 iOS 实例应用天气实现 10

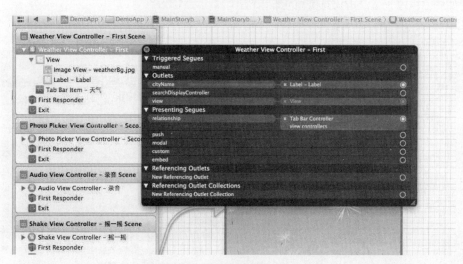

图 21-35 iOS 实例应用天气实现 11

首先修改 WeatherViewController.m 代码的前几行内容,调整成如下内容:

```
@interfaceWeatherViewController ()
@property (weak, nonatomic) IBOutletUILabel *cityName;

- (IBAction)refreshClicked:(id)sender;
@end
```

然后进入 MainStoryboard，拖动一个 UIButton 放置到 Label 的右侧，默认界面如图 21-36 所示。

然后调整这个 Button 的 Size 和 Attributes，分别如图 21-37 和图 21-38 所示。

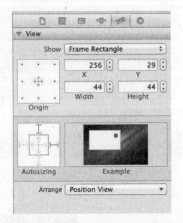

图 21-36 iOS 实例应用天气实现 12　　　图 21-37 iOS 实例应用天气实现 13

其中的 Autosizing 设置表示的是，这个 Button 始终位于它的 Parent View 的右上角，并且 Button 的上边缘和右边缘和它的 Parent View 保持固定的距离。

设置完这些之后，开始建立 IBAction 连接。将鼠标移动到 Button 上，点击右键，然后会弹出一个菜单，再将鼠标移动到这个菜单的 Touch Up Inside 那一行的右侧的白色小圆框上，如图 21-39 所示的阴影标注的那一行。

图 21-38 iOS 实例应用天气实现 14　　　图 21-39 iOS 实例应用天气实现 15

然后按住鼠标左键，拖动到左侧导航区域的 WeatherViewController 上，如图 21-40 所示。

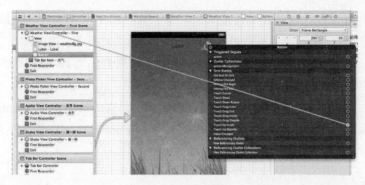

图 21-40　iOS 实例应用天气实现 16

注意图 21-40 是从右往左拖动，然后松开鼠标，这时又能看到一个弹出菜单，如图 21-41 所示。

选择 refreshClicked 这一项，此时，这个 Button 和代码的连接就建立起来了。当程序运行的时候，如果点击这个按钮，代码中的 refreshClicked 函数就会被调用。可以先验证一下。在 WeatherViewController.m 的 @end 之前，添加下面这个函数：

图 21-41　iOS 实例应用天气实现 17

```
- (IBAction)refreshClicked:(id)sender
{
NSLog(@"button clicked");
}
```

然后运行程序，在界面上点击 Button，此时在调试终端下，可以看到输出信息 2013-02-02 11:36:43.147 DemoApp[913:c07] button clicked，如图 21-42 中粗线框出的区域。

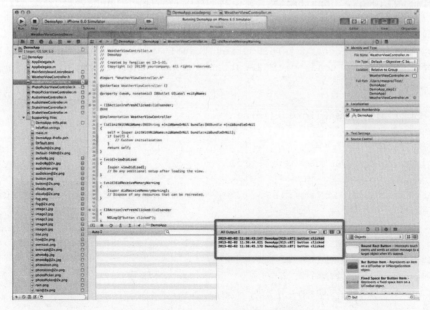

图 21-42　iOS 实例应用天气实现 18

到此，Button 也和代码建立了连接关系。有了 IBOutlet 和 IBAction 这两种连接关系，程序就可以响应用户在界面上的操作，并且也可以动态地任意调整界面。这篇教程后面对 Storyboard 的操作，其实都是在做类似的事情，包括界面布局、连接 IBOoutlet、连接 IBAction，操作的流程都是类似的。

现在继续完善 WeatherViewController 的功能，由于 WeatherViewController 不需要对外部提供 API，所以所有的功能都只需要在 WeatherViewController.m 文件中实现，代码如下：

```
//
//  WeatherViewController.m
//  DemoApp
//
//  Created by fengjian on 13-1-29.
//  Copyright (c) 2013年 yourcompany. All rights reserved.
//

#import "WeatherViewController.h"


NSString *const kWeatherJsonFileKey = @"WeatherJsonFile";
NSString *const kWeatherJsonFilePath = @"WeatherJsonFile";

@interfaceWeatherViewController ()
@property (strong, nonatomic) NSDictionary* weatherJson;

@property (weak, nonatomic) IBOutletUILabel *cityName;

@property (weak, nonatomic) IBOutletUIImageView *todayWeatherImage;
@property (weak, nonatomic) IBOutletUIImageView *tomorrowWeatherImage;
@property (weak, nonatomic) IBOutletUIImageView *theDayAfterTomorrowWeatherImage;
@property (weak, nonatomic) IBOutletUILabel *todayTemperatureLabel;
@property (weak, nonatomic) IBOutletUILabel *tomorrowTemperatureLabel;
@property (weak, nonatomic) IBOutletUILabel *theDayAfterTomorrowTemperatureLabel;

- (IBAction)refreshClicked:(id)sender;
@end

@implementation WeatherViewController

- (id)initWithNibName:(NSString *)nibNameOrNil bundle:(NSBundle *)nibBundleOrNil
{
    self = [superinitWithNibName:nibNameOrNil bundle:nibBundleOrNil];
    if (self) {
        // Custom initialization
        [selfcommonInit];
    }
    returnself;
```

```objc
}

- (id)initWithCoder:(NSCoder *)aDecoder
{
    self = [superinitWithCoder:aDecoder];
    if (self) {
        [selfcommonInit];
    }
    returnself;
}

- (void)commonInit
{
    //(1) get the cache file
    if ([[NSFileManagerdefaultManager] fileExistsAtPath:[selfweatherJsonFileFilePath]]) {
        dispatch_async(dispatch_get_global_queue(DISPATCH_QUEUE_PRIORITY_DEFAULT, 0), ^(void) {
            NSData *data = [[NSDataalloc] initWithContentsOfFile:[selfweatherJsonFileFilePath]];

            NSKeyedUnarchiver *unarchiver = [[NSKeyedUnarchiveralloc] initForReadingWithData:data];
            self.weatherJson = [unarchiver decodeObjectForKey:kWeatherJsonFileKey];
            if (self.weatherJson == nil) {
                NSLog(@"no local json file");
            }

            if (self.isViewLoaded == YES) {
                dispatch_async(dispatch_get_main_queue(), ^(void){
                    [selfupdateWeatherInfo];

                    [selfrefreshClicked:nil];
                });
            }
        });
    }
}

- (void)viewDidLoad
{
    [superviewDidLoad];
    // Do any additional setup after loading the view.

    //(2) update UI
    if (self.weatherJson != nil) {
        [selfupdateWeatherInfo];
    }

    [selfrefreshClicked:nil];
}
```

```objc
- (void)didReceiveMemoryWarning
{
    [super didReceiveMemoryWarning];
    // Dispose of any resources that can be recreated.
}

//(3) get json from net
- (IBAction)refreshClicked:(id)sender
{
    NSURL *feedURL = [NSURL URLWithString:@"http://m.weather.com.cn/data/101280101.html"];

    [[UIApplication sharedApplication] setNetworkActivityIndicatorVisible:YES];
    [(UIButton *)sender setEnabled:NO];

    NSMutableURLRequest *request = [NSMutableURLRequest requestWithURL:feedURL cachePolicy:NSURLRequestReloadIgnoringLocalCacheData timeoutInterval:5.0];
    [NSURLConnection sendAsynchronousRequest:request queue:[NSOperationQueue mainQueue] completionHandler:^(NSURLResponse *response, NSData *data, NSError *error) {
        [[UIApplication sharedApplication] setNetworkActivityIndicatorVisible:NO];
        [(UIButton *)sender setEnabled:YES];

        if (error) {
            return;
        }

        if (((NSHTTPURLResponse *)response).statusCode != 200) {
            return;
        } else {
            NSError* error;
            self.weatherJson = [NSJSONSerialization JSONObjectWithData:data options:kNilOptions error:&error];
            if (self.weatherJson == nil) {
                return;
            } else {
                [self updateWeatherInfo];
            }

            //(4) write to cache file
            dispatch_async(dispatch_get_global_queue(DISPATCH_QUEUE_PRIORITY_DEFAULT, 0), ^(void) {
                NSMutableData *data = [[NSMutableData alloc] init];

                NSKeyedArchiver *archiver = [[NSKeyedArchiver alloc] initForWritingWithMutableData:data];
                [archiver encodeObject:self.weatherJson forKey:kWeatherJsonFileKey];
                [archiver finishEncoding];
```

```objc
                        [data writeToFile:[selfweatherJsonFileFilePath]
atomically:YES];
                });
            }
        }
    }];
}


- (NSString *)weatherJsonFileFilePath
{
    NSArray *paths = NSSearchPathForDirectoriesInDomains(NSDocumentDirectory,
NSUserDomainMask, YES);
    NSString *documentsDirectory = [paths objectAtIndex:0];
    return [documentsDirectory stringByAppendingPathComponent:kWeatherJsonFile
Path];
}

- (NSString *)weatherImageNameByDescription:(NSString *)description
{
/**
晴,雨,阴,云,雾,雪
    sunshine.png, rain.png, overcast.png, cloudy.png, fog.png, snow.png
多云转小雨,小雨转多云,多云转晴,晴转多云,雪转多云,阴转晴这一类带"转"字的天气描述,简
化为"转"字之前的天气描述。
    */
NSString *subDesc = description;
NSRange range = [description rangeOfString:@"转"];
if (range.length != 0) {
        subDesc = [description substringToIndex:range.location];
    }

if (((NSRange)[subDesc rangeOfString:@"晴"]).length != 0) {
return@"sunshine.png";
    } elseif (((NSRange)[subDesc rangeOfString:@"雨"]).length != 0) {
return@"rain.png";
} elseif (((NSRange)[subDesc rangeOfString:@"阴"]).length != 0) {
return@"overcast.png";
} elseif (((NSRange)[subDesc rangeOfString:@"云"]).length != 0) {
return@"cloudy.png";
} elseif (((NSRange)[subDesc rangeOfString:@"雾"]).length != 0) {
return@"fog.png";
} elseif (((NSRange)[subDesc rangeOfString:@"雪"]).length != 0) {
return@"snow.png";
} else {
return@"sunshine.png";
    }
}

- (void)updateWeatherInfo
```

```objc
{
    self.cityName.text = [[self.weatherJsonobjectForKey:@"weatherinfo"] objectForKey:@"city"];

    self.todayTemperatureLabel.text = [[self.weatherJsonobjectForKey:@"weatherinfo"] objectForKey:@"temp1"];
    self.tomorrowTemperatureLabel.text = [[self.weatherJsonobjectForKey:@"weatherinfo"] objectForKey:@"temp2"];
    self.theDayAfterTomorrowTemperatureLabel.text = [[self.weatherJsonobjectForKey:@"weatherinfo"] objectForKey:@"temp3"];


    self.todayWeatherImage.image = [UIImageimageNamed:[selfweatherImageNameByDescription:[[self.weatherJsonobjectForKey:@"weatherinfo"] objectForKey:@"weather1"]]];
    self.tomorrowWeatherImage.image = [UIImageimageNamed:[selfweatherImageNameByDescription:[[self.weatherJsonobjectForKey:@"weatherinfo"] objectForKey:@"weather2"]]];
    self.theDayAfterTomorrowWeatherImage.image = [UIImageimageNamed:[selfweatherImageNameByDescription:[[self.weatherJsonobjectForKey:@"weatherinfo"] objectForKey:@"weather3"]]];
}
@end
```

代码中有数字编号的几个地方，需要说明一下，具体如下。

（1）在设计中，下载下来的天气预报信息，需要保存在一个本地文件中，当网络不可用或天气预报服务器端出现故障时，会先显示本地缓存的天气预报信息。所以在初始化代码中，先检查这个本地文件是否存在，如果存在，则用 Dispatch Queue 异步加载这个文件、反序列化，然后如果 View 已经加载，则又通过 Dispatch Queue 在 UI 主线程中更新天气预报的界面信息，并且触发网络动作，下载最新的天气情况。

（2）在 viewDidLoad 函数中，如果已经有 JSON 文件，则直接更新界面信息。另外，这里还需要触发网络动作，下载最新的天气情况。

（3）在实现 refreshClicked 函数的时候，使用了 sendAsynchronousRequest 这个 Block 风格的异步 API，不需要再编写额外的回调函数或 Delegate 函数，让代码整体更紧凑，可读性也更高。当成功获取到 JSON 文件后，更新 UI 界面。

（4）因为要把 JSON 保存在本地，所以也是通过 Dispatch Queue 异步地序列化这个 JSON 文件，然后写到磁盘上。

在这部分代码中，还有两点要额外提出来说一下。在本次需求中，要能够将 JSON 保存到本地文件中，选用的是基于 NSCoder 的序列化方案，这种序列化方案比较简单，适合于少量数据的情况。如果数据量比较大，并且数据之间的关系比较复杂，则还可以使用 Sqlite 或者 Core Data 方案。针对这个应用，JSON 文件比较小，还有另外一种方案就是直接使用 NSURLCache，让 iOS 的 URL 框架自动实现缓存。在下载 JSON 文件的时候，直接使用系统 SDK 的 NSURLConnection 类，具体到更复杂的应用的时候，通常还会采用一些第三方的 HTTP 库，比如推荐使用 AFNetworking 这个框架，它其实是

NSURLConnection 一个更上层的封装，整合了 NSOperation 这个异步框架，可以让 HTTP 操作更加方便快捷。

21.4 实现摄像模块

下面接着实现 PhotoPickerViewController，这个 Controller 要做的事情，就是使用设备自带的相机照相，然后把照片布置在界面的中间位置，可以拖动，可以缩放。初始界面效果如图 21-43 所示。

界面布局的方法，和前面介绍 WeatherViewController 界面布局使用的方法是一致的，没有特别的地方，可以直接看提供的 DemoApp_step_final 项目文件中的 MainStoryboard.storyboard。PhotoPickerViewController.m 的代码如下：

图 21-43 iOS 实例摄像模块实现

```
//
//  PhotoPickerViewController.m
//  DemoApp
//
//  Created by fengjian on 13-1-29.
//  Copyright (c) 2013年 yourcompany. All rights reserved.
//

#import "PhotoPickerViewController.h"

@interfacePhotoPickerViewController () <UINavigationControllerDelegate, UIImagePickerControllerDelegate, UIScrollViewDelegate>
    @property (weak, nonatomic) IBOutletUIScrollView *scrollView;
    @property (weak, nonatomic) IBOutletUIImageView *imageView;

    - (IBAction)buttonClicked:(id)sender;

@end

@implementation PhotoPickerViewController

    - (id)initWithNibName:(NSString *)nibNameOrNil bundle:(NSBundle *)nibBundleOrNil
    {
    self = [superinitWithNibName:nibNameOrNil bundle:nibBundleOrNil];
    if (self) {
    // Custom initialization
        }
    returnself;
    }
```

```objc
- (void)viewDidLoad
{
    [super viewDidLoad];
    // Do any additional setup after loading the view.
}

- (void)didReceiveMemoryWarning
{
    [super didReceiveMemoryWarning];
    // Dispose of any resources that can be recreated.
}

- (IBAction)buttonClicked:(id)sender
{
//(1) show the UI for photo picker
UIImagePickerController *picker = [[UIImagePickerController alloc] init];
    picker.delegate = self;
    picker.sourceType = UIImagePickerControllerSourceTypeCamera;
        [self.tabBarController presentViewController:picker animated:YES completion:nil];
}

#pragma mark  - UIImagePickerControllerDelegate
    - (void)imagePickerController:(UIImagePickerController *)picker didFinishPickingMediaWithInfo:(NSDictionary *)info
{
//(2) handle the image get by camera
if (picker.sourceType == UIImagePickerControllerSourceTypeCamera) {
UIImage *pickedImage = [info valueForKey:UIImagePickerControllerOriginalImage];

    self.imageView.frame = CGRectMake(0.0, 0.0, pickedImage.size.width, pickedImage.size.height);
    self.imageView.image = pickedImage;

    self.scrollView.contentSize = pickedImage.size;
    self.scrollView.minimumZoomScale = self.scrollView.frame.size.width / pickedImage.size.width;
    self.scrollView.maximumZoomScale = 2.0;
    self.scrollView.zoomScale = self.scrollView.minimumZoomScale;

        [picker dismissViewControllerAnimated:YES completion:nil];
    }
}

- (void)imagePickerControllerDidCancel:(UIImagePickerController *)picker
{
    [picker dismissViewControllerAnimated:YES completion:nil];
}
```

```
//(3) return the view for zooming
#pragma mark UIScrollViewDelegate
- (UIView *)viewForZoomingInScrollView:(UIScrollView *)scrollView
{
    returnself.imageView;
}

@end
```

代码中有数字编号的几个地方，具体说明如下。

（1）当点击右上角的拍照按钮的时候，需要调用 SDK 提供的一个 Controller 进行拍照，这个就是 UIImagePickerController，它是一个高度模块化的 Controller，封装了对底层摄像头的大部分操作，作为使用者，只需要设置一下 Delegate，实现几个函数就可以。

（2）didFinishPickingMediaWithInfo 就是 UIImagePickerControllerDelegate 中的一个函数，当拍照成功完成后，就会调用这个函数。从参数 info 中，可以取得摄像头捕获到的 UIImage，然后把这个 UIImage 设置到 UIScrollView 上，就可以进行拖动和缩放。需注意的是，不管是成功地完成拍照，还是取消拍照，都要记得 Dismiss 这个 UIImagePickerController，这样才能回到自己的 UI 界面上。

（3）UIScrollView 工作的时候，也需要和 Delegate 进行交互，在这里为了实现缩放，需要在 viewForZoomingInScrollView 函数中，返回需要被缩放的 UIView，也就是用来展现照片的 UIImageView。

这部分代码中，直接使用了 UIImagePickerController 进行照相操作。如果想实现更丰富的定制操作，比如照相的时候，实时增加一些特效，则需要使用到更底层的 API，比如使用 AVCaptureVideoPreviewLayer 来显示摄像头捕获的实时界面。这样做，相当于完全自定义一个符合自己需求的 UIImagePickerController。

前面的代码，都是在模拟器上运行的，但模拟器不是万能的，比如摄像头它就模拟不了，所以必须使用真机调试。真机调试的时候，需要在项目的 Build Settings 中，指定正确的 Code Signing。

21.5 实现录音模块

下面该实现 AudioViewController 了，这个 Controller 的界面如图 21-44 所示。

它要做的事情，就是录音和播音。AudioViewController.m 的代码如下：

```
//
//  AudioViewController.m
//  DemoApp
//
//  Created by fengjian on 13-1-29.
```

图 21-44 iOS 实例录音像模块实现

```objc
//  Copyright (c) 2013年 yourcompany. All rights reserved.
//

#import "AudioViewController.h"
#import <AVFoundation/AVFoundation.h>

@interface AudioViewController () <AVAudioPlayerDelegate>

@property (nonatomic) BOOL isRecording;
@property (strong, nonatomic) AVAudioPlayer *player;
@property (strong, nonatomic) AVAudioRecorder *recorder;
@property (strong, nonatomic) NSURL *recordedFile;

@property (weak, nonatomic) IBOutletUIButton *recordButton;
@property (weak, nonatomic) IBOutletUIButton *playButton;
@property (weak, nonatomic) IBOutletUILabel *timeLabel;


- (IBAction)playPause:(id)sender;
- (IBAction)startStopRecording:(id)sender;
@end

@implementation AudioViewController

- (id)initWithNibName:(NSString *)nibNameOrNil bundle:(NSBundle *)nibBundleOrNil
{
    self = [superinitWithNibName:nibNameOrNil bundle:nibBundleOrNil];
    if (self) {
        // Custom initialization
    }
    returnself;
}

- (void)viewDidLoad
{
    [superviewDidLoad];
    // Do any additional setup after loading the view.

    self.isRecording = NO;
    [self.playButtonsetEnabled:NO];
    self.playButton.titleLabel.alpha = 0.5;
    self.recordedFile = [NSURLfileURLWithPath:[NSTemporaryDirectory() stringByAppendingString:@"RecordedFile"]];

    //(1) set audio session
    AVAudioSession *session = [AVAudioSessionsharedInstance];

    NSError *sessionError;
    [session setCategory:AVAudioSessionCategoryPlayAndRecorderror:&sessionError];
```

```objc
    if(session == nil)
    NSLog(@"Error creating session: %@", [sessionError description]);
    else
            [session setActive:YESerror:nil];
}

- (void)didReceiveMemoryWarning
{
    [superdidReceiveMemoryWarning];
    // Dispose of any resources that can be recreated.
}

- (IBAction)playPause:(id)sender
{
//(2) play or pause
if([self.playerisPlaying])
        {
        [self.playerpause];
        [self.playButtonsetTitle:@" 播放 "forState:UIControlStateNormal];
    } else {
        [self.playerplay];
        [self.playButtonsetTitle:@" 停止 "forState:UIControlStateNormal];
    }
}

- (IBAction)startStopRecording:(id)sender
{
if(!self.isRecording)
        {
self.isRecording = YES;
        [self.recordButtonsetTitle:@" 停止 "forState:UIControlStateNormal];
        [self.playButtonsetEnabled:NO];
        [self.playButton.titleLabelsetAlpha:0.5];

//(3) record
self.recorder = [[AVAudioRecorderalloc] initWithURL:self.recordedFilesettings:nilerror:nil];
        [self.recorderprepareToRecord];
        [self.recorderrecord];
self.player = nil;
    } else {
self.isRecording = NO;
        [self.recordButtonsetTitle:@" 录音 "forState:UIControlStateNormal];
        [self.playButtonsetEnabled:YES];
        [self.playButton.titleLabelsetAlpha:1];
    self.timeLabel.text = [NSStringstringWithFormat:@"%-.1f 秒 ", self.recorder.currentTime];
        [self.recorderstop];
    self.recorder = nil;
```

```
//(4) just create player
        NSError *playerError;
    self.player = [[AVAudioPlayeralloc] initWithContentsOfURL:self.recordedFilee
rror:&playerError];
    if (self.player == nil) {
    NSLog(@"ERror creating player: %@", [playerError description]);
        }
    self.player.delegate = self;
      }
}

#pragma mark AVAudioPlayerDelegate
  - (void)audioPlayerDidFinishPlaying:(AVAudioPlayer *)player successfully:
(BOOL)flag
{
    [self.playButtonsetTitle:@" 播放 "forState:UIControlStateNormal];
}
@end
```

代码中有数字编号的几个地方，具体说明如下。

（1）设置 Audio Session 属性，AVAudioSession 是一个单体，用来设置一些全局性质的 Audio 属性。

（2）声音的播放，是由 AVAudioPlayer 完成的，这个 Player 的输入参数是一个本地音频文件的 URL。Player 可以播放，也可以暂停。

（3）录音是由 AVAudioRecorder 来实现的，Recorder 也需要一个 URL 作为输入，标识录音文件的路径。在录音之前，要先调用 prepareToRecord 函数。

（4）前面（2）中只是在操作 AVAudioPlayer 的播放或暂停，Player 的创建是在这里执行的。

iOS 平台上的多媒体编程，是一个很广泛的话题，这里仅仅使用了两个比较上层的抽象 API：AVAudioPlayer 和 AVAudioRecorder。其中的 AVAudioPlayer 只能播放本地音频文件，不能播放在线音乐，如果要播放在线流媒体，则可以使用 AVPlayer，它的输入参数同样是一个 URL，支持 HTTP。另外，iOS 的 SDK 中，还有一系列更底层的 Audio、Video 接口，比如 Audio Queue Services、Audio Units 等。iOS 平台上，还有一个 DSP 处理器，配套的有一个 vDSP 加速库，如果是进行音频数据处理，需要傅立叶变换等数学操作，则可以使用。

21.6 "摇一摇"

最后是 ShakeViewController，这个 Controller 会检测"摇一摇"的操作，然后随机显示一张图片。ShakeViewController.m 的代码如下：

```
//
//  ShakeViewController.m
//  DemoApp
```

```objc
//
//  Created by fengjian on 13-1-29.
//  Copyright (c) 2013年 yourcompany. All rights reserved.
//

#import "ShakeViewController.h"

@interface ShakeViewController ()
@property (weak, nonatomic) IBOutlet UIImageView *imageView;

@end

@implementation ShakeViewController

- (id)initWithNibName:(NSString *)nibNameOrNil bundle:(NSBundle *)nibBundleOrNil
{
    self = [super initWithNibName:nibNameOrNil bundle:nibBundleOrNil];
    if (self) {
        // Custom initialization
    }
    return self;
}

- (void)viewDidLoad
{
    [super viewDidLoad];
    // Do any additional setup after loading the view.

    //(1) first image
    self.imageView.image = [UIImage imageNamed:[self randomImageName]];
}

- (void)didReceiveMemoryWarning
{
    [super didReceiveMemoryWarning];
    // Dispose of any resources that can be recreated.
}

//(2) make the controller can receive shake event
- (void)viewDidAppear:(BOOL)animated
{
    [self becomeFirstResponder];
}

- (void)viewDidDisappear:(BOOL)animated
{
    [self resignFirstResponder];
}

- (BOOL)canBecomeFirstResponder
```

```
{
returnYES;
}

//(3) handle shake event
- (void)motionEnded:(UIEventSubtype)motion withEvent:(UIEvent *)event
{
if (motion == UIEventSubtypeMotionShake)
    {
self.imageView.image = [UIImageimageNamed:[selfrandomImageName]];
    }
}

//(4) get random image name
- (NSString *)randomImageName
{
staticNSUInteger lastRandomNum = 0;
if (lastRandomNum == 0) {
        lastRandomNum = (arc4random() % 5) + 1;
    } else {
NSUInteger newNum = arc4random() % 5 + 1;
while (lastRandomNum == newNum) {
        newNum = arc4random() % 5 + 1;
        }
        lastRandomNum = newNum;
    }

return [NSStringstringWithFormat:@"image%d.jpg", lastRandomNum];
}
@end
```

代码中有数字编号的几个地方，具体说明如下。

（1）初始显示一张随机图片。

（2）这连续的 3 个函数，都是为了让 Controller 可以正确地成为 FirstResponder 或不作为 FirstResponder，因为只有 FirstResponder 才能接收 Shake 事件。

（3）检测到 Shake 事件，然后挑出一张随机图片，并且显示出来。

（4）找出一张随机图片。这里有一点要注意，为了避免前后两次找出的随机图片是同一张，这里做了一个检测，如果找出的随机图片和前一次的相同，则会重新找一张，直到不相同为止。

21.7　形成成品

形成的最终功能如下：
- 天气—北京；
- 照相；

- 录音；
- "摇一摇"

此部分主要是将美工做的设计图，应用到具体的应用中，完成后如图21-45~图21-48所示。

图 21-45 iOS 实例天气预报效果

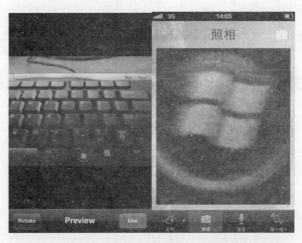

图 21-46 iOS 实例拍照与照片效果

图 21-47 iOS 实例录放音效果

图 21-48 iOS 实例"摇一摇"效果

第22章
Windows Phone 7 部分

22.1 创建项目

首先利用 Microsoft Visual Studio 2010 Express for Windows Phone（WP）开发工具创建一个 Windows Phone 的程序，通过"文件"→"新建项目"，如图 22-1 所示，新建一个基于 C# 的 Windows Phone 应用程序模板。

图 22-1 创建新项目界面

22.2 构建界面框架

应用程序包含 4 个简单的功能，分别是天气预报、照相、录音播音和"摇一摇"切换图片。将通过 4 个纵向页面、ApplicationBar 来组织按键实现界面跳转。

（1）添加多个界面

在 C# 类里新建 Windows Phone 纵向页面，方法：右键"项目"→"添加"→"新建项"，选择 C# 类下的 Windows Phone 纵向页面，命名为 photo.xmal。重复此创建步骤分别创建 3 个纵向页面：photo.xmal、recording.xmal、shake.xmal，如图 22-2 所示。

图 22-2　添加多个页面

添加完纵向页面后，在解决方案资源管理器的项目组织结构中可看到已添加的页面，右键对应的选择不同 XMAL 文件，右键点击选择查看代码，可以打开对应的代码隐藏文件，如图 22-3 所示。

图 22-3　查看对应的代码隐藏文件

（2）修改 PageTitle

当创建一个新页面时，有一个叫"PageTitle"的 XAML 元素默认被设置为"page name"。分别修改 weather.xmal、photo.xmal、recording.xmal、shake.xmal 的 PageTitle 属性为"天气"、"照相"、"录音"、"摇一摇"。

（3）界面导航设计

使用 ApplicationBar 控件实现界面跳转，一个 ApplicationBar 最多可包含 4 个按钮。如果还有额外的选项可以通过菜单项来添加，这些菜单项默认是不显示的。只有在点击菜单栏右侧的省略号（或省略号下方的区域）时才会显示出来。在 weather.xmal、photo.

xmal、recording.xmal、shake.xmal 文件中，添加以下代码：

```
<phone:PhoneApplicationPage.ApplicationBar>
        <shell:ApplicationBar IsVisible="True" IsMenuEnabled="False">
            <shell:ApplicationBarIconButton x:Name="btnWeather"
IconUri="/Images/appbar_button1.png " Text="天气" Click="btnWeather_Click" />
            <shell:ApplicationBarIconButton x:Name="btnPhoto"
IconUri="/Images/appbar_button2.png " Text="照相" Click="btnPhoto_Click" />
            <shell:ApplicationBarIconButton x:Name="btnRecording"
IconUri="/Images/appbar_button3.png " Text="录音" Click="btnRecording_Click" />
            <shell:ApplicationBarIconButton x:Name="btnShake"
IconUri="/Images/appbar_button4.png " Text="摇一摇" Click="btnShake_Click" />
        </shell:ApplicationBar>
</phone:PhoneApplicationPage.ApplicationBar>
```

在各个界面中将呈现导航工具条，weather.xmal 导航工具条如图 22-4 所示。

图 22-4 天气导航工具条

接下来的工作是实现多个界面之间的导航，通过点击 ApplicationBar 部分对应按钮，实现界面之间的导航，需要在各个界面的隐藏代码文件中实现，依次打开 weather.xmal、photo.xmal、recording.xmal、shake.xmal 对应的 .xmal.cs 隐藏代码文件，添加代码。以下以"天气"页面为例，右键 weather.xmal，选择"查看代码"，添加如下代码：

```
using System;
using System.Collections.Generic;
using System.Linq;
using System.Net;
using System.Windows;
using System.Windows.Controls;
using System.Windows.Documents;
using System.Windows.Input;
using System.Windows.Media;
using System.Windows.Media.Animation;
using System.Windows.Shapes;
using Microsoft.Phone.Controls;
```

```csharp
using System.Text;
using System.IO;
using System.Threading;
using System.Runtime.Serialization;

namespace Weather1
{
    public partial class MainPage : PhoneApplicationPage
    {
        // 构造函数
        public MainPage()
        {
            InitializeComponent();

        }
        private void btnWeather_Click(object sender, EventArgs e)
        {
                NavigationService.Navigate(new Uri("/MainPage.xaml", UriKind.Relative));
        }

        private void btnPhoto_Click(object sender, EventArgs e)
        {
                NavigationService.Navigate(new Uri("/photo.xaml", UriKind.Relative));
        }

        private void btnRecording_Click(object sender, EventArgs e)
        {
                NavigationService.Navigate(new Uri("/recording.xaml", UriKind.Relative));
        }

        private void btnShake_Click(object sender, EventArgs e)
        {
                NavigationService.Navigate(new Uri("/shake.xaml", UriKind.Relative));
        }

            private void PhoneApplicationPage_Loaded(object sender, RoutedEventArgs e)
            {

            }
    }
}
```

NavigationService. Navigate(Uri, Object)方法可以实现界面的异步跳转,将界面异步导

航到位于某个统一资源标识符（URI）中的源内容，即相应的界面。

至此界面框架已经构建完成，以下分别介绍4个功能模块的代码实现。

22.3 基本框架及天气预报模块

22.3.1 实现功能

搭建基本的图形界面框架，包括基本的界面模块之间的切换，并实现天气预报模块，显示3天的天气预报。

22.3.2 天气功能实现步骤

天气功能的实现步骤具体如下。

（1）通过 http://m.weather.com.cn/data/101010100.html 接口取得天气数据。

（2）从接口取的数据结构是 JSON，需要解释成 C# 类。

（3）显示天气数据到界面上。

22.3.3 关键类

22.3.3.1 WebRequest 类

发出对统一资源标识符（URI）的请求。这是一个 Abstract 类。

命名空间：System.Net

程序集：System.Net（在 System.Net.dll 中）

（1）构造函数

WebRequest 初始化 WebRequest 类的新实例。

（2）属性

ContentLength：当在子类中被重写时，获取或设置所发送的请求数据的内容长度。

ContentType：当在子类中被重写时，获取或设置所发送的请求数据的内容类型。

CreatorInstance：当在子类中重写时，获取从 IWebRequestCreate 类派生的工厂对象，该类用于创建为生成对指定 URI 的请求而实例化的 WebRequest。

Credentials：当在子类中被重写时，获取或设置用于对 Internet 资源请求进行身份验证的网络凭据。

Headers：当在子类中被重写时，获取或设置与请求关联的标头名称/值对的集合。

Method：当在子类中被重写时，获取或设置要在此请求中使用的协议方法。

RequestUri：当在子类中被重写时，获取与请求关联的 Internet 资源的 URI。

UseDefaultCredentials：当在子代类中重写时，获取或设置一个 Boolean 值，该值控制默认凭据是否随请求一起发送。

(3) 方法

Abort：中止请求。

BeginGetRequestStream：当在子类中重写时，提供请求流的异步方法。

BeginGetResponse：当在子类中被重写时，开始对 Internet 资源的异步请求。

Create(String)：为指定的 URI 方案初始化新的 WebRequest 实例。

Create(Uri)：为指定的 URI 方案初始化新的 WebRequest 实例。

CreateHttp(String)：为指定的 URI 字符串初始化新的 HttpWebRequest 实例。

CreateHttp(Uri)：为指定的 URI 初始化新的 HttpWebRequest 实例。

EndGetRequestStream：当在子类中重写时，返回用于将数据写入 Internet 资源的 Stream。

EndGetResponse：当在子类中重写时，返回 WebResponse。

Equals(Object)：确定指定的 Object 是否等于当前的 Object（继承自 Object）。

Finalize：允许对象在垃圾回收站对 Object 进行回收之前尝试释放资源并执行其他清理操作（继承自 Object）。

GetHashCode：用作特定类型的散列函数（继承自 Object）。

GetType：获取当前实例的 Type（继承自 Object）。

MemberwiseClone：创建当前 Object 的浅表副本（继承自 Object）。

RegisterPrefix：为指定的 URI 注册 WebRequest 子代。

ToString：返回表示当前对象的字符串（继承自 Object）。

(4) 备注

WebRequest 是 .NET Framework 的请求 / 响应模型的 Abstract 基类，用于访问 Internet 数据。使用该请求 / 响应模型的应用程序可以用协议不可知的方式从 Internet 请求数据，在这种方式下，应用程序处理 WebRequest 类的实例，而协议特定的子类则执行请求的具体细节。

请求从应用程序发送到某个特定的 URI，如服务器上的网页。URI 根据为应用程序注册的 WebRequest 子代列表确定要创建正确子代类。WebRequest 后代通常被注册来处理特定的协议（如 HTTP 或 HTTPS），但也可能被注册来处理对特定服务器或服务器上的路径的请求。

如果在访问 Internet 资源时发生错误，则 WebRequest 类将引发 WebException。Status 属性是 WebExceptionStatus 值之一，用来指示错误源。

当 Status 为 UnknownError 时，使用 Response 属性可以获得有关协议特定响应错误的其他详细信息。如果 Response 属性不为 Null，则表明远程服务器以错误代码进行响应。在这种情况下，可以查询 Response 属性来获取有关该响应的更多具体信息。

因为 WebRequest 类是一个 Abstract 类，所以 WebRequest 实例在运行时的实际行为由 Create 方法所返回的子类确定。有关默认值和异常的更多信息，请参见有关子类的文档，如 HttpWebRequest。

(5) 说明

使用 Create 方法初始化新的 WebRequest 实例。不要使用 WebRequest 构造函数。

22.3.3.2 DataContractJsonSerializer 类

将对象序列化为 JavaScript 对象表示法（JSON），并将 JSON 数据反序列化为对象。此类不能被继承。

命名空间：System.Runtime.Serialization.Json

程序集：System.Runtime.Serialization（在 System.Runtime.Serialization.dll 中）

(1) 构造函数

DataContractJsonSerializer(Type)：初始化 DataContractJsonSerializer 类的新实例，以便序列化或反序列化指定类型的对象。

DataContractJsonSerializer(Type, IEnumerable<Type>)：初始化 DataContractJsonSerializer 类的新实例，以便序列化或反序列化指定类型的对象以及可在对象图中呈现的已知类型的集合。

DataContractJsonSerializer(Type, DataContractJsonSerializerSettings)：初始化 DataContractJsonSerializer 类的新实例，序列化或反序列化指定类型和序列化程序设置的对象。

DataContractJsonSerializer(Type, String)：使用参数指定的 XML 根元素初始化 DataContractJsonSerializer 类的新实例，以便序列化或反序列化指定类型的对象。

DataContractJsonSerializer(Type, XmlDictionaryString)：使用类型为 XmlDictionaryString 的参数指定的 XML 根元素初始化 DataContractJsonSerializer 类的新实例，以便序列化或反序列化指定类型的对象。

DataContractJsonSerializer(Type, String, IEnumerable<Type>)：使用参数指定的 XML 根元素初始化 DataContractJsonSerializer 类的新实例，以便序列化或反序列化指定类型的对象以及可在对象图中呈现的已知类型的集合。

DataContractJsonSerializer(Type, XmlDictionaryString, IEnumerable<Type>)：使用类型为 XmlDictionaryString 的参数指定的 XML 根元素初始化 DataContractJsonSerializer 类的新实例，以便序列化或反序列化指定类型的对象以及可在对象图中呈现的已知类型的集合。

DataContractJsonSerializer(Type, IEnumerable<Type>, Int32, Boolean, IDataContractSurrogate, Boolean)：初始化 DataContractJsonSerializer 类的新实例，以便序列化或反序列化指定类型的对象。此方法还指定了可在对象图中呈现的已知类型的列表、要序列化或反序列化的最大图项数、是忽略意外数据还是发出类型信息以及自定义序列化的代理项。

DataContractJsonSerializer(Type, String, IEnumerable<Type>, Int32, Boolean, IDataContractSurrogate, Boolean)：初始化 DataContractJsonSerializer 类的新实例，以便序列化或反序列化指定类型的对象。此方法还指定了 XML 元素的根名称、可在对象图中呈现的已知类型的列表、要序列化或反序列化的最大图项数、是忽略意外数据还是发出类型信息以及自定义序列化的代理项。

DataContractJsonSerializer(Type, XmlDictionaryString, IEnumerable<Type>, Int32, Boolean, IDataContractSurrogate, Boolean)：初始化 DataContractJsonSerializer 类的新实例，

以便序列化或反序列化指定类型的对象。此方法还指定了 XML 元素的根名称、可在对象图中呈现的已知类型的列表、要序列化或反序列化的最大图项数、是忽略意外数据还是发出类型信息以及自定义序列化的代理项。

（2）属性

DataContractSurrogate：获取给定 IDataContractSurrogate 实例的当前活动代理项类型。代理项可以扩展序列化或反序列化过程。

DateTimeFormat：获取日期和时间类型的项的布局在对象图中。

EmitTypeInformation：获取或设置数据协定 JSON 序列化程序设置会发出类型信息。

IgnoreExtensionDataObject：获取一个值，指定在反序列化时是否忽略未知数据以及在序列化时是否忽略 IExtensibleDataObject 接口。

KnownTypes：获取一个类型集合，这些类型可呈现在使用此 DataContractJsonSerializer 实例序列化的对象图中。

MaxItemsInObjectGraph：获取序列化程序通过一次读取或写入调用在对象图中序列化或反序列化的最大项数。

SerializeReadOnlyTypes：获取或设置指定是否序列化只读类型的值。

UseSimpleDictionaryFormat：获取或设置指定是否使用一个简单的字典格式设置的值。

（3）方法

Equals(Object)：确定指定的对象是否等于当前对象（继承自 Object）。

GetHashCode：用作特定类型的散列函数（继承自 Object）。

GetType：获取当前实例的 Type（继承自 Object）。

IsStartObject(XmlDictionaryReader)：获取一个值，指定 XmlDictionaryReader 是否定位在 XML 元素上，而该元素表示序列化程序可从中进行反序列化的对象（重写 XmlObjectSerializer.IsStartObject(XmlDictionaryReader)）。

IsStartObject(XmlReader)：确定是否将 XmlReader 定位在可反序列化的对象上（重写 XmlObjectSerializer.IsStartObject(XmlReader)）。

ReadObject(Stream)：以 JSON（JavaScript 对象表示法）格式读取文档流，并返回反序列化的对象（重写 XmlObjectSerializer.ReadObject(Stream)）。

ReadObject(XmlDictionaryReader)：使用 XmlDictionaryReader 读取从 JSON（JavaScript 对象表示法）映射的 XML 文档，并返回反序列化的对象（重写 XmlObjectSerializer.ReadObject(XmlDictionaryReader)）。

ReadObject(XmlReader)：使用 XmlReader 读取从 JSON（JavaScript 对象表示法）映射的 XML 文档，并返回反序列化的对象（重写 XmlObjectSerializer.ReadObject(XmlReader)）。

ReadObject(XmlDictionaryReader, Boolean)：使用 XmlDictionaryReader 读取从 JSON 映射的 XML 文档并返回反序列化的对象；它还可用于指定序列化程序在尝试反序列化之前是否应验证其定位在相应的元素上（重写 XmlObjectSerializer.ReadObject(XmlDictionaryReader, Boolean)）。

ReadObject(XmlReader, Boolean)：使用 XmlReader 读取从 JSON 映射的 XML 文档并返回反序列化的对象；它还可用于指定序列化程序在尝试反序列化之前是否应验证其定位在相应的元素上（重写 XmlObjectSerializer.ReadObject(XmlReader, Boolean)）。

ToString：返回表示当前对象的字符串（继承自 Object）。

WriteEndObject(XmlDictionaryWriter)：使用 XmlDictionaryWriter 将结束 XML 元素写入可映射到 JavaScript 对象表示法 (JSON) 的 XML 文档（重写 XmlObjectSerializer.WriteEndObject(XmlDictionaryWriter)）。

WriteEndObject(XmlWriter)：使用 XmlWriter 将结束 XML 元素写入可映射到 JavaScript 对象表示法 (JSON) 的 XML 文档（重写 XmlObjectSerializer.WriteEndObject(XmlWriter)）。

WriteObject(Stream, Object)：将指定对象序列化为 JavaScript 对象表示法 (JSON) 数据，并将生成的 JSON 写入流中（重写 XmlObjectSerializer.WriteObject(Stream, Object)）。

WriteObject(XmlDictionaryWriter, Object)：将对象序列化为可映射到 JavaScript 对象表示法 (JSON) 的 XML。使用 XmlDictionaryWriter 写入所有对象数据（包括开始 XML 元素、内容和结束元素）（重写 XmlObjectSerializer.WriteObject(XmlDictionaryWriter, Object)）。

WriteObject(XmlWriter, Object)：将对象序列化为可映射到 JavaScript 对象表示法 (JSON) 的 XML。使用 XmlWriter 写入所有对象数据（包括开始 XML 元素、内容和结束元素）（重写 XmlObjectSerializer.WriteObject(XmlWriter, Object)）。

WriteObjectContent(XmlDictionaryWriter, Object)：使用 XmlDictionaryWriter 写入可映射到 JavaScript 对象表示法（JSON）的 XML 内容（重写 XmlObjectSerializer.WriteObjectContent(XmlDictionaryWriter, Object)）。

WriteObjectContent(XmlWriter, Object)：使用 XmlWriter 写入可映射到 JavaScript 对象表示法（JSON）的 XML 内容（重写 XmlObjectSerializer.WriteObjectContent(XmlWriter, Object)）。

WriteStartObject(XmlDictionaryWriter, Object)：使用 XmlDictionaryWriter 写入开始 XML 元素，以便将对象序列化为可映射到 JavaScript 对象表示法（JSON）的 XML（重写 XmlObjectSerializer.WriteStartObject(XmlDictionaryWriter, Object)）。

WriteStartObject(XmlWriter, Object)：使用 XmlWriter 写入开始 XML 元素，以便将对象序列化为可映射到 JavaScript 对象表示法（JSON）的 XML（重写 XmlObjectSerializer.WriteStartObject(XmlWriter, Object)）。

（4）备注

可以使用 DataContractJsonSerializer 类将类型实例序列化为 JSON 文档，并将 JSON 文档反序列化为类型实例。例如，可以使用包含重要数据（如名称和地址）的属性创建一个名为 Person 的类型。然后，可以创建和操作一个 Person 类实例，并在 JSON 文档中写入所有其属性值以便于以后检索。可随后将该 JSON 文档反序列化为 Person 类，或者反序列化为另一个具有等效数据协定的类。

如果在服务器上的传出答复的序列化期间发生错误或答复操作由于某种其他原因引发

异常，则可能不会将其作为错误返回到客户端。

22.3.4　通过 HttpWebRequest 取得数据

　　Windows Phone 7（以下简称 WP7）的网络操作：非阻塞的异步操作（没有直接的同步的操作方式），这是一个简单的 Get 操作封装类，对 WebRequest 进行了封装，对 Web 进行 Get 操作，对返回结果进行回调处理，代码如下：

```
publicclassHttp
    {
publicdelegatevoidHandleResult(stringresult);
privateHandleResulthandle;

publicvoidStartRequest(stringUrl, HandleResulthandle)
        {
this.handle = handle;
varwebRequest = (HttpWebRequest)WebRequest.Create(Url);
webRequest.Method = "GET";
try
            {
newThread(() =>webRequest.BeginGetResponse(newAsyncCallback(HandleResponse),
webRequest)).Start();
            }
catch
            {
            }
        }

publicvoidHandleResponse(IAsyncResultasyncResult)
        {
HttpWebRequesthttpRequest = null;
HttpWebResponsehttpResponse = null;
stringresult = string.Empty;
try
            {
httpRequest = (HttpWebRequest)asyncResult.AsyncState;
httpResponse = (HttpWebResponse)httpRequest.EndGetResponse(asyncResult);

using (varreader = newStreamReader(httpResponse.GetResponseStream(),
Encoding.UTF8))
                {
result = reader.ReadToEnd();
reader.Close();
                }
            }
catch
            {
```

```
            finally
                {
            if (httpRequest != null) httpRequest.Abort();
            if (httpResponse != null) httpResponse.Close();
                }
            Deployment.Current.Dispatcher.BeginInvoke(() =>handle(result));
                }
            }
```

在获得请求结果之后，对界面的元素进行操作：Deployment.Current.Dispatcher.BeginInvoke(()=>handle(result))。

有一种极端的情况，即网络情况不好，而请求需要发送的数据又足够长，这种请求会持续数秒，假设是界面上的一个按钮按下的处理事件调用此网络请求，界面将会卡死。这里很容易进入误区：以为 WP7 的网络都是异步的，就可以不使用多线程。大部分时候，此误区并不容易被发现，主要就是网络都不算坏，而且 Get 的请求发送数据量都不算多，但现在讨论的是极端情况，为了完美与良好的用户体验，在这个问题上下一点功夫还是值得的。WP7 的异步，只是发送完请求与等待请求的异步，而发送请求的过程还是同步的状态，所以，需要对上面的 StartRequest 方法进行线程处理：new Thread(() =>webRequest.BeginGetResponse(new AsyncCallback(HandleResponse), webRequest)).Start();

通过使用上面 HTTP 类来取得网络数据：

```
varhttp = newHttp();
http.StartRequest(@"http://m.weather.com.cn/data/101010100.html",
    result =>
    {
            // 对 result 进行处理
    });
```

22.3.5　把 JSON 转换成 C# 类

使用 DataContractJsonSerializer 类实现把 JOSN 转化成 C# 类，JsonParse 类实现了对 DataContractJsonSerializer 进行的封装，代码如下：

```
[DataContract]
publicclassweatherJsonObject
    {
        [DataMember(Order = 0)]
publicweatherinfoJsonObjectweatherinfo { get; set; }
    }

    [DataContract]
publicclassweatherinfoJsonObject
    {
        [DataMember(Order = 0)]
publicstringcity { get; set; }
```

```csharp
        [DataMember(Order = 1)]
public string city_en { get; set; }
        [DataMember(Order = 2)]
public string date_y { get; set; }
        [DataMember(Order = 3)]
public string temp1 { get; set; }
        [DataMember(Order = 4)]
public string temp2 { get; set; }
        [DataMember(Order = 5)]
public string temp3 { get; set; }
        [DataMember(Order = 6)]
public string weather1 { get; set; }
        [DataMember(Order = 7)]
public string weather2 { get; set; }
        [DataMember(Order = 8)]
public string weather3 { get; set; }
    }

internal static class JsonParse
    {
public static T Parse<T>(Stream stream)
        {
return JsonParse._parse<T>(stream);
        }

private static T _parse<T>(Stream stream)
        {
return (T)new DataContractJsonSerializer(typeof(T)).ReadObject(stream);
        }

public static string constructJsonString(object jsonObject)
        {
using (var ms = new MemoryStream())
            {
new DataContractJsonSerializer(jsonObject.GetType()).WriteObject(ms, jsonObject);
byte[] byteArr = ms.ToArray();
return Encoding.UTF8.GetString(byteArr, 0, byteArr.Length);
            }
        }
    }
```

使用 JsonParse 把 JOSN 转换成 C# 类：

```csharp
MemoryStream ms = new MemoryStream(Encoding.UTF8.GetBytes(result));
weatherJsonObject wt = JsonParse.Parse<weatherJsonObject>(ms);
```

22.3.6 通过 ListBox 把 3 天的天气显示到界面上

在 XAML 页面添加如下代码：

```xml
<ListBox Height="490" HorizontalAlignment="Left" Margin="0,66,0,0" Name="listBoxWeather" VerticalAlignment="Top" Width="460" ItemsSource="{Binding}">
    <ListBox.ItemTemplate>
        <DataTemplate>
            <StackPanel Orientation="Horizontal">
                <TextBlock Text="{Binding date}" FontSize="30" Margin="0,80,0,0" Height="60" />
                <TextBlock Text="{Binding temp}" FontSize="30" Margin="20,80,0,0" Height="60" />
                <TextBlock Text="{Binding weather}" FontSize="30" Margin="20,80,0,0" Height="60" />
            </StackPanel>
        </DataTemplate>
    </ListBox.ItemTemplate>
</ListBox>
```

ListBox 通过 ItemsSource 属性对数据进行绑定。

在 .cs 文件里添加：

```
varlist = newList<weatherObject>();
varobj = newweatherObject("今天",wt.weatherinfo.temp1, wt.weatherinfo.weather1);
list.Add(obj);
obj = newweatherObject("明天",wt.weatherinfo.temp2, wt.weatherinfo.weather2);
list.Add(obj);
obj = newweatherObject("后天",wt.weatherinfo.temp3, wt.weatherinfo.weather3);
list.Add(obj);
listBoxWeather.DataContext = list;
```

22.3.7 效果图

WP 实例天气预报效果如图 22-5 所示。

22.4 照相

22.4.1 实现功能

点击拍照，把照片显示在界面上。

22.4.2 实现步骤

照相功能的实现步骤如下。

（1）启动照相机，当拍下照片后，自动把照的字节流返回给调用方应用程序。

图 22-5 WP 实例天气预报效果

（2）把照片数据流通过 Image 显示到界面上。

22.4.3 关键类（CameraCaptureTask 类）

允许应用程序启动"相机"应用程序。使用此方法可允许用户通过应用程序拍摄照片。
（1）构造函数
CameraCaptureTask：初始化 CameraCaptureTask 类的新实例。
（2）属性
TaskEventArgsCompleted：事件的 EventArgs。
（3）方法
FireCompleted：引发 Completed 事件。
Show：显示"相机"应用程序。
（4）事件
Completed：当完成选择器任务时发生（从 ChooserBase<(Of <(<TTaskEventArgs>)>)> 继承）。

22.4.4 启动照相机，拍照，返回数据给调用方

启动相机的代码如下：

```
CameraCaptureTaskcct;
cct = newCameraCaptureTask();
cct.Completed += newEventHandler<PhotoResult>(cct_Completed);
cct.Show();
```

拍照之后，把数据返回给调用方的回调函数：

```
voidcct_Completed(objectsender, PhotoResulte)
        {
// 判断结果是否成功
if (e.TaskResult == TaskResult.OK)
          {
BitmapImagebmpSource = newBitmapImage();
bmpSource.SetSource(e.ChosenPhoto);

image1.Source = bmpSource;
          }
else
          {
image1.Source = null;
          }
        }
```

22.4.5 通过 Image 显示照片

通过 Image 显示照片的代码如下：

xaml:
```
<Image Height="550" HorizontalAlignment="Left" Margin="0,6,0,0" Name="image1"
Stretch="Fill" VerticalAlignment="Top" Width="450" />
```

.cs
```
BitmapImagebmpSource = newBitmapImage();
bmpSource.SetSource(e.ChosenPhoto);
image1.Source = bmpSource;
```

22.4.6 效果图

WP 实例拍照效果如图 22-6 所示。

图 22-6　WP 实例拍照效果

22.5　录音

22.5.1　实现功能

开启录音，对话筒喊话，把声音记录下。停止录音，保存起来。最后，把保存的数据播放出来。

22.5.2　实现步骤

录音功能的实现步骤如下。
（1）开启录音。

（2）把音频数据记录下来。

（3）播放录音。

22.5.3　关键类（Microphone 类）

（1）构造函数

使用 Default 方法获取此类的实例。

（2）属性

BufferDuration：设置缓存区时间，每次调用一次 BufferReady 事件。

（3）方法

Start：从话筒中捕捉音频。

Stop：停止从话筒中捕捉音频。

GetData：将数据从话筒中转换到缓冲区中。

（4）事件

BufferReady：BufferDuration 时间就会触发此事件，对缓冲数据进行处理。

22.5.4　录音初始化

录音功能初始化代码如下：

```
MemoryStream gStream = newMemoryStream();
Microphone gMicrophone = Microphone.Default;
gMicrophone.BufferReady += newEventHandler<EventArgs>(gMicrophone_BufferReady);

void gMicrophone_BufferReady(objectsender, EventArgse)
{
gMicrophone.GetData(gAudioBuffer);
gStream.Write(gAudioBuffer, 0, gAudioBuffer.Length);
}
```

在 XNA 中每 33 fp 就会更新画面一次，但在 Silverlight Application 并没有这样的机制，为了确保录音功能持续更新与进行撷取动作，需要通过指定一个定期执行「FrameworkDispatcher.Update();」的事件：

```
DispatcherTimertDT = null;
tDT = newDispatcherTimer();
tDT.Interval = TimeSpan.FromMilliseconds(33);
tDT.Tick += delegate { try { FrameworkDispatcher.Update(); } catch { } };
```

22.5.5　开始录音

开始录音的代码如下：

```
if (gMicrophone.State == MicrophoneState.Stopped)
```
// 只有当音频捕捉停止时,才开始录音,防止两次点击录音按钮导致程序崩溃
```
            {
                buttonRecording.IsEnabled = false;
                buttonBroadcast.IsEnabled = false;
```
// 录音的时候禁用录音、播放的按钮
```
                gSpendTime = 0;
                gStream = new MemoryStream();
                WavHeader.WriteWavHeader(gStream, gMicrophone.SampleRate);
```
// WP7 录出来的音频是原生的 16 kHz-16 bit-PCM 数据,要加上 WAV 封装一下,才可以进行传输,封装其实就是给原生的数据加 WAV 头
```
                tDT.Start();

                gMicrophone.BufferDuration = TimeSpan.FromMilliseconds(1000);
                gAudioBuffer = new 
byte[gMicrophone.GetSampleSizeInBytes (gMicrophone.BufferDuration)];
                gMicrophone.Start();
            }
```

22.5.6 结束录音

结束录音的代码如下:

```
if (gMicrophone.State == MicrophoneState.Started)
            {
gMicrophone.Stop();
if (!(gStream == null))
```
// 只有当视频流非空的时候才执行对当前流进行关闭并释放与当前流相关的资源,无法对空视频流进行此操作
```
                {
                    WavHeader.UpdateWavHeader(gStream);
                    gStream.Close();
                }
tDT.Stop();
            }
```

22.5.7 播放录音

播放录音的代码如下:

```
            if (!(gStream==null))
```
// 检测流是否为空,如果为空则不播放
```
                {
                    gSoundEffect = new SoundEffect(gStream.ToArray(), gMicrophone.
SampleRate, AudioChannels.Mono);
                    gSoundEffect.Play();
                }
```

22.5.8 效果图

WP7 实例录音效果界面如图 22-7 所示。

图 22-7 WP7 实例录音效果

22.6 "摇一摇"

22.6.1 功能说明

晃动手机，界面上显示手机的（X，Y，Z）重力坐标。当手机晃动的速率达到一定要求的时侯，手机会震动（功能需要完成一摇就切换图片）。

22.6.2 实现步骤

"摇一摇"功能实现步骤如下。
（1）定义重力感应器，启动重力感应器。
（2）收到重力感应器发出的事件，震动手机。

22.6.3 关键类

22.6.3.1 Accelerometer 类

为 Windows Phone 应用程序提供对设备加速度计传感器的访问。
（1）构造函数
Accelerometer：创建 Accelerometer 对象的新实例。
（2）属性
CurrentValue：获取一个对象，该对象实现包含传感器当前值的 ISensorReading。此对象将为以下类型之一（取决于引用的传感器）：AccelerometerReading、CompassReading、GyroscopeReading、MotionReading（从 SensorBase<(Of <(< 'TSensorReading>)>)> 继承）。

IsDataValid：获取传感器数据的有效性（从 SensorBase<(Of <(< 'TSensorReading>)>)> 继承）。

IsSupported：获取或设置其上运行应用程序的设备是否支持加速度计传感器。

State：获取加速度计的当前状态。该值是 SensorState 枚举的一个成员。

TimeBetweenUpdates：获取或设置 CurrentValueChanged 事件之间的首选时间（从 SensorBase<(Of <(< 'TSensorReading>)>)> 继承）。

（3）方法

Dispose：释放由 Accelerometer 使用的托管资源和非托管资源。

Finalize：允许 Object 在垃圾回收站回收该对象之前尝试释放资源并执行其他清理操作（从 SensorBase<(Of <(<'TSensorReading>)>)> 继承）。

Start：开始从加速度计获取数据。

Stop：停止从加速度计获取数据。

（4）事件

CurrentValueChanged：在从传感器获得新数据时发生（从 SensorBase<(Of <(<'TSensorReading>)>)> 继承）。

ReadingChanged：过时。在从加速度计获得新数据时发生在当前版本中已弃用此方法。应用程序应该使用 SensorBase<(Of <(<'TSensorReading>)>)> 类的 CurrentValueChanged 事件。

（5）备注

加速度值采用三维矢量表示，该矢量表示在 X 轴、Y 轴和 Z 轴中的加速度分量（采用重力单位）。当设备面朝平台时，加速度的方向相对于设备以便对 Z 轴应用 -1g；当垂直于平台顶部放置设备时，对 Y 轴应用 -1g。

加速度计传感器将检测重力以及由于手机运动而产生的任何力。MotionReading 类使用多个设备传感器将重力矢量与设备加速度分离，并且允许轻松确定设备的当前属性（yaw、pitch、roll）。

22.6.3.2 VibrateController 类

允许 Windows Phone 应用程序在设备上开始和停止振动。使用 Default 方法获取此类的实例。

（1）属性

Default：用于获取 VibrateController 对象实例的静态方法。

（2）方法

Start：开始在设备上振动。

Stop：停止在设备上振动。

22.6.4 定义重力感应系统

使用重力感应器 Accelerometer，需要引用类库 Microsoft.Devices.Sensors，所以需要在 WMAppManifest.xml 加上 <Capability Name= "ID_CAP_SENSORS" />

```
Accelerometeracc = null;
acc = newAccelerometer();
acc.ReadingChanged += OnAccelerometerReadingChanged;// 触发重力感应的事件
acc.Start();// 开始加速计重力感应

voidOnAccelerometerReadingChanged(objectsender, AccelerometerReadingEventArgsargs)
{
// Args.X  //X轴表示屏幕的左右
//Args.Y  //Y轴表示屏幕的上下
//Args.Z  //Z轴表示屏幕正上方的上下

doubleacceleration = Math.Sqrt(args.X * args.X + args.Y * args.Y + args.Z * args.Z); // 计算加速度

}
```

22.6.5 回调事件处理，震动手机和显示重力感应坐标

代码如下：
```
VibrateController vc = VibrateController.Default;
vc.Start(TimeSpan.FromMilliseconds(250));
```

22.6.6 效果图

WP7 实例"摇一摇"效果界面如图 22-8 所示。

图 22-8 WP7 实例"摇一摇"效果

第 7 篇
高级篇——VoIP-IP 语音通话实例

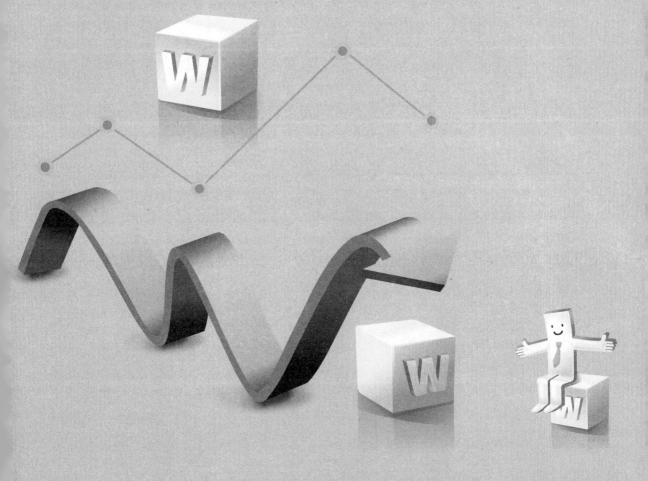

第23章

VoIP 基础

VoIP（Voice over Internet Protocol），即在 IP 网络上使用 IP 以数据分组的方式传输语音，简而言之，VoIP 网络电话就是通过互联网打电话。

VoIP 最大的优势是除了实现语音业务外，还可以实现各种语音、传真、视频和数据相结合的多媒体增值业务，如统一消息、多媒体会议、网络传真、多媒体呼叫中心、多媒体彩铃等。

VoIP 实现的原理是主叫方通过对模拟语音信号进行压缩数字编码处理，处理后的语音数据信号根据 VoIP 进行打包，经过 IP 网络把数据分组传送到被叫方后，再把这些语音数据分组进行解析、解压和解码处理，恢复成原来的语音模拟信号，从而达到由 IP 网络发送语音的目的。

VoIP 信令协议实现了各种通信实体之间用于建立、协商、终止呼叫所需的信息。常见 VoIP 包括了 H.323、SIP（会话发起协议）、MGCP（媒体网关控制协议）和 MEGACO/H.248 等，具体介绍如下。

（1）H.323

H.323 定义了呼叫建立的全部过程，包括信令的交互、协商、媒体流的编码以及如何在 RTP 中传送数据分组等。该标准是 ITU-T 专门为 IP 网上实现多媒体通信而制定的一个完整的体系架构。H.323 定义了 4 种逻辑组成部分：终端、网关、网守及 MCU（多点控制单元）。终端、网关和 MCU 均被视为终端点。

（2）SIP

SIP 是一种应用层控制协议，主要完成会话的建立、修改以及终止，具体实现上需要与 RSVP、SDP、ISUP 等协议联合使用。该标准是由 IETF 制定。与 HTTP 类似，SIP 是基于文本的协议。

（3）MGCP

MGCP 是将两个网关控制协议 Cisco 和 Telcordia 的 SGCP、Level3 公司的 IPDC 协议合并而成的。该标准由 IETF 制定。它定义了媒体网关控制器与媒体网关之间的主从控制协议。媒体网关负责媒体格式变换以及 PSTN 和 IP 两侧通路的连接，由媒体网关控制器负责根据收到的信令控制媒体网关的连接建立和释放。

（4）MEGACO/H.248

该协议是在IETF和ITU-T（ITU-T推荐H.248）共同参与下发展的协议。与MGCP类似，也是一种媒体网关控制器与媒体网关之间的主从控制协议。但与MGCP相比，增加了更多电信级设备的考虑，协议的术语、功能更为丰富，加强了MGC对MG的管理功能。

第 24 章

基于 SIP 的 iOS VoIP 客户端实现

本章提供一种基于 SIP 的 iOS VoIP 客户端的实现，支持标准 SIP，可以连接到标准 SIP 的 VoIP 服务器，进行 VoIP 通话。本例采用国外的一个厂商提供的 SIP Server（支持标准 SIP 的服务器提供者有很多，这里提供笔者常用的一个 SIP Server 的下载地址 http://www.brekeke.com/downloads/sip-server.php）。

本章提供 iOS VoIP 客户端的源代码和详细的说明，可以编译后通过安装的 SIP Server 进行 VoIP 语音通话，以下为本章提供的 iOS VoIP 客户端和 SIP 相关的介绍。

24.1 VoIP 客户端总体架构

总的来说，一个 VoIP 客户端通常包括界面、SIP 协议栈、注册、呈现、媒体控制和自动升级六大模块。各模块间的关系如图 24-1 所示。

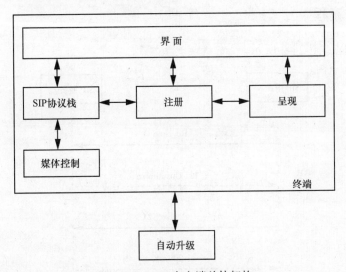

图 24-1 VoIP 客户端总体架构

各模块功能分配介绍如下。

- 界面模块：用户交互模块，接收用户输入、提供 VoIP 各种功能的使用入口和状态、调用结果展示。

- 注册模块：管理用户账号，完成用户的注册、登录认证流程。
- SIP 协议栈：实现 SIP 协议栈，完成与 SIP 相关的流程，如 SIP 注册、基本呼叫、业务控制等。
- 呈现：管理用户的通讯录以及好友列表，负责用户以及联系人呈现状态的发布、订阅、取消订阅等操作。
- 媒体控制：负责音视频媒体的采集、播放。
- 自动升级：实现客户端软件的版本管理、最新版本号获取、版本下载和覆盖安装等。

在上述模块中，界面模块、媒体控制以及自动升级模块与设备操作系统平台具备较大相关性，需要针对不同的操作系统重写代码进行实现；而注册模块、SIP 协议栈以及呈现模块主要与接口协议相关，基本上可以实现跨平台的模块封装。

以 SIP 协议栈模块的实现为例，阐述 VoIP 的关键实现代码。由于 C 语言在移动操作系统，如 iOS、Android 以及其他以 Linux 为内核的操作系统中均能得到较好的支持，以 iOS 为例，以 C 语言作为实现语言，示例 VoIP 的实现。

24.2 SIP 关键流程

请参见 SIP 规范（IETF RFC3261 "SIP: Session Initiation Protocol"）和通信运营商发布的相关 SIP 规范，这里主要以软交换网络下常用的注册、注销和呼叫流程为例，对消息体具体头域的注解和要求请参见相关规范。

24.2.1 注册流程

SIP 注册流程如图 24-2 所示。

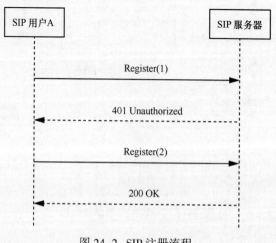

图 24-2 SIP 注册流程

SIP 用户 A 向所属域的注册服务器发起注册请求，假定服务器地址为 1.1.1.1，用户 A

账号为 801020800001，客户端 IP 地址为 1.1.1.100：

```
REGISTER sip:1.1.1.1 SIP/2.0
From: sip:801020800001@1.1.1.1;tag=25486
        To: sip: 801020800001@1.1.1.1
        CSeq: 1 REGISTER
        Call-ID: 10000000@1.1.1.100
        Via: SIP/2.0/UDP 1.1.1.100:5060;branch=z9hG4bK1063644978
        Maxforward:70
        Contact: sip: 801020800001@1.1.1.100:5060
        Expires: 3600
        Content-Length: 0
```
注册服务器要求用户进行鉴权
```
SIP/2.0 401 Unauthorized
From: sip:801020800001@1.1.1.1;tag=25486
        To: sip:801020800001@1.1.1.1; tag=254863455
        Via: SIP/2.0/UDP 1.1.1.100:5060;branch=z9hG4bK1063644978
        CSeq: 1 REGISTER
        Call-ID: 10000000@1.1.1.100
        WWW-Authenticate:Digest realm="1.1.1.1",
nonce="ca019edffb7551683c2136eb2dd10537",stale=FALSE,algorithm=MD5
        Content-Length:0
```
带有鉴权信息的注册请求
```
REGISTER sip:1.1.1.1 SIP/2.0
From: sip:801020800001@1.1.1.1;tag=25ER486
        To: sip: 801020800001@1.1.1.1
        CSeq: 2 REGISTER
        Call-ID: 10000000@1.1.1.100
        Via: SIP/2.0/UDP 1.1.1.10:5060;branch=z9hG4bK1063644978
        Maxforward:70
        Contact: sip: 801020800001@1.1.1.100:5060
        Expires: 3600
WWW-Authorization:Digest username="801020800001",realm="1.1.1.1",
nonce="ca019edffb7551683c2136eb2dd10537",uri="sip: 801020800001@1.1.1.1",
response="dffb7551683c2136e"
        Content-Length: 0
```
注册成功
```
SIP/2.0 200 OK
From: sip:801020800001@1.1.1.1;tag=25ER486
        To: sip: 801020800001@1.1.1.1;tay-2343244332
        CSeq: 2 REGISTER
        Call-ID: 10000000@1.1.1.10
        Via: SIP/2.0/UDP 1.1.1.10:5060;branch=z9hG4bK1063644978
        Contact: sip: 801020800001@1.1.1.100:5060
        Expires: 3600
```

流程说明如下。

- 在注册流程中，第二个 Register 消息和第一个 Register 消息 Call-ID 不变，CSeq 增加。
- 注册的有效期由 Expire 参数指定，到达有效期后，需重新发起注册消息，Call-ID 不变，

CSeq 增加。

- 在实现注册功能时,除了注册成功之外,需考虑诸多异常情况,如服务器返回的 4** 消息以及服务器无响应等,针对前者,应给予适当的提示给用户;针对后者,需按一定的策略重复发送注册请求,直到停止发送。

参照注册流程,在注销流程请求中,Expire 参数为 0。

24.2.2 呼叫流程

SIP 呼叫流程如图 24-3 所示。

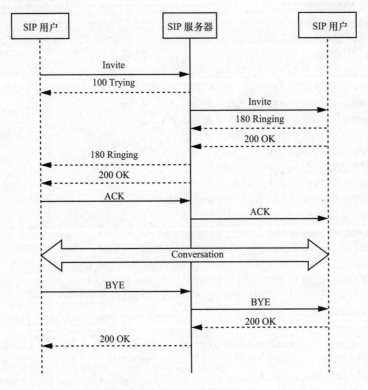

图 24-3 SIP 呼叫流程

此流程为 VoIP 呼叫的简单全流程,假设 A、B 归属于同一个 SIP 服务器,不考虑网络侧增值业务,如服务侧彩铃、呼叫转移等。

SIP 用户 A 向 SIP 用户 B 发起呼叫请求,用户 A 和用户 B 都注册于同一个 SIP 服务器。假定 SIP 服务器地址为 1.1.1.1,用户 A 账号为 801020800001,客户端 IP 地址为 1.1.1.100;用户 B 账号为 801010600002,客户端 IP 地址为 1.1.1.200。

```
INVITE sip: 801010600002@1.1.1.1:5060 SIP/2.0
Via: SIP/2.0/UDP 1.1.1.100:5060;branch=z9hG4bK020836764600000
From: 801020800001<sip:801020800001@1.1.1.1:5060>;tag=22af9be9d1eac27
To: sip:801010600002@1.1.1.1:5060
Call-ID: e9aedcb152bbe1903ddd5eed2b111a71@1.1.1.100
CSeq: 1 INVITE
```

```
Max-foward:70
Contact: 801020800001sip:801020800001@1.1.1.100:5060
Supported: 100rel, eventlist, timer
Allow: INVITE, ACK, CANCEL, OPTIONS, BYE, REFER, NOTIFY, UPDATE
Content-Type: application/sdp
Content-Length: 222

v=0
o=801020800001 2890844526 2890844526 IN IP4 1.1.1.100
s=-
c=IN IP4 1.1.1.100
t=0 0
m=audio 49172 RTP/AVP 0
a=rtpmap:0 PCMU/8000
```
SIP 服务器接收到请求后向用户 A 发送确认信号，表示正在对收到的请求进行处理
```
SIP/2.0 100 Trying
Via: SIP/2.0/UDP 1.1.1.100:5060;branch=z9hG4bK020836764600000
From: 801020800001<sip:801020800001@1.1.1.1:5060>;tag=22af9be9d1eac27
To: sip:801010600002@1.1.1.1:5060
Call-ID: e9aedcb152bbe1903ddd5eed2b111a71@1.1.1.100
CSeq: 1 INVITE
Content-Length: 0
```
SIP 服务器将请求转发到用户 B
```
INVITE sip: 801010600002@1.1.1.200:5060 SIP/2.0
Via: SIP/2.0/UDP 1.1.1.1:5060; branch=gdasdd00023324334
Via: SIP/2.0/UDP 1.1.1.100:5060; branch=z9hG4bK020836764600000
From: 801020800001<sip:801020800001@1.1.1.1:5060>;tag=22af9be9d1eac27
To: sip:801010600002@1.1.1.1:5060
Call-ID: e9aedcb152bbe1903ddd5eed2b111a71@1.1.1.100
CSeq: 1 INVITE
Max-forward:69
Contact: 801020800001<sip:801020800001@1.1.1.100;5060>
Record-route:sip:1.1.1.1;lr
Supported: 100rel, eventlist, timer
Allow: INVITE, ACK, CANCEL, OPTIONS, BYE, REFER, NOTIFY, UPDATE
Content-Type: application/sdp
Content-Length: 222

v=0
o=801020800001 2890844526 2890844526 IN IP4 1.1.1.100
s=-
c=IN IP4 1.1.1.100
t=0 0
m=audio 49172 RTP/AVP 0
a=rtpmap:0 PCMU/8000
```
用户 B 振铃
```
SIP/2.0 180 Ringing
Via: SIP/2.0/UDP 1.1.1.1:5060; branch=gdasdd00023324334
Via: SIP/2.0/UDP 1.1.1.100:5060; branch=z9hG4bK020836764600000
From: 801020800001<sip:801020800001@1.1.1.1:5060>;tag=22af9be9d1eac27
To: sip:801010600002@1.1.1.1:5060
```

Call-ID: e9aedcb152bbe1903ddd5eed2b111a71@1.1.1.100
CSeq: 1 INVITE
Content-Length: 0
Allow: INVITE,BYE,REGISTER,ACK,OPTIONS,CANCEL,,NOTIFY,INFO,REFER,UPDATE
SIP 服务器向用户 A 转发此信令
用户 B 摘机
SIP/2.0 200 OK
Via: SIP/2.0/UDP 1.1.1.1:5060; branch=gdasdd00023324334
Via: SIP/2.0/UDP 1.1.1.100:5060; branch=z9hG4bK020836764600000
From: 801020800001<sip:801020800001@1.1.1.1:5060>;tag=22af9be9d1eac27
To: sip:801010600002@1.1.1.1:5060;tag=568549reter9998
Call-ID: e9aedcb152bbe1903ddd5eed2b111a71@1.1.1.100
CSeq: 1 INVITE
Contact: 801010600002<sip:801010600002@1.1.1.200:5060>
Record-route:sip:1.1.1.1;lr
Content-Type: application/sdp
Content-Length: 200
Allow:
INVITE,BYE,REGISTER,ACK,OPTIONS,CANCEL,SUBSCRIBE,NOTIFY,INFO,REFER, UPDATE
Supported: timer

v=0
o=801010600002 2890844526 2890844526 IN IP4 2.2.2.200
s=-
c=IN IP4 1.1.1.200
t=0 0
m=audio 9000 RTP/AVP 0
a=rtpmap:0 PCMU/8000
SIP 服务器将 200 OK 消息转发给用户 A
用户 A 收到 200 OK 消息后发送确认消息
ACK 801010600002@1.1.1.200:5060 SIP/2.0
Via: SIP/2.0/UDP 1.1.1.100:5060; branch=z9hG4bK020836764600000
From: 801020800001<sip:801020800001@1.1.1.1:5060>;tag=22af9be9d1eac27
To: sip:801010600002@1.1.1.1:5060;tag=568549reter9998
Call-ID: e9aedcb152bbe1903ddd5eed2b111a71@1.1.1.100
CSeq: 1ACK
Maxforward:70
Contact: 801020800001<sip: 801020800001@1.1.1.1:5060>
Route: <sip:1.1.1.1;lr>
Content-Length: 0
SIP 服务器将确认消息转发给用户 B，A、B 建立通话
主叫用户 A 挂机
BYE 801010600002@1.1.1.200:5060 SIP/2.0
Via: SIP/2.0/UDP 1.1.1.100:5060; branch=z9hG4bK020836764600000
From: 801020800001<sip:801020800001@1.1.1.1:5060>;tag=22af9be9d1eac27
To: sip:801010600002@1.1.1.1:5060;tag=568549reter9998
Call-ID: e9aedcb152bbe1903ddd5eed2b111a71@1.1.1.100
CSeq: 2 BYE
Maxforward:70
Route: <sip:1.1.1.1;lr>
Content-Length: 0

SIP 服务器将拆线消息发送到用户 B
用户 B 发送确认消息表示收到
```
SIP/2.0 200 OK
Via: SIP/2.0/UDP 1.1.1.1:5060; branch=gdasdd00023324334
Via: SIP/2.0/UDP 1.1.1.100:5060; branch=z9hG4bK020836764600000
From: 801020800001<sip:801020800001@1.1.1.1:5060>;tag=22af9be9d1eac27
To: sip:801010600002@1.1.1.1:5060;tag=568549reter9998
Call-ID: e9aedcb152bbe1903ddd5eed2b111a71@1.1.1.100
CSeq: 2 BYE
Content-Length: 0
```

流程说明如下。

- 由于被叫用户为 SIP 用户，回铃音由主叫侧提供。因此当 SIP 服务器收到 180 消息后（没有 SDP），SIP 服务器通过控制其下的媒体资源服务器向主叫用户播放回铃音或由客户端侧提供回铃音。
- 在基本呼叫流程中，还包括多种情况，如呼叫建立失败（多种原因）、网络侧彩铃、会话周期更新等。
- 呼叫还包括一系列的增值业务，包括呼叫保持、呼叫等待、呼叫转移、呼叫前转、主叫号码显示禁止等，具体请参照相关 SIP 规范。

24.3　SIP 协议栈软件架构

SIP 是一种基于会话的信令协商协议，实现了两个终端之间的发现、请求、协商、建立会话的过程，建立会话后媒体控制模块根据协商的媒体编码、端口、IP 地址、发送方式等建立双方的媒体通话渠道，从而实现完整的 VoIP 过程。图 24-4 从软件角度分析了 SIP 协议栈的架构。

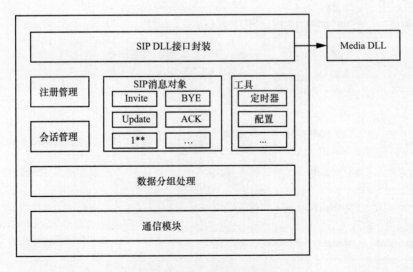

图 24-4　SIP 协议栈软件架构

各模块功能分配介绍如下。

- **SIP DLL 封装**：为使得 SIP 协议栈模块具有更强的独立性和模块化，将 SIP 协议栈以 DLL 的方式封装。
- **Media DLL 封装**：为使音视频库方便更换，作为外部插件的形式提供，不同的硬件环境根据接口封装对应不同的媒体库。
- **注册管理**：用户 SIP 账号管理、注册/注销发起、注册状态维护、注册更新等。
- **会话管理**：通信会话管理，发起/接收通话请求、通话管理、会话状态机管理、后续回复消息发起和处理。
- **SIP 消息对象**：包括 SIP 各消息对象的封装。
- **工具**：辅助 SIP 相关流程的工具模块，如定时器、系统配置模块、错误处理、设备信息获取模块等。
- **数据分组处理**：负责 SIP 信令分组的组织和解析。
- **通信模块**：SIP 支持 UDP 和 TCP 两种模式，通常情况下使用 UDP，负责 SIP 信令分组的网络传输、接收、NAT 穿越等处理。在本文中，不对通信模块的代码做示范。

24.4 代码示例

24.4.1 SIP DLL 接口封装

SIP DLL 包括：DLL 文件、Lib 文件和头文件。在 DLL 中定义了如表 24-1 所示供上层使用的 Handle。

表 24-1　SIP DLL Handle 定义

Handle 定义	头文件	功能	备注
theSipAppAgent	SipAppAgent.h	SIP 协议栈加载、卸载	
theSipRegAgent	SipRegAgent.h	注册、注销、注册结果通知	
theSipCallAgent	SipCallAgent.h	呼叫处理	发起呼叫、保持、恢复呼叫、接听来电、发送 DTMF 音等
theSipCallSessionApi	CallSessionApi.h	呼叫处理	获取通话开始时间、结束时间，获取通话中是否有媒体流等
theSipSetting	SipSetting.h	配置模块	底层动态 SIP 数据的 Handle
theSystemSetting	SystemSetting.h	配置模块	底层动态系统数据的 Handle
theMediaAppAgent	MediaApp.h	音频配置	实现音频数据的发送和接收

24.4.1.1 API 封装

（1）加载/卸载

● API 定义

```
class SIPDLL_API CSipAppAgent
{
public:
CSipAppAgent(void);
~CSipAppAgent(void);
void SipStart(CSipStackShutdownHandler *pSipStackShutdownHandler); // 启动 SIP 协议栈，参数 CSipStackShutdownHandler 是协议栈关闭的回调处理句柄
void SipStop(); // 停止 SIP 协议栈
void SipRestart(); // 重新启动 SIP 协议栈
void shutdown(); // 退出程序时调用
void forceShutdown(); // 强制退出程序时调用
void initSystemParam(); // 初始化系统参数配置
void initUserParam(char* dir); // 初始化 SIP 的用户配置，传入用户配置保存的路径
void initGlobalParam(); // 初始化全局参数
void initMasterProfile(); // 初始化底层 SIP 配置文件
void enableInstantMessage(BOOL bFlag); // 设置是否支持基于呼叫的 IM
bool isStackRunning(); // 判断协议栈是否在正常运行中
};
```

● 回调定义

```
class SIPDLL_API CSipStackShutdownHandler
{
public:
virtual void CanBeShutDown() = 0;
};
```

（2）注册/注销

● API 定义

```
class SIPDLL_API CSipRegAgent
{
public:
HREGSESSION MakeReq(HREGINFO, CSipRegStatusHandle*);
void ReleaseRegSessionHandle(HREGSESSION);
void MakeUnReg(HREGSESSION);
void MakeAllUnReg();
ENUM_REG_STATUS GetRegStatus(HREGSESSION);
int GetLastError();
};
HREGSESSION MakeReg(HREGINFO, CSipRegStatusHandle*);
/* 发起一个注册请求
HREGINFO：注册服务器以及用户信息的描述。详见 SipRegInfo.h
CSipRegStatusHandle*：此注册状况的回调句柄 */
void ReleaseRegSessionHandle(HREGSESSION);
```

```
/* 释放注册,不将注册状态的信息上报的到应用层
HREGSESSION：注册句柄 */
void MakeUnReg(HREGSESSION);
// 注销此路注册
//HREGSESSION：注册句柄
void MakeAllUnReg();
// 取消当前所有的注册服务
ENUM_REG_STATUS GetRegStatus(HREGSESSION);
// 提取此注册句柄目前处于的状态
int GetLastError();
// 得到最近一次错误的原因
```

- 回调定义

```
Class SIPDLL_API CSipRegStatusHandle
{
public:
virtual int OnRegStatusChange(HREGSESSION hRegId, ENUM_REG_STATUS regStatus, int
code)=0;
};
OnRegStatusChange(HREGSESSION hRegId, ENUM_REG_STATUS regStatus, int code);
/* 回调是否成功
HREGSESSION hRegId：发起注册时候返回的注册句柄
ENUM_REG_STATUS regStatus：注册状态,表示成功或失败
int code：返回状态对应的响应码,可以提示用户相关的原因 */
```

(3)呼叫处理

- API 定义

```
CSipCallAgent
class SIPDLL_API CSipCallAgent
{
public:
HCALLSESSION MakeCall(HREGINFO hRegInfoId, string calleeNum, CSipCallStatus
Handler*
    pSipCallHandle, CCallAttributes& pCallAttributes);
    int AcceptCall(HCALLSESSION hCallSession);
    int DropCall(HCALLSESSION hCallSession, int code = 486);
    int HoldCall(HCALLSESSION hCallSession);
    int ResumeCall(HCALLSESSION hCallSession);
    int JumpCall(HCALLSESSION hCallSession);
    int SendRingBack(HCALLSESSION hCallSession, ENUM_RING_TYPE ringType = LOCAL_
RING, char*
    clrRingfile = NULL);
    int ForwardCall(HCALLSESSION hCallSession, string dstCaller);
    int TransferCall(HCALLSESSION hCallSession, string dstCaller);
    int TransferCall(HCALLSESSION hCallSession1, HCALLSESSION hCallSession2);
    int MakeConference( HCALLSESSION hCallSession1,HCALLSESSION hCallSession2);
    void SetIncomingCallhandle(CSipCallIncomingHandler* mHandle);
    void SetVideoCallEnable(HCALLSESSION hCallSession, bool enableVideo);
```

```cpp
    bool SendDtmf(HCALLSESSION hCallSession, char dtmf);
    HVIDEOWNDHANDLE AddVideoWNDShow(HCALLSESSION hCallSession,
CVideoShowAttributes* pVideo);
    bool DelVideoWNDShow(HCALLSESSION hCallSession, HVIDEOWNDHANDLE
pVideoWndHandle);
    void EndAllCalls();
    public:
    void SetMaxCallNumber(int n = 4);
    int GetNumberOfExistingCalls();// 获得当前通话路数,包括呼叫接通、呼叫没有接通
    int GetNumberOfConnectedCallLegs();
    int GetNumberOfHoldingCallLegs();
    int GetNumberOfResumingCallLegs();
    int GetNumberOfTalkingCallLegs();
    int GetNumberOfHoldCallLegs();
    HCALLSESSION FindAnotherVideoCall(HCALLSESSION hCallSession = -1);
    };
    void SetIncomingCallhandle(CSipCallIncomingHandler* mHandle);
    /* 设置被叫的回调消息处理函数。CSipCallIncomingHandler 见 SipCallStatusHandle.h。
    返回值: 0 表示成功,其他表示本次操作失败。*/
    HCALLSESSION MakeCall(HREGINFO hRegInfoId, string calleeNum, CSipCallStatus
Handler* pSipCallHandle, CCallAttributes& pCallAttributes);
    /* 发起一路语音呼叫,填入的参数如下:
    HREGINFO hRegInfoId: 组成成功后的注册服务句柄,由注册模块返回产生。
    string calleeNum: 被叫号码。如 0101860。
    CSipCallStatusHandler* pSipCallHandle: 对应这路呼叫的回调,通知应用呼叫处理情况。
    CCallAttributes& pCallAttributes: 对于这路呼叫的属性,如是否发起 video 呼叫。
    返回是这路呼叫的句柄,后续对于这路呼叫的处理都基于这个句柄 */
    int AcceptCall(HCALLSESSION hCallSession);
    /* 接收对方过来的呼叫,在信令层主要表现为回复了 200OK 消息。
    参数:
    HCALLSESSION hCallSession: 呼叫句柄。
    返回值:0 表示成功,其他表示本次操作失败 */
    int DropCall(HCALLSESSION hCallSession, int code = 486);
    /* 拒绝一路呼叫,在信令层体现在回复了 4** 消息,默认是 486,对方忙
    参数
    HCALLSESSION hCallSession: 呼叫句柄
    int code = 486: 拒绝原因码
    返回值:0 表示成功,其他表示本次操作失败。*/
    int HoldCall(HCALLSESSION hCallSession);
    /* 对此路呼叫进行保持,hCallSession 是这路呼叫的句柄
    返回值:0 表示成功,其他表示本次操作失败 */
    int ResumeCall(HCALLSESSION hCallSession);
    /* 恢复此路呼叫,hCallSession 是这路呼叫的句柄
    返回值:0 表示成功,其他表示本次操作失败 */
    int JumpCall(HCALLSESSION hCallSession);
    /* 改变此路呼叫的视频状态,表示关闭或打开视频。
    返回值:0 表示成功,其他表示本次操作失败 */
    int SendRingBack(HCALLSESSION hCallSession, ENUM_RING_TYPE ringType = LOCAL_
RING, char*
    clrRingfile = NULL);
    /* 回复震铃消息给对方。
```

HCALLSESSION hCallSession：此路呼叫句柄
ENUM_RING_TYPE ringType = LOCAL_RING：回铃方式，可以是本地震铃，也可以远端震铃。
char* clrRingfile = NULL：如果是彩铃，此文件是彩铃文件的路径
返回值：0 表示成功，其他表示本次操作失败 */
int TransferCall(HCALLSESSION hCallSession, string dstCaller);
/* 呼转此路呼叫到指定号码
HCALLSESSION hCallSession：此路呼叫的句柄
string dstCaller：呼转指定的号码
返回值：0 表示成功，其他表示本次操作失败 */
int ForwardCall(HCALLSESSION hCallSession, string dstCaller);
/* 前转此路呼叫到指定号码
HCALLSESSION hCallSession：此路呼叫的句柄
string dstCaller：呼转指定的号码
返回值：0 表示成功，其他表示本次操作失败 */
int TransferCall(HCALLSESSION hCallSession1, HCALLSESSION hCallSession2);
/* 将两路接通的呼叫呼转到一起
HCALLSESSION hCallSession1：第一路的呼叫句柄。
HCALLSESSION hCallSession2：第二路的呼叫句柄
返回值： 0 表示成功，其他表示本次操作失败 */
int MakeConference(HCALLSESSION hCallSession1,HCALLSESSION hCallSession2);
/* 返回值：0 表示成功，其他表示本次操作失败。
将两路呼叫组建成一个三方会议
HCALLSESSION hCallSession1：第一路的呼叫句柄。
HCALLSESSION hCallSession2：第二路的呼叫句柄 */
void SetVideoCallEnable(HCALLSESSION hCallSession, bool enableVideo);
/* 设置呼叫 Video 的状况
HCALLSESSION hCallSession：呼叫句柄
bool enableVideo：是否接收 Video 的呼叫，或者发起的时候带上 Video 的属性 */
bool SendDtmf(HCALLSESSION hCallSession, char dtmf);
/* 向对端发送 DTMF 信号
HCALLSESSION hCallSession：呼叫句柄。
char dtmf：DTMF 的值，'1'~'9'，'#'，'*'，'a'~'d'
返回值：True 表示成功，其他表示本次操作失败。*/
HVIDEOWNDHANDLE AddVideoWNDShow(HCALLSESSION hCallSession, CVideoShowAttributes* pVideo);
/* 加如显示远端视频的窗口和区域。
HCALLSESSION hCallSession：呼叫句柄
CVideoShowAttributes* pVideo：显示视频的属性
返回值：显示原端 Video 的句柄，删除显示的时候需要用到 */
bool DelVideoWNDShow(HCALLSESSION hCallSession, HVIDEOWNDHANDLE pVideoWndHandle);
/* 在这路呼叫上删除原端视频的显示，但是 Video 的通信没有取消。
HCALLSESSION hCallSession：呼叫句柄
HVIDEOWNDHANDLE pVideoWndHandle：远端视频显示的句柄
返回值：True 表示成功，其他表示本次操作失败 */
void EndAllCalls();
// 结束所有的呼叫，这个主要在用户强制退出程序的时候用到。
void SetMaxCallNumber(int n = 4);
/* 设置此应用到最大的接收呼叫路数，当当前呼叫已经占用全部路数的时候，对于再来的呼叫，系统将会回复 486 消息给对方 */
int GetNumberOfExistingCalls();// 获得当前通话路数，包括呼叫接通、呼叫没有接通

```
int GetNumberOfConnectedCallLegs();
// 处于连接状态的路数
int GetNumberOfHoldingCallLegs();
// 正在 Hold 对方的路数
int GetNumberOfResumingCallLegs();
// 正在 Resume 对方的路数
int GetNumberOfTalkingCallLegs();
// 正在处于 Talking 状态的路数
int GetNumberOfHoldCallLegs();
// 正处于 Hold 状态的路数
HCALLSESSION FindAnotherVideoCall(HCALLSESSION hCallSession = -1);
// 查找系统中除了当前视频电话的另外一路，如果没有传入参数表示查找第一路视频呼叫
```

- API 定义

```
CCallSessionAPI
class SIPDLL_API CCallSessionAPI
{
public:
CCallSessionAPI(void);
~CCallSessionAPI(void);
public:
string getCalleeNumber(HCALLSESSION); // 得到呼叫对方的号码
int getCallDuration(HCALLSESSION); // 得到呼叫持续的时间，以秒为单位
int getCallStartTime(HCALLSESSION); // 得到呼叫开始的时间，以秒为单位
int getCallConnectTime(HCALLSESSION); // 得到呼叫连接成功时的时间，以秒为单位
string getCallAudioCodec(HCALLSESSION); // 得到当前呼叫使用的语音编解码
string getCallVideoCodec(HCALLSESSION); // 得到当前呼叫使用的视频编解码
ENUM_CALL_STATUS getCallStatus(HCALLSESSION); // 得到当前呼叫的状态
int getCallDirection(HCALLSESSION); // 得到当前呼叫的方向，Incoming 或 Outgoing
bool isAudioSending(HCALLSESSION); // 当前呼叫是否在发送语音
bool isAudioReceiving(HCALLSESSION); // 当前呼叫是否在接收语音
bool isVideoSending(HCALLSESSION); // 当前呼叫是否在发送视频
bool isRVideoReceiving(HCALLSESSION); // 当前呼叫是否在接收视频
bool isAutoCallAnswer(HCALLSESSION); // 是否打开了自动应答
void* getVideoSrc(HCALLSESSION); // 得到 Videosrc，用于视频的显示
string GetDisplayName(HCALLSESSION ); // 得到 displayName
};
```

- 回调定义

```
Incoming call 回调
class CSipCallIncomingHandler
{
public:
virtual int OnInComingCall(HCALLSESSION hCallSession, string CalleeNum,
CSipCallStatusHandler**, CCallAttributes**,ENUM_CALL_TERMINATED_REASON
tReason =CALL_TERMINATE_NON)=0;
};
/* 作为被叫形式下的回调，这个在整个系统中只设置一个
HCALLSESSION hCallSession：这路呼叫的句柄，后续对这路呼叫的所有操作基于此句柄。如果返
```

回呼叫句柄 <=0，则表示此次呼叫已经失败，失败的原因通过 tReason 返回。
　　string CalleeNum：对方号码
　　CSipCallStatusHandler**：由应用层传给下层，对于后续的回调的处理函数
　　CCallAttributes**：呼叫属性，是否接收 Video 呼叫
　　ENUM_CALL_TERMINATED_REASON tReason = CALL_TERMINATE_NON*/

- 呼叫过程中的回调

```
class CSipCallStatusHandler
{
public:
virtual void OnCallStatusChange(HCALLSESSION hCallSession, ENUM_CALL_STATUS, intcode=0)=0;
virtual void OnCallFailed(HCALLSESSION hCallSession, int failcode)=0;
virtual void OnCallRingBack(HCALLSESSION hCallSession, ENUM_RING_TYPE hRingType)=0;
virtual void OnCallConnected(HCALLSESSION hCallSession)=0;
virtual void OnCallTerminated(HCALLSESSION hCallSession,
ENUM_CALL_TERMINATED_REASON)=0;
virtual void OnCallReDirected(HCALLSESSION hCallSession, string calleenum)=0;
virtual void OnTring(HCALLSESSION)=0;
};
void OnCallStatusChange(HCALLSESSION hCallSession, ENUM_CALL_STATUS, int code=0);
```
/* 呼叫状态改变回调，此回调发生在呼叫建立成功后，呼叫状态发生变化的情况下上报，如被对方呼叫保持
参数：
HCALLSESSION hCallSession：呼叫句柄
ENUM_CALL_STATUS：此路呼叫处于的状态
int code=0：对应的返回码 */
　　void OnCallFailed(HCALLSESSION hCallSession, int failcode);
　　/* 作为主叫的情况下呼叫失败，Failcode 表示失败原因
　　HCALLSESSION hCallSession：呼叫句柄
　　int failcode：失败的原因码 */
　　void OnCallRingBack(HCALLSESSION hCallSession, ENUM_RING_TYPE hRingType);
　　/* 对方回铃，在信令上体现在对方回复 180 或 183 消息
　　HCALLSESSION hCallSession：呼叫句柄
　　ENUM_RING_TYPE hRingType：回铃类型，分为本地回铃和彩铃 */
　　void OnCallConnected(HCALLSESSION hCallSession);
　　// 上报呼叫建立成功，参数是呼叫句柄
　　void OnCallTerminated(HCALLSESSION hCallSession, ENUM_CALL_TERMINATED_REASON);
　　/* 呼叫结束，不管何种情况下的结束都会进入此回调，再次回调调用结束后，应用程序不能再针对呼叫句柄进行操作。同时在应用层应该释放掉针对这路呼叫的资源
　　HCALLSESSION hCallSession：呼叫句柄
　　ENUM_CALL_TERMINATED_REASON：呼叫结束原因 */
　　void OnCallReDirected(HCALLSESSION hCallSession, string calleenum);
　　/* 表示对方已经把此路呼叫呼转到其他的号码
　　HCALLSESSION hCallSession：呼叫句柄
　　string calleenum：呼转的号码 */
　　void OnTring(HCALLSESSION)=0;

// 表示呼叫进行中

(4) 媒体接口

• API 定义

```
class SIPDLL_API CMediaAppAgent
{
public:
CMediaAppAgent(void);
~CMediaAppAgent(void);
public:
void setCallBack(void *callback);
int SendDataPack(void* data, int nLen, int codeType);
};
/* 传入收到音频数据后的回调处理函数指针
参数：该函数的形式为 void (*CallBack)(int code,char *buffer, int len) */
void setCallBack(void *callback);

/* 发送音频数据
参数：
Void*：要发送的音频数据
Int: 音频数据的长度
Int: 音频的编码类型 */
int SendDataPack(void* data, int nLen, int codeType);
```

24.4.1.2 API 调用示例

（1）注册

• 账号配置与管理

在发起注册前，先要启动 SIP 堆栈，示例代码如下：

```
theSipSetting.mSessionTimerType=1;
  theSipSetting.mAudioQuality=15;
  theSipSetting.mServerNum=0;
  theSipSetting.mSvrGrpNum=0;
  theSipSetting.mEnableUpdate=true;
  theSipSetting.mHeartbeatType=1;
  theSipSetting.mModifyType = 1;
  theSipSetting.mRegisterTimer=360;// 设置 Expire 时间
  theSipSetting.mDefaultQValue= string("0.2");
  theSipSetting.mSessionTimerType=2;
  theSystemSetting.mEnableLog=true;// 是否启用日志
  theSystemSetting.mLogLevel=9;// 日志级别
  theSystemSetting.mbSupportSimple=TRUE;
    theSystemSetting.mAudeoLib = SYSTEM_CODEC_MEDIALIB;
    theSystemSetting.mAudioNum = 3;  // 音频编解码的类型数目
    theSystemSetting.mAudio1 = string("0");//G711MU
    theSystemSetting.mAudio2 = string("8");//G711A
    theSystemSetting.mAudio3 = string("18"); //G729a
    theSipSetting.mDefaultAudioCodec = '8';
```

```
    string sPath(chFilePath);
     theSystemSetting.mLogFile = sPath;// 日志文件路径

     std::ofstream *logfile = NULL;
    if (!theSipAppAgent.isStackRunning())
    {
            int result=theSipAppAgent.SipStart(NULL);
            if(result!=0)
            {
              ExAlertClass *ciEx = [[ExAlertClass alloc] init];
              [ciEx myAlert:@"SipStart error"];
              [ciEx release];
              NSLog(@"SipStart error.\n");
            }
    }

// 注册SIP消息响应回调的句柄（详细看实例CSipCallInterface）
theSipCallAgent.SetIncomingCallhandle((CSipCallIncomingHandler*)this);
```

先配置注册必须用到的参数信息。在 SIP DLL 库中使用 SipLoginCfg 类来存储账号以及服务器信息，例如：

```
theSystemSetting.mLocalIpAddress="127.0.0.1";// 本机地址
theSipSetting.mLocalPort=5070;// 本机端口
theSipSetting.mDefaultTransport=0;
theSystemSetting.mIsCameraOK = true;
SipLoginCfg * loginServer=new SipLoginCfg();
loginServer→mEnable=true;
loginServer→mRegServerDomain= "218.1.17.190";// 服务器地址
loginServer→mRegServerPort=5020;      // 服务器端口
loginServer→mNeedOutBoundProxy=false;  // 是否使用代理
switch(theSipSetting.mDefaultTransport)// 选择协议的传输方式
{
        case 0:
            loginServer→mTransport=string("udp");
            break;
        case 1:
            loginServer→mTransport=string("tcp");
            break;
        case 2:
            loginServer→mTransport=string("ssl");
            break;
}
loginServer→mIsNeedSMSNumber=TRUE;
loginServer→mSMSNumber=20100;
loginServer→mPublicName=" 801010600002";//
loginServer→mPrivateName=" 801010600002";
loginServer→mPassWord="123456";  // 账号密码
loginServer→mAreaCode="020";// 电话区号
loginServer→mDisplayName=" 801010600002";// 显示名称
```

```
loginServer→mOutBoundProxy = "2.1.17.190";//代理服务器地址
loginServer→mOutBoundProxyPort = 5080;//代理服务器端口
theSipSetting.mSipLoginCfgList.push_back(loginServer); // 使 用 列 表
mSipLoginCfgList 来记录所有的账户配置信息,可以配置多个服务器信息并添加到该列表
theSipSetting.mServerNum++; //用来记录当前列表中的信息数目
```

- 注册/注销发起

信息配置完成后,利用前面介绍过的接口对象 theSipRegAgent 来发起注册

```
HREGSESSIONhReg = theSipRegAgent.MakeReg(loginServer→mSessionId, this);
```

注册返回的结果可以继承实现（CSipRegStatusHandle）前面介绍过的接口 OnRegStatusChange 来得到。

注销发起则调用如下方法：

```
theSipRegAgent.MakeUnReg( hReg );//注销当前 hReg 注册
或者 theSipRegAgent.MakeAllUnReg();//注销所有注册
```

（2）语音通话

- 创建/注销会话

会话的创建与注销需要使用接口对象 theSipCallAgent, 如创建会话：

```
CCallAttributes mCallAttr;
    mCallAttr.isVideoCall = false; //标志该通话是否为视频通话(True表示启用视频通话)
HCALLSESSION hCall = theSipCallAgent.MakeCall(hReg, "10000", this,
mCallAttr);
```

注销会话：

```
theSipCallAgent.EndAllCalls();
```

发起/接收通话状态管理

创建一个通话状态管理实现类,继承实现 CSipCallStatusHandler 和 CSipCallIncomingHandler 两个接口类, 例如：

```
Class CSipCallInterface: CSipCallStatusHandler, CSipCallIncomingHandler
{
// CSipCallStatusHandler 通话状态消息
    void OnCallStatusChange(HCALLSESSION hCallSession, ENUM_CALL_STATUS, int code=0);
    void OnCallFailed(HCALLSESSION hCallSession, int failcode);
    void OnCallRingBack(HCALLSESSION hCallSession, ENUM_RING_TYPE hRingType);
    void OnCallRing(HCALLSESSION hCallSession, ENUM_RING_TYPE hRingType);
    void OnCallConnected(HCALLSESSION hCallSession);
    void OnCallTerminated(HCALLSESSION hCallSession, ENUM_CALL_TERMINATED_REASON);
    void OnCallReDirected(HCALLSESSION hCallSession, string calleenum);
    void OnTring(HCALLSESSION);
    void OnDtmfRcv(HCALLSESSION, int);
```

```cpp
    // CSipCallIncomingHandler 来电消息
    int OnInComingCall(HCALLSESSION hCallSession, string CalleeNum,
CSipCallStatusHandler**, CCallAttributes**,ENUM_CALL_TERMINATED_REASON tReason =
CALL_TERMINATE_NON);
    }
    //CSipCallInterface 实现
    Void CSipCallInterfacce::OnCallStatusChange(HCALLSESSION hCallSession, ENUM_
CALL_STATUS, int code=0)
    {
        printf("Call status change with code:%d", code);//处理通话状态改变
    }
    void CSipCallInterfacce::OnCallFailed(HCALLSESSION hCallSession, int
failcode)
    {
        printf("Call failed:%d",failcode);//通话失败，结束通话，处理当前通话的状态
    }
    void CSipCallInterfacce::OnCallRingBack(HCALLSESSION hCallSession, ENUM_
RING_TYPE hRingType)
    {
        printf("Call ring back");//对方响铃状态
    }
    void CSipCallInterfacce::OnCallRing(HCALLSESSION hCallSession, ENUM_RING_
TYPE hRingType)
    {
        // 正在进行通话连接
    }
    void CSipCallInterfacce::OnCallConnected(HCALLSESSION hCallSession)
    {
        // 通话建立状态
    }
    void CSipCallInterfacce::OnCallTerminated(HCALLSESSION hCallSession, ENUM_
CALL_TERMINATED_REASON)
    {
        // 通话结束状态
    }
    void CSipCallInterfacce::OnTring(HCALLSESSION)
    {
        // 正在进行尝试连接状态
    }
    Int CSipCallInterfacce: OnInComingCall(HCALLSESSION hCallSession, string
CalleeNum, CSipCallStatusHandler**, CCallAttributes**,ENUM_CALL_TERMINATED_
REASON tReason = CALL_TERMINATE_NON)
    {
        char temp[1024]={0};
        hCall = hCallSession;//记录当前会话句柄
        *pCallAttributes = NULL;
        *pCallStatusHandler = (CSipCallStatusHandler*)this;
        sprintf(temp, "IncomingCall = %s", CalleeNum.c_str());//来电号码
        theSipCallAgent.SendRingBack(hCallSession);
        // 通知界面，进行来电提示
        NSAutoreleasePool *pool = [[NSAutoreleasePool alloc] init];
```

```
        NSDictionary *userinfo = [[NSDictionary alloc] initWithObjectsAndKeys:
        [NSString stringWithFormat:@"%s", CalleeNum.c_str()], @"IncomingUserNumber",
        [NSNumber numberWithInt:(int)CALL_INCOMING], @"Status",nil];
        [[NSNotificationCenter defaultCenter] postNotificationOnMainThreadWithName
:SIP_CALL_STATE object:nil userInfo:userinfo];
        [pool release];
    }
```

24.4.2 Media DLL 接口封装

音频管理接口类,开放音频处理的相关接口,代码如下:

```
class CAudioUnitInterface
    {
    public:
    virtual void SetAudioCodeType(int type) = 0;
    virtual int InitUnit(int type = 0) = 0;
    virtual void Release() = 0;
    // 控制语音的录制
    virtual void StartRecord() = 0;
    virtual void StopRecord() = 0;
    // 控制语音的回放
    virtual void StartPlay() = 0;
    virtual void StopPlayback() = 0;
    virtual void *GetCallBackObj() = 0;// 返回回调指针
    virtual int GetAVData(void *data, int &len) = 0;
    virtual int SendDTMF(char chNum) = 0;// 发送二次拨号
    };
```

24.4.3 注册管理

在进行注册过程中,需要对注册信息及句柄进行保存,以便对会话进行维护和在更新线程中使用。注册处理流程如图 24-5 所示。

注册代码如下:

```
HREGSESSION SipRegApp::MakeReg(HREGINFO hReg, CSipRegStatusHandle* regHandle,const Uri& contactUri)

{
if(!theSipAppInit.isStackRunning())
{
return -1;
}
BOOL findit = FALSE;
SipLoginCfg* ptemp;
list<SipLoginCfg*>::iterator RegIt;
for( RegIt = theSipSetting.mSipLoginCfgList.begin(); RegIt != theSipSetting.mSipLoginCfgList.end();RegIt ++)
    {// 查找 SessionID 对应的信息
```

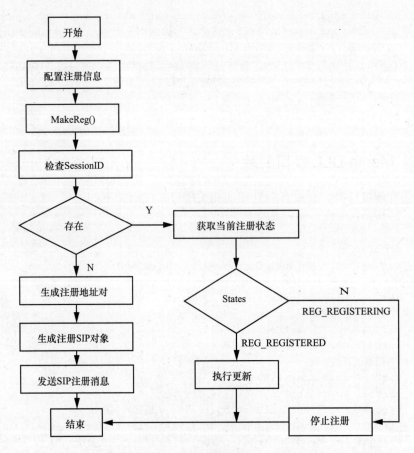

图 24-5 注册处理流程

```
ptemp = *RegIt;
if( (*RegIt)->mSessionId == hReg)
  {
   break;
  }
}
if( RegIt == theSipSetting.mSipLoginCfgList.end())
{
return -1;
}
// 从对应表中查找出当前注册句柄的注册信息（对应表中可能存在多个信息）
RegNodeMap::iterator it;
for(it = mRegNodeMap.begin(); it != mRegNodeMap.end(); it++)
{
  if( it->second != NULL && it->second->mRegInfo == hReg )
  {
  findit = TRUE;
  break;
  }
}
```

```cpp
    if (findit)
    {// 检查 Session 的状态
    if( it->second != NULL && it->second->mRegStatus == REG_REGISTERED)
    {
       if ( it->second->mRegisterHandle.isValid() )
       {// 发起注册更新 SIP 消息
        it->second->mRegisterHandle->requestRefresh();
        }
    }else if (it->second != NULL && (it->second->mRegStatus == REG_NULL || it
->second->mRegStatus == REG_REGISTERING) )
    {
    if (it->second->mRegStatus == REG_REGISTERING) //for register flooding issue
    {
    if (!it->second->mRegisterHandle.isValid())
    {
    return 0;
    }else{
    if (it->second->mRegisterHandle.isValid())
    {
    it->second->mRegisterHandle->stopRegistering();
    }
    }
       }
    return it->second->mRegSession;
    }
    return it->second->mRegSession;
    }
    // 创建一个信息节点，记录当前 hReg 对应的注册信息
    CRegNode* pRegNode = new CRegNode(hReg, regHandle);
    // get reg addr
    NameAddr regAddr;
    regAddr.uri().user() = Data((*RegIt)->mPublicName);
    regAddr.uri().host() = Data((*RegIt)->mRegServerDomain);
    if( (*RegIt)->mRegServerPort != 0 && (*RegIt)->mRegServerPort != 5060)
    {
    regAddr.uri().port() = (*RegIt)->mRegServerPort;
    }
    pRegNode->mRegAddr = regAddr;
    pRegNode->mUserProfile = SharedPtr<UserProfile>(new UserProfile());
    char    szFromUri[250];
    char szProxyUri[250];
    pRegNode->mUserProfile->setOverrideHostAndPort(contactUri);
    pRegNode->mUserProfile->setDefaultRegistrationTime(theSipSetting.
mRegisterTimer);
    pRegNode->mRegSession = hReg;
    strcpy(szFromUri, "sip:");
    strcat(szFromUri, (*RegIt)->mPublicName.c_str());
    strcat(szFromUri, "@");
    if (theSipSetting.mLoginP2pCheck)
    {
    strcat(szFromUri, theSystemSetting.mLocalIpAddress.c_str());
```

```cpp
}
else{
strcat(szFromUri, (*RegIt)->mRegServerDomain.c_str());
}
Uri userUri = Uri(Data(szFromUri));
NameAddr from = NameAddr(userUri);
from.displayName() = (*RegIt)->mDisplayName.c_str();
pRegNode->mUserProfile->setDefaultFrom(from);

pRegNode->mUserProfile->setDefaultSessionTimerMode((Profile::SessionTimerMode)
theSipSetting.mSessionTimerType);
pRegNode->mUserProfile->setDefaultSessionTime(theSipSetting.mCallTimer);
pRegNode->mUserProfile->addAdvertisedCapability(Headers::AllowEvents);
if ( (*RegIt)->mNeedOutBoundProxy )  // 检查是否使用代理
{
strcpy(szProxyUri, "sip:");
strcat(szProxyUri, (*RegIt)->mOutBoundProxy.c_str());
Uri proxy = Uri(Data(szProxyUri));
if(theSipSetting.mDefaultTransport == 1)
{
proxy.param(p_transport)=Data("TCP");
}
if((*RegIt)->mOutBoundProxyPort != 0 && (*RegIt) ->mOutBoundProxyPort != 5060)
{
proxy.port() = (*RegIt)->mOutBoundProxyPort;
}
pRegNode->mUserProfile->setOutboundProxy(proxy);
}else{
  strcpy(szProxyUri, "sip:");
  strcat(szProxyUri, (*RegIt)->mRegServerDomain.c_str());
  Uri proxy = Uri(Data(szProxyUri));
  if(theSipSetting.mDefaultTransport == 1)
  {
  proxy.param(p_transport)=Data("TCP");
  }
  if( (*RegIt)->mRegServerPort != 0 && (*RegIt)->mRegServerPort != 5060)
  {
  proxy.port() = (*RegIt)->mRegServerPort;
  }
  pRegNode->mUserProfile->setOutboundProxy(proxy);
}
    pRegNode->mUserProfile->setDigestCredential(Data((*RegIt)->mRegServerDomain.
c_str()),Data((*RegIt)->mPublicName.c_str()),Data((*RegIt)->mPrivateName.c_
str()),Data((*RegIt)->mPassWord.c_str()));
    pRegNode->mAppRegDs = new AppDialogSet(*(theSipAppInit.getDum()));
    SharedPtr<SipMessage> regMessage = theSipAppInit.getDum()->makeRegistration(
regAddr,SharedPtr<UserProfile>(pRegNode->mUserProfile), pRegNode->mAppRegDs);
    theSipAppInit.getDum()->send(regMessage);
    pRegNode->mRegStatus = REG_REGISTERING;
    pRegNode->mSipRegStatusHandler = regHandle;
    mRegNodeMap[pRegNode->mRegSession] = pRegNode;
```

```
    InfoLog(<< "SipRegApp::MakeReg end. hReg=" << hReg << ", pRegNode
->mRegSession=" << pRegNode->mRegSession);
    return pRegNode->mRegSession;
}
```

检查更新线程的流程如图 24-6 所示。

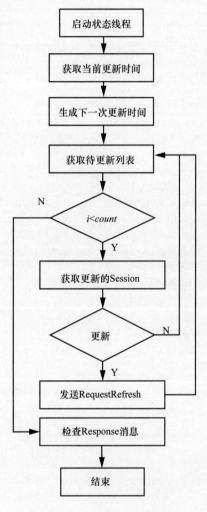

图 24-6　更新线程处理流程

更新线程处理代码如下：

```
void TuIM::process()
{
 UInt64 now = Timer::getTimeMs();// 获取当前系统时间
// 检查注册是否需要更新
if ( now > mNextTimeToRegister )
{
if ( mRegistrationDialog.isCreated() )
{
```

```cpp
        auto_ptr<SipMessage> msg( mRegistrationDialog.makeRegister() );
            msg->header(h_Expires).value() = mRegistrationTimeSeconds;
            setOutbound( *msg );
            mStack->send( *msg );
              }
            mNextTimeToRegister = Timer::getRandomFutureTimeMs(mRegistration
TimeSeconds*1000 );
    }
    // 检查其他需要更新的进行情况
    for ( BuddyIterator i=mBuddies.begin(); i != mBuddies.end(); i++)
    {
      if ( now > i->mNextTimeToSubscribe )
      {
          Buddy& buddy = *i;
          buddy.mNextTimeToSubscribe = Timer::getRandomFutureTimeMs(
mSubscriptionTimeSeconds*1000 );
          assert( buddy.presDialog );
          if ( buddy.presDialog->isCreated() )
          {
                  auto_ptr<SipMessage> msg( buddy.presDialog->makeSubscribe() );
                  msg->header(h_Event).value() = Data("presence");
                  msg->header(h_Accepts).push_back( Mime( "application","pidf+ xml") );
                  msg->header(h_Expires).value() = mSubscriptionTimeSeconds;

                  setOutbound( *msg );
                  mStack->send( *msg );
          }else{
                  subscribeBuddy( buddy );
      }
    }
  }
    // 检查 SIP 堆栈中的所有消息
    SipMessage* msg( mStack->receive() );
    if ( msg )
    {
       if ( msg->isResponse() )
       {
              processResponse( msg );
       }
       if ( msg->isRequest() )
       {
    processRequest( msg );
           }
         delete msg; msg=0;
      }
    }
```

24.4.4 会话管理

一个会话产生的信息主要包括 SessionID、会话状态、会话详细信息。在 SIP DLL 中对应开放的 API 类是 CCallSessionAPI、CCallSessionInfo，使用这两个 API 类，可以方便快捷地获取会话的信息和状态。

首先，发起一个新会话的流程如图 24-7 所示。

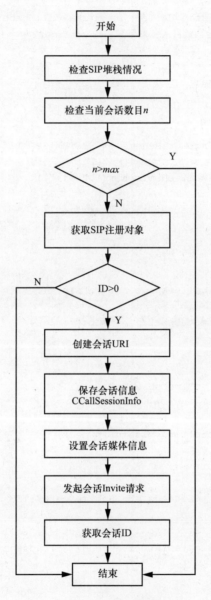

图 24-7　新会话管理处理流程

发起会话的代码示例如下：

```
HCALLSESSION SipCallApp::MakeCall(HREGINFO hRegInfoId, string calleeNum,
CSipCallStatusHandler* pSipCallHandle, CCallAttributes& pCallAttributes)
{
    NameAddr    target;
    string      szRemoteUserUri;
    string      szUsername;
```

```cpp
        int           nAssignedIndex = 0;
    SipLoginCfg* pSipLoginCfg = NULL;
    CRegNode* pRegNode = NULL;
    if( !theSipAppInit.isStackRunning())
            return -1;
    if (GetNumberOfExistingCalls() >= m_iMaxCallNumbers )
    {// 超过了设定的最大会话数目
            return -1;
    }
    if ( calleeNum.size() == 0 )
    {// 被叫号码为空
            return -2;
    }
    if( theSystemSetting.mUrlScheme == SYSTEM_SIP_TEL_URI)
    {
            if(!strstr(calleeNum.c_str(),"tel:"))
            {
                    szRemoteUserUri = "tel:";
            }
    }
    else
    {
            if(!strstr(calleeNum.c_str(),"sip:"))
            {
                    szRemoteUserUri = "sip:";
            }
    }
        // 生成请求 URI
    szRemoteUserUri = szRemoteUserUri + calleeNum;
    if(hRegInfoId < 0 )
    {
            if( !theSipSetting.mLoginP2pCheck)
            {
                    return -3;
            }
            if( theSystemSetting.mUrlScheme != SYSTEM_SIP_TEL_URI)
            {
                    if( !strchr(calleeNum.c_str(),'@'))
                    {szRemoteUserUri.append("@").append(pSipLoginCfg→mRegServerDomain);
                    }
            }
            m_Dum->getMasterProfile()->unsetOutboundProxy();
    }
    else
    {
            // 需要检查服务器是否已经注册成功
            pRegNode = theSipRegApp.findRegNodeByRegInfo(hRegInfoId);
            if(pRegNode == NULL || pRegNode->mRegStatus != REG_REGISTERED)
            {
                    return -3;
```

```cpp
            }
            pSipLoginCfg = theSipSetting.getSipServerInfo(pRegNode->mRegInfo);
            if( pSipLoginCfg == NULL)
            {
                    return -4;
            }
            if( theSystemSetting.mUrlScheme != SYSTEM_SIP_TEL_URI)
            {
                    if( !strchr(calleeNum.c_str(),'@'))
                    {
                       szRemoteUserUri.append("@").append(pSipLoginCfg→mRegServerDomain);
                    }
            }
    }
    target.uri() = Uri(Data(szRemoteUserUri));
    if( theSystemSetting.mUrlScheme == SYSTEM_SIP_USER_PHONE_URI)
    {
            target.uri().param(p_user) = Data("phone");
    }
    bool bConstructOK = false;
    SdpContents sdpCont;
    // 创建 CallSessionInfo
    CCallSessionInfo *pCallSessionInfo = new CCallSessionInfo(pSipCallHandle);
    pCallSessionInfo->setCallAtributes(pCallAttributes);
    pCallSessionInfo->setRegNodeSessionId(hRegInfoId);
    mCallSessionInfoMap[pCallSessionInfo->getCallSessionInfoID()] = pCallSessionInfo;
    if (GetNumberOfExistingCalls() > 0) // in order to get existing call's codec
    {
            HCALLSESSION nId;
            nId = FindAnotherCallLeg();
            if (nId > 0)
            {
                    AppCallLegInfo* pAppCallLegInfo = getCallLegInfoBySessionID(nId);
                    if (pAppCallLegInfo != NULL)
                    {// 设置媒体信息
                            switch(pAppCallLegInfo->getConfirmeAudio())
                            {
                                    case MEDIA_G711MU:
                                    case MEDIA_G711A:
                                    case MEDIA_G729a:
                                            sdpCont=AppSdpConstruct(pCallSessionInfo→getCallSessionInfoID(), ENTIRESDP_20, bConstructOK);
                                            break;
                                    case MEDIA_G723:
                                            sdpCont=AppSdpConstruct(pCallSessionInfo→getCallSessionInfoID(), ENTIRESDP_30, bConstructOK);
```

```cpp
                                break;
                        case MEDIA_UNKNOWN:
                        default:
                            sdpCont=AppSdpConstruct(pCallSessionInfo→get
CallSessionInfoID(), ENTIRESDP, bConstructOK);
                            break;
                    }
                }
            }
            else
            {
            sdpCont=AppSdpConstruct( pCallSessionInfo->getCallSessionInfoID(),
ENTIRESDP, bConstructOK);
            }
        }
        else
        {
        sdpCont = AppSdpConstruct( pCallSessionInfo->getCallSessionInfoID(),
ENTIRESDP, bConstructOK);
        }
        if(bConstructOK == FALSE || m_Dum == NULL)
        {
            RemoveCallSession(pCallSessionInfo);
            return FALSE;
        }
        AppDialogSet* m_pAppCallDs = new AppDialogSet(*(theSipAppInit.getDum()));
        if(pRegNode != NULL)
        {
            char    szProxyUri[250];
            if ( pSipLoginCfg->mNeedOutBoundProxy )
            {
                strcpy(szProxyUri, "sip:");
                strcat(szProxyUri, pSipLoginCfg->mOutBoundProxy.c_str());
                Uri proxy = Uri(Data(szProxyUri));
                if(theSipSetting.mDefaultTransport == 1)
                {
                    proxy.param(p_transport)=Data("TCP");
                }
                else
                {
                    proxy.param(p_transport) = Data(pSipLoginCfg->
mTransport);
                }
                if( pSipLoginCfg->mOutBoundProxyPort != 0
                    && pSipLoginCfg->mOutBoundProxyPort != 5060)
                {
                    proxy.port() = pSipLoginCfg->mOutBoundProxyPort;
                }
                pRegNode->mUserProfile->setOutboundProxy(proxy);
```

```cpp
            }
            else
            {
                strcpy(szProxyUri, "sip:");
                strcat(szProxyUri, pSipLoginCfg->mRegServerDomain.c_str());
                Uri proxy = Uri(Data(szProxyUri));
                if(theSipSetting.mDefaultTransport == 1)
                {
                    proxy.param(p_transport)=Data("TCP");
                }
                else
                {
                    proxy.param(p_transport) = Data(pSipLoginCfg->mTransport);
                }
                if( pSipLoginCfg->mRegServerPort != 0
                    && pSipLoginCfg->mRegServerPort != 5060)
                {
                    proxy.port() = pSipLoginCfg->mRegServerPort;
                }
                pRegNode->mUserProfile->setOutboundProxy(proxy);
            }   pRegNode->mUserProfile->setDigestCredential(Data(pSipLoginCfg->mRegServerDomain.c_str()),Data(pSipLoginCfg->mPublicName.c_str()),Data(pSipLoginCfg->mPrivateName.c_str()),Data(pSipLoginCfg->mPassWord.c_str()));

        pRegNode->mUserProfile->getTransport() = Data(pSipLoginCfg->mTransport);
        SharedPtr<SipMessage> ivtMsg = m_Dum->makeInviteSession(target,SharedPtr<UserProfile>(pRegNode->mUserProfile),&sdpCont, m_pAppCallDs);
        theSipInviteDispatcher.addInviteService(ENUM_CALL_SERVICE, m_pAppCallDs->getDialogSetId());
            theSipAppInit.getDum()->send(ivtMsg);
    }
    else
    {
        SharedPtr<SipMessage> ivtMsg = m_Dum->makeInviteSession(target,   &sdpCont, m_pAppCallDs);
        theSipInviteDispatcher.addInviteService(ENUM_CALL_SERVICE, m_pAppCallDs->getDialogSetId());
            theSipAppInit.getDum()->send(ivtMsg);
    }
    // 创建 AppCallInfo
    AppCallInfo* pAppCallInfo = new AppCallInfo(m_pAppCallDs->getDialogSetId().getCallId(), m_pAppCallDs->getDialogSetId().getLocalTag(),pCallSessionInfo->getCallSessionInfoID());
    pAppCallInfo->setRemoteUserId(Data(calleeNum));
    pAppCallInfo->setSdpContents(sdpCont);
    pAppCallInfo->setCallStartTime(time(NULL));
    pAppCallInfo->setCallState(CALLING_STATE);
    mCallInfoMap[pAppCallInfo->getCallInfoID()] = pAppCallInfo;
    pCallSessionInfo->setCallInfoID(pAppCallInfo->getCallInfoID());
```

```
    SetCallStartTime(pCallSessionInfo->getCallSessionInfoID());
    // 返回会话 ID
    return pCallSessionInfo->getCallSessionInfoID();
}
```

会话发起之后，相关的会话管理功能还有 AcceptCall、DropCall、HoldCall、JumpCall、EndAllCall、SendRingBack 等。来电会话的处理流程如图 24-8 所示。

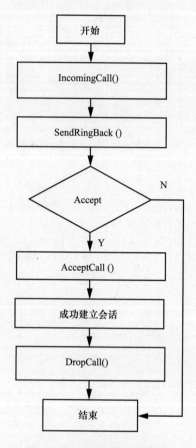

图 24-8 来电会话处理流程

在这个流程里可以清晰看到各方法的功能和用途。下面将对 AcceptCall、SendRingBack、DropCall、EndAllCall 的代码处理实现进行解释：

```
    int SipCallApp::AcceptCall(HCALLSESSION hCallSession)
    {
        if( !theSipAppInit.isStackRunning())
            return -1;
// 通话会话 ID 获取当前会话状态
        if( GetCallState(hCallSession) == RINGING_STATE || GetCallState(hCallSession)
== PLAYINGANNOUNCE_STATE|| GetCallState(hCallSession) == RINGING_INACTIVE_STATE)
        {// 发送 Answer 请求
            return TakeActionOnSelectedCall(hCallSession, ENUM_ANSWER_CALL, 0);
```

```cpp
    }
    return -1;
}

int SipCallApp::SendRingBack(HCALLSESSION hCallSession, ENUM_RING_TYPE ringType, char* clrRingfile)
{
    if( !theSipAppInit.isStackRunning())
        return -1;
    ENUM_CALL_DIRECTION eCallDirection = ENUM_NON_CALL;
    if( hCallSession <= 0)
        return -1;
    // 获取会话状态
    ENUM_CALL_STATUS currentState = GetCallState(hCallSession);
    // 通过会话句柄获取会话的相关信息
    AppCallLegInfo* pAppCallLeg = getCallLegInfoBySessionID(hCallSession);
    if( pAppCallLeg == NULL)
    {
        return -2;
    }
    if(ringType == COLOR_RING) // 表示需要播放彩铃
    {
        pAppCallLeg->setCallLegState(PLAYINGANNOUNCE_STATE);
        pAppCallLeg->setColorRingFile(string(clrRingfile));
        return 0;
    }
    switch( currentState )
    {
    case RINGING_INACTIVE_STATE:
    case RINGING_STATE:
        {// 只在振铃状态下才处理返回会话消息
            return TakeActionOnSelectedCall(hCallSession, ENUM_RING_CALL, 0 );
        }
    case NULL_STATE:      case IDLE_STATE:      case DIALING_STATE:
    case TRYING_STATE:    case CALLING_STATE:
    case LOCAL_RINGBACK_STATE:
    case CONNECTING_STATE:
    case PLAYINGANNOUNCE_STATE:
    case ONHOLD_STATE:
    case RESUMING_STATE:
    case HOLDING_STATE:
    case TRANSFERRING_STATE:
    case BE_HELD_STATE:
    case TALKING_STATE:
        return -2;
        break;
    default:
        return -3;
        break;
    }
```

```cpp
    }
    int SipCallApp::DropCall(HCALLSESSION hCallSession, int code)
    {
        if( !theSipAppInit.isStackRunning())
              return -1;
        ENUM_CALL_DIRECTION eCallDirection = ENUM_NON_CALL;
        ENUM_CALL_STATUS currentState = GetCallState(hCallSession);
        // 通过会话句柄获取会话的相关信息
        CCallSessionInfo* pCallSessionInfo = getCallSessionInfoByID(hCallSession);
        if( pCallSessionInfo == NULL)
        {
              InfoLog(<< "Drop Call not find CallSessionInfo node!");
              return -1;
        }
        AppCallInfo* pAppCallInfo = getCallInfoBySessionID(hCallSession);
        if( pAppCallInfo== NULL )
              return -2;

        if(pCallSessionInfo->getSipCallStatusHandle() != NULL)
        {
              if (currentState < TALKING_STATE)
              {
    pCallSessionInfo->getSipCallStatusHandle()->OnCallTerminated(hCallSession,
CALL_CANCELLED);
              }
              else
              {
    pCallSessionInfo->getSipCallStatusHandle()->OnCallTerminated(hCallSession,
CALL_SELFENDED);
              }
        }
        pCallSessionInfo->setSipCallStatusHandle(NULL);
        switch( currentState )
        {
        case NULL_STATE:
        case IDLE_STATE:
              break;
        case CALLING_STATE:
        case DIALING_STATE:
        case TRYING_STATE:
              {
                    DialogSetId dsId = GetDialogSetId(hCallSession);
                    if ( dsId.getCallId() != Data(_T("")) )
                    {
                          try
                          {
                                m_Dum->end(dsId);
                                CloseCallSessionAudioVideo(pCallSessionInfo);
                                RemoveCallSession(pCallSessionInfo);
                          }
                          catch (DialogUsageManager::Exception& e)
```

```cpp
                    {       }
                }
            }
            break;
        case LOCAL_RINGBACK_STATE: //local ring
        case SERVER_RINGING_STATE: //color ring
                // 处理本地振铃或者彩铃振铃
                GetInviteSession(hCallSession)->getAppDialogSet()->end();
            break;
        case MRBT_RINGBACK_STATE:
            {
                eCallDirection = GetCallDirectionBySessionID(hCallSession);
                if(eCallDirection == ENUM_INCOMING_DIRECTION)
                {
                    GetInviteSession(hCallSession)->getAppDialogSet()->end();
                }
                else
                {
                    TakeActionOnSelectedCall(hCallSession, ENUM_REJECT_CALL, code);
                }
            }
            break;
        case CONNECTING_STATE:
            {       // 处理正在尝试接通的状态信息
                InviteSession* IvtSession = GetInviteSession(hCallSession);
                eCallDirection = GetCallDirectionBySessionID(hCallSession);
                if ( eCallDirection == ENUM_INCOMING_DIRECTION )
                {
    ServerInviteSession* sis = dynamic_cast<ServerInviteSession*>(IvtSession);
                    if (sis)
                    {
                        sis->end();
                        return 0;
                    }
                }
                else if ( eCallDirection == ENUM_OUTGOING_DIRECTION )
                {
                    ClientInviteSession* cis =
                            dynamic_cast<ClientInviteSession*>(IvtSession);
                    if (cis)
                    {
                        cis->end();
                        return 0;
                    }
                }
            }
            break;
        case RINGING_INACTIVE_STATE:
```

```cpp
        case RINGING_STATE:
        case PLAYINGANNOUNCE_STATE:
            {
                    TakeActionOnSelectedCall(hCallSession, ENUM_REJECT_CALL, code);
            }
    break;
        case RESUMING_STATE:
        case HOLDING_STATE:
        case TRANSFERRING_STATE:
        case TALKING_STATE:
        case BE_HELD_STATE:
        case ONHOLD_STATE:
        case CONFERENCE_STATE:
            {
                    TakeActionOnSelectedCall(hCallSession, ENUM_END_CALL, 0);
            }
            break;
        default:
            break;
    }
    SetCallState(hCallSession, IDLE_STATE);
    return 0;
}
void SipCallApp::EndAllCalls()
{
    list<int> mTempCallSessionInfoIdList;// 临时会话 ID 列表
    // 从当前的会话 ID 数据表中，找出所有会话的 ID
    for(CallSessionInfoMap::iterator CallSessionIter = mCallSessionInfoMap.begin(); CallSessionIter != mCallSessionInfoMap.end(); CallSessionIter++)
    {
            if( CallSessionIter->second != NULL
    && CallSessionIter->second->getCallSessionInfoID() > 0)
    {
    mTempCallSessionInfoIdList.push_back(CallSessionIter->second->getCallSessionInfoID());
            }
    }
    for(list<int>::iterator it = mTempCallSessionInfoIdList.begin(); it != mTempCallSessionInfoIdList.end(); it++)
    {// 循环挂断会话
            DropCall((*it));
    }
}
```

24.4.5　SIP 消息对象

在 SIP DLL 库中，SIP 消息生成管理对象的是 SipMessage 类，使用该类封装了基本类型的 SIP 消息。先来看看 SipMessage 对象的生成方法：

```cpp
void Dialog::makeRequest(SipMessage& request, MethodTypes method)
{
    RequestLine rLine(method);// 根据消息类型生成对应的 Request-Line：请求串
    if(!mRouteSet.empty())
    {
            if( mRouteSet.front().uri().exists(p_lr) )
            {
                    rLine.uri() = mRemoteTarget.uri();
            }
            else
            {
                    rLine.uri() = mRouteSet.front().uri();
            }
    }
    else
    {
            rLine.uri() = mRemoteTarget.uri();
    }
    request.header(h_RequestLine) = rLine;// 设置 Request-Line：
    request.header(h_To) = mRemoteNameAddr;// 设置对端地址
    request.header(h_From) = mLocalNameAddr;// 设置本地地址
    request.header(h_CallId) = mCallId;// 会话句柄
    request.remove(h_RecordRoutes);   //!dcm! -- all of this is rather messy
    request.remove(h_Replaces);
    request.remove(h_Contacts);
    request.header(h_Contacts).push_front(mLocalContact);
    request.header(h_CSeq).method() = method;
    request.header(h_MaxForwards).value() = 70;
    // 必须保存旧的 vai 对象以便 CANCEL 消息时使用
    if (method != CANCEL)
    {
            request.header(h_Routes) = mRouteSet;
            request.remove(h_Vias);
            Via via;
            via.param(p_branch);  // 创建一个分支
            request.header(h_Vias).push_front(via);
    }
    else
    {
            assert(request.exists(h_Vias));
    }
    // 如果是 ACK 或 CANCEL 消息则不增加 CSeq
    if (method != ACK && method != CANCEL)
    {
            request.header(h_CSeq).sequence() = ++mLocalCSeq;
    }
    else
    {
            // ACK 和 CANCEL 消息需要设置最小消息头参数
            request.remove(h_AcceptEncodings);
            request.remove(h_AcceptLanguages);
```

```
            request.remove(h_Allows);
            request.remove(h_Requires);
            request.remove(h_ProxyRequires);
            request.remove(h_Supporteds);
    }
    // 如果是一个INVITE消息，则添加更多需要的消息头参数
    if(method == INVITE || method == UPDATE || method == SUBSCRIBE)
    {
            if(mDialogSet.getUserProfile()->isAdvertisedCapability(Headers::Allow))
            request.header(h_Allows) = mDum.getMasterProfile()-
>getAllowedMethods();
            if(mDialogSet.getUserProfile()->isAdvertisedCapability(Headers::Accept
Encoding))
    request.header(h_AcceptEncodings) = mDum.getMasterProfile()->
getSupportedEncodings();
            if(mDialogSet.getUserProfile()->isAdvertisedCapability(Headers::Accept
Language))
    request.header(h_AcceptLanguages) = mDum.getMasterProfile()->
getSupportedLanguages();
            if(mDialogSet.getUserProfile()->isAdvertisedCapability(Headers::Allow
Events))
    request.header(h_AllowEvents) = mDum.getMasterProfile()->getAllowedEvents();
            if(mDialogSet.getUserProfile()->isAdvertisedCapability(Headers::
Supported))
    request.header(h_Supporteds) = mDum.getMasterProfile()->
getSupportedOptionTags();
    }
    request.remove(h_Accepts);
    if( method == SUBSCRIBE)
    {
            request.header(h_Accepts).push_back( Mime( "application","pidf+xml") );
            request.header(h_Accepts).push_back(Mime( "application","rlmi+xml"));
            request.header(h_Accepts).push_back(Mime( "multipart","related"));
    }
    if (mDialogSet.mUserProfile->isAnonymous())
    {
            request.header(h_Privacys).push_back(Token(Symbols::id));
    }
}
```

以下是发送一个ACK消息的示例：

```
    SharedPtr<SipMessage> ack(new SipMessage); // 创建消息对象
    assert(mAcks.count(mLastLocalSessionModification->header(h_CSeq).sequence())
== 0);
    mDialog.makeRequest(*ack, ACK);// 生成ACK消息
    // Copy Authorization, Proxy Authorization headers and CSeq from original
Invite
    if(mLastLocalSessionModification->exists(h_Authorizations))
    {
        ack->header(h_Authorizations) = mLastLocalSessionModification->header(h_
Authorizations);
    }
```

```
if(mLastLocalSessionModification->exists(h_ProxyAuthorizations))
{
    ack->header(h_ProxyAuthorizations) = mLastLocalSessionModification->header(h_ProxyAuthorizations);
}
ack->header(h_CSeq).sequence()= LastLocalSessionModification->header(h_CSeq).sequence();
if(sdp != 0)
{
    setSdp(*ack, *sdp);
}
mAcks[ack->header(h_CSeq).sequence()] = ack;
mDum.addTimerMs(DumTimeout::CanDiscardAck, Timer::TH, getBaseHandle(), ack->header(h_CSeq).sequence());
send(ack);
```

以下是发送一个 BYE 的示例：

```
voidsendBye()
{
    SharedPtr<SipMessage> bye(new SipMessage());
    mDialog.makeRequest(*bye, BYE);
    Data txt;
    if (mEndReason != NotSpecified)
    {
        Token reason("SIP");
        txt = getEndReasonString(mEndReason);
        reason.param(p_description) = txt;
        bye->header(h_Reasons).push_back(reason);
    }
    send(bye);
}
```

24.4.6 数据分组处理

在接收到消息分组后，需要对数据分组进行分解，然后经过消息分发，把相应事件分发到对应的接口。以下代码是接收到 **SIPMessage** 消息分组后的处理过程：

```
void Dialog::dispatch(const SipMessage& msg)
{
    if(msg.isExternal())
    {
        const Data& receivedTransport = msg.header(h_Vias).front().transport();
        int keepAliveTime = 0;
        if(receivedTransport == Symbols::TCP ||
            receivedTransport == Symbols::TLS ||
            receivedTransport == Symbols::SCTP)
        {
```

```
                keepAliveTime = mDialogSet.getUserProfile()-> getKeepAlive
TimeForStream();
        }
        else
        {
                keepAliveTime = mDialogSet.getUserProfile()-> getKeepAlive
TimeForDatagram();
        }
        if(keepAliveTime > 0)
        {
            mNetworkAssociation.update(msg, keepAliveTime);
        }
    }
    handleTargetRefresh(msg);// 更新消息句柄
    if (msg.isRequest())// 判断消息类型是否为一个请求
    {
      // 以下处理主要是判断消息请求的类型，分别进行消息分发处理
        const SipMessage& request = msg;
        switch (request.header(h_CSeq).method())
        {
            case INVITE:   // new INVITE
            case PRACK:
                if (mInviteSession == 0)
                {
                    mInviteSession = makeServerInviteSession(request);
                }
                mInviteSession->dispatch(request);
                break;
            case BYE:
                if (mInviteSession == 0)
                {
                    InfoLog ( << "Spurious BYE" );
                    return;
                }
                else
                {
                    mInviteSession->dispatch(request);
                }
                break;
            case UPDATE:
                if (mInviteSession == 0)
                {
                    InfoLog ( << "Spurious UPDATE" );
                    return;
                }
                else
                {
                    mInviteSession->dispatch(request);
                }
                break;
            case INFO:
```

```cpp
            if (mInviteSession == 0)
            {
                InfoLog ( << "Spurious INFO" );
                return;
            }
            else
            {
                mInviteSession->dispatch(request);
            }
            break;
        case MESSAGE:
            if (mInviteSession == 0)
            {
                InfoLog ( << "Spurious MESSAGE" );
                return;
            }
            else
            {
                mInviteSession->dispatch(request);
            }
            break;
        case ACK:
        case CANCEL:
            if (mInviteSession == 0)
            {
                    InfoLog (<< "Drop stray ACK or CANCEL in dialog on the floor");
                DebugLog (<< request);
            }
            else
            {
                mInviteSession->dispatch(request);
            }
            break;
        case SUBSCRIBE:
        {
            ServerSubscription* server = findMatchingServerSub(request);
            if (server)
            {
                server->dispatch(request);
            }
            else
            {
                {       if (request.exists(h_Event) && request.header(h_Event).value() == "refer")
                    {
                        InfoLog (<< "Received a subscribe to a non-existent refer subscription: " << request.brief());
                        SipMessage failure;
                        makeResponse(failure, request, 403);
                        mDum.sendResponse(failure);
```

```cpp
                    return;
                }
                else
                {
                    if (mDum.checkEventPackage(request))
                    {
                        server = makeServerSubscription(request);
                        mServerSubscriptions.push_back(server);
                        server->dispatch(request);
                    }
                }
            }
            break;
                case REFER:
            {
                if (!request.exists(h_ReferTo))
                {
                    InfoLog (<< "Received refer w/out a Refer-To: " <<request.brief());
                    SipMessage failure;
                    makeResponse(failure, request, 400);
                    mDum.sendResponse(failure);
                    return;
                }
                else
                {
        if(request.exists(h_ReferSub)&&request.header(h_ReferSub).value()=="false")
                    {
                        assert(mInviteSession);
                        mInviteSession->referNoSub(msg);
                    }
                    else
                    {
                        ServerSubscription* server = findMatchingServerSub(request);
                        ServerSubscriptionHandle serverHandle;
                        if (server)
                        {
                            serverHandle = server->getHandle();
                            server->dispatch(request);
                        }
                        else
                        {
                            server = makeServerSubscription(request);
                            mServerSubscriptions.push_back(server);
                            serverHandle = server->getHandle();
                            server->dispatch(request);
                        }
                        if (mInviteSession)
                        {
                            mDum.mInviteSessionHandler->onRefer(mInviteSession->
```

```cpp
getSessionHandle(), serverHandle, msg);
                    }

                }
            }
        }
        break;
        case NOTIFY:
        {
            ClientSubscription* client = findMatchingClientSub(request);
            if (client)
            {
               client->dispatch(request);
            }
            else
            {
               BaseCreator* creator = mDialogSet.getCreator();
               if(creator&&(creator->getLastRequest()->header(h_RequestLine).method() ==SUBSCRIBE||
                  creator->getLastRequest()->header(h_RequestLine).method() == REFER))
                  {
                      DebugLog (<< "Making subscription (from creator) request: " << *creator->getLastRequest());
                      ClientSubscription*sub= makeClientSubscription(*creator->getLastRequest());
                      mClientSubscriptions.push_back(sub);
                      sub->dispatch(request);
                  }
                  else
                  {
                         if (mInviteSession != 0 && (!msg.exists(h_Event) || msg.header(h_Event).value() == "refer") && mDum.getClientSubscriptionHandler("refer")!=0)
                    {
                            DebugLog (<< "Making subscription from NOTIFY: " << msg);
                            ClientSubscription* sub = makeClientSubscription(msg);
                            mClientSubscriptions.push_back(sub);
                            ClientSubscriptionHandle client = sub-> getHandle();
                            mDum.mInviteSessionHandler-> onReferAccepted(mInviteSession->getSessionHandle(), client, msg);
                            mInviteSession->mSentRefer = false;
                            sub->dispatch(request);
                      }
                         else
                         {
                                SharedPtr<SipMessage> response(new SipMessage);
                                makeResponse(*response, msg, 406);
                                send(response);
                          }
```

```cpp
                    }
                }
            }
            break;
        default:
            assert(0);
            return;
        }
    }
    else if (msg.isResponse())// 消息类型是一个响应消息
    {
    // 如果响应消息的 CSeq 和所发送的不一致，则忽略这个响应
        RequestMap::iterator r = mRequests.find(msg.header(h_CSeq).sequence());
        if (r != mRequests.end())
        {
            bool handledByAuth = false;
            if(mDum.mClientAuthManager.get()&& mDum.mClientAuthManager->handle(*mDialogSet.getUserProfile(), *r->second, msg))
            {
                InfoLog( << "about to re-send request with digest credentials" << r->second->brief());
                assert (r->second->isRequest());
                mLocalCSeq++;
                send(r->second);
                handledByAuth = true;
            }
            mRequests.erase(r);
            if (handledByAuth) return;
        }
        else
        {
            InfoLog( << "Dialog::dispatch, ignoring stray response: " << msg.brief() );
        }
        const SipMessage& response = msg;
        int code = response.header(h_StatusLine).statusCode();
    // 如果这个是初始请求响应返回的 200 OK，且存在路由，则需要保存这个路由集
        BaseCreator* creator = mDialogSet.getCreator();
        if (creator && (creator->getLastRequest()->header(h_CSeq) == response.header(h_CSeq)) && code >=200 && code < 300)
        {
            if (response.exists(h_RecordRoutes))
            {
                mRouteSet = response.header(h_RecordRoutes).reverse();
            }
            else
            {
                mRouteSet.clear();
            }
        }
        switch (response.header(h_CSeq).method())
```

```cpp
    {
        case INVITE:
            if (mInviteSession == 0)
            {
                 DebugLog ( << "Dialog::dispatch  --  Created new client invite
                 session" << msg);
                mInviteSession = makeClientInviteSession(response);
                mInviteSession->dispatch(response);
            }
            else
            {
                mInviteSession->dispatch(response);
            }
            break;
        case BYE:
        case ACK:
        case CANCEL:
        case INFO:
        case MESSAGE:
        case UPDATE:
            if (mInviteSession)
            {
                mInviteSession->dispatch(response);
            }
            // else drop on the floor
            break;
        case REFER:
        if(mInviteSession)
        {
            mInviteSession->mSentRefer = false;
            if (code >= 300)
            {
                 mDum.mInviteSessionHandler-> onReferRejected(mInvite Session->
                getSessionHandle(), msg);
            }
            else
            {
                 if(!mInviteSession->mReferSub&& ((msg.exists(h_ReferSub)
&& msg.header(h_ReferSub).value()=="false") ||!msg.exists(h_ReferSub)))
                {
                     DebugLog(<< "refer accepted with norefersub");
                     mDum.mInviteSessionHandler->onReferAccepted(mInvite
Session->getSessionHandle(), ClientSubscriptionHandle::NotValid(), msg);
                }
            }
            break;
        }
        case SUBSCRIBE:
        {
            int code = response.header(h_StatusLine).statusCode();
            ClientSubscription* client = findMatchingClientSub(response);
```

```cpp
            if (client)
            {
                client->dispatch(response);
            }
            else if (code < 300)
            {
// 从协议头抓取 2xx 的返回值，因为 ClientSubscription 通常只接收返回 2xx 的 NOTIFY 消息
                mDefaultSubExpiration = response.header(h_Expires).value();
                return;
            }
            else
            {
                BaseCreator* creator = mDialogSet.getCreator();
                if (!creator || !creator->getLastRequest()->exists(h_Event))
                {
                    return;
                }
                else
                {
                    ClientSubscriptionHandler* handler = mDum.getClientSubscription
Handler(creator->getLastRequest()->header(h_Event).value());
                    if (handler)
                    {
                        ClientSubscription* sub=makeClientSubscription(*creator->
getLastRequest());
                        mClientSubscriptions.push_back(sub);
                        sub->dispatch(response);
                    }
                }
            }
            break;
                  case NOTIFY:
        {
            int code = msg.header(h_StatusLine).statusCode();
            if (code >= 300)
            {
                mDestroying = true;
                    for (list<ServerSubscription*>::iterator it =
mServerSubscriptions.begin();
                        it != mServerSubscriptions.end(); )
                {
                    ServerSubscription* s = *it;
                    it++;
                    s->dispatch(msg);
                }
                mDestroying = false;
                possiblyDie();
            }
        }
            break;
```

```
        default:
            assert(0);
            return;
    }
  }
}
```

第 25 章

媒体控制过程

以下通过 iOS 实例讲解 SIP DLL 库的实际应用,在讲解前先了解 iOS 语音应用的基础知识。

25.1 iOS 语音通话知识要点

25.1.1 iOS 音频核心

在 iPhone OS 音频处理中,音频单元是音频处理的核心。

音频单元其实就是 iPhone OS 提供一组音频插件,可以用于所有的应用程序。在大多数情况下,代码并不直接与 HAL 进行交互。苹果公司提供一个特殊的音频单元,Mac OS X 系统中的 AUHAL 单元和 iPhone 操作系统中的 AURemoteIO 单元,这些单元允许从其他音频单元传输数据到硬件。

系统提供的音频单元见表 25-1。

表 25-1 系统提供的音频单元

音频单元	描述
转换器单元	支持音频格式从线性 PCM 格式转换成其他格式,或者从线性 PCM 格式转换为其他格式。其包含类型有 kAudioUnitType_FormatConverter(aufc)、kAudioUnitSubType_AUConverter(conv)、kAudioUnitManufacturer_Apple(appl)
iPod 均衡器单元	提供 iPod 均衡器控制的相关属性。包含相关类型有 kAudioUnitType_Effect(aufx)、kAudioUnitSubType_AUiPodEQ(ipeq)、kAudioUnitManufacturer_Apple(appl)
3D 混音器单元	支持多路音频流混合、采样频率转换等。其属性类型有 kAudioUnitType_Mixer(aumx)、kAudioUnitSubType_AU3DMixerEmbedded(mcmx)、kAudioUnitManufacturer_Apple(appl)
多通道混音器单元	支持将多路音频流合成为一个音频流。其属性类型有 kAudioUnitType_Mixer(aumx)、kAudioUnitSubType_MultiChannelMixer(mcmx)、kAudioUnitManufacturer_Apple(appl)

续表

音频单元	描述
一般输出单元	其功能和"转换器单元"一样，不过它支持通过使用音频单元图控制启动和停止。其属性类型有 kAudioUnitType_Output(auou)、kAudioUnitSubType_GenericOutput(genr)、kAudioUnitManufacturer_Apple(appl)
I/O 单元	用于连接音频输入和输入硬件，支持实时 I/O。其属性类型有 kAudioUnitType_Output(auou)、kAudioUnitSubType_RemoteIO(rioc)、kAudioUnitManufacturer_Apple(appl)
语音处理 I/O 单元	包含了 I/O 单元的特征，同时为支持双向交流，加入了回响抑制功能。其属性类型有 kAudioUnitType_Output(auou)、kAudioUnitSubType_VoiceProcessingIO(rioc)、kAudioUnitManufacturer_Apple(appl)

表 25-1 提供的所有音频单元包含库里面的完整单元，相关音频单元的代码例子可以到官方开发网站下载。表里所涉及的音频单元，都可以引用 Audio Unit 框架提供的接口来打开、连接和使用。如果表 25-1 提供的音频单元未能满足需求，还可以定义定制的音频单元，在自己的应用程序内部使用。但要注意的是，由于应用程序必须静态连接定制的音频单元，所以 iPhone OS 系统上的其他应用程序不能使用开发的音频单元。

25.1.2 支持的语音编解码格式

iPhone OS 音频格式可以利用以下硬件解码进行回放：
- AAC；
- ALAC (Apple Lossless)；
- MP3。

为了以最佳性能播放多种声音，或者在 iPod 程序播放音乐的同时能更有效地播放声音，一般使用线性 PCM（无压缩）或者 IMA4（有压缩）格式的音频。

下面是一些 iPhone OS 支持的音频回放格式：
- AAC；
- HE-AAC；
- AMR（Adaptive Multi-Rate，是一种语音格式）；
- ALAC（Apple Lossless）；
- iLBC（互联网 Low Bitrate Codec，另一种语音格式）；
- IMA4（IMA/ADPCM）；
- 线性 PCM（无压缩）；
- μ-law 和 a-law；
- MP3（MPEG-1 音频第 3 层）。

以下是 iPhone OS 支持的音频录制格式：
- ALAC（Apple Lossless）；
- iLBC（互联网 Low Bitrate Codec，用于语音）；

- IMA/ADPCM（IMA4）；
- 线性 PCM；
- μ-law 和 a-law。

在 iOS 系统中规范的音频格式介绍如下：
- iPhone OS 的音频输入和输出采用的是线性 PCM，使用 16 位整型采样；
- iPhone OS 的音频设备和其他音频处理非交叉线性 PCM 时，使用 8.24-bit 定点采样。

iOS 操作系统所提供的音频处理框架具体介绍如下。
- Audio Toolbox 框架（AudioToolbox.framework）。该项框架提供的接口应用于中高层的核心音频服务。在 iPhone OS 中，这个框架包括音频会议服务。
- Audio Unit 框架（AudioUnit.framwork）。该框架提供接口来打开、连接和使用音频单元。用户应用通过引用该框架使用音频单元及编码。
- AV Foundation 框架(AVFoundation.framework)。该框架提供了一个 AVAudioPlayer 类，是一个精简的 Objective-C 音频播放接口。使用该音频处理类，可以方便快捷地实现音频回放。
- Core Audio 框架（CoreAudio.framework）。该框架提供了核心音频低层服务处理必要的数据类型接口。
- OpenAL 框架(OpenAL.framework)。该框架提供了与开源音频处理 OpenAL 的接口。

25.2 音频开发示例

25.2.1 定制音频组件

iOS 音频库已经提供了很多便捷的高层 API 进行语音的获取和播放，但要实现实时的语音录制和播放，需要自定义音频组件。在此实例中定义如下音频组件：

```
typedef struct AUData_tag
{
        AudioUnit io_unit; // 音频单元
    unsigned int rate; // 采样频率
    unsigned int bits; // 字节数
    unsigned int channels;// 通道数
    unsigned int lost_frames;   // 丢帧数
    bool started;  // 音频单元是否已经启动
    bool io_unit_must_be_started;// 音频单元必须已经启动
    bool read_started;  // 音频读启动
    bool write_started; // 音频写启动
    AudioTimeStamp readTimeStamp;
    CBufferList *buffer; // 存储数据
}AUData;
```

25.2.2 创建音频组件

创建音频组件，为组件分配存储空间，并分配固定的存储空间给音频数据数据列表使用，以减少内存申请的消耗。具体代码如下：

```
AUData *CreateAUData()
{
    AUData *pData = (AUData*)malloc(sizeof(AUData));
    pData->rate = 8000;// 采样频率 8 kHz
    pData->bits = 16;  //16 bit
    pData->channels = 1;  // 单通道
    pData->read_started = false;
    pData->write_started = false;
    pData->io_unit_must_be_started = false;
    pData->started = false;
    pData->lost_frames = 0;
    pData->buffer = CreateListBuffer(); // 音频数据存储空间
    return pData;
}
```

25.2.3 配置并初始化音频单元

对音频组件进行创建后，组件中的音频单元还未被初始化，以下代码将通过组件参数的配置，对音频单元进行初始化处理。

```
AudioComponentDescription audioComponentDesc;
    AudioComponent audioComponent;
OSStatus status = noErr;
// 初始化音频单元
    status = AudioSessionInitialize(NULL, NULL, InteruptionListener, this);
    CheckStatus(status, "AudioSessionInitialize");
    status = AudioSessionSetActive(true);
    CheckStatus(status, "AudioSessionSetActive");
    UInt32 audioCategory = kAudioSessionCategory_PlayAndRecord;// 设置音频单元同时支持录音和播放
    Status=AudioSessionSetProperty(kAudioSessionProperty_AudioCategory, sizeof(audioCategory), &audioCategory);
    CheckStatus(status,"Configuring audio session for play/record");
    audioComponentDesc.componentType = kAudioUnitType_Output;
    audioComponentDesc.componentSubType= kAudioUnitSubType_VoiceProcessingIO;
    audioComponentDesc.componentManufacturer  = kAudioUnitManufacturer_Apple;
    audioComponentDesc.componentFlags = 0;
    audioComponentDesc.componentFlagsMask = 0;
    // 创建音频组件
audioComponent = AudioComponentFindNext (NULL,&audioComponentDesc);
    // 实例化音频组件，返回音频单元
    status = AudioComponentInstanceNew(audioComponent, &auData->io_unit);
```

```
        CheckStatus(status,"AudioComponentInstanceNew");
        // 设置音频单元的采样频率
        audioFormatRecordDesc.mSampleRate    = auData->rate;
        audioFormatRecordDesc.mFormatID= kAudioFormatLinearPCM;// 音频格式
        audioFormatRecordDesc.mFormatFlags=kAudioFormatFlagIsSignedInteger|kAudio
FormatFlagIsPacked;
        audioFormatRecordDesc.mFramesPerPacket    = 1;
        audioFormatRecordDesc.mChannelsPerFrame   = auData->channels;
        audioFormatRecordDesc.mBitsPerChannel     = auData->bits;
        audioFormatRecordDesc.mBytesPerPacket     = auData->bits / 8;
        audioFormatRecordDesc.mBytesPerFrame      = auData->channels * auData->
bits / 8;
    audioFormatRecordDesc.mReserved = 0;
    audioFormatPlayDesc.mSampleRate= auData->rate;
        audioFormatPlayDesc.mFormatID         = kAudioFormatLinearPCM;
        audioFormatPlayDesc.mFormatFlags      =kAudioFormatFlagIsSignedInteger|kAudio
FormatFlagIsPacked;
        audioFormatPlayDesc.mFramesPerPacket    = 1;
        audioFormatPlayDesc.mChannelsPerFrame   = auData->channels;
        audioFormatPlayDesc.mBitsPerChannel     = auData->bits;
        audioFormatPlayDesc.mBytesPerPacket     = auData->bits / 8;
        audioFormatPlayDesc.mBytesPerFrame      = auData->channels * auData->
bits / 8;
    audioFormatPlayDesc.mReserved = 0;
          // 设置回调函数，输出线路的输入端的回调函数
    AURenderCallbackStruct renderCallbackStruct;
        renderCallbackStruct.inputProc = playRenderCallback; // 播放回调处理
    renderCallbackStruct.inputProcRefCon = this;
        status = AudioUnitSetProperty (   auData->io_unit, kAudioUnitProperty_
SetRenderCallback,
    kAudioUnitScope_Input,outputBus, &renderCallbackStruct,sizeof (renderCallbackStruct) );
    renderCallbackStruct.inputProcRefCon = this;
    renderCallbackStruct.inputProc = recordRenderCallback;// 录制回调处理
       status = AudioUnitSetProperty(auData → io_unit, kAudioOutputUnitProperty_
SetInputCallback, kAudioUnitScope_Global,inputBus, &renderCallbackStruct,
sizeof(renderCallbackStruct));
```

25.2.4 音频数据的录制与播放处理

（1）音频录制处理

要保存音频的数据，就需要在 recordRenderCallback 回调方法中进行音频数据采集。边采集边进行存储，把数据存放到一个音频数据列表中。在这里定义一个全局列表 g_BufferList 来存储音频数据。当通话进行时，就会从该列表中获取音频数据进行编码并发送。

```
static OSStatus recordRenderCallback(void *inRefCon,
AudioUnitRenderActionFlags*ioActionFlags,
const AudioTimeStamp          *inTimeStamp,
UInt32                        inBusNumber,
```

```
    UInt32                          inNumberFrames,
    AudioBufferList                 *ioData)
{
OSStatus status = noErr;
    static int nDataLen = MAX_BUFFER_PER_FRAME;
    CAudioUnitManage *pThis = (CAudioUnitManage*)inRefCon;
    AUData *auData = pThis->m_audata;
    if (auData->readTimeStamp.mSampleTime < 0)
    {
        auData->readTimeStamp =* inTimeStamp;
    }
    if (myBufferList == nil) {// 为接收音频数据列表 AudioBufferList 分配空间
        myBufferList = (AudioBufferList*)malloc( sizeof(AudioBufferList) );
        memset(myBufferList, 0, sizeof(AudioBufferList) );
        myBufferList->mNumberBuffers = 1;
        myBufferList->mBuffers[0].mDataByteSize = nDataLen;
        myBufferList->mBuffers[0].mNumberChannels = auData->channels;
        myBufferList->mBuffers[0].mData = NULL;
    }
    char chTempData[MAX_BUFFER_PER_FRAME] = {0};
    if (g_BufferList != NULL)
    {
        memset(chTempData, 0, nDataLen);
        myBufferList->mBuffers[0].mData = chTempData;
            myBufferList->mBuffers[0].mDataByteSize= inNumberFrames*auData->bits/8;
    }
    // 获取音频数据
    status = AudioUnitRender(auData->io_unit, ioActionFlags, &auData->readTimeStamp, inBusNumber, inNumberFrames, myBufferList);
    // 对音频数据进行存储
    BufferData *pData = NULL;
    pData = g_BufferList->GetAVAvailableBuffer(1); // 从列表中获取一个空闲的存储空间
    pData->lenght = myBufferList->mBuffers[0].mDataByteSize;
    // 把音频数据填充到存在空间
    memcpy(pData->buffer,myBufferList->mBuffers[0].mData,pData->lenght);
    g_BufferList->InsertData(pData);// 把数据插入待处理列表
}
```

（2）音频传输与接收播放处理

当通话会话建立成功后，使用 theMediaAppAgent 接口对象启动音频的发送和接收。在 theMediaAppAgent 接口中主要用到如下接口：

```
Void setCallBack(void *callback);// 设置音频数据接收回调句柄
int SendDataPack(void* data, int nLen, int codeType);// 发送音频数据
```

在实例中将调用 SendDataPack() 发送录制得到的音频数据，由于 g_BufferList 中的数据还未进行编码，读取行数据进行编码：

```
g_BufferList->GetHeadData(m_pEncodeBuffer->buffer, m_
```

pEncodeBuffer→nDatalen);// 记取列表头的数据
```
    int len = encode((char*)m_pEncodeBuffer→buffer, m_pEncodeBuffer→nDatalen,
(char*)data, nlen, 0, 0);// 对数据进行编码，然后调用发送方法
```

SendDataPack((char*)m_pEncodeBuffer→buffer, m_pEncodeBuffer→nDatalen,0);

下面继承扩展 CAudioCallBack 的 rtpDataRcv 方法，接收回调的音频数据，进行解码播放。在处理接收的时候，先把接收到的数据存储到一个待播放列表 g_PlayBufferList 中，这个列表的主要作用是存储和缓冲数据，当数据满足要求后，播放系统从列表头中取数据进行播放。音频数据收集示例代码如下：

```
void rtpDataRcv(int code, char *buff, int len)
{
    int nDatalen = 0;
   BufferData *pBuffer =  new BufferData();
   if (pBuffer->buffer != NULL )
   {
// 进行编码
       g_CodelibObj->decode((char *)buff, len, (char *)pBuffer->buffer, &nDatalen);
       g_PlayBufferList->InsertData(m_pDataObj);// 把待播放数据存储到播放列表
   }
}
```

参考文献

[1] 赵学军，陆立，林俐等. 软交换技术与应用 [M]. 北京：人民邮电出版社，2004.

第 8 篇
互联网开放资源 API

开放平台、开放资源是近年来非常热门的词语，无论是老牌互联网企业、手机制造商、电信运营商，还是新兴移动互联网企业，都希望能吸引更多第三方开发伙伴加入自己的开放平台中。开放平台是平台提供商将自身资源通过接口向第三方开放，第三方开发者可以通过运用和组装平台接口产生新的应用，并且新的应用能在开放平台上运营。其核心价值在于通过平台供应商与第三方应用的互利互惠，提高最终用户的黏度。

以下简单列举几个有代表性的开放平台。新浪微博开放平台基于新浪微博海量用户和强大的传播能力，为第三方合作伙伴服务提供了超过 200 个数据接口，包括微博内容、评论、用户、关系、话题等信息；腾讯开放多个产品线，其开放平台家族包括依托 QQ 空间与朋友网的社区开放平台、打通 QQ 客户端的 Q+ 开放平台、基于腾讯微博的开放平台、腾讯无线游戏开放平台等；淘宝基于淘宝各类电子商务业务提供了开放平台，提供外部合作伙伴参与服务淘宝用户的各类原材料，例如 API、账号体系、数据安全等。

对于应用开发者，如果能够善用这些互联网巨头提供的资源，对应用开发和推广将有很大的帮助。首先，利用平台已有的巨大用户资源，例如第三方应用商城，实现快速推广，让更多潜在用户能够接触到应用；通过获取用户的社会关系和用户行为，例如社区和微博，实现个性化和精准化传播和推广各种服务和信息。其次，利用平台提供的业务能力，例如面向开发者的云服务、电信运营商的通信类服务等，一方面可以提高开发效率，将主要精力放在核心能力开发上；另一方面，增加所开发应用的用户体验。最后，实现与平台提供商的分成，例如与电信运营商在通信类服务上的分成、应用收益的分成等。

应用开发者选择合适的开放平台，需要从开放程度、分成模式、用户规模、公平竞争等因素综合考虑，还有很重要的是要避免做平台自己会做的应用。

本篇将重点介绍开放平台的典型代表——中国电信天翼开放平台、统一应用环境。

第 26 章

中国电信天翼开放平台

中国电信天翼开放平台基于"合作、创新、共赢"的理念建设,立足于服务平台化与渠道开放化,聚合中国电信内部各互联网产品基地、专业公司以及外部第三方企业所提供的优质信息、内容和能力,为广大互联网开发者提供一站式、标准化、规模化的开放能力服务。中国电信天翼开放平台架构如图 26-1 所示。

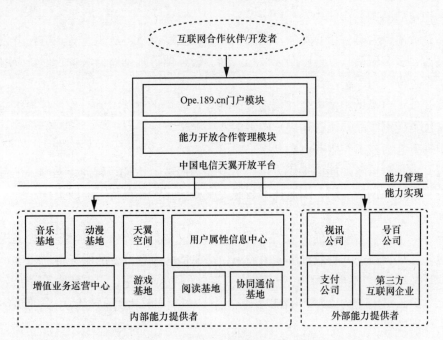

图 26-1 中国电信天翼开放平台架构

中国电信天翼开放平台的主要特点如下。

(1) 统一的合作入口

天翼开放平台为合作伙伴提供统一的开放合作服务门户(Open.189.cn),打造统一的运营商级能力开放合作品牌和入口。一点接入、电子签约、全网服务,各种能力尽在掌握。

(2) 标准化开放能力接口

天翼开放平台采用互联网业界通行的标准协议和设计风格,为开发者提供标准化的能力接口以及详尽的文档,旨在极大地降低开发者学习成本,迅速打造独具一格的创新产品。

（3）天翼账号"一号通行"

中国电信天翼账号体系将为合作伙伴提供真正的运营商级的用户管理能力，帮助其应用实现"一个账号、一个密码"的统一认证体系，并为用户带来"一次登录、畅游互联网"的优化服务体验。

（4）丰富的计收费渠道

凭借中国电信"翼支付"能力，天翼开放平台可帮助合作商户以及开发者整合集成各类支付账户以及通信话费账户，突破支付瓶颈，瞬间拥有成熟的计/收费渠道。

（5）"自然人"用户属性

天翼开放平台在充分保障用户隐私的前提下，基于天翼账号向满足条件的合作伙伴开放用户分类信息，帮助合作伙伴在获得用户显式授权的前提下，打造智能化、场景化、人性化的创新服务模式。

（6）丰富的数字内容信息

天翼开放平台汇聚中国电信八大互联网基地优质内容资源，具备音乐、视频、书籍、应用、游戏等全方位的数字内容信息开放能力，同时帮助合作伙伴实现渠道信息及用户UGC 信息的轻松获取，丰富应用体验。

（7）稳定的基础通信服务

天翼开放平台将具有核心竞争力的通信能力以互联网 API 方式呈现，方便开发者嵌入和使用短信、多方通话、点击呼叫以及物联网、云存储等基础通信服务，创新应用功能。

（8）渠道推广与终端合作

天翼开放平台借助中国电信在渠道和终端合作方面的优势，为合作伙伴提供应用推广渠道，将优秀应用产品快速送达用户的手中，接触亿万用户。

（9）提升能力技术与服务收益

天翼开放平台可帮助能力提供方推广自身能力服务，依托运营商级基础云平台，轻松服务于数十万计的创新应用，加速技术与能力服务转化，并获得丰厚回报。

（10）精准把握能力服务需求

天翼开放平台将为能力提供方创造优先使用中国电信合作资源的环境，为之提供精准的能力运营数据，帮助其有效理解能力需求，快速适应瞬息万变的服务市场环境。

中国电信天翼开放平台在对自身能力服务及第三方特色能力进行优化配置整合的基础上，形成了以天翼账号、电信能力、数字内容以及综合信息为主体的四大类开放能力，其简要介绍如下。

（1）天翼账号

天翼账号相关的开放能力集合了中国电信自有账号认证体系及用户授权服务，面向外部合作伙伴，对外提供结构化、业务化的用户信息数据开放接口。

- 用户认证：为合作伙伴提供统一账号、统一认证、单点登录等基础用户管理服务。
- 用户授权：为天翼账号用户提供统一的个人授权服务，唯有在获得用户显式授权的前提下，合作伙伴方可借助开放接口获取用户相关的属性信息。
- 用户属性信息：构筑天翼账号用户的互联网全息视图，在用户授权许可的前提下，为合作应用提供电信内部信息及互联网用户信息开放服务。

具体包括如表 26-1 所示的能力集。

表 26-1　天翼账号能力集

天翼账号认证	天翼账号认证类	授权接口	应用分为 Web 应用与客户端应用两种类型，其所对应的授权方式有所不同。 ● 在有服务端的应用（如 Web 应用）下，其授权流程对应 OAuth 2.0 协议中的标准 Authorization Code 授权模式，合作应用可通过调用天翼开放平台授权接口和天翼开放平台令牌接口，获得最终的 API 授权访问令牌。 ● 而在不具有服务器端（如手机/桌面客户端程序）的场合下，天翼开放平台授权流程对应 OAuth 2.0 协议中的标准 Implicit Grant 授权模式，由于不具备服务端支持，因此在用户通过天翼账号的登录认证、并且获得了用户显式授权的前提下，应用可通过调用天翼开放平台授权接口，获得最终的访问令牌
		令牌接口	天翼开放平台令牌接口用于获取最终的授权访问令牌（Accesss Token，AT）。该接口可用于 3 种不同的应用场合： ● 在 oAuth 2.0 的标准 Authorization Code（AC）授权模式下，当应用的服务器端获得了 AC 之后，其可以利用该接口，凭借 AC 来换取获得最终的 AT； ● 在 oAuth 2.0 的标准 Client Credentials 授权模式下，应用可凭借自身的应用 ID 和应用密钥，通过调用该接口，直接获得无需用户授权的 AT； ● 在普通 AT 或者 UIAT 过期的情况下，合作应用可调用天翼开放平台令牌接口，实现对访问令牌的更新
		注销登录接口	合作应用通过调用该接口，退出当前用户的天翼账号登录状态
天翼账号认证+用户属性	用户属性类	年龄段和性别	获取用户年龄段和性别
		手机号码和归属地市	获取用户手机号码和归属地市
	用户等级类	用户等级	根据实名、消费能力、活跃度等 6 个维度综合评估结果
	个人偏好类	爱好关键字	用户在 UPC 服务门户中选择的个人爱好
		网络收藏夹	类似浏览器，对网站 URL 的收藏
	个人经历类	职业背景	获取用户当前的职业与收入相关信息
		教育背景	获取用户学习与接受教育的详细经历
		学历状态	获取用户当前的学历程度信息
		网络联系信息	获取用户互联网通信方式，如电子邮箱、QQ 账号、微博账号
	用户标签类	用户标签（电子名片）	获取用户个性化"电子名片"，如"昵称、头像、邮件、姓名"等
	终端信息类	移动终端信息	获取天翼手机用户所使用的移动终端型号及制造商、操作系统及版本号
	虚拟形象类	昵称	获取用户的昵称、自我介绍
		头像	获取用户设置的头像

（2）电信能力

包括中国电信作为电信运营商所能提供的各项特色开放能力，如融合通信能力（短信、语音通话、邮件、通讯录等）、物联网能力及电信支付能力等。

- 短信：为开发者提供短信发送能力，无论是 Web 应用还是客户端应用，均可轻松实现短信发送功能。
- 语音通话：为开发者提供一对一通话以及多方通话的能力，帮助合作应用实现应用内通话的功能。
- 邮件：为开发者提供 189 邮件查询、发送以及登录等各项能力，使得合作应用与邮箱功能无缝结合。
- 通讯录：为开发者提供联系人查询、操作及管理能力，在不同合作应用中实现用户通讯录功能的无缝集成。

具体包括如表 26-2 所示的能力集。

表 26-2 电信能力集

邮件	邮箱账号信息查询	查询邮箱套餐	此能力提供查询 189 邮箱所使用套餐的功能
	查询邮件数	用户历史未读邮件数	此能力提供查询来自 189 邮箱的未读邮件
短消息	发送短信	发送短信接口	
语音通话	一对一通话	发起呼叫	使用平台上短信及通话能力的业务开通方法为：电信固网用户前往营业厅开通翼聊业务，即可使用；电信的天翼用户（除广东省）下载翼聊后点击客户端或短信发送"11"到 10659862 即可完成翼聊账号的注册。之后，登录翼聊客户端，选择"个人中心"点击"多人通话"，完成"多人通话"功能的激活，即可使用
		终止呼叫	
	多方通话	创建会议	
		邀请与会者	
		踢出与会者	
		对与会者静音	
		对与会者取消静音	
		结束会议	

续表

物联网	行业应用接入	行业应用登录物联网平台	行业应用通过调用该接口登录电信物联网平台。调用此能力的开发者仅限于中国电信的政企客户。调用此能力前，请将以下信息发送邮件至 m2mopen@189.cn，已分配调用能力所需的应用 ID。发送信息包括：应用名称、所属地区、所属行业、应用 IP、维护人员姓名、维护人员 E-mail、维护人员电话、应用类型（企业自建或电信自营）、所属政企客户（公司名称或企业名称）。应用 ID 将以邮件的形式返回。该接口为所有物联网能力调用的前提，应用使用物联网基地提供的所有其他能力都必须首先完成登录
		应用数据转发（下行）	行业应用通过调用该接口向终端发送下行控制数据。调用此能力的开发者仅限于中国电信的政企客户。使用该接口前应用需要先登录 M2M 平台
		行业应用退出物联网平台	该接口用于将行业应用退出电信物联网平台。调用此能力的开发者仅限于中国电信的政企客户。调用该接口前请保证应用已经登录，调用该接口后应用退出物联网平台，所有物联网提供的能力接口将都无法调用
		应用数据转发通知（上行）	该接口用于通知电信物联网平台，行业应用用于接收终端上行转发数据的接口地址（即 URL 参数），上传数据和回复数据格式见"其他"。使用该接口前应用需要先登录 M2M 平台
		应用平台获取终端状态参数	该接口用于获取接入电信物联网平台的终端的状态参数。调用此能力的开发者仅限于中国电信的政企客户。使用该接口前应用需要先调用行业应用登录平台接口
		应用平台获取终端配置参数	该接口用于获取接入电信物联网平台的终端的配置参数。调用此能力的开发者仅限于中国电信的政企客户。使用该接口前应用需要先调用行业应用登录平台接口
		应用平台强制终端登出	该接口用于强制终端从物联网平台退出。调用此能力的开发者仅限于中国电信的政企客户。使用该接口前应用需要先调用行业应用登录平台接口
		应用平台远程唤醒终端	该接口用于远程唤醒接入电信物联网平台的终端。调用此能力的开发者仅限于中国电信的政企客户。使用该接口前应用需要先调用行业应用登录平台接口
支付能力	Web 支付接口	在线查询支付订单接口	开发者通过接口查看在翼支付网关平台订单支付交易的状态
		在线退款接口	由翼支付网关平台提供，各开发者平台调用，进行指定支付成功订单，进行退款
		在线 Web 支付接口	通过调用支付接口向支付平台发出支付请求，平台通过支付 Portal 与用户进行交互，完成支付处理后，重定向回应用系统（开发者）

续表

通讯录	管理翼聊好友	获取个人通讯录	调用此能力可在应用中管理翼聊的好友关系，如对其好友及分组进行新增、删除等操作
		新增分组	
		修改分组	
		删除分组	
		新增联系人	
		修改联系人	
		删除联系人	
	显示联系人信息	获取全量联系人	显示来自号簿助手的联系人信息。用户需下载号簿助手客户端并同步来自手机通讯录、189邮箱、天翼宽带等业务的联系人信息
		获取增量联系人	显示来自号簿助手的联系人信息
	更新联系人信息	更新联系人数据	显示来自号簿助手的联系人信息。用户需下载号簿助手客户端并同步来自手机通讯录、190邮箱、天翼宽带等业务的联系人信息

（3）数字内容

整合中国电信自有及第三方互联网数字内容信息查询、操作及管理能力，为开发者提供丰富的内容、渠道与 UGC 信息及其多元化的信息处理手段。

- 数字音乐：对外开放海量的音乐信息。
- 数字阅读：为开发者提供丰富的阅读内容信息。
- 智能识别：为开发者提供语音、手写、图像等多种信息识别能力。
- 信息分享：为开发者提供跨终端/应用的互联网内容存储与分享能力。
- 应用信息：为开发者提供来自中国电信天翼空间的应用详情。
- 数字游戏：为开发者提供来自中国电信爱游戏平台的游戏详情。
- 数字视频：为开发者提供视频详情查询、视频节目查询等功能，包括视频节目能力。
- 数字云服务：为开发者提供图形处理、分词查询、视频转码等在线的数字云服务。
- 数字动漫：为开发者提供动漫分类信息、动漫内容信息的查询功能。
- 短地址服务：为开发者提供来自天翼开放平台的长短地址能力转换功能。
- 数字传媒：为开发者提供与应用相匹配的广告资源，并根据广告实际贡献获得相应的分成。

具体包括如表 26-3 所示的能力集。

表 26-3 数字内容能力集

信息分享	互联网信息发送	翼分享短信分享接口	合作网站、开发者应用发起分享调用请求,并返回调用结果
		翼分享短地址转换接口	合作网站、开发者应用发起短地址转换申请,并返回转换后短地址
	显示分享好友	翼分享好友获取接口	合作网站、开发者应用发起好友列表获取及查询请求,并返回查询结果
	终端富媒体信息采集、存储	内容列表接口	
		内容提取接口	
智能识别	语音合成2.0	语音合成接口	用户通过该接口提交文本数据并获取该文本合成的音频数据
	手写智能识别2.0	笔迹识别请求提交接口2.0	用户通过该接口提交笔迹坐标数据并获取该笔迹数据的识别结果
		笔迹识别结果确认接口2.0	用户通过该接口将要确认的语音识别结果提交给平台
	语音智能识别2.0	语音识别接口	用户通过该接口提交语音数据并获取该音频的识别结果
		语音识别结果确认接口2.0	用户通过该接口将要确认的语音识别结果提交给平台
	图像智能识别2.0	图像识别请求提交接口2.0	用户通过该接口提交图像数据并获取该图像的识别结果
应用信息	商家信息	获取店铺详情	支持买家获取店铺信息
		获取店铺内应用	支持用户根据店铺信息获取店铺的所有应用
		获得店铺留言簿列表	根据用户信息和店铺信息获取自己或者别人的店铺留言簿列表
		获得店铺留言详情	根据留言信息获取店铺留言详情列表
		获取用户徽章	根据用户 UserID,查询该用户获取到的徽章
		获取精品店铺列表	支持用户获取精品店铺列表
		店铺搜索	支持用户根据店铺分类名称、关键字、评分查找符合条件的店铺列表

续表

应用信息	终端品牌信息	获取手机品牌列表	支持用户获取手机品牌列表
		根据手机品牌获取手机型号列表	支持用户根据应用品牌获取应用型号列表
		获取手机平台列表	支持用户获取应用平台列表
		根据手机平台获取手机品牌列表	支持用户根据手机平台信息获取手机品牌列表
		获取商城公告列表	获取商城公告列表
		根据手机型号的关键字获取品牌型号列表	支持用户根据手机型号的关键字获取品牌型号列表
	手机应用信息 V1.2	获取应用详情	通过应用 ID 获取 189 商城应用的详细信息
		获取应用详情	提供来自中国电信天翼空间的应用搜索信息
		应用排行	提供来自中国电信天翼空间的应用排行信息
		应用分类	提供来自中国电信天翼空间的应用分类信息
		获取评价详情	根据应用信息获取评价详情列表
		获取掌柜推荐	支持用户根据店铺掌柜信息获取掌柜推荐的应用列表
		获取相关应用	支持用户根据应用信息获取相关应用列表
		获得应用留言簿列表	根据应用信息获取留言簿列表
		获取应用留言详情	根据留言信息获取留言详情
		获得举报原因的列表	用户获得举报原因列表
用户业务行为	应用下载业务行为	获取用户操作过的应用列表	支持买家按照某类行为来获取应用列表
		终端 IMSI 号登录	使用终端的 IMSI 号实现用户自动登录
	游戏业务行为	用户信息查询	查询爱游戏平台中正式用户的基本信息，包括用户编号、昵称、性别、头像、注册时间
		用户好友信息列表查询	查询用户的所有好友列表
		游戏成绩排行查询	查询一个游戏中用户游戏成绩排行榜，包括日、周、月、总排行榜
		游戏成绩上传	用户上传游戏成绩到爱游戏平台
		用户行为记录查询	用户在爱游戏平台查询用户行为记录查询，包括下载游戏行为、短代消费行为

续表

用户业务行为	阅读业务行为	用户书签信息	获取用户阅读书籍过程中添加的书签,一本书籍可添加多个用户书签
		系统书签信息	获取用户退出正在阅读的书籍系统添加的书签,针对一本书籍,系统将会保留当前用户阅读过程中最近一次系统添加的书签
		用户收藏信息	获取用户收藏的书籍信息
		用户反馈回复信息	获取用户反馈信息及答复内容
		用户指定书签信息	获取当前书籍用户添加的书签信息
	动漫用户行为能力	用户书签列表查询	根据用户账号,返回用户收藏列表
		用户收藏列表查询	根据用户账号,返回用户收藏列表
数字游戏	爱游戏用户注册	用户注册	爱游戏平台用户基本信息注册,目前支持手机号码注册
	游戏信息	游戏列表查询	查询爱游戏平台游戏列表信息,包括游戏名称列表等
		游戏详情查询	查询爱游戏平台上架游戏信息,包括游戏名称、合作方名称、上线时间等
数字云服务	云服务	中文分词	将提供的中文字符串拆分成词组
		图像处理—图片上传	上传待处理的图片
		图像处理—图片处理	对图片进行处理
	视频实时转码	获取实时转码地址	获取实时转码地址
数字阅读	获取排行信息	获取排行类型接口	获取天翼阅读支持的排行类型
		获取排行内容数据接口	根据排行类型获取排行内容数据
	获取推荐信息	获取推荐类型接口	获取天翼阅读支持的推荐类型
		获取推荐内容接口	获取推荐内容信息
		获取热门搜索推荐接口	获取热门搜索信息
	获取书籍信息	获取频道信息接口	获取天翼阅读内容频道信息
		获取天翼阅读频道下分栏接口	获取天翼阅读频道下分栏信息
		获取分栏内容接口	获取分栏下内容列表
		获取内容详情接口	获取具体书籍内容详情信息
		获取书项作家信息接口	根据作家ID获取作家基本信息和所著书籍信息

续表

数字视频	视频节目能力	查询节目分类信息	查询节目分类列表
		获得节目分类详细	获取某个节目分类的详细信息
		节目详细查询	用于查询某条节目的详细信息
		节目分页查询	用于分页查询节目列表
短地址服务	长短地址转换能力	短地址转换	将长地址转换为短地址
		长地址查询	输入短地址可查询相应长地址
数字动漫	动漫内容信息	排行榜信息查询	查询本日、本周、本月、总计的作品点击量排行情况
		推荐榜单查询	查询作品推荐榜单
		热点信息搜索	通过传入的参数返回对应搜索到的热点信息
		动漫分类	根据动漫作品的分类信息获取分类列表
		内容列表	获取内容列表信息
		获取联想词	根据关键字对内容的标题进行联想提示
		动漫画内容章节列表	获取动漫画内容章节列表
数字传媒	获取广告能力	获取图片广告	获取图片广告 API；天翼开放平台注册开发者在签约获取 114 广告联盟能力之后，联盟平台为开发者自动生成平台登录账号及密码；之后联盟平台运营专员将以邮件方式，将联盟门户公网访问地址及其登录账号、密码，通知开发者。开发者可使用该账号登录 114 联盟平台查询广告投放数据统计及收入情况；图片广告／文字广告目前只针对 Android 应用投放
种子信息	获取种子信息库	获取种子信息内容	合作方可调用此接口获取某指定类别下的短信列表内容
		获取种子信息分类	合作方可调用此接口获取所有信息的分类，返回分类列表的分类 ID、名称等相关详细信息
数字音乐	获取音乐榜单	榜单内容查询	榜单内容查询
		获取榜单列表	获取榜单列表

续表

数字音乐	获取曲库信息	歌手信息查询	根据歌手名称查询歌手信息
		专辑信息查询	根据专辑名称和歌手名称查询专辑信息
		歌手歌曲列表查询	通过歌手 ID 返回歌曲信息
		专辑歌曲列表查询	根据专辑 ID 查询歌曲信息
		歌手专辑列表查询	根据歌手 ID 返回专辑列表
		获取分类列表	获取分类列表信息
		查询分类歌手信息	获取分类列表下歌手的信息
		查询分类专辑信息	获取分类列表下专辑信息
		查询分类歌曲信息	获取分类列表下歌曲信息
		根据歌手名歌曲名查询歌词	根据歌手名称、歌曲名称获取到该首歌的歌词
		根据资源 ID 查询歌词	根据歌手名称、歌曲名称获取到该首歌的歌词
		歌手图片查询	歌手图片查询接口
		专辑图片查询	专辑图片查询接口
	歌曲管理 V1.1	发送短信验证码	发送短信验证码
		音乐下载	音乐下载
		全曲详情查询	全曲详情查询
		全曲试听查询	全曲试听查询
		根据内容 ID 的全曲试听查询	根据内容 ID 的全曲试听查询
		歌曲搜索服务	歌曲搜索服务
		歌曲信息查询	查询歌曲信息,根据不同的类型,传递相应的 ID 值(ID 值包括:彩铃 ID、振铃 ID、全曲 ID、歌曲 ID)进行歌曲信息查询
	彩铃管理 V1.1	订购彩铃音乐盒	订购彩铃音乐盒
		设置默认铃音	设置默认铃音
		开通彩铃	开通彩铃
		是否彩铃用户	是否彩铃用户
		赠送彩铃	赠送彩铃
		查询个人铃音库	查询个人铃音库
		查询默认铃音	查询默认铃音
		查询铃音播放模式	查询铃音播放模式

续表

数字音乐	彩铃管理 V1.1	设置铃音播放模式	设置铃音播放模式
		彩铃详情查询	彩铃详情查询
		铃音盒详情查询	铃音盒详情查询
		音乐盒中产品查询	音乐盒中产品查询
		振铃详情查询	振铃详情查询
		查询产品全部信息	查询产品全部信息
		彩铃试听查询	彩铃试听查询
		振铃试听查询	振铃试听查询

（4）综合信息服务

对外开放互联网服务信息，为开发者提供位置、商户、号码等综合信息查询能力。

- 位置信息：为开发者提供基于用户位置的本地化信息查询功能，如周边 Wi-Fi 热点信息等。
- 气象信息：为开发者提供天气预报功能及更多的气象服务。
- 综合信息：为开发者提供全国列车时刻表和全国行政区划信息。

具体包括如表 26-4 所示的能力集。

表 26-4 综合信息服务能力集

位置信息	热点 Wi-Fi 查询	热点信息查询接口	提供热点信息查询接口
		区域热点信息统计接口	提供区域热点信息统计接口
		热点信息的类型统计接口	提供热点信息的类型统计接口
	POI 查询	关键词搜索 POI	输入关键词或类别等，返回符合条件的 POI 列表
		周边搜索 POI	根据中心点位置以及分类和距离，查找中心点周边的信息，返回 POI 列表
		查询 POI 详情	根据 POI 的 ID，返回该对象的详细信息
		图形范围搜索 POI	在一个图形区域内查询关键字对应的 POI 信息
		查询关键词	根据输入关键词，返回匹配的关键词列表
	位置定位	地址定位	根据地址信息，查询该地址所对应的点坐标等
		交叉路口定位	输入交叉道路口名称，返回该位置所对应坐标
气象信息	气象信息服务	天气预报	查询全国 360 个地级城市的 24 h 天气预报信息

续表

综合信息	综合信息	列车时刻表查询	支持站站查询、车站查询和车次查询
		全国行政区划信息查询	查询全国行政区划信息，如城市编码、区号等
	公交查询	公交站点名称查询线路	根据输入的公交站点名称查询经过该站点的公交线路名称列表
		公交线路查询	根据线路名称查询公交线路信息
		公交换乘查询	通过起点、终点查询到达方式
	路径规划	路径规划描述及坐标	根据输入的起止点坐标、返回路径规划的文字描述和坐标描画数据
商户信息	商户信息	关键词查号	根据指定地区和关键词来搜索企业相关信息
		企业名片信息查询	通过 orgID 来检索 114 查号库的企业名片信息

第27章

统一应用环境

统一应用环境是中国电信基于云计算 PaaS 模式构建的综合服务平台，汇聚了电信的优势能力，重点为政企合作伙伴提供"一站式"的应用开发测试和部署运营服务。统一应用环境解决了如何基于云计算架构构建中国电信股份有限公司广东分公司（以下简称广东电信）综合平台应用开发测试部署环境的问题，着力于落实规范，打通流程，达到了缩短应用开发周期、解决终端适配问题、降低开发者门槛、提高应用上线效率的目标。

统一应用环境可以为开发者提供以下服务能力。

- 一站式能力集市：提供电信通信能力、行业应用能力和第三方能力的汇聚和开放，为开发者提供"一站式"的能力试用、开发、订购和结算服务。
- 整合应用模板：汇集资源和能力，提供可快速开发的应用模板。
- 应用孵化扶持：提供免费的计算资源、通信能力、运营支撑能力、网络推广渠道等，供合作伙伴的应用进行孵化。
- 开发测试环境：提供图像化开发工具、模拟测试工具、手机微件引擎等开发工具。

统一应用环境具有以下特点。

- 一站服务：提供应用产品、能力产品开发、测试、部署、发布和运营服务。
- 开发简便：兼容主流开发工具和语言，提供图形化开发工具，支持拖拽式应用开发、一次开发多屏适配、一键式打包部署。
- 能力开放：提供电信通信能力、行业应用能力和第三方能力的汇聚和开放，提供弹性伸缩的云资源能力。

统一应用环境的功能架构包括应用开发环境（SCE）、应用测试环境（STE）、应用托管运行环境（SEE）、应用资源管控环境（SME）、能力汇聚网关、开发者门户 6 个功能实体。统一应用环境功能架构如图 27-1 所示。

统一应用环境的功能实体描述如下。

（1）应用开发环境

SCE 提供集成了电信业务能力、第三方互联网能力和行业能力 API 的开发工具包，提供图形化的操作界面，满足应用开发者简易快速地完成应用的设计、装配和调试的功能要求，支持 Web 应用、Widget 应用、SP 应用和多租户 SaaS 应用开发。

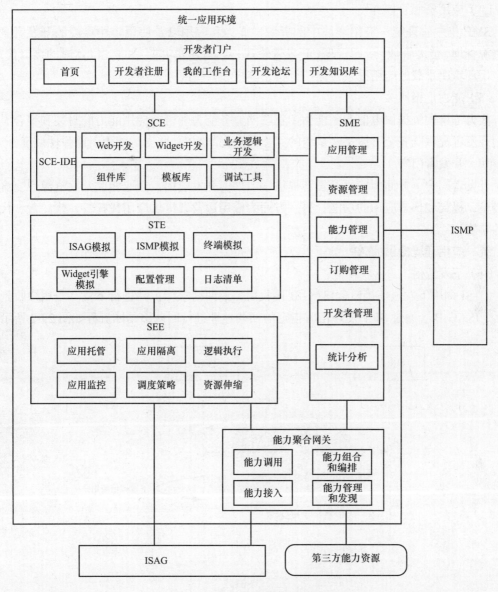

图 27-1 统一应用环境功能架构

（2）应用测试环境

STE 提供统一应用环境所接入网络和终端的模拟测试环境，满足应用开发者进行业务网络能力、管理支撑能力和终端能力的模拟测试，验证接口、逻辑的正确性，查看应用使用效果的功能要求，包括在线测试环境和离线测试环境。

（3）应用托管运行环境

SEE 提供服务端应用的托管和运行服务，采用通用或专用的应用容器托管 Web 应用、SP 应用、多租户 SaaS 应用等服务端应用。支持应用运行时安全隔离和资源实时监控，并能根据应用负载动态伸展或收缩应用资源配额。

（4）应用资源管控环境

SME 集中管理统一应用环境中的资源、能力和应用以及使用应用环境的开发者，提供资源管理、能力管理、应用管理、开发者管理和订购管理功能，并充当 ISMP 的接口代理，为应用环境所承载的应用提供开通、订购、鉴权和计费服务。

（5）能力汇聚网关

能力汇聚网关提供电信业务能力、互联网业务能力和行业应用能力的封装和聚合，为应用开发者提供既安全可控又轻量级的"互联网化"API，并支持能力引擎弹性调度。

（6）开发者门户

开发者门户一方面为应用开发者提供学习如何开发应用，获取相关开发资源，交流开发经验，提交和部署应用的功能；另一方面为应用运营者提供应用代托管、代计费、代销售的功能。

统一应用环境提供的 API 如下。

（1）下发短信

SI 调用下发短信接口，ISAG-B 接收后，返回请求标识并进行下发。当用户收到短信后，ISAG-B 会通过 SI 下发短信时指定的回调地址进行回调，具体流程如图 27-2 所示。

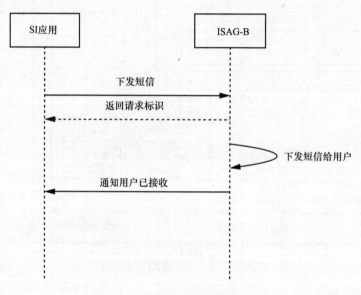

图 27-2　下发短信 API 调用流程

（2）上行短信

用户上行短信到 ISAG-B，然后 ISAG-B 根据 SI 预先注册的回调地址通知 SI，具体流程如图 27-3 所示。

① Web Service API

Web Service API 中，各接口描述见表 27-1~ 表 27-5。

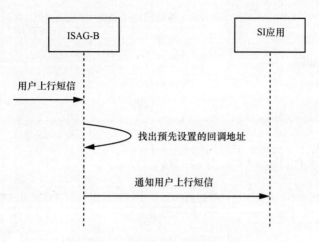

图 27-3 上行短信 API 调用流程

表 27-1 send（接口描述：下发短信给用户）

名称	类型	描述
Correlator	String	调用方关联 ID
Sender	String	发送者
Receivers	String[1..unbounded]	接收者，最大数量由策略决定
Content	String	短信内容
notifyUrl	AnyURI	回调地址（可选），用于结果通知
requested	String	服务请求的标识

表 27-2 getState（接口描述：查询已提交的短信的下发情况）

名称	类型	描述
requestId	String	服务请求的标识
messageStates	MessageState[]	短信发送状态

表 27-3 receive（接口描述：接收用户上行短信）

名称	类型	描述
receiver	String	接收者
messages	SmsMessage[]	用户上行的短信

表 27-4 notifyState（接口描述：通知短信发送状态）

名称	类型	描述
correlator	String	下发短信时，调用方的关联 ID
receiver	String	接收者
state	State	短信状态

表 27-5　notifyArrival（接口描述：通知用户上行短信）

名称	类型	描述
sender	String	发送者
receiver	String	接收者
content	String	短信内容

② Java API

Java API 中，各接口描述见表 27-6～表 27-11。

表 27-6　validSend（接口描述：校验 ISAG-B 下行短信消息请求对象发送参数是否合法）

名称	类型	描述
smsMessageRsp	Boolean	短信消息返回对象
smsMessageReq	Boolean	短信消息请求对象

表 27-7　validGetState（接口描述：校验 ISAG-B 下行获取短信状态请求参数是否合法）

名称	类型	描述
smsMessageRsp	Boolean	短信消息返回对象
requestId	Boolean	调用方关联 ID

表 27-8　validReceive（接口描述：校验 ISAG-B 下行获取短信请求参数是否合法）

名称	类型	描述
smsMessageRsp	Boolean	短信消息返回对象
receiver	Boolean	接收号码

表 27-9　send（接口描述：下发短信）

名称	类型	描述
smsMessageReq	String	短信消息请求对象

表 27-10　getState（接口描述：获取发送短信状态）

名称	类型	描述
requestId	String	调用方关联 ID
accessNumber	String	SI 接入号
customerNumber	String	客户接入号，可选
productSpec	String	产品规格标识
purchaser	String	购买方标识，商航 bnetID
user	String	用户标识，商航 userID
product	String	产品标识，表示客户与 SI 产品的订购关系的唯一标识 ProductID

表 27-11 receive（接口描述：获取短信）

名称	类型	描述
receiver	String	接收号码
accessNumber	String	SI 接入号
customerNumber	String	客户接入号，可选
productSpec	String	产品规格标识
purchaser	String	购买方标识，商航 bnetID
user	String	用户标识，商航 userID
product	String	产品标识，表示客户与 SI 产品的订购关系的唯一标识 ProductID

③ JavaScript API

JavaScript API 中，各接口描述见表 27-12、表 27-13。

表 27-12 Widget.UCService.UCSMS.sendSMS
（接口描述：发送短信。企业 IT 系统调用业务接口服务器发送短信）

名称	类型	描述
APPContext	APPContext	用户信息标识
senderAddress	String	主叫短信号码，长度≤50
destinationAddress	Array	短信接收者号码组，群发短信的最大数量为254。格式为 sms:XXXXXXXX
message	String	短信内容，长度≤140
messageFormat	String	短信内容编码格式
SafeTransfer	Boolean	如果值为 True，则 Message 的内容以共享的 Key 加密后传输，否则为原文传输

表 27-13 Widget.UCService.UCSMS.notifySmsDeliveryStatus
（接口描述：短信回执通知。短信发送完成后，回执由业务接口服务器主动推送给企业的 IT 系统）

名称	类型	描述
deliveryStatus	RequestResult	短信发送的状态，结果为 RequestResult 类型

（3）下发彩信

SI 调用下发彩信接口，ISAG-B 接收后，返回请求标识并进行下发。当用户收到彩信后，ISAG-B 会通过 SI 下发彩信时指定的回调地址进行回调，具体流程如图 27-4 所示。

（4）上行彩信

用户上行彩信到 ISAG-B，然后 ISAG-B 根据 SI 预先注册的回调地址通知 SI，具体流程如图 27-5 所示。

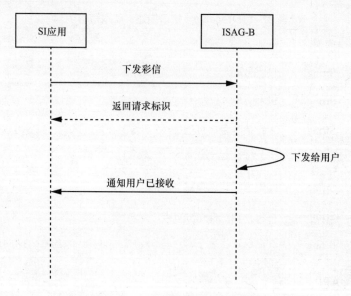

图 27-4 下发彩信 API 调用流程

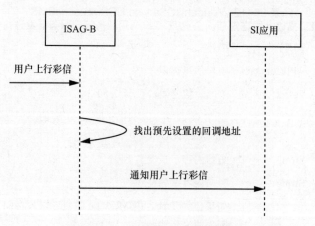

图 27-5 上行彩信 API 调用流程

① Web Service API

Web Service API 中，各接口描述见表 27-14～表 27-18。

表 27-14 send（接口描述：下发彩信给用户）

名称	类型	描述
Correlator	String	调用方关联 ID
Sender	String	发送者
Receivers	String[1..unbounded]	接收者，最大数量由策略决定
Content	String	彩信内容
notifyUrl	AnyURI	回调地址（可选），用于结果通知
requested	String	服务请求的标识

表 27-15　getState（接口描述：查询已提交的彩信的下发情况）

名称	类型	描述
requestId	String	服务请求的标识
messageStates	MessageState[]	彩信发送状态

表 27-16　receive（接口描述：接收用户上行彩信）

名称	类型	描述
receiver	String	接收者
messages	MmsMessage[]	用户上行的彩信

表 27-17　notifyState（接口描述：通知彩信发送状态）

名称	类型	描述
correlator	String	下发彩信时，调用方的关联 ID
receiver	String	接收者
state	State	彩信状态

表 27-18　notifyArrival（接口描述：通知用户上行彩信）

名称	类型	描述
sender	String	发送者
receiver	String	接收者
content	String	彩信内容

② Java API

Java API 中，各接口描述见表 27-19~ 表 27-21。

表 27-19　send（接口描述：下发彩信）

名称	类型	描述
mmsMessageReq	String	彩信消息请求对象

表 27-20　getState（接口描述：获取发送彩信状态）

名称	类型	描述
requestId	String	调用方关联 ID
accessNumber	String	SI 接入号
customerNumber	String	客户接入号，可选
productSpec	String	产品规格标识
purchaser	String	购买方标识，商航 bnetID
user	String	用户标识，商航 userID
product	String	产品标识，表示客户与 SI 产品的订购关系的唯一标识 ProductID

表 27-21 receive（接口描述：获取彩信）

名称	类型	描述
Receiver	String	接收号码
accessNumber	String	SI 接入号
customerNumber	String	客户接入号，可选
productSpec	String	产品规格标识
purchaser	String	购买方标识，商航 bnetID
User	String	用户标识，商航 userID
Product	String	产品标识，表示客户与 SI 产品的订购关系的唯一标识 ProductID

（5）WAP Push

SI 调用下发 WAP Push 接口，ISAG-B 接收后，返回请求标识并进行下发。当用户收到 WAP Push 后，ISAG-B 会通过 SI 下发 WAP Push 时指定的回调地址进行回调，具体流程如图 27-6 所示。

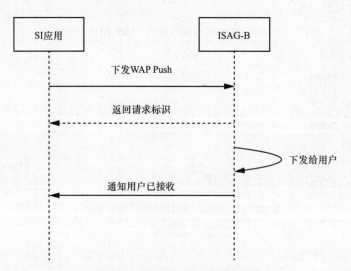

图 28-6　WAP Push API 调用流程

① Web Service API

Web Service API 中，各接口描述见表 27-22~ 表 27-26。

表 27-22　send（接口描述：下发短信息给用户）

名称	类型	描述
Correlator	String	调用方关联 ID
Sender	String	发送者
Receivers	String[1..unbounded]	接收者，最大数量由策略决定
Content	String	短信息内容
notifyUrl	AnyURI	回调地址（可选），用于结果通知
requested	String	服务请求的标识

表 27-23　getState（接口描述：查询已提交的短信息的下发情况）

名称	类型	描述
requestId	String	服务请求的标识
messageStates	MessageState[]	短信息发送状态

表 27-24　receive（接口描述：接收用户上行短信息）

名称	类型	描述
Receiver	String	接收者
messages	SmsMessage[]	用户上行的短信息

表 27-25　notifyState（接口描述：通知短信息发送状态）

名称	类型	描述
correlator	String	下发短信息时，调用方的关联 ID
Receiver	String	接收者
State	state	短信息状态

表 27-26　notifyArrival（接口描述：通知用户上行短信息）

名称	类型	描述
Sender	String	发送者
Receiver	String	接收者
Content	String	短信息内容

② Java API

Java API 中，各接口描述见表 27-27 ~ 表 27-29。

表 27-27　send（接口描述：下发短信息）

名称	类型	描述
smsMessageReq	String	短信消息请求对象

表 27-28　getState（接口描述：获取发送短信息状态）

名称	类型	描述
requestId	String	调用方关联 ID
accessNumber	String	SI 接入号
customerNumber	String	客户接入号，可选
productSpec	String	产品规格标识
purchaser	String	购买方标识，商航 bnetID
User	String	用户标识，商航 userID
Product	String	产品标识，表示客户与 SI 产品的订购关系的唯一标识 ProductID

表 27-29 receive（接口描述：获取短信息）

名称	类型	描述
Receiver	String	接收号码
accessNumber	String	SI 接入号
customerNumber	String	客户接入号，可选
productSpec	String	产品规格标识
purchaser	String	购买方标识，商航 bnetID
User	String	用户标识，商航 userID
Product	String	产品标识，表示客户与 SI 产品的订购关系的唯一标识 ProductID

（6）定位

SI 应用向网关查询一个用户位置信息，网关同步返回位置信息告知 SI 应用，具体流程如图 27-7 所示。

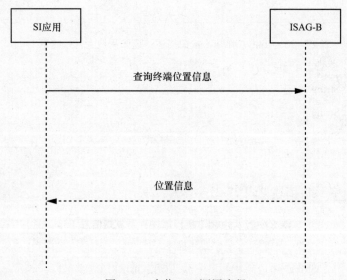

图 27-7 定位 API 调用流程

① Web Service API

Web Service API 中，各接口描述见表 27-30~ 表 27-33。

表 27-30 getLocation（接口描述：获取指定终端的位置信息）

名称	类型	描述
Address	String	被定位手机号
requestedAccuracy	Int	要求精度
acceptableAccuracy	Int	可接受的精度，未达到该精度则返回定位失败错误
locationInfo	LocationInfo	返回位置信息

表 27-31 startPeriodicNotification（接口描述：开始定期的位置通知）

名称	类型	描述
Correlator	String	业务集成商对请求的唯一标识
Addresses	String[]	被定位号码
requestedAccuracy	Int	要求精度
Interval	Int	时间间隔（单位为秒）
Duration	Int	持续时间
notifyUrl	String	回调地址
Requested	String	ISAG-B 产生的请求唯一标识

表 27-32 endNotification（接口描述：结束位置通知）

名称	类型	描述
Correlator	String	调用者发起触发式定位的请求标识

表 27-33 locationNotification（接口描述：通知位置信息）

名称	类型	描述
Correlator	String	异步位置信息查询的请求标识，最大 50 位
locationData	LocationData[1..unbounded]	位置信息

② Java API

Java API 中，各接口描述见表 27-34~ 表 27-37。

表 27-34 getCorrelator（接口描述：返回 Correlator 属性）

名称	类型	描述
Correlator	String	请求标识

表 27-35 setCorrelator（接口描述：设置 Correlator 属性）

名称	类型	描述
Correlator	String	请求标识

表 27-36 getLocationData（接口描述：返回 locationData 属性）

名称	类型	描述
reportStatus	String	位置信息报告获取状态
errorCode	String	错误码
errorMessage	String	错误信息
Address	String	被定位终端号
Latitude	Float	纬度
Longitude	Float	经度
Altitude	Float	海拔高度，可选
Accuracy	Int	精确度，可选
timestamp	String	用户位置报告的时间

表 27-37　setLocationData（接口描述：设置 locationData 属性）

名称	类型	描述
reportStatus	String	位置信息报告获取状态
errorCode	String	错误码
errorMessage	String	错误信息
Address	String	被定位终端号
Latitude	Float	纬度
Longitude	Float	经度
Altitude	Float	海拔高度，可选
Accuracy	Int	精确度，可选
timestamp	String	用户位置报告的时间

③ Java Script API

Java Script API 中，各接口描述见表 27-38、表 27-39。

表 27-38　getLocation（接口描述：精确定位的基本信息）

名称	类型	描述
Accuracy	Int	精确度，可选
altitudeAccuracy	String	海拔精确度
cellID	String	要求定位的号码
latitude	Float	纬度
longitude	Float	经度
altitude	Float	海拔高度，可选
timestamp	String	用户位置报告的时间

表 27-39　onGetAsnycResult（接口描述：精确定位返回结果）

名称	类型	描述
resultCode	String	定位结果编号

（7）发送传真

SI 应用向 ISAG-B 请求发送传真，ISAG-B 回调 SI 通知传真发送结果（SI 也可以通过查询方式获取发送结果），具体如图 27-8 所示。

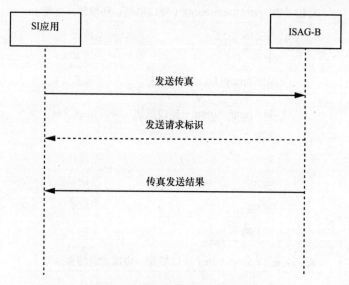

图 27-8 发送传真 API 调用流程

各接口具体描述见表 27-40 ~ 表 27-50。

表 27-40 send（接口描述：获取指定终端的位置信息）

名称	类型	描述
Correlator	String	业务集成商生成的调用方关联 ID
Sender	String	发送者
Receivers	String[1..unbounded]	接收者，最大数量由策略决定
Subject	String	主题
Files	Attachment[1..unbounded]	传真文件
notifyUrl	AnyURI	回调地址，可选。用于结果通知
requested	String	服务请求的标识

表 27-41 getState（接口描述：获取传真的发送结果）

名称	类型	描述
requested	String	调用方关联 ID
messageState	MessageState[]	消息发送状态

表 27-42 receive（接口描述：接收从终端发送到 SI 应用的传真）

名称	类型	描述
Receiver	String	接收号码
Messages	FaxMessage []	传真消息

表 27-43　getAttachments（接口描述：获取传真文件）

名称	类型	描述
messageId	String	消息 ID
Files	Attachment[1..unbounded]	传真文件

表 27-44　notifyArrival（接口描述：传真到达通知）

名称	类型	描述
messageId	String	消息标识
Sender	String	发送状态
Receiver	String	接收者
Subject	String	主题

表 27-45　notifyState（接口描述：传真发送结果通知）

名称	类型	描述
Correlator	String	调用方关联 ID
Receiver	String	接收者
State	State	发送状态

表 27-46　send（接口描述：发送传真，附件内容为 URL 形式集合）

名称	类型	描述
Receivers	String	接收者号码
Sender	String	发送者号码
Subject	String	主题
Urls	String	附件 URL 集合

表 27-47　getState（接口描述：获取发送传真状态）

名称	类型	描述
requestId	String	调用方关联 ID
accessNumber	String	SI 接入号
customerNumber	String	客户接入号，可选
productSpec	String	产品规格标识
purchaser	String	购买方标识，商航 bnetID
User	String	用户标识，商航 userID
Product	String	产品标识，表示客户与 SI 产品的订购关系的唯一标识 ProductID

表 27-48　receive（接口描述：获取传真）

名称	类型	描述
Receiver	String	接收号码
accessNumber	String	SI 接入号
customerNumber	String	客户接入号，可选
productSpec	String	产品规格标识
purchaser	String	购买方标识，商航 bnetID
User	String	用户标识，商航 userID
Product	String	产品标识，表示客户与 SI 产品的订购关系的唯一标识 ProductID

表 27-49　attachments（接口描述：获取附件）

名称	类型	描述
messageId	String	消息 ID
accessNumber	String	SI 接入号
customerNumber	String	客户接入号，可选
productSpec	String	产品规格标识
purchaser	String	购买方标识，商航 bnetID
User	String	用户标识，商航 userID
Product	String	产品标识，表示客户与 SI 产品的订购关系的唯一标识 ProductID

表 27-50　send（接口描述：发送传真，附件内容为字节数组形式集合）

名称	类型	描述
correlator	String	调用方关联 ID 发送传真成功后会获取该字段值
requestId	String	发送传真成功后 ISAG-B 产生的请求唯一标识
faxFiles	String	调用 getAttachments 方法返回的传真文件集合
faxMessages	String	调用 receive 方法返回的集合

第 9 篇
移动终端应用开发新趋势

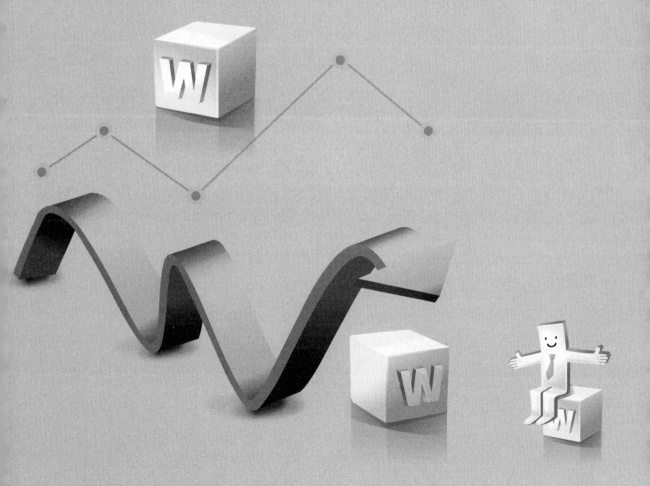

第28章

新技术带来应用开发新特性

在云计算模式下，大量的存储和计算都在云端，云平台为移动终端带来什么样的服务，云端应用开发模式会有什么样的变化？HTML5 被认为是未来的重要技术趋势，HTML5 具有什么样的新特性？物联网和人机交互领域的新技术发展，可以给移动终端应用带来什么样的新亮点？本章将为您解答。

28.1 云计算

随着移动互联网时代的到来，智能手机成为最重要的终端载体，但各种各样的移动终端运算能力相差很大，这就必须改变原有 PC 的应用运算模式，云计算为移动终端应用开发引入新的技术和模式，推动了移动终端应用的发展。

云计算是分布式处理、并行处理和网格计算的进一步发展，是由规模经济推动的一种大规模分布式计算模式。它把一组抽象的、虚拟化的、动态可扩展的、可管理的计算能力、存储、平台及软件等资源，通过互联网的形式提供给客户。就像电力、煤气一样，云计算希望把计算、存储、平台、软件等资源，通过互联网这个管道输送给每个用户，使得用户拧开开关，就能获得所需的服务。云计算服务可以分为基础设施即服务（Infrastructure as a Service，IaaS）、平台即服务（Platform as a Service，PaaS）、软件即服务（Software as a Service，SaaS）3 类。IaaS 面向企业用户，提供包括存储、服务器、网络和管理工具在内的虚拟数据中心，可以帮助企业削减数据中心的建设成本和运维成本。PaaS 面向应用程序开发人员，提供简化的分布式软件开发、测试和部署环境，它屏蔽了分布式软件开发底层复杂的操作，使得开发人员可以快速开发出基于云平台的高性能、高可扩展的 Web 服务。SaaS 面向个人用户，提供各种各样的在线软件服务。

在云计算模式下，大量的运行、计算、存储都在云端，降低了应用对智能终端的要求，同时业内电信运营商、互联网服务提供商、终端设备商等纷纷推出了云服务平台，为智能终端提供云端服务。

（1）云存储/云同步

移动互联网是个多终端时代，对于拥有多种终端的用户而言，一站式跨屏、跨终端的云存储应用，其覆盖电脑、手机、Pad、电视特性无疑将大大提升使用体验。典型的代表是苹果的 iCloud，iCloud 作为连接不同苹果设备的纽带，可以存放照片、文档等内容，以无线方式将它们自动推送到所有的苹果终端设备上。中国电信的天翼云支持通过网页、PC 客户端及移动客户端将照片、音乐、视频、文档等保存到网络。

第三方应用开发者利用云平台开放的云存储接口，可以快速在第三方应用中实现应用数据在各类终端上的同步、各类应用数据的存储。

（2）云应用生成环境

以平台服务形式通过互联网向第三方应用开发者提供一体化的云应用开发、测试、部署、托管和运营服务。定位于为开发者提供低门槛、低成本、免维护的应用托管服务，旨在降低云应用开发部署成本，加快应用产品上线速度。例如百度云环境提供的应用托管服务和丰富的组件支持、前文介绍的中国电信统一应用生成环境等。

（3）应用虚拟化

应用虚拟化实现了应用计算和显示逻辑的分离，原来在终端上实现的程序，可以在平台侧运行，计算逻辑和数据存储都在平台侧完成，终端侧仅仅显示软件的界面变化，在网络中不传输真实数据，在终端侧也不需要存储业务数据，保证了业务数据的安全性。基于这种机制，基于虚拟化技术的应用平台能将企业 IT 信息化应用安全、快速地交付到云端，实现移动云办公。

（4）云主机

云主机是整合了计算、存储与网络资源的 IT 基础设施能力租用服务，能提供基于云计算模式的按需使用和按需付费的服务器租用服务。

本机应用的开发采用本机操作系统的编程语言，例如本书前面章节详细介绍的面向 Android、iOS、Windows 8 的不同开发模式；而采用云应用模式的，可以采用云服务平台提供的开发环境，或者本书第 28.2 节介绍的 HTML5 等开发语言。对于第三方应用而言，是采用客户端的本机应用模式，还是基于云应用模式，需要根据所开发的应用从多个方面进行考虑。

（1）应用安全性

开发的应用安全性要求很高，如果采用本地应用模式，需要将业务数据存储在终端上，如果终端丢失或者被黑客攻击等，业务数据也将会丢失或被盗；如果采用云计算模式，在这种情况下，将相对提高安全性。

（2）访问本地硬件

如果开发的应用需要直接访问终端的硬件，需要评估采用云端应用模式是否具有足够的 API 满足访问硬件的需求。

（3）多平台兼容性

如果开发的应用需要兼容多种平台，云端应用模式将会是个比较好的选择。

28.2　HTML5

HTML5 标准由 W3C 的 HTML Working Group 负责编写，参与组织众多，涵盖终端厂商、浏览器厂商、电信运营商、互联网服务提供商、操作系统厂商等，包括业界巨头如谷歌、微软等。HTML5 是 HTML 的第 5 个版本，也是最新版本，目前其标准未正式发布，尚处于开发阶段，各个浏览器厂商对 HTML5 的关键技术和特性的支持不尽相同。

HTML5 被认为是未来的重要技术趋势。HTML5 最大的价值在于其跨平台性，可以预期随着 HTML5 的普及，开发者将会在本地 App 和 Web 应用上进行选择。开发移动终端上的本地 App，开发者需要针对不同的操作系统分别进行，成本很高，后续升级步骤繁琐，对移动终端的存储、性能要求也比较高。而基于 HTML5 的 Web 应用，只要一次开发，就能在所有浏览器上使用。HTML5 的标准化和低开发门槛将对当前的操作系统生态壁垒带来一定冲击。

以下将介绍 HTML5 带来的新特性。

（1）结构化语义标签

HTML5 引入了结构化语义标签，使得 HTML5 在文档结构上比 HTML4.01 更加清晰和易读。增加的语义标签包括 section、article、header、navigation、footer、hgroup、aside，具体介绍如下。

- header 标签：页面的头部或文章的头部。
- navigation 标签：导航。
- article 标签：独立的文章内容。
- section 标签：网页中的一节。
- aside 标签：代表说明、提示、边栏、引用、附件注释等，也就是叙述主题内容以外的内容。
- footer 标签：页面的尾部或文章的尾部。
- hgroup 标签：对网页或区段 section 的标题元素（h1~h6）进行组合。

（2）智能表单

HTML5 对表单的功能进行了提升，新增表单功能使得原来需要 JavaScript 代码实现的控件，使用 HTML5 表单类型或标签就可以实现。新增表单功能主要包括以下 3 种。

- 新增 input 类型，如 type 类型中，新增了 color、E-mail、date、month、week、time、datetime、datetime-local、number、range、search、tel、URL 等类型。
- 新增 input 属性，如 required、autofoucus、patten、list、autocomplete、placeholeder、form 等。
- 新增表单标签，如 datalist、keygen、output、meter、progress 等。

（3）微数据

一种标记内容以描述特定类型的信息，如评论、人物信息或事件，目标是使语义 Web 的处理更加简单。

（4）音视频

HTML5 中，增加了 <audio>、<video> 标签，在 Web 网页中嵌入音视频播放功能，音频支持 Ogg Vorbis、MP3、AAC 和 WebM 这 4 种格式，视频支持 Ogg Theora、MPEG4、H.264 和 WebM 这 4 种格式。

（5）Canvas（画布）

在 Web 页面上创建了一个矩形的绘图表面，其高度和宽度分别通过 height 和 width 属性给定。Canvas 提供了数十个方法或函数，以绘制线条、弧线以及矩形，用样式和颜色填充区域，书写样式化文本，操作图像和视频等。

（6）WebGL

WebGL 使程序员可以直接在网页上展示物体的 3D 形象，并且这种展现可以直接使用设备图形处理器的处理能力。

（7）Web Storage

HTML5 提供了与 HTTP session cookies 相似的 Web 存储属性，分别是 sessionStorage 和 localStorage。sessionStorage 用以存储浏览最顶层环境生存周期内的数据，如浏览器 Tab 或窗口持续打开周期内的数据；localStorage 用以存储周期较长、多页面以及多浏览器 session 内的数据，这些数据可以一直保持到重启浏览器或者电脑。

（8）Indexed DB

是 HTML5 另外的一种数据存储方式，用来帮助应用在本地存储结构比较复杂的数据。它遵循 W3C 的同源策略，每个域名拥有独立的大存储空间；每个大存储空间内，又可以根据当前域名下的页面脚本创建多个数据库，每个数据库可以包含多个表，每个表都有一个 JSON 对象的列表，可以存储多个 JSON 对象。

（9）Application Cache

HTML5 定义了当用户的网络被断开后，如何让它们继续与网页程序和文档进行交互。用户可以通过提供一个 manifest 文件定义哪些文件需要被缓存，哪些需要在离线时用折中方案替代。

（10）Web Socket

Web Socket API 支持页面使用 Web Socket 协议与远程主机进行全双工的通信。

（11）Web Notification

提供一种可以跨越沙盒的通知 API，可以使得用户在浏览任何网页，甚至在浏览器最小化的状态下都可收到来自 Web 应用的桌面通知。为保障安全性，此功能的使用需要用户授权。

（12）Drag&Drop（拖曳）、File API

支持通过拖拽方式将文件作为附件等。

（13）Geolocation API

可综合使用 GPS、Wi-Fi、手机等多种定位方式。

（14）多线程

提出了工作线程（Web Worker）的概念，规范出工作线程的三大主要特征：能够长时间运行（响应）、理想的启动性能以及理想的内存消耗。工作线程允许开发人员编写能够长时间运行而不被用户终端的后台程序，并同时保证页面对用户的及时响应。

28.3 物联网

物联网被称为是把任何物品，通过射频识别（RFID）、红外感应器、全球定位系统、激光扫描器等信息传感设备,按约定的协议与互联网连接起来,进行信息交换和共享,以实现智能化识别、定位、跟踪、监控和管理的一种网络。在物联网的产业链中,感知与识别技术是核心基础技术,近年来,二维码、NFC、定位等技术的应用,使物理网从概念走向应用。以下将介绍二维码、NFC、定位等物联网技术在移动互联网上的应用。

(1) 手机二维码

二维码指用某种特定的几何图形按一定规律在平面(二维方向)上分布的黑白相间的图形记录数据符号信息。安装了二维码识别、解码装置的手机可以在多种场合应用。二维码的典型应用是微信,每个微信用户有一个独有的微信二维码,账户之间可以通过二维码互加好友。此外还有通过手机读取印有二维码的名片,解码后可以将名片信息存在手机号码簿内;手机读取印有二维码的报刊、杂志,能够直接链接到相关网站上,实现商品采购等;手机读取商品条码获取商品真伪信息等应用。

(2) NFC

NFC 是 Near Field Communication 的缩写,即近距离无线通信技术,是一种非接触式识别和互联技术,可以在移动设备、消费类电子产品、PC 和智能控件工具间进行近距离无线通信。NFC 的特点是数据传输距离的限制,因此被业内视为一种安全的技术,同时相比其他连接技术(如蓝牙),两款设备建立 NFC 连接要简单得多。NFC 的应用最早是在智能手机上实现移动支付,目前很多手机外设都支持 NFC 技术,此外还可以通过 NFC 进行手机购物、音乐下载、电子盘存储以及图片名片的交换等。

(3) 定位

位置服务、地图服务已经逐步成为智能终端通用功能,除了导航、监控等常见位置应用外,不少个人游戏应用和行业应用中,都植入了位置服务。目前如中国电信、中国移动等运营商都开放了定位接口供第三方应用调用,在本书前文中也有具体接口描述。

28.4 人机交互

可以预想机器将越来越接近人们的生活,帮人们处理各类生活琐事,提供个性化的建议,由此人机交互将向更趋人性化方向发展。

(1) 智能语音

苹果 Siri 是 2012 年人机交互领域的焦点,是一款虚拟语音助手产品,能理解人类自然语音,并能在网上搜索正确答案,它的前端采用的是语音识别技术,后端采用搜索技术和知识库技术等。苹果 Siri 的推出掀起智能语音产业新热潮,如语音输入法、语音搜索、语音导航等智能语音产品纷纷面市。语音是人类最本能、最自然的交互方式之一,通过自然语言进行的交互比触摸和手势等人机交互方式简单方便得多。

(2) 增强现实

增强现实是将计算机生成的虚拟物体、场景或系统提示信息叠加到真实场景中,从而实现对现实的增强。Google 眼镜就使用了增强现实技术,通过 Google 眼镜直接将信息推送到用户的视野当中，这种方式特别适合在驾车、行走等不适合操作但急需获取信息的场景。

（3）视控技术

视控技术是通过捕捉并读取眼球平稳运动生成的信号，实现在电脑屏幕上操作。瑞典Tobii公司已经发布了一款名为REX的眼控外设，能够实现屏幕箭头跟随眼睛移动。可以设想当视控技术成熟后，通过眼神操作手机这种匪夷所思的事情也将成为现实。

参考文献

[1] 李慧云，何震苇，李丽等。HTML5技术与应用模式研究[J].电信科学，2012，28（5）.